Handbibliothek für Bauingenieure

Ein Hand- und Nachschlagebuch für Studium und Praxis

Herausgegeben

von

Robert Otzen

Geh. Regierungsrat, Professor an der Technischen Hochschule zu Hannover

II. Teil. Eisenbahnwesen und Städtebau. 4. Band:

Oberbau und Gleisverbindungen

von

Dr.-Ing. Adolf Bloss

Berlin

Verlag von Julius Springer

1927

Oberbau und Gleisverbindungen

Von

Dr.-Ing. Adolf Bloss
Dresden

Mit 245 Textabbildungen

Berlin
Verlag von Julius Springer
1927

ISBN-13: 978-3-642-98795-3 e-ISBN-13: 978-3-642-99610-8
DOI: 10.1007/978-3-642-99610-8

Softcover reprint of the hardcover 1st edition 1927

Vorwort.

Das Erscheinen dieses Buches war wiederholt angekündigt worden, mußte aber aus sachlichen Gründen immer wieder verschoben werden. Gerade in den letzten Jahren sind wichtige neue Gedanken aufgetaucht, die die Gestaltung des Oberbaues und der Gleisverbindungen in neue Richtungen gedrängt haben. Es wäre verfehlt gewesen, ein Buch über Oberbau herauszubringen, während noch so viele Erscheinungen in vollem Flusse waren. Heute läßt sich die weitere Entwicklung, wenn sie auch noch nicht abgeschlossen ist, doch genügend sicher übersehen, um einen vorläufigen Abschluß zu wagen: Darum möge denn dieses Büchlein seinen Weg in die Öffentlichkeit antreten!

Daß man gelegentlich auch mit einem raschen Wechsel der Anschauungen rechnen muß, zeigen die Auffassungen über den Rostschutz, den nach amerikanischen Quellen ein geringer Kupferzusatz zum Eisen bietet oder bieten soll. Die ersten Nachrichten darüber kamen mit Kriegsende aus Amerika nach Deutschland, gleich mit der Bestimmtheit festbegründeter Erfahrungen. Der Zusatz wurde anfangs auf 1 vH angegeben, später niedriger, und zwar zu 0,5 vH, ja bis 0,3 vH herab. In den letzten Wochen sind aber in Amerika Stimmen laut geworden, die die Wirksamkeit dieses Kupferzusatzes anzweifeln, so daß man weitere Erfahrungen wird abwarten müssen.

Als Quellen für einen großen Teil der Abbildungen dieses Buches haben bewährte und allgemein bekannte Werke über Oberbau gedient, und zwar:
Haarmann, Geschichte des Eisenbahngleises,
Die Eisenbahntechnik der Gegenwart,
Lucas, Oberbau in Foersters Taschenbuch für Bauingenieure, 4. Aufl.
Bräuning, Grundlagen des Gleisbaues.

Bei den Abbildungen 14, 20—22, 61 und 67, die aus „Bräuning, Grundlagen des Gleisbaues“ — Verlag W. Ernst & Sohn, Berlin — stammen, und den Abbildungen 15, 23, 26—29, 43, 44, 57, 62—65, 70 und 71, die aus „Foerster, Taschenbuch, 4. Aufl. entnommen wurden, ist leider übersehen worden, die Quelle zu nennen. Dies soll hiermit nachgeholt werden.

Die bildlichen Unterlagen für die neueren und neuesten Bauweisen stammen aus amtlichen Zeichnungen und Veröffentlichungen der Deutschen Reichsbahn-Gesellschaft, ferner aus Werbeschriften der Firmen Joseph Vögele in Mannheim und A. Rawie in Osnabrück, sowie der Maschinenfabrik Augsburg-Nürnberg. Mit dem Ausdrucke lebhaftester Dankbarkeit sei dies ausdrücklich verzeichnet.

Dresden, Herbst 1926.

Dr.-Ing. Adolf Bloss.

Inhaltsverzeichnis.

Erster Abschnitt.

Der Oberbau.

Zweiter Abschnitt.

Gleisverbindungen.

Erster Abschnitt.

Der Oberbau.

I. Geschichtlicher Rückblick.

Unter dem Begriffe Oberbau faßt man im Eisenbahnwesen alle Bauteile zusammen, die den Druck der Fahrzeuge auf den Unterbau, also auf die Krone von Erddämmen, auf die Sohle von Einschnitten und Tunneln, auf das Tragwerk steinerner, hölzerner und eiserner Brücken übertragen.

Gewöhnlich besteht der Oberbau aus Gleis und Bettung. Das Gleis stellt ein Tragwerk dar, das im Verhältnis zu den darauf bewegten Lasten nur ein sehr geringes Eigengewicht hat. Die Forderungen, denen das Gleis zu genügen hat, sind sehr vielgestaltig.

a) Als Tragwerk muß das Gleis eine genügende Widerstandsfähigkeit für die schwersten auf ihm zu bewegenden Lasten haben, wobei außer statischen auch dynamische Einflüsse zu berücksichtigen sind.

b) Als Bahn muß das Gleis folgende Eigenschaften aufweisen:

1. Stetigkeit und Regelmäßigkeit mit möglichst geringen Abweichungen von der genauen Lage, um die Arbeitsverluste bei der Fahrt klein zu halten.

2. Leichte Regelbarkeit zur Behebung der im Betriebe eintretenden Lageveränderungen und Abnutzungen.

3. Geringe Bahnreibung zur Verminderung der Reibungsverluste. Diese Forderung ist jedoch dadurch begrenzt, daß sich die Lokomotiven auf den gewöhnlichen Bahnen vermöge der Reibung fortbewegen, so daß das Gleis noch einen für diesen Zweck genügenden Reibungswiderstand bieten muß.

4. Eine gewisse elastische Nachgiebigkeit ist nötig, weil sonst die unvermeidlichen Unregelmäßigkeiten der Gleislage als heftige Stöße auf die Fahrzeuge zurückwirken und bei großen Fahrgeschwindigkeiten Entgleisungen verursachen würden. Die Stoßdrücke und Stoßschwingungen müssen also durch die elastische Lage des Gleises gedämpft (abgefedert) werden.

c) Das Gleis als Führung muß eine genaue Seitenlage und eine ausreichende Seitensteifigkeit gewährleisten. Auch für die Aufnahme der Seitenstöße ist ein genügendes Maß elastischer Nachgiebigkeit erwünscht.

d) In Sonderfällen wird das Gleis als Leiter für elektrische Ströme benutzt, und zwar auf elektrisch betriebenen Bahnen zur Rückleitung des Antriebstromes, ferner auf Bahnen aller Art für Signalströme sowie gelegentlich zur Ableitung und Verteilung von Luftelektrizität (Blitzableiter-Anschlüsse).

Der allgemeinste Gedanke des Gleisbaues, innerhalb eines Verkehrsweges einen schmalen Streifen so vorzurichten, daß auf ihm schwere Lasten mit möglichst geringen Reibungsverlusten bewegt werden können, findet seinen ältesten Vorläufer schon im alten Griechenland in den Steinfahrbahnen gewisser Kunststraßen, die zu Göttertempeln führten. Ob die in die Fahrbahn eingeschnittenen Rinnen durch den Verkehr entstanden sind oder bewußt als Führung angelegt waren, ist ungewiß.

Auch in den Straßen mittelalterlicher Städte finden sich Steinplatten als glatte, aber führungslose Fahrbahn für Lastfuhrwerke („der breite Stein“).

Die ersten Gleise im engeren Sinne sind zu Ausgang des Mittelalters in deutschen Bergwerken als Balkenfahrbahnen für Förderwagen entstanden. („Gleis der Trömen"). Die Führung des Fahrzeuges wurde durch einen an ihm befestigten Nagel oder Dorn bewirkt, der in einen Schlitz der Bohlenfahrbahn eingriff. Bemerkenswert ist, daß diese urwüchsige Bauart in neuester Zeit auf Waldbahnen in Schweden wieder aufgetaucht ist, sogar für Lokomotivbetrieb. Hohe Eisenpreise und Abgeschiedenheit der Gegend machten anstatt eiserner Schienen die an Ort und Stelle herstellbare Holzfahrbahn vorteilhaft. Die Räder der Fahrzeuge sind breite Walzen ohne Flansche. Die Fahrzeuge werden durch deichselförmige Ansätze geführt, die sich am vorderen Ende mit Rollen gegen die Seitenflächen der Fahrbalken stützen[1]).

Die Kenntnis der hölzernen Bergwerksgleise ist von deutschen Bergleuten nach England gebracht worden. Dort wurden solche Gleise bald auch in Straßen eingelegt, auf denen die Kohlen an die Verbrauchsstellen und Schiffsumschlagplätze abbefördert wurden. So entstand schon eine bahnähnliche Förderanlage. Da als Fahrzeuge gewöhnliche Landfuhrwerke dienten, übernahm das Gleis allein die Führung: an die Fahrbahnbalken wurden Führungsleisten angenagelt. Oft wurde auch ein Blechbeschlag aufgenagelt, um die Lebensdauer zu erhöhen und die Reibung weiter herabzusetzen.

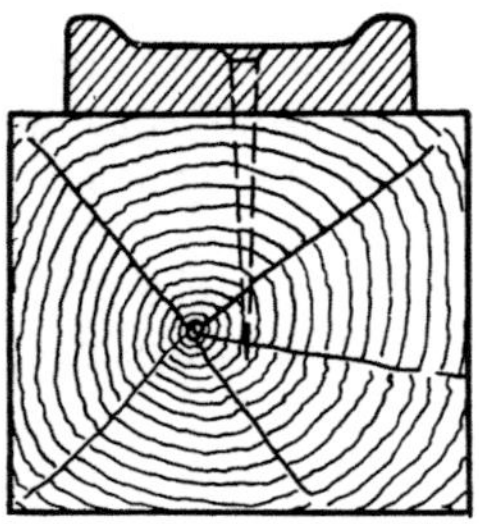

Abb. 1. Reynolds Barrenschiene. 1767. 1:5.

1767 goß Reynolds seine Barrenschiene als kräftige Tragschiene mit muldenförmiger Vertiefung zur Führung der Fahrzeuge (Abb. 1). An dieser Schiene wurde zuerst der große Vorteil der Reibungsverminderung erkannt, die eine kräftige Eisenschiene bietet. Das Jahr 1767 kann daher als Geburtsjahr des Eisenbahngleises betrachtet werden. Eine Abart der Barrenschiene war Currs Winkelschiene mit stärker betonter Führung (Abb. 2).

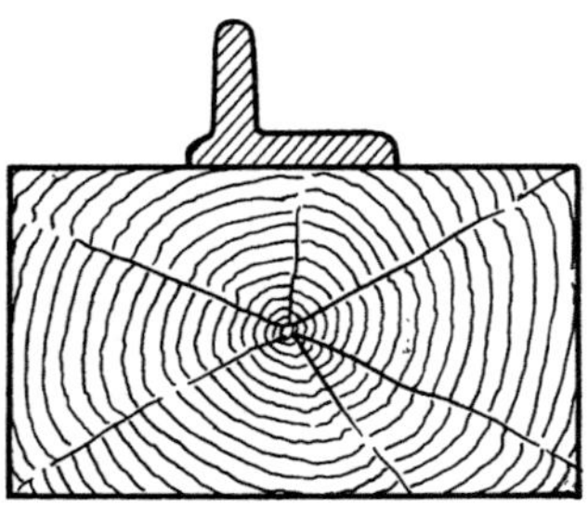

Abb. 2. Currs Winkelschiene. 1776. 1:5.

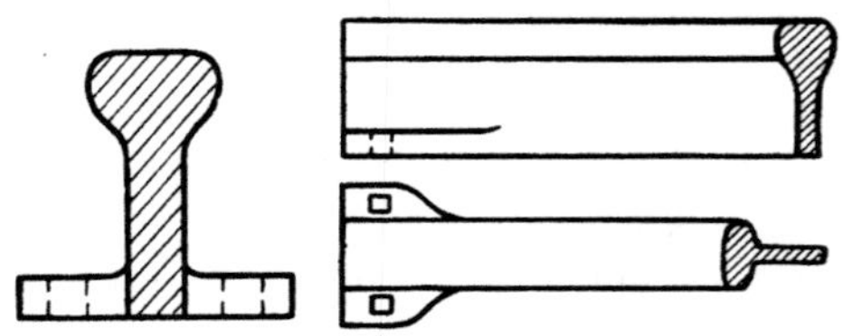

Abb. 3. Jessops Pilzschiene. 1789. 1:5.

Alle diese Gleise waren ausgesprochene Langschwellengleise; wenn auch vereinzelt Querschwellen untergezogen waren, so dienten sie doch mehr der Spurhaltung als der Lastübertragung.

Die ältesten Schienenformen waren nach Art von Platten mehr nach der Breite entwickelt. Die Ausbildung der statisch richtigeren Trägerform setzte im Jahre 1789 mit Jessops Pilzschiene ein (Abb. 3). Diese zeigte als erste einen klar ausgebildeten Fahrkopf. Die führende Leiste mußte damit als Radflansch dem Fahrzeuge zugewiesen werden. Mit dieser Wendung löste sich das Eisenbahnfahrzeug endgültig vom Straßenfuhrwerk, und die Wendung wurde bestimmend nicht nur für die weitere Entwicklung des Gleises, sondern auch für die Bauart der Eisenbahnfahrzeuge und damit für die ganze Betriebsführung. Gleis und Fahrzeug, insbesondere Gleis und Lokomotive, bedingten sich fortan gegenseitig und wuchsen miteinander und aneinander.

[1]) Organ f. d. Fortschritte des Eisenbahnwesens 1922, S. 60.

Jessops Pilzschiene bestand aus Gußeisen und reichte nur von einem Stützpunkte zum anderen, hatte also eine Baulänge von rund 1 m. Eine Erhöhung der Tragfähigkeit strebte man anfangs dadurch an, daß man die Schienenhöhe nach der Feldmitte zu wachsen ließ (Fischbauchschiene). Einen wesentlichen Fortschritt bedeutete es, als Berkinshaw im Jahre 1820 die gewalzte Schiene herausbrachte. Der Übergang vom Gußeisen zum Schmiedeeisen war nicht nur eine einschneidende Verbesserung des Werkstoffes, sondern er gestattete auch, in statischer Hinsicht die Schiene als durchlaufenden Träger auszubilden: Berkinshaws Schiene war $4^1/_2$ m lang. Sie suchte die Erhöhung der Tragfähigkeit nach Art der Fischbauchschiene in einer vergrößerten Höhe in Feldmitte, zeigte also in der Seitenansicht eine wellenförmige Gestalt. Das widerspricht dem Wesen des Walzvorganges. 1838 hat Rob. Stephenson mit der Doppelkopfschiene (Abb. 4) den letzten Schritt getan, die Massen im Querschnitt

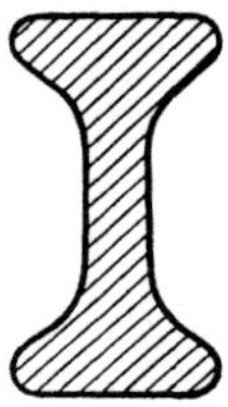

Abb. 4. Stephensons Doppelkopfschiene. 1838 1:5.

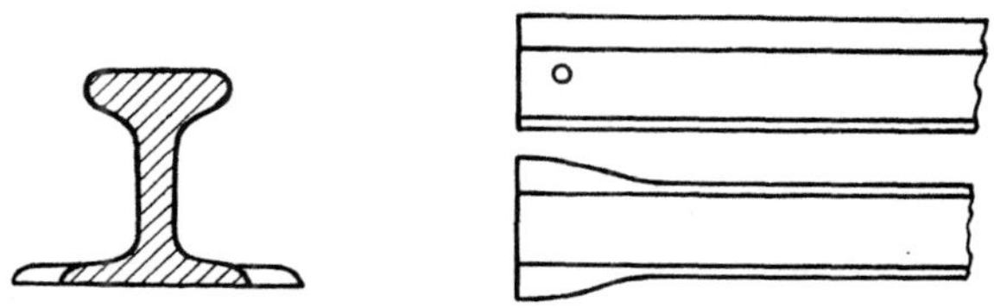

Abb. 5. Stevens Breitfußschiene. 1830.

statisch richtig zu verteilen und der Schiene überall gleichen Querschnitt zu geben Mit der unteren Verdickung wurde nicht nur eine größere Tragfähigkeit, sondern auch eine widerstandsfähigere Auflagerung erreicht. Damit war der Stuhlschienen-Oberbau, der seither in England herrschend geblieben ist, in den Grundlinien festgelegt.

Unterdessen hatte Stevens im Jahre 1830 auf amerikanischen Bahnen die Breitfußschiene eingeführt (Abb. 5). Vignoles, nach dem diese Schienenform vielfach benannt wird, verpflanzte sie nach England. Gleich auf der ersten großen Bahn des europäischen Festlandes, der Linie Leipzig—Dresden, fand diese Form Eingang, nachdem die erste Oberbauform dieser Bahn, eine Flacheisenschiene auf Holzlangschwelle, schon nach 2 Jahren versagt hatte, so daß man noch während des Baues der Bahn den Übergang zu der tragfähigeren Schienenform vollziehen mußte.

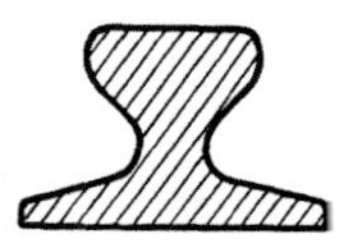

Abb. 6. Leipzig—Dresden. 1837. 1:5.

Nach einigen Versuchen mit Stuhlschienen ist man in Deutschland seit 1850 fast ausschließlich zu der Breitfußschiene auf Querschwellen gelangt, und die weitere Entwicklung ist vorwiegend durch die Erhöhung der Tragfähigkeit und die Verbesserung des Stoßes gekennzeichnet.

Die erste Breitfußschiene der Bahn Leipzig—Dresden (Abb. 6) hatte bei einer sehr gedrungenen Form das für damalige Verhältnisse beträchtliche Gewicht von 24,8 kg/m. Der Stoß war fest auf einer Querschwelle angeordnet, eine Verlaschung fehlte, man suchte aber die Stoßstelle dadurch tragfähiger zu machen, daß man sie durch eine Unterlegplatte stützte.

Die Verlaschung der Stöße wurde erst gegen Ausgang der 40er Jahre üblich. Da aber der birnenförmige Kopf der Schienen den Laschen keine Anlageflächen bot, die senkrechte Kräfte hätten aufnehmen können, hatten die ersten, überdies sehr kurzen Laschen nur den Wert einer etwas besseren seitlichen Verspannung, als sie die Befestigung mit Schienennägeln allein bieten konnte (vgl. Abb. 7). Erst 1853 ist in Deutschland eine Schienenform eingeführt worden, die eine klare Unterschneidung des Kopfes aufwies und damit eine Tragwirkung der Laschen ermöglichte (Abb. 8). Noch blieb zwar die Anordnung des Stoßes auf einer Schwelle (der feste Stoß) vorherrschend. Als aber um 1870 die keilförmige Unterschneidung des Schienenkopfes und damit die Nachstellbarkeit der Laschenverbindung gewonnen war, ging man mehr und mehr zum schwebenden Stoß über und damit war die Grundform des heute noch üblichen Gleises gewonnen. Fast gleichzeitig war auch die Frage des Schienenstoffes endgültig entschieden worden. Bis 1865 war man allgemein auf Eisenschienen

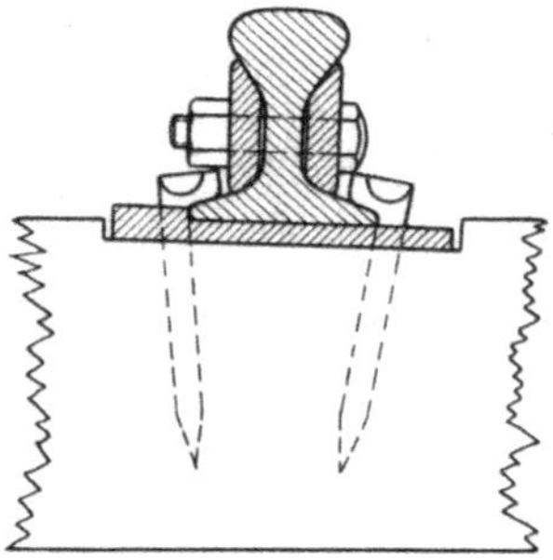

Abb. 7. Köln—Minden. 1848. 1:5.

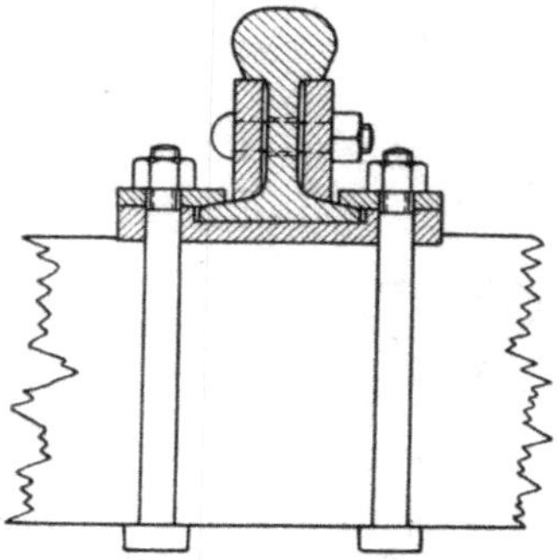

Abb. 8. Niederschlesisch-Märkische Bahn. 1853. 1:5.

angewiesen gewesen, die bei einem einigermaßen starken Verkehr nur eine Lebensdauer von 2 bis 3 Jahren erreichten. 1865 bis 1875 hatten dann die Stahlkopfschienen eine weite Verbreitung erlangt, bei denen Fuß und Steg aus Eisen, der Kopf hingegen aus Stahl bestand. Für diese Trennung waren Sparsamkeitsgründe maßgebend. Die Sparsamkeit rächte sich allerdings oft, die Stahlkopfschienen neigten leicht zu Längsrissen. Etwa um 1875 ist man dann allgemein zu Ganzstahlschienen übergegangen. Begünstigt wurde diese Verbesserung durch eine außerordentliche Verbilligung des Stahls:

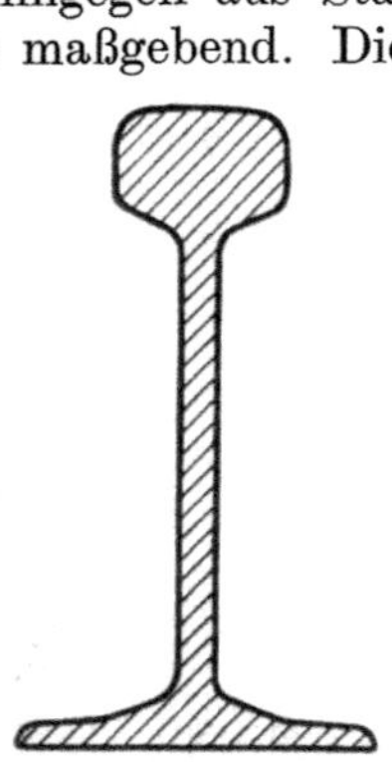

Abb. 9. Hartwich-Schiene. 1868. 1:5.

Abb. 10. Sattelschiene von Barlow. 1852. 1:5.

war doch in Deutschland der Preis des Stahls zwischen 1873 und 1876 von 400 ℳ/t auf 120 ℳ/t gefallen.

Als Schienenunterstützung war bei den ältesten Gleisformen die hölzerne Langschwelle vorherrschend. Bald erkannte man, daß kräftigere Schienenformen der durchlaufenden Unterstützung nicht bedürfen. So kam man zum Querschwellengleis, das dann vorzugsweise weiter ausgebildet wurde. Freilich ging es dabei nicht ohne Umwege, ja selbst gelegentliche Rückschritte nicht ab. So hat man Schwellroste verschiedener Formen versucht, ferner Einzelstützen aus Stein, in tropischen Ländern auch aus Eisen. Mit dem Aufkommen der eisernen Schwellen hat das Langschwellengleis vorübergehend wieder eine ziemlich weite Verbreitung gefunden. Als Abarten des eisernen Langschwellengleises können bezeichnet werden:

1. Die einteiligen Oberbauformen, die ohne weitere druckverteilenden Unterlagen verlegt wurden. Beispiele sind die Schwellenschiene von Hartwich (Abb. 9) und die Sattelschiene von Barlow (Abb. 10);

2. zweiteilige Schwellenschienen von Haarmann (Abb. 11). Durch Versetzen der Schienenstöße sollte ein stoßfreies Fahren erreicht werden;

3. mehrteilige Langschwellengleise, bei denen aus Ersparnisgründen nur der Fahrkopf aus Stahl hergestellt war (z. B. Scheffler, Abb. 12).

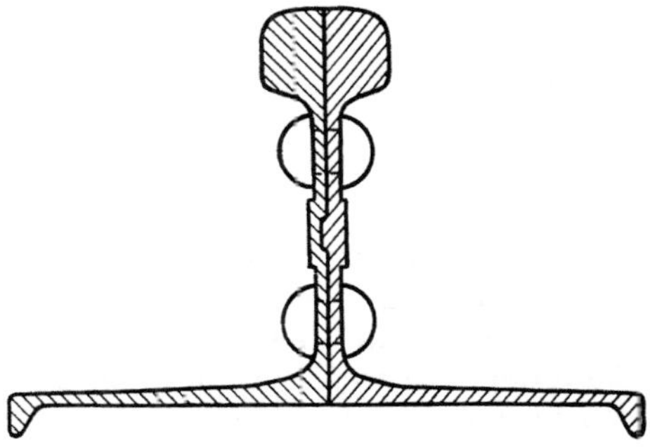

Abb. 11. Haarmanns zweiteilige Schwellenschiene. 1885. 1:5.

Alle diese Versuche sind bald wieder aufgegeben worden, heute werden fast ausschließlich Querschwellengleise verlegt. Die Wahl von Breitfußschienen oder Doppelkopfschienen wird dabei in erster Linie nach Gewohnheiten und Überlieferungen des betreffenden Landes entschieden, wobei klimatische Verhältnisse mitsprechen. Als Werkstoff der Querschwellen ist Holz vorherrschend. Die Eisenschwelle wird mehr durch volkswirtschaftliche als durch technische Gründe gestützt. Die Eisenbetonschwelle ist bisher über Anläufe und Versuche nicht hinausgekommen.

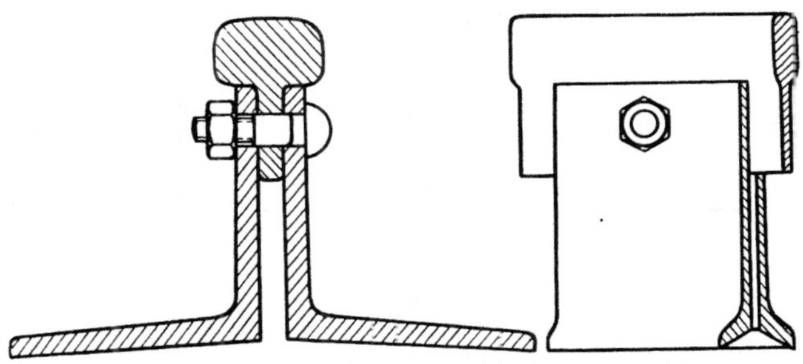

Abb. 12. Scheffler, Braunschweig-Wolfenbüttel. 1864. 1:5.

II. Beziehungen zwischen Rad und Schiene.

A. Der ruhende Raddruck.

Gleise, die von Lokomotiven befahren werden, müssen nach der Eisenbahn-Bau- und Betriebsordnung Raddrücke von 7,5 t im Stillstande mit Sicherheit aufnehmen können (B. O. § 16). Für Gleiserneuerungen ist ein Raddruck von 8 t, für stark beanspruchte Gleise ein solcher von 9 t vorgeschrieben. Unter diesen bisher in Deutschland üblichen Grenzen bleibt Österreich mit 7,25 t größtem Raddruck. Dagegen gehen französische und belgische Bahnen mit dem Raddruck von Lokomotiven bis 9,5 t, englische bis 10,0 t, amerikanische bis 13,5 t. Künftig ist auch in Deutschland mit einer starken Erhöhung der Raddrücke zu rechnen, da zur Zeit die Einführung von Großgüterwagen (50 t Ladegewicht) im Gange ist. Der Massenverkehr mit solchen Großgüterwagen soll mit Lokomotiven von 12,5 t Raddruck bewältigt werden. In dreifacher Abstufung sind dann folgende Anforderungen an Oberbau und Brücken festgelegt:

1. 12,5 t Raddruck der Lokomotiven und 10,0 t Raddruck der Wagen (Lastenzug N),
2. 10,0 t Raddruck der Lokomotiven und 10,0 t Raddruck der Wagen (Lastenzug E),
3. 9,0 t Raddruck der Lokomotiven und 8,0 t Raddruck der Wagen (Lastenzug G)[1].

An der Berührungsstelle zwischen Rad und Schiene entstehen Formänderungen und Beanspruchungen, die sich nach den Formeln, die Hertz für

[1]) Näheres s. Schaper: Die neuen Lastenzüge der Deutschen Reichsbahn. Organ Fortschr. Eisenbahnwes. 1925, Heft 6.

die Berührung von Walzen und Platten aufgestellt hat, annähernd berechnen lassen. Hiernach beträgt die Länge der Berührungsfläche (Abb. 13)

$$2a = 3{,}04\sqrt{\frac{P'r}{E}};$$

die größte an der Berührungsstelle auftretende Druckspannung wird

$$\sigma_0 = 0{,}418\sqrt{\frac{P'E}{r}}$$

In diesen Formeln ist P' der von dem Rade ausgeübte Druck, bezogen auf 1 cm Berührungsbreite zwischen Rad und Schiene, r der Halbmesser des Rades, E die Elastizitätsziffer. Setzt man überschläglich die mittlere Breite der Berührungsfläche zwischen Radkranz und Schiene zu 4 cm an, so erkennt man, daß sich bei einem Raddrucke von 9 t ein Rad von 1,0 m Durchmesser auf rund 0,7 cm Länge in die Schiene einpreßt. Die größte Druckspannung errechnet sich zu rund 3900 kg/cm².

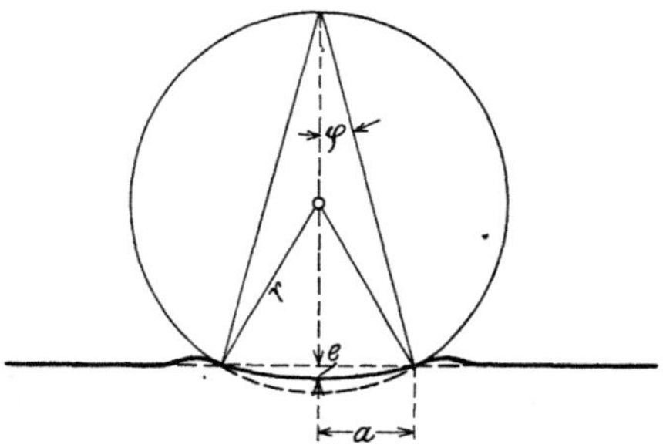

Abb. 13. Eindruck auf der Schiene.

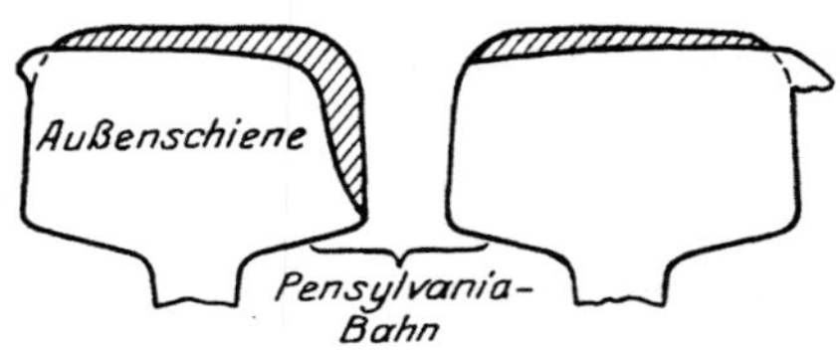

Abb. 14. Abnutzungsformen.

Dieser Berührungsdruck liegt über der Quetschgrenze. Es ist daher ohne weiteres verständlich, daß die Schiene dauernde Formänderungen erfährt: an der Lauffläche treten Verquetschungen ein (Abb. 14). Besonders stark werden die Formänderungen auf der Schienenlauffläche, wenn in der Mittellinie des Druckes eine Fuge mit scharfen oder nur wenig abgerundeten Kanten liegt Die dabei entstehenden hohen Randspannungen äußern sich stets in Abbröckelungen an den Trennfugen. An diesem Übelstande ist die zweiteilige Schwellenschiene von Haarmann (Abb. 11) gescheitert, ebenso die Blattstöße. Weniger lästig, aber immer noch deutlich fühlbar sind die Ausbröckelungen an den Längskanten von Auflaufkaschen.

B. Rollen und Gleiten des Rades.

Die Berührung zwischen Rad und Schiene ist bei der Fortbewegung nicht ein reines Abrollen, sondern es treten noch Gleitbewegungen sowohl in der Richtung der Schiene wie auch quer dazu auf. Diese Bewegungen bilden bei der Höhe des Berührungsdruckes die Hauptursache der Schienenabnutzung. Das Gleiten der Räder wird verursacht durch die Kegelgestalt der Räder im Zusammenwirken mit dem Spielraum zwischen Rad und Schiene. Damit die Räder auch im geraden Gleise nicht zwängen, muß die Spurweite etwas größer bemessen werden als der Abstand der führenden Punkte der Spurkränze einer Achse (Abb. 15). Die nach den „technischen Vereinbarungen für den Bau und die Betriebseinrichtungen der Haupt- und Nebeneisenbahnen“ (T. V. § 73) fest auf den Achsen aufgekeilten Räder haben auf den Laufflächen eine kegelförmige Neigung, und zwar im inneren Teile 1 : 20, außen 1 : 10. Die beiden Räder einer Achse laufen also auch in der Geraden nur auf Augenblicke mit Laufkreisen gleichen Durchmessers. Verschiebt sich nun eine Achse im Gleise (z. B. durch eine Unregelmäßigkeit in der Gleislage) derart, daß die Mitten des Radsatzes und des Gleises nicht mehr zusammenfallen, so eilt das auf dem größeren Laufkreise laufende Rad vor. Es entsteht also eine Drehbewegung, und zwar um die Spitze des durch die beiden Laufkreise gebildeten Kegels. Das seitlich ausgewichene Rad wird dadurch zunächst nach der Gleismitte zurückgeführt. Diese Bewegung ist es, die mit der Kegelgestalt der Räder beabsichtigt wird. Die Bewegung macht jedoch in Gleismitte nicht Halt, sondern sie setzt sich weiter fort, und zwar gewöhnlich so lange, bis das gegenüber liegende Rad an die Schiene anstößt. Dadurch, daß dieses Rad dabei auf einen immer größeren Laufkreis kommt und gehoben werden muß, wird die Bewegung zwar gedämpft, aber nicht begrenzt. Durch die elastische Widerstandskraft der Schiene wird nunmehr das anstoßende Rad wieder abgelenkt und das Spiel beginnt von neuem. Diese **Schlingerbewegung der Fahrzeuge** ist ziemlich regelmäßig und, da sie von der seitlichen Elastizität des Gleisstranges und der Massenverteilung der Fahrzeuge abhängig ist, der Berechnung einigermaßen zugänglich. Bei ungünstiger Bauart der Fahrzeuge, namentlich kleinem Radstand und großer Länge des Wagenkastens, also bei großem Überhang, ist sie entscheidend für die zulässige Fahrgeschwindigkeit, da sonst Entgleisungen eintreten können. Bei schnellfahrenden Zügen müssen also sowohl an Lokomotiven wie an Wagen die führenden Achsen möglichst weit an das Ende der Fahrzeuge vorgeschoben werden. Besonders lästig werden die Schlingerbewegungen von den Rei-

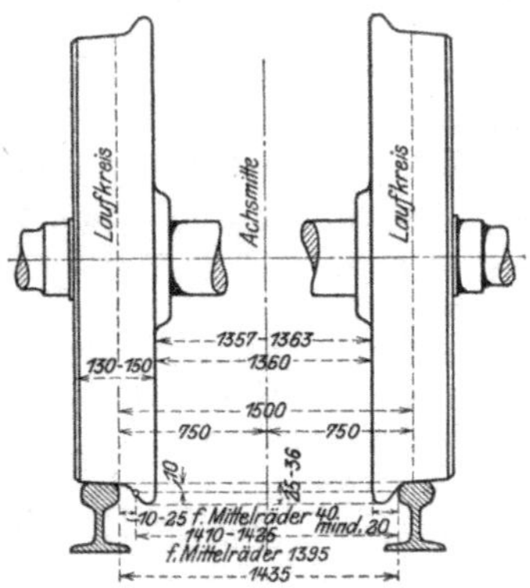

Abb. 15. Radsatz.

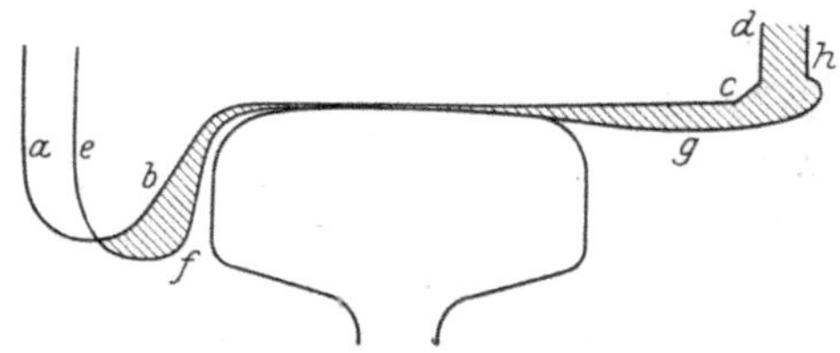

Abb. 16. Neuer und abgenutzter Radreifen.

senden in Personenzügen empfunden. Man strebt daher für Personenzüge eine weitere Dämpfung der Schlingerbewegungen an, als sie die Kegelform der Räder allein bietet, und zwar durch die Reibung zwischen den Puffern. Hieraus versteht man leicht die Bestimmung, daß in Personenzügen die Kupplungen bis zur federnden Berührung der Puffer angespannt werden sollen, sowie die bekannte Erscheinung, daß der letzte Wagen eines Personenzuges wegen der nur einseitigen Einspannung besonders lebhaft schlingert.

Hiernach sind in der Geraden die Räder eines Fahrzeuges dauernd in seitlichem Gleiten gegen die Schiene, und der Unterschied in der Abwicklungslänge der Laufkreise verschiedenen Durchmessers muß von den fest aufgekeilten Rädern durch Gleitbewegungen in der Richtung der Schiene ausgeglichen werden.

Alle diese Erwägungen gelten allerdings zunächst nur für die vorgeschriebene Gestalt der Räder, also für neue Räder. Die Kegelform der Laufflächen geht aber im Betriebe bald verloren. Da die Räder, namentlich wenn sie in Krümmungen führen, vorzugsweise auf den inneren, größeren Laufkreisen laufen, werden sie dort bald zylindrisch, oft sogar hohl, so daß sich an der Außenseite der Räder leicht der sogenannte „falsche Flansch" bildet (Abb. 16). An der Neigung zum Schlingern ändert sich aber hierdurch schon wegen der Mitwirkung der unvermeidlichen Unregelmäßigkeiten der Gleislage nicht viel.

Die Schlingerbewegungen sind übrigens auch richtunggebend für das Maß der **Abweichungen, die man als Folge des Betriebes für die Spurweite zulassen muß**, um die Unterhaltung des Gleises nicht allzusehr zu erschweren. Nach B. O. § 9 und T. V. § 2 betragen diese Abweichungen bis zu 10 mm über und bis zu 3 mm unter dem vorgeschriebenen Maße, wobei in Krümmungen einschließlich der planmäßigen Erweiterungen auf Hauptbahnen das Maß von 1465, auf Nebenbahnen von 1470 mm nicht überschritten werden darf. Der Unterschied in den Maßen für die Erweiterung und die Verengerung erklärt sich daraus, daß eine Erweiterung bis zu 10 mm nur die Schlingerbewegung etwas verstärkt, also immerhin noch in den Kauf genommen werden kann, während eine Verengerung über 3 mm hinaus das Aufsteigen der keilförmigen Spurkränze begünstigen, d. h. zu Entgleisungen führen könnte. Die Spurweite ist 14 mm unter der Lauffläche zu messen.

Noch lebhafter als in der Geraden sind die Gleitbewegungen der Räder im Bogen. Die Krümmungsbewegung kommt ja überhaupt nur dadurch zustande, daß die führende Achse ständig aus der tangentialen Richtung von der Schiene nach innen gedrängt wird, sich also auf der Schiene unter hohem Reibungsdrucke verschiebt. Diese Reibung bildet einen Hauptteil des zusätzlichen Krümmungswiderstandes, und Hamelink[1]) hat diese Reibungsarbeit neben der Spurkranzreibung geradezu zu einer rechnerischen Ableitung des Krümmungswiderstandes benutzt, während die älteren Formeln v. Röckls auf Messungen beruhen. Auch diese Reibungen äußern sich in Abnutzungen, und an den inneren Bogenschienen, die je nach der Größe der Überhöhung bis zu 10 vH stärker belastet werden als die äußeren, ist die senkrechte Abnutzung gewöhnlich größer als in den anstoßenden geraden Strecken. Der Unterschied in den abrollenden Laufkreisdurchmessern erreicht im Bogen wegen der Spurerweiterung seinen größten Wert. An der führenden Achse, deren äußeres Rad sich scharf an die Schiene anlegt, wird die verschiedene Abwicklungslänge der Laufkreise in etwas dadurch gemildert, daß der größere Laufkreis auf dem längeren, äußeren Schienenstrang läuft; voll ausgeglichen wird der Längenunterschied aber nur in sehr flachen Krümmungen von 1500 m Halbmesser und darüber. Bei zylindrisch gelaufenen Radreifen muß der gesamte Längenunterschied zwischen dem äußeren und dem inneren Schienenstrange durch Gleiten überwunden werden. Am ungünstigsten liegen die Verhältnisse an der hinteren Achse eines zweiachsigen Fahrzeuges oder Drehgestells. Diese Achse sucht sich nämlich nach dem Krümmungsmittelpunkte des Gleises einzustellen, und das innere Rad nähert sich dabei der inneren Schiene, oft bis zum Anliegen an ihr. (Besonders deutlich zeigt sich diese Erscheinung oft an Straßenbahnschienen mit Spurkranzauflauf, an denen man häufig Abnutzungsbilder nach Art der Abb. 17 beobachten kann, wobei die eine Rillenvertiefung von dem vorderen, die andere von dem hinteren Rade eingeschnitten wird). Bei kegelförmigen Rädern läuft also in der Krümmung das äußere Rad der hinteren Achse mit einem kleineren Laufkreis auf dem längeren Außenstrang, das innere unter den entgegengesetzten Bedingungen.

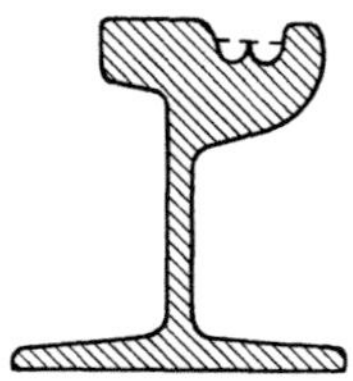
Abb. 17. Flanschrillen.

Durch all diese Einflüsse wird in Bogengleisen die senkrechte Abnutzung gesteigert. Hierzu kommt noch die seitliche Abnutzung des Schienenkopfes, hervorgerufen durch das scharfe Anliegen der führenden Räder. Die Abnutzungsform der Schiene paßt sich hierbei der Gestalt des Spurkranzes an, die Seitenfläche des Kopfes nimmt eine entsprechende Neigung an (vgl. Abb. 14). Der Radkranz berührt sich in einer immer größeren Fläche mit dem Schienenkopfe. Da die berührenden Punkte des Radflansches wesentlich größere Wege zurückzulegen haben als die abrollende Lauffläche, treten hier besonders ausgeprägte Schleifwirkungen ein, und der Beharrungszustand wird nur dadurch

[1]) Zeitschrift für Kleinbahnen 1918, Heft 7.

erreicht, daß sich der Berührungsdruck allmählich auf eine größere Anlagefläche verteilt.

Die Abnutzung der Schienenfahrfläche tritt an manchen Stellen in ausgeprägt wellenförmiger Gestalt auf. Auf der Lauffläche zeigen sich dann mehr oder weniger tiefe, ziemlich regelmäßige Wellen von 3 bis 8 cm Länge, die sogenannten Riffelbildungen (Abb. 18). Sie sind auf Straßenbahnen und Stadtbahnen, die überall gleichmäßige Betriebsverhältnisse aufweisen und an deren Betriebsmitteln bei dem vorherrschenden elektrischen Betriebe im Verhältnis zu Dampfbahnen überdies ein größerer Anteil des Achsgewichtes nicht abgefedert ist, außerordentlich weit verbreitet. Die Riffelstellen bilden daher auf solchen Bahnen oft einen Gegenstand ernster Sorge, nicht nur, weil bei der Befahrung solcher Riffelstellen ein unangenehmes, dröhnendes Geräusch entsteht, sondern auch, weil infolge der eintretenden Erschütterungen das feste Gleisgefüge nur schwer zu erhalten ist. Oft bleibt als letztes Mittel nur übrig, die Riffel abzufeilen oder abzuschleifen. In manchen Fällen mußten auf Stadtbahnen auch schon Schienen wegen tief ausgeschlagener Riffelbildungen vorzeitig ausgewechselt werden, so daß also die Lebensdauer der Schienen durch sie herabgesetzt wurde. Im offenen Eisenbahngleise ist die „Riffelkrankheit“ weniger schwer und verbreitet. Immerhin werden Riffelbildungen auch auf Vollbahnen in immer größerer Zahl und Ausdehnung bekannt. Im Jahre 1921 wurden z. B. auf den vormalig sächsischen Staatseisenbahnen weit über 100, zum Teil ausgedehnte Riffelstellen gezählt. Ein großer Teil lag in Gleisen mit gleichartigem Betriebe, namentlich in Personenzuggleisen. Ihr Auftreten scheint dabei an eine höhere Fahrgeschwindigkeit gebunden zu sein, denn sie traten überwiegend auf Vollbahnen auf. Aber auch Nebenbahnen sind nicht riffelfrei. Die Riffelbildungen beschränken sich meistens auf gerade Strecken und flache Krümmungen, in scharfen Bogen wurden sie seltener beobachtet. In sehr großer Zahl wurden sie zwischen Vorsignal und Hauptsignal an solchen Stellen der Hauptbahnen festgestellt, wo häufig Züge aus hoher Fahrgeschwindigkeit mit großer Bremsverzögerung abgebremst werden. Auch hier ist eine größere Fahrgeschwindigkeit Vorbedingung, denn die Bremsstrecken in Bahnhöfen werden von Riffeln so gut wie ganz verschont. Jedoch reicht der Bremsvorgang als Erklärungsursache nicht aus, denn in zahlreichen Fällen wurden Riffelbildungen auch in Ausfahrgleisen festgestellt. Harte, unnachgiebige Auflagerung begünstigt die Riffelbildung, es scheint also die Bettung von erheblichem Einflusse zu sein. An einzelnen Schienen, die aus einem zu Riffelbildungen neigenden Gleise einer zweigleisigen Bahn herausgenommen und in das andere Gleis eingelegt wurden, wurden die bereits weit fortgeschrittenen Riffelbildungen wieder ausgelöscht. Demnach reicht auch die Annahme, daß die Riffelbildungen auf einem regelmäßigen Wechsel harter und weicher Stellen im Schienenstoffe beruhen, zu ihrer Erklärung nicht allein aus. In einzelnen Fällen konnten deutlich ausgeprägte Riffel auch dadurch zum Verschwinden gebracht werden, daß die undurchlässige Bettung erneuert wurde oder daß durch Schmieren der Fahrfläche die Reibung zwischen Rad und Schiene verändert wurde.

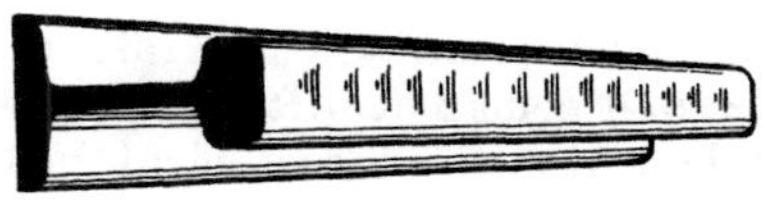

Abb. 18. Geriffelte Schiene.

Als Ausgangspunkte für die Erklärung der Riffelbildungen bieten sich folgende Erscheinungen dar:

1. Walzvorgänge. Die Walzen erzeugen durch Schwingungsvorgänge beim Durchgange des Walzstabes zumal bei niedriger Walztemperatur auf der Oberfläche abwechselnd stärker und schwächer verdichtete Stellen, die sich dann im Betriebe zu Riffeln ausbilden (Walzriffel).

2. Bremsvorgänge. Die Eindrückungswelle, die an dem Berührungspunkte zwischen Rad und Schiene entsteht, kann vom gebremsten Rade bis zur Über-

schreitung der Fließgrenze nach vorn geschoben und dann übersprungen werden, so daß sie als dauernde Formänderung hinter dem Rade zurückbleibt (Bremsriffel).

3. Schlag- und Fallwirkungen. Die Räder können unter dem Einfluß der Federung regelmäßigen, kurzzeitigen Veränderungen des senkrechten Druckes unterliegen, wodurch leichte Riffel allmählich vertieft würden, namentlich bei unnachgiebiger Lagerung (Schlagriffel).

4. Schwingungen des Radkranzes und der Achse (Gleit- oder Schabriffel).

a) Gleitschwingungen quer zur Schiene. Bräuning[1]) weist darauf hin, daß ein kegelförmiges Rad bestrebt ist, nach außen abzurollen, so daß die beiden Räder einer Achse ständig gleichzeitig nach innen gezogen werden müssen. Die dazu erforderliche Kraft, die sich als Zugspannung in der Achse auswirkt, beträgt gemäß dem Reibungsbeiwert zwischen Stahl und Stahl bis zu einem Viertel der Radlast. Es ist leicht denkbar, daß dieses Einziehen nicht gleichmäßig vor sich geht, sondern vermöge der Elastizität der Radreifen in Form kurzwelliger Schwingungen.

b) Gleitschwingungen längs der Schiene. Auch die früher geschilderten Gleitbewegungen in der Längsrichtung der Schiene können als Schwingungen auftreten, wobei Radkranz und Achse in Torsionsschwingungen geraten.

Diese „Reibschwingungen" hat Wichmann[2]) zu seiner sehr beachtlichen Theorie der Riffelbildungen benutzt. Er weist nach, daß der Reibungsbeiwert von der Gleitgeschwindigkeit abhängig ist und zwar so, daß er bei zunehmender Gleitgeschwindigkeit sinkt. Dies bewirkt eine Schwankung der an den Rädern wirkenden Kräfte. Wichert erblickt in der Verstärkung der Achsen der Eisenbahnfahrzeuge eines der wirksamsten Mittel zur Verminderung der Riffelbildungen, eine Ansicht, die für Straßenbahnen bereits durch die Erfahrung bestätigt ist.

C. Kraftwirkungen der bewegten Last.

Beim Rollen des Rades ist sowohl der Angriffspunkt wie die Richtung der an der Schiene angreifenden Gesamtkraft dem Wechsel unterworfen. Zunächst wirkt auf die Schiene der lotrecht gerichtete Raddruck. Hierzu tritt infolge der ständigen Gleitbewegungen, die das Rad senkrecht zur Schiene ausführt (und zwar in der Geraden vermöge des Bestrebens keilförmiger Räder, nach außen abzurollen, in der Krümmung vermöge des Spurkranzdruckes) noch eine Reibungskraft. Ihre Größe kann rechnungsmäßig zu einem Viertel der Radlast eingesetzt werden, nach Wichmann schwankt sie mit der Gleitgeschwindigkeit, oft in raschem Schwingungsvorgang. Endlich kommt dazu noch der Spurkranzdruck selbst. Die Resultierende aus diesen Einzelkräften greift am Fahrkopf zwischen der Schienenmitte und der führenden Kante an. Ihre Richtung geht im allgemeinen schräg zur Schienenmitte nach außen. Bräuning[3]) hat durch Beobachtungen des Kippdruckes die Grenzlagen des Punktes festgestellt, in dem die Richtung der Gesamtkraft den Schienenfuß schneidet. Beginnt aber eine Schiene sich nach der Seite zu neigen, so wandert der Lastangriff am Kopf nach der entgegengesetzten Seite. Hierdurch wird von selbst dem weiteren Kippen entgegengewirkt.

Auch die Größe des Raddruckes schwankt bei der Bewegung in weiten Grenzen. Der Einfluß bewegter Lasten auf das Gleis ist auf vier Ursachen zurückzuführen:

1. Der Einfluß der reinen Geschwindigkeit der Last, also des Umstandes, daß sich die Durchbiegungen nicht ruhend, sondern mit einer gewissen

---

[1]) Grundlagen des Gleisbaues, S. 24 und 25.
[2]) Verkehrstechnik 1921, S. 109 und 140.
[3]) Grundlagen des Gleisbaues, S. 26.

Geschwindigkeit vollziehen. In dieser Hinsicht weist Dr.-Ing. Saller auf Grund dynamischer Berechnungen[1]) nach, daß sich die Durchbiegungen, einwandfreie Gleislage vorausgesetzt, bei den üblichen Geschwindigkeiten nur so wenig über die statischen erheben, daß die Zuschläge vernachlässigt werden können.

2. Der Einfluß der Schwankungen der Tragfedern. Diese treten infolge der störenden Bewegungen der Lokomotiven, der ungleichen Senkung der beiden Schienenstränge, ferner durch kleine Mängel der Gleislage und der Fahrzeuge ein und äußern sich nach Versuchen von Michel und Brière in Schwankungen der Achsbelastung bis zur Größe von $\pm$ 0,63 des Raddruckes.

3. Der Einfluß der Fliehkräfte, die an den Lasten selbst auftreten, wenn sie eine im senkrechten Sinne gekrümmte Bahn durchlaufen. Aus dem Krümmungskreise der Biegelinie hat Winkler eine Formel für den Einfluß bewegter Lasten abgeleitet. Diese ist jedoch nicht zutreffend, da sich die Räder annähernd auf dem Grunde der Durchbiegungswelle bewegen, so daß die Bahn der bewegten Last in unveränderlichem Abstande von der Ruhelage des unbelasteten Gleises verläuft. Soweit wirklich eine zusätzliche, mit Fallen und Steigen zu durchlaufende Durchbiegung vorkommt, ist sie durch ungleichmäßige Gleislage hervorgerufen und unter 2. berücksichtigt.

4. Der Einfluß der Fliehgewichte an den Treibrädern der Lokomotiven. Zum Ausgleich der Triebwerksteile sind an den Treibrädern der Lokomotiven Fliehgewichte angebracht, die bei der Bewegung nach unten eine zusätzliche Belastung, nach oben eine Entlastung der Achse herbeiführen. Der Einfluß wird bei den neueren Mehrzylinderlokomotiven mit innerem Massenausgleich klein, im übrigen wächst er mit der Fahrgeschwindigkeit und der Schwere der Triebwerksteile. Für die Berechnung neuer Lokomotiven ist er auf $\pm$ 0,15 des Raddruckes begrenzt.

Hiernach ist bei tadelloser Gleislage und gut unterhaltenen Fahrzeugen kein höherer Raddruck zu erwarten als etwa das 1,5fache des ruhenden Raddruckes. Unter ungünstigen Verhältnissen kann aber der rollende Raddruck auf das 1,8fache des ruhenden steigen. Diese Zahlen dienen dazu, in statischen Berechnungen den Einfluß der bewegten Last zu berücksichtigen.

Der größte Seitendruck auf das Gleis ist nicht genau bekannt. Nach Messungen Wöhlers wären Seitendrücke zu erwarten, die der senkrechten Last gleichkommen, ja, sie übersteigen. Göring hat jedoch nachgewiesen, daß aus Wöhlers Messungen als Mittelwert der Seitenkraft 0,50, als Höchstwert für besonders ungünstige Fälle 0,75 des senkrechten Raddruckes folgen müßte. Der Einfluß von Seitenwind ist hierin inbegriffen. Man nimmt an, daß Seitendrücke von solcher Größe nur auftreten können, wenn ihnen auf der Fahrfläche die Reibung zwischen Rad und Schiene nicht entgegenwirkt, also bei entlasteten Achsen. Da andererseits die größten Achsdrücke nur bei überlasteten Achsen eintreten können, würde das bedeuten, daß die beiden ungünstigsten Belastungsfälle nicht zusammentreffen können. Das Verhältnis der Seitenkraft zum gleichzeitig wirkenden senkrechten Druck setzt Zimmermann auf 0,25 bis 0,40 an.

Eine besondere Rolle im Eisenbahnbetriebe spielen Stoßvorgänge. Diese treten auf:

1. an Unstetigkeiten der Bahn im lotrechten Sinne, und zwar an scharfen Höhenbuckeln, an Stoßknicken (unter einem Winkel zusammentreffende Schienenenden) und Stoßstufen (Höhenunterschiede am Stoß zwischen dem abgebenden und aufnehmenden Schienenende);

2. an Unstetigkeiten der Bahn im wagrechten Sinne, und zwar bei ungleichförmigem Verlauf der Krümmung, insbesondere am Knickwinkel der Weichenzungenspitze (Ablenkungsfehler);

[1]) Einfluß bewegter Last auf Eisenbahnoberbau und Brücken, Wiesbaden, Kreidels Verlag, 1921.

3. *an Durchbrechungen der Schienenlauffläche*, wie sie schon weite Wärmefugen am Schienenstoße, in höherem Maße noch die Herzstücklücken in Weichen und Kreuzungen darstellen;

4. *durch unrunde Räder*, d. h. solche, die bei allzu starkem Anziehen der Bremsen auf den Schienen glitten und dadurch Schliffstellen erhielten.

Der Stoßvorgang an einem heruntergefahrenen Stoße mit fühlbarem Knickwinkel (Abb. 19 stellt eine Aufnahme eines solchen Stoßknickes dar) wird zunächst eingeleitet durch eine Entlastung des fallenden Rades, solange es die abwärtsgeneigte Strecke der Knickstelle herabrollt; denn das Obergestell des Fahrzeuges folgt der Fallbewegung nur verzögert, die Tragfedern entspannen sich, der Achsdruck wird geringer. Mit dem Übergang des Rades auf das ansteigende Schienenende erhält das Rad eine Beschleunigung nach oben, die Federn werden zusammengedrückt, der Achsdruck wächst. Das Gleis verhält sich umgekehrt wie das Federspiel. Während sich die Federn entspannen, hebt sich das Gleis entsprechend dem verminderten Drucke, unter dem vergrößerten Achsdrucke nach dem Stoßvorgang senkt sich das Gleis tiefer. Dr.-Ing. *Saller* hat auf Grund dynamischer Berechnungen[1]) gezeigt, daß die Durchbiegung der Stoßverbindung abhängig ist von der Fahrgeschwindigkeit: zwischen 36 und 72 km/Stde wird sie größer als unter ruhender Last, von da aufwärts nimmt sie ab und wird bei Hochgeschwindigkeiten immer kleiner. Der Schienenstoß ist dabei als durchgehend elastisch gelagerter Träger mit Gelenkverbindung aufgefaßt. Die Schwingungen, die die Schienen am Stoße beim Übergang der Räder ausführen, hat *Bräuning*[2]) messend verfolgt.

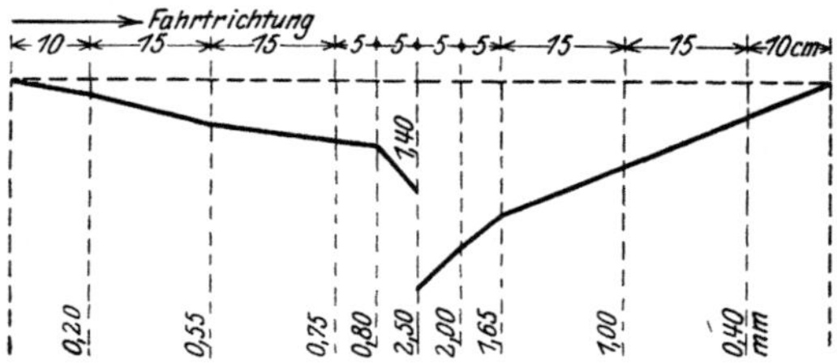

Abb. 19. Einsenkung am Stoß.

Die Kraftwirkungen, die an Stoßstufen, Stoßknicken mit weiter Wärmefuge und durch die Schliffstellen unrunder Räder entstehen, hat *Bräuning* dadurch vergleichbar gemacht, daß er bei allen 3 Bewegungen als Grundlage den *Winkel der Unstetigkeit* ansetzt (Abb. 20 bis 22). An der Stoßstufe tritt vorwiegend

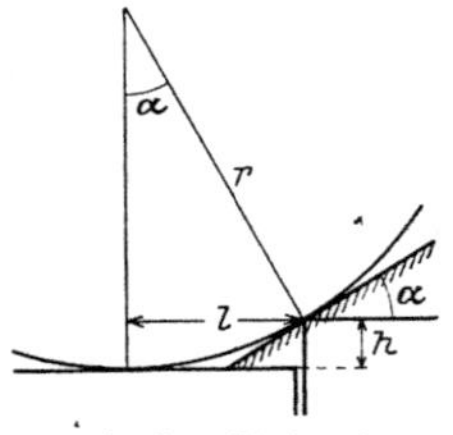

Abb. 20. Stoßstufe.

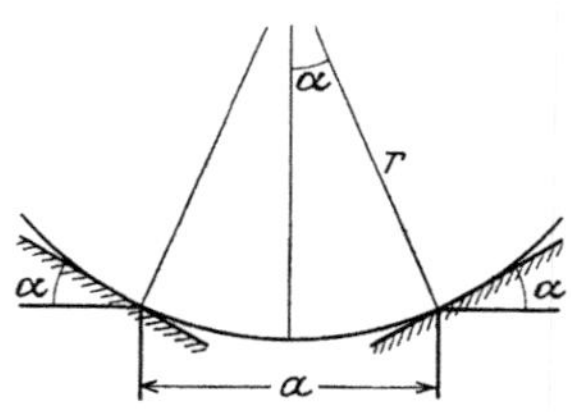

Abb. 21. Stoßknick.

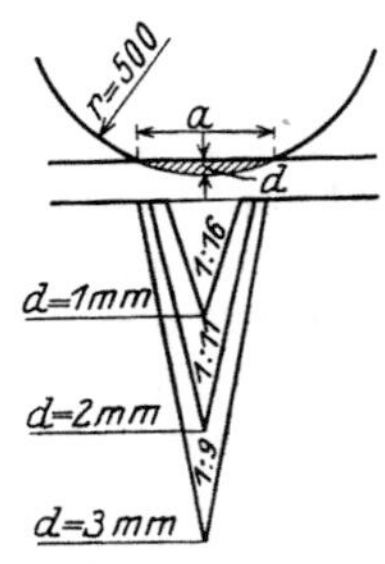

Abb. 22. Unrundes Rad.

am Ende der aufnehmenden Schiene eine verhämmernde Abnutzung des Kopfes ein. An weiten Stoßfugen und Stoßknicken tritt eine bleibende Senkung der Stoßstelle ein, bei eingleisigem Betriebe gleichmäßig an beiden Schienen, bei zweigleisigem Betriebe (Befahrung nur in einer Richtung) am Anlaufende verstärkt. Die stärksten Wirkungen können unrund geschliffene Räder haben, wenn man mit Dr.-Ing. *Saller* Schlifftiefen bis 20 mm annimmt. Dann sind gewaltsame Zerstörungen im Gleise zu erwarten. Tatsächlich sind Fälle bekannt, daß

---

[1]) Einfluß bewegter Last auf Eisenbahnoberbau und Brücken, S. 30ff.

[2]) Grundlagen des Gleisbaues, S. 12.

bei Kälte, die (vermutlich wegen der harten Auflagerung auf gefrorener Bettung) überhaupt die Neigung der Schienen zum Bruche vermehrt, bei einer einzigen Güterzugfahrt durch langes Gefäll bis zu 100 Schienenbrüche vorgekommen sind.

Die rechnerische Betrachtung des Stoßvorganges stößt auf beträchtliche Schwierigkeiten, insbesondere weil die gestoßene Masse zahlenmäßig kaum erfaßt werden kann. Saller[1]) hat aber doch für den vollkommen unelastischen Stoß, für den Stoß ohne plötzliche Wirkung und für den Stoß unter dem Einflusse einer Federung Formeln entwickelt, die für gegebene Bauarten und Anlageteile rechnungsmäßige Vergleiche gestatten, ferner allgemeine Richtlinien für die Anordnung der Einzelteile des Gleises und für die Bettung geben.

D. Raumbedarf des Rades.

An und neben der Schiene muß ein durch B.O. bestimmter Raum frei gehalten werden, dessen Abmessungen sich nach den Maßen des Radkranzes und seinen Abnutzungsgrenzen richten. Die Vorschriften der B. O. darüber enthält Abb. 23. Die Breite des Spurrinne muß mindestens 58 mm betragen, wenn kein Rad der Seitenkante der Spurrinne anstreifen soll. Mit der Rinnenweite der Zwangschienen geht man der sicheren Führung zuliebe bis auf 41 mm herab, nimmt also das Anstreifen einzelner Räder, das mit Seitenstößen auf die Fahrzeuge verbunden ist, in Kauf. In Krümmungen erhöhen sich die Maße um die Spurerweiterung. Die Tiefe der Spurrinne muß 38 mm auch bei größter senkrechter Abnutzung des Schienenkopfes betragen. Bei der Anordnung der Befestigungs- und Verbindungsteile des Gleises ist hierauf Rücksicht zu nehmen.

Abb. 23.

a = 135 mm für unbewegliche, mit der Fahrschiene fest verbundene Gegenstände,
= 150 mm für alle übrigen unbeweglichen Gegenstände;
b = 41 mm für Zwangschienen der Weichen und Kreuzungen,
= 45 mm für andere Zwangschienen,
= 67 mm für alle übrigen Gegenstände.

III. Berechnung des Eisenbahngleises.

A. Allgemeines.

Die statische Berechnung des Eisenbahngleises gründet sich auf die Lehre vom Träger mit elastisch nachgiebiger Stützung. Das Langschwellengleis und die Schwellenschiene sind als unendlich lange Träger mit durchgehender elastischer Lagerung aufzufassen. Die Querschwelle ist ein Sonderfall des Trägers mit durchgehender elastischer Auflagerung, und zwar von endlicher Länge mit 2 symmetrischen Einzellasten. Die Schiene des Querschwellengleises stellt sich als ein unendlich langer Träger auf elastisch nachgiebigen Einzelstützen dar. Von den Unstetigkeiten, die an den Stoßverbindungen auftreten, ist dabei abgesehen.

Ziel der Rechnung ist die Bestimmung der auftretenden Formänderungen und Spannungen. Die Kenntnis der Formänderungen ist sogar besonders wichtig. Die elastische Nachgiebigkeit des Gleises stellt eine Art Federung dar, die zur Verarbeitung der von den Fahrzeugen auf das Gleis übertragenen Stoßdrücke unentbehrlich und daher ausschlaggebend für das dynamische Verhalten des Gleises ist. Außerdem treten im Gefolge der Formänderungen des Gleises gegenseitige Bewegungen seiner Einzelteile auf, die sich unter beträchtlichem Reibungsdruck abspielen, daher zu Abnützungen führen und oft die Lebensdauer unliebsam herabsetzen.

[1]) Stoßwirkungen an Tragwerken und am Oberbau im Eisenbahnbetriebe.

Die Bettung stellt eine Schüttmasse dar, die, durch das übliche Stopfen gedichtet, Drücke von 2,0 bis 2,5 kg/cm² dauernd verarbeiten kann. Der Druck erzeugt in der Bettung Schubspannungen, die begrenzt sind durch die Reibung des gekörnten Bettungsstoffes. Unter dem Drucke preßt sich die Bettung zusammen. Diese Formänderung wird für die Berechnung als rein elastisch angenommen. Indessen kann dies nur als Annäherung gelten. Bei jeder Belastung bleibt eine wenn auch geringe dauernde Formänderung zurück, deren oftmalige Wiederholung sich in einer allmählichen Senkung des Gleises äußert. In diesen Senkungen, die überdies nicht überall gleichmäßig stark sind, liegt der Hauptgrund für die Notwendigkeit, von Zeit zu Zeit die Tragfähigkeit der Bettung durch Nachstopfen wieder zu erneuern.

Die Biegelinie der Schiene unter einer ruhenden Einzellast (Abb. 24) zeigt unter der Last eine Hauptdurchbiegungswelle, deren größter Biegepfeil d bei guter Gleislage zwischen 1,5 und 2,5 mm liegt. Eine Einsenkung von 4 mm an der tragenden Stützfläche kann schon als die Grenze angesehen werden, bei der in der Bettung die Zerrüttung des Gefüges beginnt, so daß das Bedürfnis zum Nachstopfen eintritt. Die Anlaufsteigung der Biegelinie kann im Mittel zu 1 : 600 angenommen werden. Beiderseits der Hauptdurchbiegungswelle schließt sich, wenn die Stetigkeit des Schienenstranges nicht unterbrochen ist, eine nach oben gerichtete Abhebungswelle an, deren Biegungspfeil f etwa den 25. Teil der Einsenkung d beträgt. In der Abhebungswelle herrschen negative Momente, wenn man die Momente, die eine Durchbiegung nach unten erzeugen, als positiv ansieht. An die Abhebungswelle müßten sich aus Stetigkeitsgründen beiderseits der Last wieder Einsenkungswellen anschließen. Diese sind jedoch so klein, daß man sie vernachlässigen kann.

Abb. 24. Schienendurchbiegung bei Einzellast.

Steht die Last nach Abb. 24 im Querschwellengleise gerade auf einer Schwelle, so drücken sich auch noch die benachbarten Schwellen in die Bettung ein, wobei die Stützen je nach dem auf sie entfallenden Drucke eine verschiedene Höhenlage annehmen. Dieser Druck wird durch die Schiene nach Maßgabe ihrer Steifigkeit auf die Nachbarschwellen übertragen. Es entfällt also von dem Raddrucke nur ein Teil auf die Schwelle, über der das Rad steht. Diesen Anteil hat Dr. Zimmermann „Schienendruck“ genannt. Er beträgt in kräftigen Gleisen mit enger Schwellenlage nur etwa die Hälfte der Radlast. Der Raddruck ist also maßgebend für die Berechnung der Schiene, der Schienendruck für die der Querschwelle.

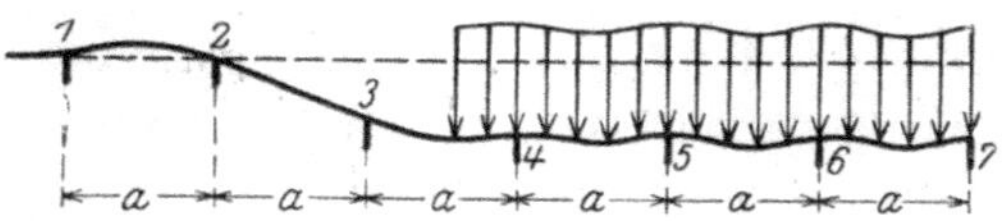

Abb. 25. Schienendurchbiegung bei gleichmäßiger Lastverteilung.

Die Belastung eines Gleises durch eine Einzellast ist ein Grenzfall, der nur dann eintreten könnte, wenn die Achsen eines Zuges in so großen Abständen aufeinander folgen, daß sich die Durchbiegungswellen nicht mehr übergreifen. Es ist nützlich, auch den anderen Grenzfall zu betrachten, bei dem die Achsen nur so geringe Abstände haben, daß die Belastung als gleichmäßig verteilt angesehen werden kann. Bei diesem Belastungsfalle läuft außerhalb des belasteten Gleisteiles vor der Einsenkungswelle gleichfalls eine Abhebungswelle einher. Die Schwellen unter der Last nehmen (mit Ausnahme der in dem aufsteigenden Ast der Einsenkungswelle liegenden) die gleiche Höhenlage an, da auf alle der gleiche Druck entfällt. Die Biegelinie unter der Last weist zwischen den Schwellen nur geringe Wellenhöhen auf, und die Biegemomente treten in solcher Größe auf, als handle es sich um einen durchlaufenden Träger auf unendlich vielen, gleich hohen, starren Stützen (Abb. 25).

Die Biegelinie des Langschwellengleises verläuft ebenso wie die des Querschwellengleises. Der Unterschied zwischen Raddruck und Schienendruck fällt jedoch beim Langschwellengleise weg. Bei gleich großem Trägheitsmoment des Gestänges und gleich großer Auflagerfläche werden die Formänderungen im Quer- und im Langschwellengleise fast gleich. Haarmann[1]) hat hierauf eine angenäherte Berechnung des Querschwellengleises gegründet, indem er die Trägheitsmomente und die Auflagerflächen der Querschwellen auf die Schienenlänge umlegt, also eine Art stellvertretenden Langschwellengleises einführt.

B. Die Bettungsziffer.

Der Ausgangspunkt der Gleisberechnung ist die Gleichung

$$p = C y,$$

die aussagt, daß an jeder betrachteten Stelle der widerstrebende Flächendruck p verhältnisgleich sei der dort auftretenden Einsenkung in die Bettung (y). Diese Gleichung schließt die Annahme ein, daß die Einsenkungen rein elastisch sind. Die Größe C hat zunächst nur die Bedeutung einer Proportionalitätskonstanten. Sie gewinnt jedoch sofort eine wichtige mechanische Bedeutung, wenn man ihre Dimension betrachtet:

$$C = \frac{p}{y} = \text{kg/cm}^2 : \text{cm} = \text{kg/cm}^3 .$$

C ist also 1, wenn unter einem Flächendrucke von 1 kg/cm² eine Einsenkung von 1 cm entsteht. Allgemein gibt die Größe C den Flächendruck in kg/cm² an, unter dem sich der „Bettungsfaden" von 1 cm² Fläche um 1 cm zusammenpreßt. Die Größe C wird „Bettungsziffer" genannt. Sie ist vorwiegend von der Nachgiebigkeit der Bettung, in nicht unbeträchtlichem Maße aber auch von der des Untergrundes abhängig. Wasiutynski hat deshalb für sie den Namen „Schwellenunterlageziffer" vorgeschlagen, der Ausdruck „Bettungsziffer" ist aber fast allgemein beibehalten worden, soll aber im folgenden in der allgemeineren Bedeutung gelten.

Die Bettungsziffer muß durch Messung vorweg bestimmt werden. Diese Aufgabe ist zwischen 1877 und 1888 von Häntzschel erledigt worden, und zwar auf den vorm. Reichseisenbahnen in Elsaß-Lothringen mittels Durchbiegungsmessungen an Langschwellengleisen. Dabei wurden folgende Werte gefunden:

für reine Kiesbettung . . . . $C = 3$ kg/cm³,
für Kies auf Packlage . . . . $C = 8$ kg/cm³,
für beste Steinschlagbettung auf Packlage $C = 15$ kg/cm³.

In Ausnahmefällen sind auch höhere Werte nicht unwahrscheinlich.

Die Bettungsziffer ist jedoch nicht allein von der Art des Bettungsstoffes und — im weiteren Sinne der Ziffer — von der Tragfähigkeit des Untergrundes abhängig. Vielmehr muß man sich beim Gebrauche der Bettungsziffer noch folgendes vor Augen halten:

1. Da, wie schon früher hervorgehoben, die Einsenkungen nicht rein elastisch sind, die Bettungsziffer also nicht streng ein Festwert sein kann, ist die Bettungsziffer abhängig von der Tiefe der Einsenkung.

2. Die Bettungsziffer kann verschieden sein nach Größe und Gestalt der druckübertragenden Fläche.

Die Einflüsse unter 1. und 2. hat Dr.-Ing. Bastian außerhalb des Gleises durch Messungen über das Verhalten bettungsähnlicher Bodenmassen nachgeprüft. Die Einflüsse haben sich dabei als nicht so beträchtlich erwiesen, daß

[1]) „Das Eisenbahngeleise". Kritischer Teil, S. 104.

sie angesichts des überhaupt erreichbaren Genauigkeitsgrades der Annahme einer konstanten Bettungsziffer entgegenstünden.

3. Wahrscheinlich ist die Bettungsziffer auch verschieden je nach der Tiefe, in der die druckaufnehmende Fläche in der Bettung angeordnet ist. Es wäre hiernach nicht ohne weiteres angängig, die Bettungsziffer für die mehr obenauf liegende Eisenschwelle und die tiefer in die Bettung eingreifende Holzschwelle gleich anzusetzen.

4. Die Bettungsziffer ist verschieden je nach dem Grade, wie die Bettung durch das Stopfen gedichtet wurde. Auch in dieser Hinsicht dürften Unterschiede zwischen der Holzschwelle und der eisernen Trogschwelle bestehen, da der Hohlraum der Eisenschwelle beim Stopfen nur schwer mit Bettungsstoff gleichmäßig ausgefüllt werden kann. Auch an einer und derselben Gleisstelle wird die Bettungsziffer in dem Maße sinken, wie die Bettung durch die von den Verkehrslasten ausgehenden Erschütterungen allmählich in ihrem Gefüge gelockert wird und an Tragfähigkeit verliert.

5. Die Bettungsziffer ist abhängig von der Witterung. Wird der Untergrund nach längerem Regen aufgeweicht, so tritt eine Herabsetzung der Bettungsziffer ein. Umgekehrt wird, wenn der Untergrund — etwa durch Frost — gehärtet wird, die Bettungsziffer sich erhöhen.

Beobachtungen über die Wirkungen der Einflüsse unter 3. bis 5. sind leider nur spärlich angestellt worden. Angesichts der unvermeidlichen Ungenauigkeiten wird man nur mit runden Werten der Bettungsziffer rechnen. Zimmermann setzt als Grenzwerte für Regelfälle stets 3 und 8 an.

C. Allgemeine Gleichung der Biegelinie des Trägers auf gleichmäßiger, nachgiebiger Unterlage.

Allgemein wird vorausgesetzt, daß auf den Träger nur senkrechte Kräfte wirken, die in die Trägermitte fallen. Für einen Querschnitt im Abstand x von einem beliebigen Anfangspunkte sei das Biegemoment M, die Querkraft Q, wobei Q die Summe der äußeren Kräfte bezeichnet, die an dem Körperteile in der Richtung $-x$ angreifen. M und Q haben gleiches Vorzeichen, wenn sie Durchbiegungen gleichen Sinnes hervorbringen. Bestehen dann die äußeren Kräfte in der Nähe des betrachteten Querschnittes nur aus einer stetig über die Stabachse verteilten Belastung p für die Flächeneinheit, also bp für die Längeneinheit, wenn b die Trägerbreite ist, so folgt aus bekannten Gleichgewichtsbedingungen

$$\frac{dM}{dx} = Q \tag{1}$$

und

$$dQ = b\,p\,dx, \qquad \text{also} \quad \frac{dQ}{dx} = b\,p. \tag{2}$$

Differenziert man die erste Gleichung, so erhält man

$$\frac{d^2 M}{dx^2} = \frac{dQ}{dx} = b\,p. \tag{3}$$

Ferner ist bekanntlich die Gleichung der Biegelinie eines belasteten Stabes

$$M = -EJ\frac{d^2 y}{d x^2}. \tag{4}$$

Differenziert man diese Gleichung zweimal, so erhält man in Verbindung mit (3)

$$EJ\frac{d^4 y}{dx^4} = -b\,p. \tag{5}$$

Setzt man endlich für den Bettungsdruck p den Wert Cy ein, so erhält man die Differentialgleichung der elastischen Linie in der Form

$$EJ\frac{d^4y}{dx^4} = -Cby. \tag{6}$$

Wird zur Vereinfachung

$$\sqrt[4]{\frac{4EJ}{Cb}} = L \quad \text{und} \quad \frac{x}{L} = \xi \tag{7}$$

gesetzt, so nimmt Gleichung (6) die Form

$$\frac{dy^4}{d\xi^4} = -4y \tag{8}$$

an. Betrachtet man in dem Wurzelausdruck bei (7) die Dimensionen, so erkennt man, daß L eine Länge darstellt. Wählt man L als Einheit, in der die Längen gemessen werden sollen, so wird ξ gleichfalls eine Länge und kann ohne weiteres als Abszisse der durch (8) bestimmten Biegelinie angenommen werden.

Die viermalige Integration der Gleichung (8) liefert die Gleichung der elastischen Linie in endlicher Form:

$$y = \frac{1}{2}\{(U_1 e^{\xi} + U_2 e^{-\xi})\cos\xi + (V_1 e^{\xi} + V_2 e^{-\xi})\sin\xi\}. \tag{9}$$

Für die verschiedenen Trägerformen und Belastungsannahmen müssen in dieser Gleichung (9) die Integrationsfestwerte U_1 U_2, V_1 V_2 bestimmt werden. Diese Untersuchungen bilden den Hauptinhalt des klassischen Werkes der Oberbauberechnung von Zimmermann.

D. Die Schwellenschiene und das Langschwellengleis.

Da die Bedeutung dieser Gleisanordnungen für Vollbahnen nur noch gering ist, sei die Berechnung des unendlich langen Trägers auf gleichmäßig durchlaufender, nachgiebiger Unterlage nur für eine Einzellast kurz im Ergebnis behandelt. Für diesen Fall liefern die Zimmermannschen Ableitungen besonders einfache Formeln.

Bezeichnet G den Raddruck in kg, C die Bettungsziffer in kg/cm³, b die Fuß- oder Auflagerbreite des Trägers in cm, J sein Trägheitsmoment in cm⁴ und E die Elastizitätsziffer des Trägerstoffes in kg/cm², so wird die Einsenkung im Lastpunkte

$$y_0 = \frac{G}{2CbL} = \frac{G}{2Cb}\cdot\sqrt[4]{\frac{Cb}{4EJ}} = \frac{G}{\sqrt[4]{64\,C^3 b^3 EJ}} \text{ (cm)}. \tag{1}$$

Der Bettungsdruck im Lastpunkte wird

$$p_0 = \frac{G}{2bL} = \frac{G\sqrt[4]{C}}{\sqrt[4]{64\,b^3 EJ}} \text{ (kg/cm}^2\text{)}. \tag{2}$$

Das Biegemoment im Lastpunkte wird

$$M_0 = \frac{GL}{4} = G\sqrt[4]{\frac{EJ}{64\,Cb}} \text{ (cm kg)}. \tag{3}$$

Für das Langschwellengleis ist in diesen Formeln statt der Steifigkeitsziffer EJ die Summe der Steifigkeitsziffern für Schiene und Schwelle, also der Ausdruck $E_1J_1 + E_2J_2$ einzusetzen.

Breite Langschwellen erleiden bei der Belastung eine Querbiegung, die alle Beanspruchungen erhöht. Zur Berücksichtigung dieses Einflusses setzt man die wirksame Fußbreite

$$b_0 = \frac{2}{(\eta_0)} \sqrt[4]{\frac{E d^3}{3 C}}. \tag{4}$$

Hierin bedeutet d die Dicke der Schwellendecke, (η_0) einen Beiwert, der aus Zimmermanns Zahlentafeln[1]) entnommen werden kann.

Aus dem Bau der Gleichungen (1) bis (3) erkennt man leicht einige Winke für die Anordnung von Gleis und Bettung.

Soll die Durchbiegung y_0, die für den Bestand der Bettung und die Verarbeitung der Stoßdrücke ausschlaggebend ist, klein sein, so muß bei gegebener Radlast vor allem die Bettungsziffer C und die Auflagerbreite b groß sein, ebenso die Steifigkeitsziffer EJ. Der Einfluß der Bettung ist überwiegend, da Cb unter der Wurzel in der 3. Potenz, EJ nur in der 1. vorkommt. Das weist auf eine steife Schiene mit breitem Auflager auf fester Bettung.

Der Bettungsdruck p_0, von dem die Wahl des Bettungsstoffes abhängt, wird um so kleiner, je größer die Fußbreite und die Steifigkeitsziffer, ferner je kleiner die Bettungsziffer, also je nachgiebiger die Bettung ist. Der Einfluß der Bettungsziffer ist entgegengesetzt dem vorigen. Die entgegengesetzten Anforderungen an C lassen sich einigermaßen vereinen, wenn man zwischen Schiene und Schwelle oder zwischen Schwelle und Unterlage eine elastische Zwischenlage vorsieht, wie es für die oft starr in Beton eingebetteten Straßenbahngleise vielfach üblich ist.

Das Biegemoment M_0 endlich wächst mit der Steifigkeitsziffer und nimmt ab, wenn C und b größer wird. Günstig ist also eine biegsame Schiene mit breitem Fuß auf fester Bettung.

E. Berechuung des Querschwellengleises.

a) Berechnung der Querschwelle. Diese setzt die Kenntnis des auf eine Schwelle entfallenden Anteils vom Raddrucke — des Schienendruckes — voraus.

α) Wird von jeder Schiene ein Druck P auf die Schwelle ausgeübt, so kann man in roher Annäherung annehmen, daß der Druck $2P$ von der gesamten Schwellenlagerfläche als gleichmäßig verteilter Druck auf die Bettung übertragen wird. Der Bettungsdruck wird also

$$p = \frac{2P}{lb},$$

wobei l die ganze Länge der Schwelle, b ihre Breite ist. Die Einsenkung wird, wenn die Bettungsziffer C ist,

$$y = p : C.$$

Denkt man sich nun die Schwelle so herumgedreht, daß der Schienendruck zur Auflagerkraft, der Bettungsdruck zur Auflast wird, so wird das Biegemoment für diesen Kragträger mit gleichmäßig verteilter Last im Lastpunkte

$$M = \frac{Pt^2}{l},$$

wobei t den Überstand von Schienenmitte bis Schwellenende bedeutet. Die Annäherung wird um so besser, je steifer die Schwelle.

β) Engesser kommt mit der willkürlichen Annahme, daß sich der Bettungsdruck parabolisch über die unterstopften Abschnitte der Schwelle verteile, zu folgenden Näherungsformeln für die Querschwelle:

[1]) Die Berechnung des Eisenbahnoberbaus, Berlin 1888.

Das größte Biegemoment (unter der Schiene) wird

$$M = \frac{P t^2}{2 u}\left(1 - \frac{\varphi}{2}\right),$$

der größte Bettungsdruck $$p = \frac{P}{u b}(1 + \varphi),$$

wobei $$\varphi = \frac{1}{\frac{24 E_1 J_1}{C b t^4} + \frac{11}{15}}.$$

Engesser setzt dabei voraus, daß ein 10 bis 20 cm langer Streifen in Schwellenmitte nicht oder nur so leicht unterstopft sei, daß er sich nicht an der Druckübertragung beteiligt (Abb. 26). Die Länge des beiderseitigen tragenden Schwellenteiles ist dann u genannt, so daß z. B. u bei 250 cm Schwellenlänge auf 120 bis 115 cm anzusetzen ist. Im übrigen ist P der Schienendruck jedes Rades, t der Schwellenüberstand, b die Schwellenbreite, $E_1 J_1$ die Steifigkeitsziffer der Schwelle, C die Bettungsziffer (alles in cm und kg).

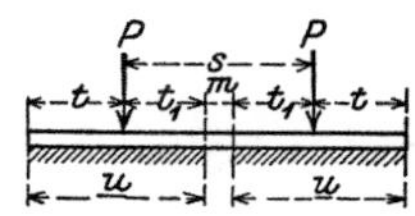

Abb. 26. Last auf der Schwelle.

γ) Nach Zimmermann ergibt sich unter der Voraussetzung gleichmäßiger Unterstopfung der ganzen Schwellenlänge das Biegemoment (in cm kg):

am Lastangriffspunkt $$M_r = \frac{P}{2 \varkappa_1}[\mu_\varrho];$$

in der Schwellenmitte $$M_0 = \frac{P}{2 \varkappa_1}[\mu_0];$$

am Schwellenende $$M_l = 0.$$

Die Einsenkung (in cm):

am Lastangriffspunkt $$y_r = \frac{P \varkappa_1}{C b}[\eta_\varrho];$$

in der Schwellenmitte $$y_0 = \frac{P \varkappa_1}{C b}[\eta_0];$$

am Schwellenende $$y_l = \frac{P \varkappa_1}{C b}[\eta_\lambda].$$

Der Bettungsdruck (in kg/cm²):

am Lastangriffspunkt $$p_r = \frac{P \varkappa_1}{b}[\eta_\varrho];$$

in der Schwellenmitte $$p_0 = \frac{P \varkappa_1}{b}[\eta_0];$$

am Schwellenende $$p_l = \frac{P \varkappa_1}{b}[\eta_\lambda].$$

Hierin ist

$$\varkappa_1 = \sqrt[4]{\frac{C b}{4 E_1 J_1}}.$$

Die Bezeichnungen entsprechen den früheren, die Hilfsgrößen $[\mu_\varrho]$, $[\mu_0]$, $[\eta_\varrho]$, $[\eta_0]$, $[\eta_\lambda]$ müssen den Zahlentafeln VI in Zimmermanns Werk „Die Berechnung des Eisenbahn-Oberbaues“ entnommen werden.

Aus zeichnerischen Auftragungen der gewonnenen Werte ergibt sich ein vollständiges Bild des Verhaltens der Schwelle und der Bettung.

b) Berechnung des Schienendruckes. Dieser müssen bestimmte Belastungsannahmen zugrunde gelegt werden.

α) Nach den Formeln von Engesser, die ohne Benutzung von Tabellen ausgewertet werden können, wird für den Belastungsfall nach Abb. 27a

$$P = \frac{1+\beta}{2+\beta} G$$

und für den Belastungsfall nach Abb. 27b

$$P = \frac{2+3\beta}{3+4\beta} G,$$

wobei bedeutet

$$\beta = \frac{\Delta \cdot l^3}{24\,EJ}; \quad \Delta = \frac{C\,b\,u}{2\,(1+\varphi)}; \quad \varphi = \frac{1}{\frac{24\,E_1\,J_1}{C\,b\,t^4} + \frac{11}{15}}.$$

Hierin ist EJ die Steifigkeitsziffer der Schiene, l die halbe Schwellenlänge, die übrigen Bezeichnungen entsprechen den früheren.

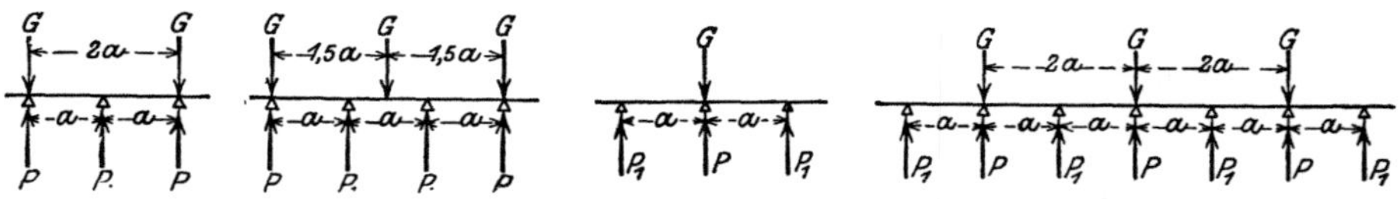

Abb. 27a. Abb. 27b. Abb. 28. Abb. 29.

Laststellungen auf der Schiene.

Für Holzschwellen ist statt Δ der Ausdruck $\frac{\Delta\,\Delta_1}{\Delta + \Delta_1}$ einzuführen. Δ_1 drückt den Einfluß der Zusammenpressung des Holzes aus, die unter dem Schienendruck entsteht. Δ_1 ist näherungsweise $= \gamma_1 F_1$, worin F_1 die Lagerfläche der Schiene oder Unterlegplatte und γ_1 eine Lagerwertziffer, die den Flächendruck bezeichnet, bei dem sich die Schwelle um 1 cm zusammenpreßt. γ_1 wird nach Versuchen v. Webers gewöhnlich im Mittel 70 gesetzt. Nach neuerern Beobachtungen sind höhere Werte wahrscheinlich, die etwa um 120 liegen dürften[1]).

β) Nach Zimmermann ergibt sich der Schienendruck zu

$$P = \frac{\gamma + 2}{3\gamma + 2} G$$

für die Belastungsannahme Schwedlers (Abb. 28), oder zu

$$P = \frac{4\gamma + 1}{8\gamma + 1} G$$

für die Belastungsannahme Hoffmanns (Abb. 29). Dabei ist:

$$\gamma = \frac{B}{D}; \quad B = \frac{6\,EJ}{a^3}; \quad D = \frac{C\,b}{\varkappa_1\,[\eta_\varrho]}.$$

Der Wert $[\eta_\varrho]$ muß aus den Zimmermannschen Hilfstafeln entnommen werden, im übrigen sind die Bezeichnungen wie bei den früheren Gleichungen.

[1]) Über die Widerstandsfähigkeit von Bauholz gegen Druckbeanspruchung quer zur Faser vgl. den Aufsatz von Graf in der Zeitschrift „Der Bauingenieur“ 1921, Heft 18.

Der Wert B entspricht der Last, die in einem frei aufgelagerten Träger von der Stützweite 2a den Biegungspfeil 1 cm erzeugt. Die Größe D bedeutet denjenigen Auflagerdruck, der die Stützensenkung 1 erzeugt. γ ist also die Verhältniszahl zwischen der Steifigkeit der Schiene und der Starrheit der Schwelle und ihres Lagers.

Bei Eisenschwellen hängt D nur davon ab, wieviel sich die Schwelle am Schienenstützpunkte in die Bettung eindrückt. Bei Holzschwellen tritt hierzu noch die Zusammendrückung des Holzes, dann wird

$$\frac{1}{D} = \frac{1}{D_1} + \frac{1}{D_2}.$$

D_1 ist dabei der Stützensenkungsdruck wie früher, D_2 die Kraft, die die Schwelle um 1 cm zusammendrücken würde. D_2 schätzt Zimmermann nach den Versuchen von Weber auf 17,5 t. Dieser Wert dürfte jedoch nur für die früheren Oberbauformen gelten, bei denen die Schienen unmittelbar auf den Schwellen lagen. Für die neueren Gleisanordnungen mit Unterlegplatten dürfte nach den Versuchen von Graf der Wert D_2 35 bis 40 t betragen.

c) Berechnung der Schiene. Das in den Schienen auftretende Biegemoment hat zuerst Winkler unter der Voraussetzung berechnet, daß die Schiene einen Träger auf unendlich vielen, gleich hohen, also starren Stützen darstelle. Er findet

$$M = 0{,}1888\, G\, a.$$

Diese Formel beruht insofern auf unvollständigen Annahmen, als die Schwellen je nach der Größe des von der Schiene auf sie übertragenen Druckes im allgemeinen verschiedene Höhenlage annehmen. Wohl aber wäre die Voraussetzung gleich hoher Stützenlage erfüllt, wenn die Lasten so eng stehen, daß sie als gleichmäßig verteilte Last angesehen werden könnten (Abb. 25, S. 14). Dann erhalten alle Schwellen innerhalb der Laststellung den gleichen Druck und senken sich gleich viel; die Biegemomente werden verhältnismäßig klein, weil in jedem Trägerfelde von den Nachbarfeldern her Einspannmomente übertragen werden.

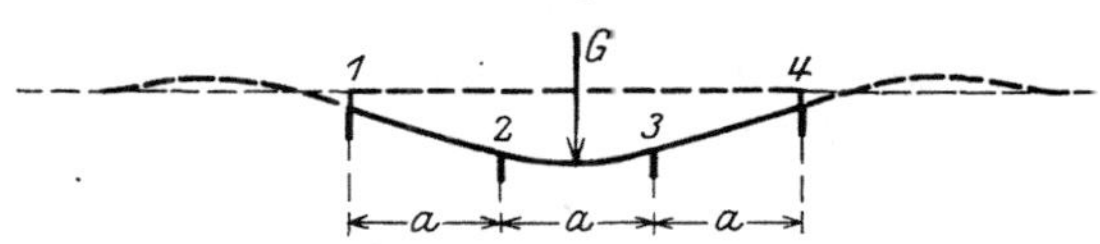

Abb. 30. Belastungsannahme Zimmermanns.

Zimmermann nimmt für die Berechnung des Biegemomentes die Schiene als Träger auf 4 elastisch nachgiebigen Stützen an (Abb. 30). Das Moment wird dann

$$M_0 = \frac{8\gamma + 7}{4\gamma + 10} \cdot \frac{G\,a}{4}.$$

Die Formel Zimmermanns gibt — abgesehen von der Einschränkung, daß sie nur 4 Stützen berücksichtigt — nur dann ein Bild der Wirklichkeit, wenn die

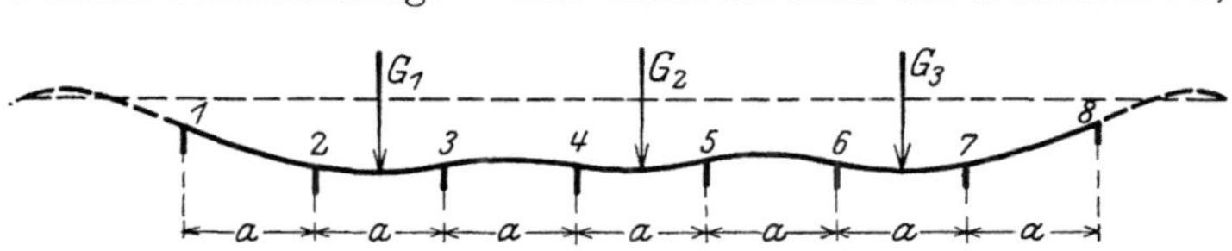

Abb. 31. Belastungsannahme Loewes.

einzelnen Lasten sich in so großen Abständen folgen, daß genügend Platz zur vollen Ausbildung der Durchbiegungswelle bleibt. Ist die Lastfolge enger, so wird von der einen Laststelle her auf die andere ein Einspannmoment übertragen, wodurch die Biegemomente verkleinert werden. Das ist z. B. bei der Belastungsannahme Loewes (Abb. 31) der Fall. Bei dieser werden die Momente unter der

Mittellast verhältnismäßig klein ausfallen, weil sie von den Randlasten beeinflußt werden. Für die Randlasten wird schon nach der Anschauung ein größerer Wert des Moments zu erwarten sein, weil der verminderde Einfluß der Nachbarlasten nur einseitig auftritt.

Zimmermann gibt[1]) für die Momente bei der von ihm angenommenen Belastungsart im Vergleich zu den Momenten für die Belastungsannahme Loewes folgende Zusammenstellung:

Biegemoment der Schiene.

	für γ	=	0,2	0,6	1,0	2,0	3,0	4,0	ist
nach Zimmermann	M_0	=	0,199	0,238	0,268	0,319	0,352	0,375	Ga;
nach Loewe Mittellast	M_{4-5}	=	0,187	0,183	0,182	0,185	0,193	0,204	Ga;
nach Loewe Randlast	M^{2-3}_{6-7}	=	0,193	0,213	0,227	0,253	0,271	0,286	Ga.

Wie man sieht, steigen die Momente nach Zimmermann für wachsende Werte von γ stark an. Die Momente für die Mittellast der Loeweschen Belastungsannahme entfernen sich nur wenig von den nach Winkler berechneten Werten, die Werte für die Randlasten liegen ungefähr in der Mitte zwischen beiden.

In einem fahrenden Zuge kommen nun gleichzeitig Achslasten vor, die das Verhalten dieser 3 Grundstellungen mindestens in starker Annäherung aufweisen. Es sind dies

1. als freie Einzelachsen, für die Zimmermanns Formel zutrifft, die Achsen von zweiachsigen Wagen großen Radstandes;

2. als beiderseitig eingespannte Laststellungen die Mittelachsen von Lokomotiven und Tendern, von dreiachsigen und eng gestellten zweiachsigen Drehgestellen;

3. als einseitig eingespannte Laststellungen die Endachsen von Lokomotiven und Wagendrehgestellen kurzen Radstandes, auf die weitere Achsen erst in größerem Abstande folgen.

Wenn also für einen gegebenen Oberbau γ bestimmt ist, kann man für die verschiedenen Achsen eines Lastenzuges die Biegemomente ohne weiteres aus der Zusammenstellung ablesen.

Ein Diskussion der Berechnungsgleichungen mit dem Ziele, daraus Konstruktionsgrundsätze abzuleiten, ist für das Querschwellengleis nicht einfach und erheischt stete Rücksicht auf praktische Bedürfnisse.

Soll, um die Bettung als den am wenigsten widerstandsfähigen Bauteil zu schonen, der Bettungsdruck

$$p_r = \frac{P}{b}\sqrt[4]{\frac{C\,b}{4\,E_1\,J_1}}\,[\eta_\varrho] = \frac{P}{b^{\frac{3}{4}}}\sqrt[4]{\frac{C}{4\,E_1\,J_1}}\,[\eta_\varrho]$$

klein gehalten werden, so muß der Schienendruck P und die Bettungsziffer C klein, die Schwellenbreite b und die Steifigkeitsziffer der Schwelle E_1J_1 groß werden. Bei gleichem Schienendrucke P würde dies auf eine breite, steife Schwelle und nachgiebige Bettung weisen. Der Einfluß der Schwellenbreite ist hervorstechend, da b mit der Potenz $\frac{3}{4}$ erscheint, die übrigen Größen nur mit der Potenz $\frac{1}{4}$ (bzw. $-\frac{1}{4}$).

Der Schienendruck wird nach der Formel von Hoffmann

$$P = \frac{4\,\gamma + 1}{8\,\gamma + 1}\,G\,.$$

Soll er bei gegebenem Raddrucke kleiner werden, so muß γ groß werden. Nun ist

$$\gamma = \frac{B}{D} = \frac{6\,E\,J}{\dfrac{a^3\,C\,b}{[\eta_\varrho]}\sqrt[4]{\dfrac{4\,E_1\,J_1}{C\,b}}} = \frac{6\,E\,J\,[\eta_\varrho]}{a^3\,C^{\frac{3}{4}}\,b^{\frac{3}{4}}\,\sqrt[4]{4\,E_1\,J_1}}\,.$$

[1]) Handbuch der Ingenieurwissenschaften, V. Band, 2. Abt., S. 45/46 (1897).

Es muß EJ groß, a, C, b, $E_1 J_1$ klein sein. Es würde dies steife Schienen, biegsame Schwellen und nachgiebige Bettung voraussetzen. Der Einfluß der Schienensteifigkeit ist groß (1. Potenz), der Einfluß von C und b etwas geringer (Potenz — $\frac{3}{4}$), der Einfluß der Schwellensteifigkeit tritt zurück (Potenz — $\frac{1}{4}$). Überragend ist der Einfluß der Schwellenentfernung, die in der 3. Potenz vorkommt. Die dem Vorigen widerstreitende Anforderung an $E_1 J_1$ ist in der Formel für den Bettungsdruck etwas stärker betont, also ist dafür der Bettungsdruck stärker maßgebend.

Nach der Formel Zimmermanns für das Biegemoment in der Schiene

$$M = \frac{8\gamma + 7}{4\gamma + 10} \cdot \frac{Ga}{4}$$

müßte, um die Schienenbeanspruchung bei gegebenem Raddrucke G zu vermindern, γ klein gehalten werden, ebenso a. Die Forderung für a ist dieselbe wie im vorigen Falle, die für die übrigen Bestimmungsgrößen entgegengesetzt.

Wo also die Zimmermannsche Formel den Ausschlag gibt (Güterwagen großen Achsdruckes mit Einzelachsen langen Achsstandes) muß durch Einzelrechnungen geprüft werden, ob die Schiene oder die Bettung größere Rücksicht erheischt.

Klarer ist die Sachlage bei Bahnen, bei denen Lokomotiven und Wagen Belastungsgruppen dichter Achsenfolge bilden. Dort nähert sich, wie oben nachgewiesen, das Biegemoment dem konstanten Werte $M = 0{,}1888\ Ga$, und der Wunsch, Schienendruck und Bettungsdruck klein zu halten, tritt in den Vordergrund.

Diese Erwägungen zeigen, weshalb man in Amerika Achsdrücke bis zu 27 t einführen konnte, wobei die Schienen bisher nicht wesentlich schwerer waren als auf europäischen Bahnen, während die Dicke der Schwellen vielfach sogar etwas unter das auf deutschen Hauptbahnen übliche Maß herunterging. Im wesentlichen wurde die Steigerung der Tragfähigkeit des Gleises dadurch erreicht, daß man mit der Schwellenentfernung auf das kleinste erreichbare Maß herabging, so zwar, daß die Schwellen eben noch gestopft werden können. Daß die Bettung mit der vielfach üblichen Anwendung von Lokomotivschlacke eine besonders nachgiebige Form annimmt, fügt sich als durchaus günstig in das Gesamtbild ein. Wohl aber ist die Bettungsstärke gewöhnlich wesentlich größer als bei uns, eine Anordnung, die den Untergrund trocken und tragfähiger erhält.

F. Seitendruck und Führung.

Die Größe des Seitendruckes ist unter II. C. (S. 11) angegeben. Als Maß der Beanspruchung der Schiene, die durch die Seitenkraft hervorgerufen wird, gibt Zimmermann das Moment der seitlichen Durchbiegung, wenn der seitliche Druck gleich $\frac{1}{5}$ des Raddruckes (0,2 G) gesetzt wird, zu

$$M = \left[\frac{8\gamma + 7}{4\gamma + 10} \cdot \frac{0{,}2\,Ga}{4}\right]_{\gamma=0} = \frac{7}{10} \cdot \frac{0{,}2\,Ga}{4} \cong 0{,}04\,Ga\,.$$

Große Genauigkeit wird man jedoch von der Formel schon deswegen nicht erwarten dürfen, weil die gewöhnlichen Biegungsgleichungen auf diesen Fall des außermittigen Angriff auf einen unsymmetrischen Träger überhaupt nicht zutreffen.

Die Seitenkräfte haben das Bestreben, die Schiene

α) nach außen zu kippen, insbesondere bei nicht genügend fester Einspannung,

β) durch Abbiegen des Steges zu verwinden und

γ) nach außen zu verschieben.

Es empfiehlt sich daher, den Schienenfuß möglichst fest einzuspannen und die Stegdicke nicht zu gering zu wählen, auch den Steg mit ausreichender Ausrundung in den Fuß übergehen zu lassen. Dem Bestreben, die Schiene und im weiteren Verlaufe das ganze Gleis nach außen zu verschieben, wirken entgegen: die Reibung zwischen Schiene und Schwelle, die Reibung zwischen der Schwelle und ihrem Lager, endlich der Widerstand des Vorlagers aus Bettungsstoff an den Schwellenköpfen. Bezüglich des Widerstandes gegen Seitenverschiebungen ist die Holzschwelle der eisernen überlegen, weil die Reibung größer ist; besonders der Steinschlag ergibt einen großen Widerstand, weil er sich mit den Spitzen in das Holz eindrückt.

Durch Messungen der Kippbewegung der Schiene hat Bräuning[1]) nachgewiesen, daß im Bogen von 750 m Halbmesser bei Fahrgeschwindigkeiten zwischen 30 und 85 km/St die Summenkraft aus wagrechten und senkrechten Kräften den Schienenfuß in einer schmalen Fläche trifft, die nahe an der Schienenmitte liegt.

Schließlich ist noch darauf hinzuweisen, daß der Führungsdruck als Seitenkraft eine aufwärtsgerichtete Komponente hat (Abb. 32). Dieser Komponente wirkt nur das Eigengewicht des Fahrzeugs entgegen, die Führung ist also nicht kraftschlüssig. Es gibt kraftschlüssige Führungen bei Eisenbahnen besonderer Bauart. Z. B. machen die den Schienenkopf umfassenden Bremszangen von Drahtseilstandbahnen oder die den Hauptträger mit geringem Spielraum untergreifenden Tragarme der Schwebebahnfahrzeuge die Führung kraftschlüssig, solange das freie Spiel dieser Führungen kleiner ist als die Höhe des Radflansches. Auf den Bahnen gewöhnlicher Art hat die Führung nur dadurch denselben Sicherheitsgrad gewahrt, weil mit dem Steigen der Fahrgeschwindigkeit auch eine Erhöhung des Achsdruckes Hand in Hand ging. Leichte Fahrzeuge, besonders Draisinen und leichte Motorfahrzeuge, neigen bei größeren Geschwindigkeiten stark zur Entgleisung.

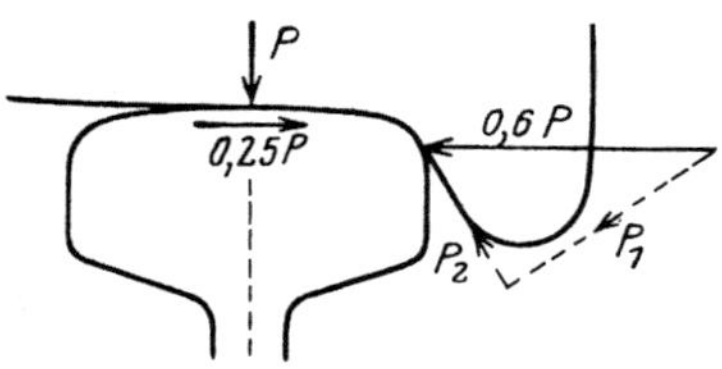

Abb. 32.

Die von der Schiene auf das Fahrzeug übertragene Gegenkraft zum Führungsdruck drängt das Fahrzeug dauernd in die Bogenrichtung, macht also die fortschreitende Geschwindigkeit zur Winkelgeschwindigkeit. Am Bogeneinlauf stellt sich innerhalb des nach der kubischen Parabel gekrümmten Übergangsbogens eine gleichbleibende Winkelbeschleunigung ein. Geht eine Gerade ohne Übergangsbogen in den Kreisbogen über, so ist die Winkelbeschleunigung beim Einlauf theoretisch unendlich, der Seitendruck auf die Schiene nimmt sehr hohe Werte an. Es kommt daher vor, daß die Reibung zwischen Schwelle und Bettung sowie der Bettungswiderstand des Schwellenvorlagers überwunden wird, so daß das Gleis nach außen ausweicht und ein falscher, d. h. entgegengesetzt gekrümmter Vorbogen gebildet wird. Die ungünstigen Verhältnisse beim Bogeneinlauf werden dadurch verschärft.

G. Längskräfte.

Die Längskräfte, die als Folge der Belastung auftreten, sind folgende:

α) Beim Voreilen eines auf größerem Laufkreise laufenden, teilweise schleifenden Rades entwickelt sich eine Reibungskraft zwischen Rad und Schiene entgegen der Bewegungsrichtung bis zum Betrag der vollen Reibung; desgleichen in der Fahrrichtung bei einem zurückbleibenden Rade;

β) Unter den Treibrädern wirkt eine Reibungskraft nach rückwärts von der vollen Größe der Zugkraft;

einheitlich nach vorwärts wirken:

γ) der Bremsschub;

[1]) Grundlagen des Gleisbaues, S. 26.

δ) der als schiefer Stoß wirkende Übergang der Räder auf die aufnehmende Schiene am Laschenstoß (bei Stoßstufen trifft dieser Stoß die Kante der Schiene, bei guter Gleislage die Fahrfläche etwa 1 cm von dem Ende der Schiene entfernt);

ε) der Anlauf der Räder gegen den in der Fahrtrichtung aufsteigenden Ast der Durchbiegungswelle der Schiene (die Räder laufen nicht im tiefsten Punkte der Biegelinie, sondern eilen ihm vor; die ersten Achsen der Lokomotiven laufen stets gleichsam gegen eine schiefe Ebene an).

Alle diese Längskräfte können als Wanderschub zu Verschiebungen der Schienen und des ganzen Gleises führen, wenn die entgegenwirkenden Widerstände, nämlich die Reibung zwischen Schiene und Unterlegplatte und die Reibung zwischen Schwelle und Bettung überwunden werden. Den hauptsächlichsten Einfluß üben die unter α, β und γ genannten Kräfte aus. Da diese Kräfte in verschiedenem Sinne wirken, tritt das Wandern oft in der Fahrrichtung, oft entgegengesetzt auf. Meistens wandert ein Schienenstrang stärker als der gegenüberliegende. Durch das Wandern schließen sich die Stoßlücken, wodurch die Wärmeausdehnung der Schienen behindert wird, die Stöße kommen aus der rechtwinkligen Lage, die Spurweite verringert sich, die Schwellen kanten, verschieben und lockern sich und nehmen ungleiche Abstände an.

Gleichfalls in der Richtung der Schiene wirkt das Ausdehnungsbestreben der Schiene bei Wärme. Die Spannungen, die infolge des Wärmeschubs in der Schiene auftreten können, berechnen sich nach der Gleichung

$$\Delta l : l = \sigma : \varepsilon,$$

worin Δl die Längenänderung, l die Länge der Schiene, σ die Spannung in kg/cm² und ε das Elastizitätsmaß ist. Sind z. B. in einem Gleise aus 12 m-Schienen auf eine längere Strecke die Wärmefugen um 3 mm zu eng, so beträgt die Spannung $\sigma = 0{,}3 \cdot 2000000 : 1200 = 500\ \text{kg/cm}^2$, und der Druck in einer Schiene von 60 cm² Querschnitt ist 30000 kg. Großer Wärmeschub kann zu seitlichen Gleisverwerfungen führen, wenn in dem gefährdeten Gleise die Schwellen auf eine größere Länge freigelegt werden. Das Gleis wird dabei auf die Seite geworfen, oft bis um 1 m, und nimmt die Form einer Schlangenlinie an. Die Verwerfungen können plötzlich, selbst unter dem Zuge, eintreten, wodurch große Betriebsgefahren entstehen.

Dem Wärmeausdehnungsbestreben wirkt die durch den Laschendruck entstehende Reibung entgegen. Die Laschen dürfen daher nicht so fest angezogen werden, daß sie das Wärmespiel verhindern. Die Länge des Laschenschlüssels wird deshalb nicht zu groß gewählt. Unter der Verschiedenheit des Laschendruckes verändern sich nach Messungen Bräunings die Stoßlücken ungleich und unregelmäßig[1]).

H. Dynamik des Eisenbahngleises.

a) Stoßdrücke. Die Stoßziffer μ, mit der eine Last multipliziert werden muß, um die stoßende Lastwirkung auf eine statische zurückzuführen, nimmt nach den Ableitungen Dr.-Ing. Sallers[2]) für die verschiedenen Stoßvorgänge folgende Größe an:

α) für den lotrecht nach abwärts gerichteten Stoß

mit Berücksichtigung der stoßenden Massen	wenn die gestoßene Masse gegen die stoßende vernachlässigt werden kann
$\mu = 1 + \sqrt{\frac{2h}{y_1} \cdot \frac{m_1}{m + m_1} + 1}$	$\mu = 1 + \sqrt{\frac{2h}{y_1} + 1}$

[1]) Grundlagen des Gleisbaues, S. 29.

[2]) Stoßwirkungen an Tragwerken und am Oberbau im Eisenbahnbetriebe, Teil I.

β) für den Stoß „ohne plötzliche Wirkung“

$$\mu = 1 + \sqrt{\frac{2\,h}{y_1} \cdot \frac{m_1}{m + m_1}} \qquad \mu = 1 + \sqrt{\frac{2\,h}{y_1}}$$

γ) für den Stoß unter dem Einflusse einer Federung

$$\mu = 1 + \sqrt{\frac{2\,h\,n^2}{y_1} \cdot \frac{m_1}{n\,m + m_1} + 1} \qquad \mu = 1 + \sqrt{\frac{2\,h\,n^2}{y_1} + 1}\,.$$

In diesen Formeln bedeutet: h die Fallhöhe, die von der stoßenden Masse im freien Fall zurückgelegt wird, y_1 die Durchbiegung unter der ruhenden Last, m die stoßende, m_1 die gestoßene Masse. n ist der Anteil des nicht abgefederten Gewichts am Gesamtgewicht des Fahrzeugs. n ist mit 4 anzustzeen für Fahrzeuge, bei denen dieser Anteil hoch ist (Personenwagen), und im anderen Grenzfalle mit 10 für Güterwagen hohen Ladegewichts.

Der Fall des einfachen, lotrecht abwärts gerichteten Stoßes kann eintreten, wenn ein Rad durch einen aufwärts gerichteten Stoß (z. B. an einer Gleisunebenheit) sich von der Schiene löst und dann wieder auf sie zurückfällt. Gewöhnlich vollzieht sich aber dieser Stoß unter dem Einflusse einer Federung. Der „Stoß ohne plötzliche Wirkung“ wird von einem Körper ausgeübt, der vorher schon auf dem gestoßenen lastete, dann aber in einer zweiten Stoßstufe noch einen Stoßantrieb erhält. In mehr oder weniger vollkommener Form liegt dieser Stoßvorgang beim Befahren eines Schienenstoßes vor, etwa für die Anlaufschiene bei unvollkommener Stoßverbindung.

Zu zahlenmäßigen Ausrechnungen eignen sich die Stoßformeln nur schwer, da die Fallhöhen h und die (auf den Stoßpunkt umzurechnenden) Massen m und m_1 nicht ohne weiteres bekannt sind. Wohl aber können, wie schon früher erwähnt, ähnliche Bauarten unter der Voraussetzung gleicher Fallhöhen und gleicher stoßenden Massen miteinander verglichen werden. Allgemein läßt sich aus dem Umstand, daß h im Zähler, y_1 im Nenner vorkommt, folgende Forderung ableiten: Wenn μ klein sein, d. h. der Oberbau Stoßdrücke gut verarbeiten soll, dann müssen die Unregelmäßigkeiten an Fahrbahn und Fahrzeugen, die die Stoßdrücke hauptsächlich veranlassen, klein gehalten werden. Andrerseits muß der Oberbau eine möglichst große elastische Nachgiebigkeit erhalten, die sich außerdem (wie aus anderen Forderungen hervorgeht) mit ausreichender Geschwindigkeit einstellen muß.

Da die Stoßziffer erst rasch anwächst, wenn y_1 kleiner wird als $2\,h$, ist im allgemeinen die durch die elastische Nachgiebigkeit der Bettung erreichbare Durchbiegung des Oberbaues ausreichend, diesem ein gutes Verhalten gegen Stoßdrücke zu sichern. Allerdings ist die elastische Nachgiebigkeit der Bettung, da es sich dabei um Schubbeanspruchungen und Schubbewegungen handelt, der Größe nach ziemlich eng begrenzt, auch zeitlich nicht dauernd gesichert. Daraus erhellt der Vorteil der Holzschwelle, die schon für sich elastisch nachgiebig ist.

Da die Durchbiegung dem Trägheitsmoment J umgekehrt proportional ist, während die Tragkraft zum Widerstandsmoment W im geraden Verhältnis steht, ist für die Aufnahme von Stoßdrücken Wert darauf zu legen, daß das Verhältnis $J : W$ nicht zu groß wird. $J : W$ bedeutet aber für den einteiligen Träger nichts anderes als den Abstand der äußersten gespannten Faser von der Nullinie, gibt also ein Maß der Trägerhöhe.

Ferner muß nach Dr.-Ing. Saller[1]) der Baustoff in den Querschnitten der Oberbauteile so angeordnet sein, daß die aufgewendete Masse vom Standpunkte der Nachgiebigkeit möglichst wirtschaftlich ausgenutzt ist. Der Zusammenhang der Nachgiebigkeit eines Trägers mit der Querschnittsform ist gegeben durch die

[1]) „Stoßwirkungen“, Teil III, 2.

„Ausnutzungsziffer“ $\frac{Fe}{W}$, worin F die Querschnittsfläche, e der Abstand der gespanntesten Faser von der Nullinie, W das Widerstandsmoment. Je kleiner die Ausnutzungsziffer, desto günstiger ist die Ausnutzung eines Querschnittes. Der Wert der Formel liegt wieder in der Möglichkeit, für den Vergleich verschiedener Anordnungen zahlenmäßige Grundlagen zu gewinnen.

Um verschiedene Baustoffe bezüglich ihrer Eignung zur Aufnahme von Stoßdrücken in Hinsicht auf den Gewichtsaufwand vergleichbar zu machen, führt Dr.-Ing. Saller[1]) die „Baustoffziffer“ $\frac{\varepsilon\gamma}{T^2}$ ein, worin ε die Elastizitätsziffer, γ das spezifische Gewicht und T die Spannung an der Elastizitätsgrenze für den betreffenden Baustoff bedeutet. Dieser Ausdruck muß möglichst klein werden, es ist also, da γ im Zähler und T^2 im Nenner steht, hohe Festigkeit bei großer Dehnung und geringem spezifischen Gewicht vorteilhaft.

b) Einfluß der bewegten Last. Unter der Voraussetzung vollkommen fehlerfreier Gleislage findet Dr.-Ing. Saller[2]) nach der Theorie der erzwungenen Schwingungen unter Vernachlässigung der Dämpfung, daß sich in der Mitte der statischen Durchbiegungswelle statt des Biegungspfeiles y_1 unter einer bewegten Last eine dynamische Durchbiegung

$$y = \frac{1{,}414\,P}{e^{\frac{3\pi}{4}}\, m \sqrt{\frac{\varkappa}{m}}\left(4\frac{v^4}{L^4} + \frac{\varkappa^2}{m^2}\right)} \left[2\frac{v^2}{L^2}\sqrt{\frac{\varkappa}{m}}\cos\left(t\sqrt{\frac{\varkappa}{m}}\right) + \right.$$

$$\left. + \sin\left(t\sqrt{\frac{\varkappa}{m}}\right)\left(2\frac{v^3}{L^3} - \frac{v}{L}\frac{\varkappa}{m}\right) + 7{,}459\sqrt{\frac{\varkappa}{m}}\left(\frac{\varkappa}{m} + 2\frac{v^2}{L^2}\right)\right]$$

einstellen wird. Hierin ist P die Radlast in kg, v die Fahrgeschwindigkeit in cm/sec,

$$L = \sqrt[4]{\frac{4\,E\,J}{C\,b}}, \quad y_1 = \frac{P}{2\,C\,b\,L}, \quad t = \frac{3\,\pi\,L}{4\,v} \quad \text{und} \quad \varkappa = \frac{P}{y_1}.$$

Endlich ist m die Masse des schwingenden Gleisteiles, die nach Schätzung eingeführt werden muß. Die größte Durchbiegung wird aber noch nicht in der Mitte der statischen Durchbiegungswelle erreicht. Vielmehr sind noch Schwingungen nach unten vorhanden, so daß die größte Durchbiegung nicht mit dem Zeitpunkte der größten Kraftentwicklung zusammenfällt, sondern ihm nacheilt. Saller berechnet auch diesen Zuschlag zum Biegungspfeil.

Für Haarmanns Starkstoßoberbau gibt Dr.-Ing. Saller folgende Zusammenstellung für die Zunahme des dynamischen Biegungspfeils über den statischen

a) in der Mitte der statischen Durchbiegungswelle und b) für den Größtwert einschließlich a:

Bei einer Geschwindigkeit von

cm/sec	oder	km/St	wird der Zuschlag a)	der Zuschlag b)
1000 cm/sec	=	36 km/St	1%	1%
2000 cm/sec	=	72 km/St	0,3%	0,3%
3000 cm/sec	=	108 km/St	4%	4%
5000 cm/sec	=	180 km/St	11%	11,6%
10000 cm/sec	=	360 km/St	26%	38%

Bei $v = 100000$ cm/sec oder 3600 km/St würde eine Abnahme des Biegungspfeiles eintreten.

---

[1]) „Stoßwirkungen“, Teil III, 1.

[2]) Einfluß bewegter Last auf Eisenbahnoberbau und Brücken, S. 8.

Hierbei sind die Trägheits- und Widerstandsmomente sowie die Auflagerflächen nach Haarmanns Verfahren auf das „stellvertretende Langschwellengleis" ausgeschlagen. Die Länge des an der Schwingung beteiligten Schienenstranges ist nach der ruhenden Durchbiegungswelle zu 1,5 $L\pi$ angesetzt, daraus die entsprechende Masse berechnet und für die Bettung ein Zuschlag von gleicher Größe eingerechnet.

Bei den üblichen Fahrgeschwindigkeiten ist hiernach von der Geschwindigkeit der Last allein nur eine geringe Vergrößerung der Durchbiegung zu erwarten. Wenn also Vergrößerungen der Durchbiegung unter der bewegten Last, wie öfters geschehen, beobachtet wurden, so sind sie auf anderweitige Einflüsse, auf Stöße infolge von Unregelmäßigkeiten an der Fahrbahn, den Fahrzeugen und in der Lastbewegung zurückzuführen. Von diesen Einflüssen ist allerdings ein gesteigerter Einfluß mit wachsender Geschwindigkeit zu erwarten. Hieraus erhellt auch die Notwendigkeit, bei schnell befahrenen Gleisen der Unterhaltung des Gleises wie der Fahrzeuge größte Sorgfalt zuzuwenden, ein Notwendigkeit, die in den rein dynamischen Berechnungen keine Stütze finden würde.

Der erste Versuch einer allgemeinen Dynamik des Gleises stammt von Dr.-Ing. Dreyer. Er stellt eine Differenzialgleichung der Bahnkurve für bewegte Lasten auf, und zwar in Anlehnung an Zimmermann für das Mittelfeld eines Trägers auf 4 elastischen Stützen. Es ergibt sich ein System von erzwungenen Schwingungen, die einander überlagern, und zwar mit konstanter Elastizitätsstärke. Weiter hat Dreyer[1]) noch den Schwingungsverlauf unter dem Einfluß des Federspiels eines Wagens untersucht. Er erhält dabei rechnungsmäßig das Ergebnis, daß die angreifenden Kräfte vorübergehend um 87% der ruhenden Last gesteigert werden, dann aber wieder auf 16% des ruhenden Raddruckes zurückgehen können. Diese Berechnungen können aber noch nicht als abgeschlossen gelten.

J. Rechnung und Beobachtung.

Das Verhältnis zwischen Rechnung und Beobachtung ist bestimmt durch folgenden Gang, der sich auch in der geschichtlichen Entwicklung der Forschung widerspiegelt:

1. Zunächst müssen die Zahlengrößen bestimmt werden, die für das Verhalten des Gleises ausschlaggebend sind und die daher in den Formeln als grundlegend auftreten. Eine solche Rolle spielt beim Oberbau in erster Linie die Bettungsziffer.
2. Nach Gewinnung dieser Grundwerte können die erforderlichen Berechnungsformeln aufgestellt werden.
3. Diese theoretischen Ergebnisse müssen dann durch Beobachtungen darauf geprüft werden, ob nicht die Rechenformeln wegen der unvermeidlichen, vereinfachenden Annahmen einer Verbesserung bedürfen.
4. Nebenher sind jene Erscheinungen durch Beobachtungen zu klären, die von der Theorie nicht erfaßt werden können. Im Oberbau sind dies namentlich der außermittige Lastangriff mit der daraus entspringenden Verdrehung der Schiene, die Seitenverschiebungen der Schiene, das Spiel der Schienenenden am Stoße, Abnutzungserscheinungen bei Überschreitung der zulässigen Beanspruchungen u. a. m.

Die ersten Grundlagen für die Erkenntnis des Verhaltens des Gleises haben die Beobachtungen M. M. v. Webers[2]) geschaffen; obwohl sie an äußeren Unvollkommenheiten der Meßvorrichtungen und nach dem Stande der damaligen Er-

---

[1]) Dr.-Ing. Dreyer: Beiträge zu einer dynamischen Theorie des Eisenbahnoberbaues. München 1924.

[2]) Die Stabilität des Gefüges der Eisenbahngleise. Weimar 1869.

kenntnis auch an inneren Mängeln der Untersuchungsweisen litten, haben sie doch als Ausgangspunkt für weitere Forschungen gedient und teilweise Ergebnisse gezeitigt, die noch heute in Gebrauch stehen.

Waren die Messungen Webers zunächst mehr der Art nach aufklärend, so wurde die Beobachtung zuerst durch Häntzschel in unmittelbare Beziehung zur Rechnung gebracht. Dieser Forscher machte 1877 bis 1888 Durchbiegungsbeobachtungen an Langschwellengleisen der Reichseisenbahnen in Elsaß-Lothringen, vornehmlich mit dem Ziele, die Bettungsziffer zu bestimmen. Das Langschwellengleis eignet sich hierzu besonders gut. In der Formel für die Durchbiegung unter einer Einzellast

$$y_0 = \frac{G}{\sqrt[4]{64\, C^3 b^3 E J}}$$

sind auf der rechten Seite alle Größen mit Ausnahme von C ohne weiteres bekannt. Es genügt daher die Messung von y_0, um C bestimmen zu können.

Auf diesen Messungen baute dann Zimmermanns Berechnung des Eisenbahn-Oberbaues auf (1888).

Bald nach Erscheinen dieser Theorie setzten die Bestrebungen ein, sie durch Beobachtungen im Betriebe zu bestätigen, zugleich unter Vervollkommnung der Meßvorrichtungen.

Häntzschel hatte bei seinen ersten Versuchen ein mit Wasser gefülltes Knierohr verwendet, an dessen wagrechtem Schenkel ein die Bewegungen der Schiene aufnehmender Tauchkolben angebracht war, während die andere Seite in ein Steigrohr von geringem Querschnitt überging. Die Bewegungen der Schiene traten hierdurch in vergrößertem Maßstab in Erscheinung. Bei den späteren Versuchen wendete Häntzschel einen Winkelhebel mit Schreibvorrichtung an. Als „fester Punkt" diente in beiden Fällen ein Pfahl, der dicht neben der Schiene in den Boden getrieben war. Ähnlicher Apparate bedienten sich auch andere Forscher, wie Haarmann, Rüppell, Flamache.

Sowohl das Wasser wie auch der Schreibhebel gerieten bei größeren Fahrgeschwindigkeiten in schnellende Eigenbewegungen. Das muß infolge der mit großer Geschwindigkeit, oft stoßartig auftretenden Bewegungen der Gleisteile bei allen Übertragungsmitteln auftreten, die eine physikalische Masse haben.

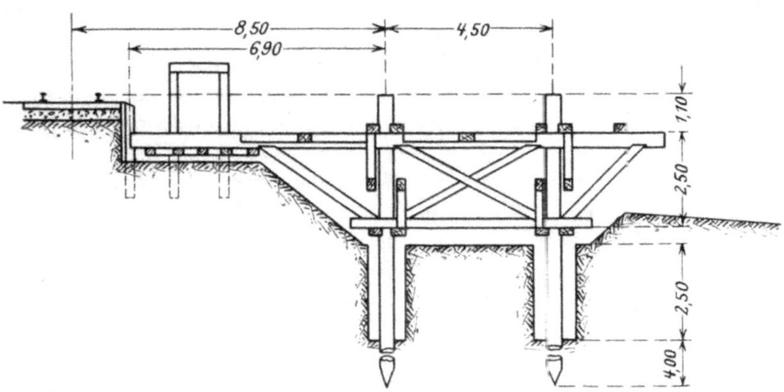

Abb. 33.

Diese Störungsquelle hat zuerst Ast ausgeschaltet, indem er durch Ausbildung eines photographischen Meßverfahrens den masselosen Lichtstrahl als Übertragungsmittel wählte.

Ast (1893 bis 1895) richtete neben dem Gleise einen Mauerpfeiler oder ein gerammtes Pfahlgerüst auf, an dem der Apparat mit Auslagebalken befestigt war. Die Linse des Apparates war 70 cm von Gleise entfernt, die Lichtbildkammer 2,10 m lang, die Vergrößerung dreifach, die lichtempfindliche Platte maß 13 × 36 cm. Wie zu ersehen, lag der „feste Punkt“ im Apparat (Abb. 33).

Dieses Verfahren wurde durch Wasiutynski noch verbessert (1897). Er stellte den Apparat auf Laufschienen auf, die auf einem rund 7 m tief gegründeten Mauerpfeiler gelagert waren. Auch Wasiutynski legte also den „festen Punkt“ in den Apparat. Die Laufschienen waren 14 m lang, gestatteten also Messungen über eine ganze Schienenlänge. Der Abstand des Apparates von dem Gleise war auf 4,25 m dadurch vergrößert, daß Wasiutynski ein Teleobjektiv wählte. Statt der Platte war ein 8 m langes Filmband verwendet, die Punkte, deren Bewegungen aufgenommen werden sollten, waren durch kleine Kugelspiegel bezeichnet und durch eine Bogenlampe beleuchtet. Die Vergrößerung war gleichfalls dreifach (Abb. 34).

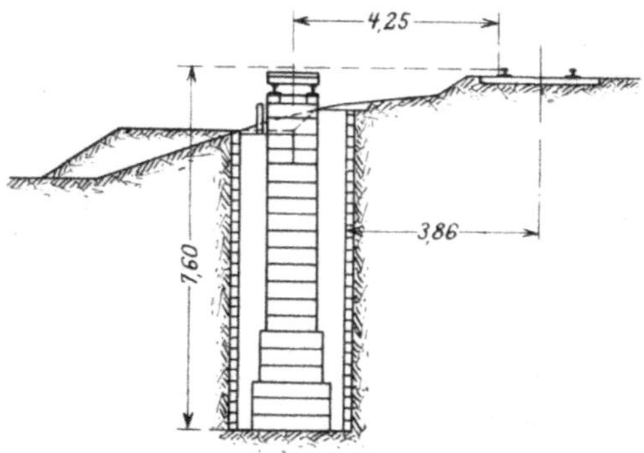

Abb. 34.

Wasiutynskis Messungen haben zahlreiche bemerkenswerte Ergebnisse gezeitigt, u. a. folgende:

Die vom Zuge ausgehenden Erschütterungen wurden noch 7 m unter dem Gleise und 5 m seitlich davon wahrgenommen.

Die Bettungsziffer ist nicht allein von der Bettung, sondern auch vom Untergrunde abhängig. Die ermittelten Bettungsziffern schwankten für die Beobachtungsstelle — 1 m hoher Erddamm auf kiesigem und lehmigem Untergrunde — zwischen 4,6 und 9 kg/cm³.

In Übereinstimmung mit Zimmermanns Rechnungsart fand sich die Schwelleneinsenkung bei kurzen Schwellen an den Köpfen (y_l) stärker, als in der Mitte (y_0) und am Schienenauflager (y_r):

	y_0	y_r	y_l
bei 2,44 m langen Schwellen	69	100	124%
bei 2,70 m langen Schwellen	75	100	68%

Es empfiehlt sich also, die Schwellenlänge nicht zu knapp zu bemessen.

Bei Fahrgeschwindigkeiten bis zu 64 km/St war ein Einfluß der Fahrgeschwindigkeit auf die Schwellensenkung nicht festzustellen.

Der größte Schienendruck auf die Schwelle betrug bei Lokomotivachsständen vom Zwei- bis Dreifachen des Schwellenabstandes 39 bis 44% des Raddruckes.

Die Senkungen der Schienen und Schwellen erstrecken sich auf eine Länge von 1,9 bis 2,5 m vor der ersten Achse.

Der Unterschied der größten Schienensenkung zwischen und auf den Schwellen (die Durchbiegung zwischen den Schwellen) ist nicht größer als 0,3 mm.

Dem Meßvorgange Wasiutynskis haftet bei aller erreichten Vollkommenheit als Nachteil an, daß die Aufstellung des Apparates schwer, unbeweglich und kostspielig ist. Wenn Wasiutynski verschiedene Oberbauformen vergleichen wollte, mußte er sie vor den Apparat bringen, anstatt umgekehrt. Die Aufgabe, den photographischen Apparat freizügig zu machen, gelingt leicht, indem man den „festen Punkt“ aus dem Apparat herausverlegt (Bloßscher Gleisdurchbiegungsphoto). Als „fester Punkt“ dient ein kleiner Kugelspiegel, der an einer Stange befestigt ist, die in einem 1,5 m langen Rohre frei steht, aber bis 2,5 m Tiefe in den Boden eingetrieben ist. Genau genommen, werden die Bewegungen des Gleises gegen die Bodenschicht in 1,5 bis 2,0 m Tiefe gemessen. Der dadurch entstehende Fehler beträgt nach Untersuchungen

Wasiutynskis rund 10%, und zwar fallen die gemessenen Werte stets um diesen Betrag zu klein aus, so daß der Fehler leicht ausgeschaltet werden kann. Wahrscheinlich wird er aber ziemlich genau dadurch ausgeglichen, daß in dem Meßfelde, das ausgekoffert werden muß, etwas größere Einsenkungen auftreten. Der photographische Apparat wird nun im geraden Gegensatz zu Ast und Wasiutynski nahe an den aufzunehmenden Punkt herangeschoben (Abb. 35). Hierdurch entsteht die Möglichkeit, mit einem noch handlichen Apparate starke Vergrößerungen zu erreichen. Die photographische Vergrößerung läßt sich hierdurch bis auf 1 : 16 steigern. Der Apparat wird einfach auf den Boden gesetzt, am besten auf eine dämpfende Sandschicht, die keine schleudernden Bewegungen auf den Apparat überträgt. Dieser macht also die Bodeneinsenkungen in der Nähe der Beobachtungsstelle mit. Das ist indessen unerheblich, da doch in jedem Augenblicke der Abstand zwischen dem beweglichen und dem „festen" Punkte photographisch festgehalten wird. Die Meßbilder müssen nur durch Umzeichnen auf die geradlinige Spur, die ein absolut „fester" Punkt bei gänzlich störungs-

Abb. 35.

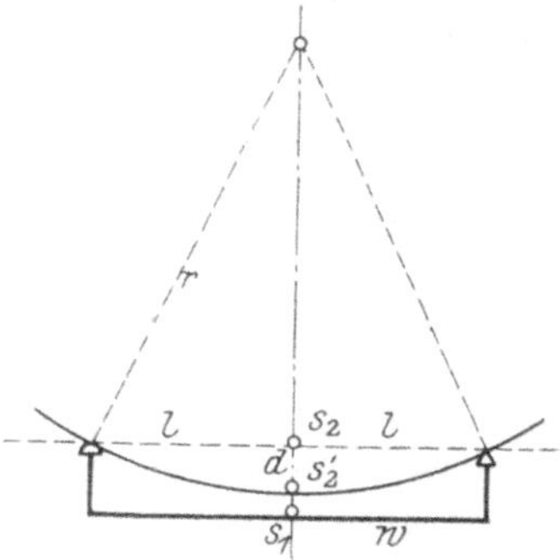

Abb. 36.

freier Aufstellung des Apparates ergeben würde, zurückgeführt werden. Vollends fehlerfrei wird dieses Meßverfahren, wenn es sich darum handelt, gegenseitige Bewegungen einzelner Oberbauteile zu beobachten, z. B. die der Schiene gegen die Auflagerfläche (elastische Zusammendrückung), der Schiene gegen die Laschen (Spielräume in der Laschenkammer), der Schienenenden gegeneinander (Stoßstufen), u. a. m.

Eine Lücke ist bisher in der Forschung noch nicht geschlossen, das ist die Beobachtung des in den Schienen wirklich auftretenden Biegemomentes oder der auftretenden Biegungsspannung. Auch diese Aufgabe läßt sich mit dem in Abb. 35 dargestellten photographischen Apparate durchführen, indem man die auftretende Krümmung der Biegelinie durch die gegenseitigen senkrechten Bewegungen zweier Punkte ausdrückt. Am Schienenfuße ist (Abb. 36) ein starkes Winkeleisen w unten in der Mitte des Schienenfußes befestigt, und zwar an einem Ende mit einer Stahlspitze, am anderen mit zwei Kugeldruckflächen. Das Winkeleisen trägt einen kleinen Kugelspiegel s_1. Über diesem ist ein zweiter Kugelspiegel s_2 durch eine Klemme fest mit dem Schienenfuße verbunden. Nimmt nun der Schienenfuß bei der Durchbiegung eine Krümmung an, so kommt der Kugelspiegel s_2 in die Lage s'_2. Aus dem Maße der Annäherung von s_2 und s_1 läßt sich der Krümmungshalbmesser der Biegelinie ohne weiteres berechnen. Es wird genügend genau

$$r = \frac{l^2}{2\,d}.$$

Da nun
$$\frac{1}{r} = \frac{M}{EJ},$$
erhält man
$$M = \frac{2\,E\,J\,d}{l^2}.$$

Bei negativen Momenten biegt sich die Schiene nach oben durch und die beiden Kugelmarken entfernen sich voneinander. Die Maße d und $-d$ werden aus dem fortlaufenden Bilde der beiden Kugelspiegelspuren im photographischen Film entnommen.

Vorläufige Messungen haben die auf S. 22 angegebene Zusammenstellung der Momente nach Zimmermann und Loewe annähernd bestätigt, eingehende Beobachtungen stehen noch aus.

Andere Meßverfahren gehen darauf hinaus, die in der Schiene auftretenden Spannungen unmittelbar durch Aufzeichnung der Längenänderung der gespanntesten Faser zu messen, obwohl es sich bei der Schiene um Biegung, nicht um reine Dehnung handelt. Dieses Vorgehen hat Dudley[1]), neuerdings auch Okhuizen eingeschlagen. Vergleichende Messungen mit dem Apparate von Okhuizen und dem photographischen Verfahren haben so gute Übereinstimmung ergeben, wie sie bei Messungen am Gleise erwartet werden kann.

Von Beobachtungen, die nicht in unmittelbarem Zusammenhange mit der Berechnung des Oberbaues stehen, aber für die Kenntnis des Verhaltens, das das Gleis im Betriebe aufweist, sehr wichtig sind, seien erwähnt:

1. Die Beobachtungen Schuberts[2]) über das Verhalten der Gleisbettung und des Untergrundes sowie ihrer Veränderungen im Betriebe.
2. Die Beobachtungen Bräunings[3]) über Kraftwirkungen an den einzelnen Oberbauteilen. Bräuning hat insbesondere Beobachtungen angestellt über die Seitenbewegungen und das Kippen der Schienen und die damit zusammenhängende Kraftrichtung des Raddruckes, über Formänderung der Auflagerfläche auf den Schwellen, über Abnutzungserscheinungen an Befestigungsteilen, über Stoßsenkungen und Stoßknicke, über Schienenausdehnung unter Veränderung der Wärmefugen u. a. m.

IV. Die Einzelteile des Gleises.

A. Die Schiene.

Form und Abmessungen der Schiene werden bestimmt durch die Gestalt des Rades, durch das Kräftespiel zwischen Rad und Schiene, das für Widerstandsfähigkeit und Federung nach oben und unten Grenzen gibt, durch Abnutzungsvorgänge, durch Rücksichten auf Stoffbeschaffenheit und Herstellungsart, endlich durch Witterungseinflüsse.

Im allgemeinen hat die Schiene die Trägerform, bei der die Massen vorzugsweise in Kopf und Fuß angehäuft sind, während der verbindende Steg schmal ausgeführt wird. Es soll hierdurch mit möglichst wenig Stoffaufwand ein hohes Trägheitsmoment erreicht werden.

Die Form des Schienenkopfes ist hauptsächlich durch die Beziehungen zwischen Rad und Schiene bestimmt. Die Abrundung der Fahrkante ist durch die „technischen Vereinbarungen" auf 14 mm Halbmesser bindend festgelegt (T. V. § 5). Die Lauffläche wird mit einer leichten Wölbung von 200 bis 250 Halbmesser ausgeführt (Abb. 37). Dadurch erhält die Kopffläche beim Walzen der

[1]) Compte rendu général. Brüssel 1904.
[2]) Organ f. d. Fortschritte im Eisenbahnwesen. 1897 u. 1899.
[3]) Die Grundlagen des Gleisbaues Berlin 1920.

Schiene noch etwas verdichtenden Druck von den symmetrisch ausgestalteten beiden Walzen, was die Festigkeit der Lauffläche günstig beeinflußt (Abb. 38). Haarmann hat eine Flachkopfschiene mit einer ebenen, in 1 : 20 geneigten Lauffläche vorgeschlagen. Dabei wird der Querschnitt der Schiene unsymmetrisch, die Walzen müssen einhüftig angeordnet werden (Abb. 39). Bei der gewölbten Kopfform tritt, wenn neue Schienen und Radreifen zusammentreffen,

Querschnitt . . . 55,86 cm²
Gewicht. . . . . 43,8 kg/m
Trägheitsmoment, bezogen auf die wagerechte Schwerpunktsaxe 1485 cm⁴
Widerstandsmoment f. d. Kopf 206,3 cm³
Widerstandsmoment f. d. Fuß . 218,4 cm³
Trägheitsmoment, bezogen auf die senkrechte Schwerpunktsaxe 271,6 cm⁴

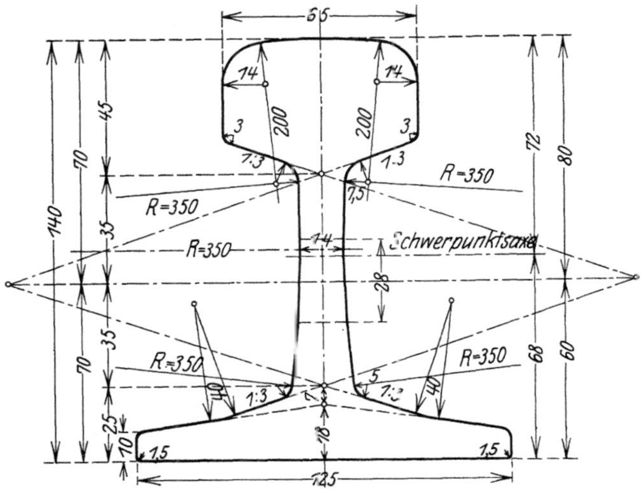

Abb. 37. Schienenmaße. Baden 1893.

ein größerer Berührungsdruck zwischen Rad und Schiene ein als bei ebener Lauffläche. Die dadurch entstehenden, nach Form und Größe ungünstigen Abnutzungen des Rades will die Flachkopfschiene vermeiden. Gegen den Vorschlag spricht aber, daß die Abnutzungsform der Schienenlauffläche auch eine leichte

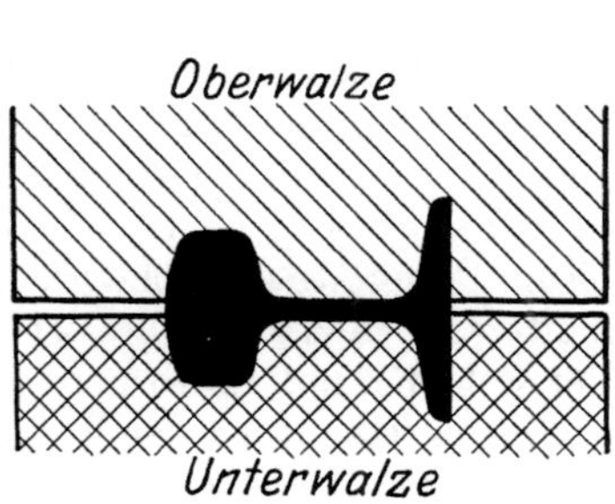

Abb. 38. Spiegelgleiche Walzenform.

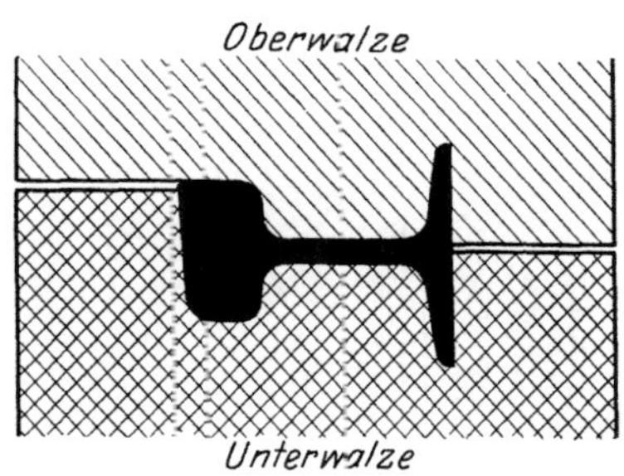

Abb. 39. Einhüftige Walzenform.

Wölbung aufweist, so daß die gewölbte Form auch dem Beharrungszustande besser entspricht. Nach unten wird der Kopf durch die geneigte Laschenanlagefläche begrenzt, die gegen die Symmetrieebene der Schiene eine Neigung von 1 : 2 bis 1 : 5 aufweist. Die stärkeren Neigungen sind günstig für das Nachziehen der Laschen, die flachen für die Tragwirkung der Laschen und die Beanspruchung der Laschenschrauben. Die Seitenflächen des Kopfes werden meistens senkrecht ausgeführt. Manche Bahnverwaltungen verbreitern aber den Kopf nach unten hin, um eine größere Laschenanlagefläche zu erzielen. Hierdurch wird zugleich die Berührungsfläche zwischen Radflansch und Schiene vergrößert, damit die Abnutzung beider verringert, der Reibungswiderstand aber vermehrt. Zwischen der Seitenfläche des Kopfes und der Laschenanlagefläche ist eine Ausrundung von 2 bis 5 mm Halbmesser angeordnet, in den Steg geht der

Kopf mit einer Ausrundung von 4 bis 6 mm Halbmesser über. Die Kopfbreite soll nach T. V. 5 mindestens 57 mm betragen, geht aber bei deutschen Schienenformen bis 72, bei den neuesten, schwersten Schienen amerikanischer Bahnen bis 76 mm. Die Kopfhöhe, gerechnet von Oberkante bis zum Schnitt der beiden Laschenanlageflächen, zeigt 39 mm als untere Grenze und geht bis etwa 50 mm hinauf. Die breiten Kopfformen ergeben große Berührungsflächen zwischen Rad und Schiene sowie günstige Laschenanlageflächen, die hohen Kopfformen gestatten eine weitgehende Ausnutzung der Schiene auch bei vorgeschrittener senkrechter Abnutzung, verlängern also die Lebensdauer.

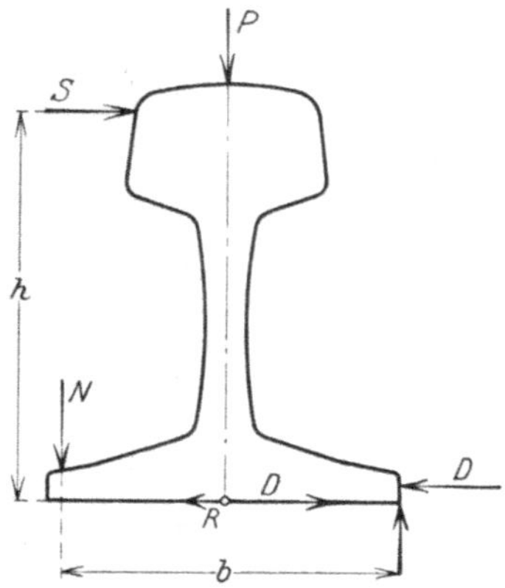

Abb. 40. Stehende Lagerung.

Die Rolle des Schienensteges ist verschieden nach der Lagerungsart der Schiene. Bei der stehenden Lagerung der Breitfußschiene (Abb. 40) beanspruchen Seitenstöße, wenn der Schienenfuß durch die Befestigungsmittel fest eingespannt wird, den Steg auf Biegung. Seine Stärke steht daher in einer bestimmten Beziehung zur Schienenhöhe und beträgt meist rund $^1/_{10}$ von ihr. Bei Blattstoß und für Tunnelschienen wird die Stegstärke gewöhnlich auf 18 mm bemessen. Am Anschluß nach dem Schienenfuße hin muß eine möglichst große Ausrundung angeordnet werden. Vielfach wird der Steg nach oben und unten hin verstärkt, und zwar in gebrochenem geraden oder in gekrümmtem Linienzuge. Bei der umschlossenen Lagerung der Stuhlschiene (Abb. 41) werden die Seitenstöße nahe am Orte ihrer Entstehung vom Befestigungskeil aufgenommen und weiterhin auf die innere Seitenfläche des Stuhles übertragen. Der Steg erleidet hierbei seitliche Abnutzungen, ebenso der Stuhl. Die Stegstärke der Stuhlschienen wird gewöhnlich auf $^1/_7$ bis $^1/_8$ der Schienenhöhe bemessen.

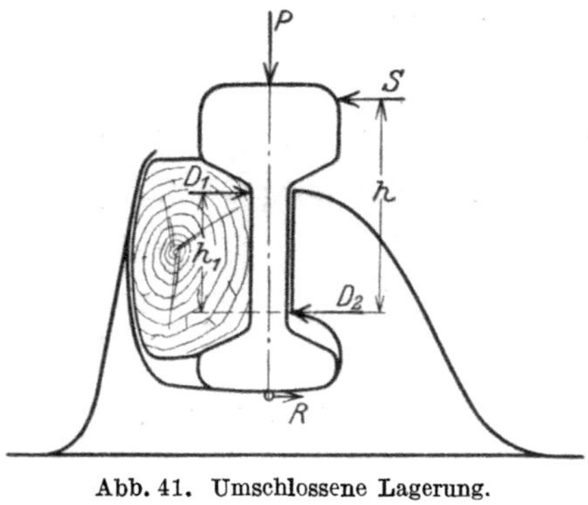

Abb. 41. Umschlossene Lagerung.

Der Schienenfuß ist bei der Breitfußschiene mit Rücksicht auf die stehende Lagerung als breiter Trägerflansch ausgebildet. Die damit gewonnene eigene Standsicherheit drückt sich in dem Verhältnis Fußbreite zu Höhe (der Standfestigkeitszahl) aus. Je breiter außerdem der Schienenfuß, desto geringer wird bei gegebenem Raddruck der Berührungsdruck zwischen Schiene und Unterlage. Bahnen, die die Schienen unmittelbar auf den Schwellen auflagern, wenden deshalb große Fußbreiten an. Aber auch für die Auflagerung auf eisernen Unterlegplatten oder Eisenschwellen erweist sich die größere Fußbreite nützlich, weil sie die Abnutzung des Schienenfußes einschränkt, der in erheblichem Maße insbesondere jene Oberbauformen unterliegen, bei denen der Schienenfuß nicht dauernd fest eingespannt ist, so daß die Spielräume reibende Bewegungen ermöglichen. Durch die Fußbreite wird schließlich hauptsächlich das seitliche Widerstandsmoment der ganzen Schiene bestimmt. Die Seitensteifigkeit spielt für die Seitendrücke dieselbe Rolle wie das senkrechte Widerstandsmoment für die Aufnahme der Radlasten. Eine steifere Schiene verteilt seitliche Drücke auf eine größere Zahl von Stützen, entlastet dadurch die Stützpunkte und wirkt dem Auftreten von seitlichen Unstetigkeiten (Knicken) entgegen. Die Höhe des

Schienenfußes ergibt sich daraus, daß die Nullinie des Querschnittes annähernd in halber Schienenhöhe liegen, also Massenausgleich zwischen Kopf und Fuß herrschen soll. An der Außenkante erhält der Fuß gewöhnlich eine Stärke von rund 10 mm, während man nach dem Stege hin dieselbe Laschenneigung anordnet, wie an der Unterseite des Kopfes. Die obere Fläche des Fußes nimmt dabei gewöhnlich eine gebrochene Begrenzung an. In neuerer Zeit sind jedoch Vorschläge aufgetaucht, dem Schienenfuß eine einheitliche Neigung von 1 : 10 zu geben, während der Kopf die Laschenneigung 1 : 3 erhält[1]). Die Schienenform nähert sich dadurch denen der Straßenbahn-Rillenschienen, der Fuß wird bei gleichem Stoffaufwande breiter, die Ausnutzung des Querschnitts besser.

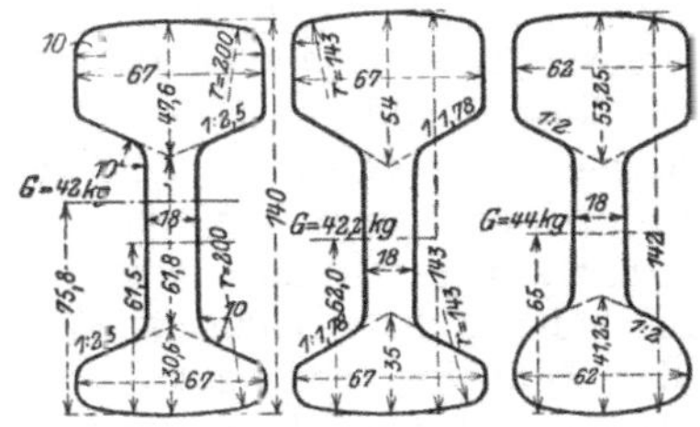

Österr. St.-B. Midland-B. Franz.West-B.
Abb. 42. Stuhlschienen.

Bei der Stuhlschiene oder Doppelkopfschiene erhält der untere Trägerflansch ungefähr die Form des Fahrkopfes. Die umschlossene Lagerung mit ihren schweren Stützkörpern wird unabweisliche Notwendigkeit, da die Schiene in sich nicht standfest ist. Der Berührungsdruck zwischen dem Schienenfuß und seiner Lagerfläche im Stuhl wird hoch, damit zugleich die Abnutzung. Der untere Kopf erhielt ursprünglich die Form des Fahrkopfes, da sich die symmetrische Schiene am leichtesten walzen läßt. Außerdem bestand die Absicht, die Schiene nach Abnutzung des Fahrkopfes zu wenden. Das hat sich jedoch nie verwirklichen lassen, weil die, nur an den Stühlen abgenutzte Standfläche eine unebene Fahrfläche ergeben würde. Infolgedessen zeigen alle neueren Stuhlschienen einen stärkeren Fahrkopf und einen schwächeren Lagerteil (Abb. 42). Für Breitfußschienen ist die umschlossene Lagerung als wesensfremd nur vereinzelt angewendet worden, z. B. von den badischen Staatsbahnen (Abb. 43).

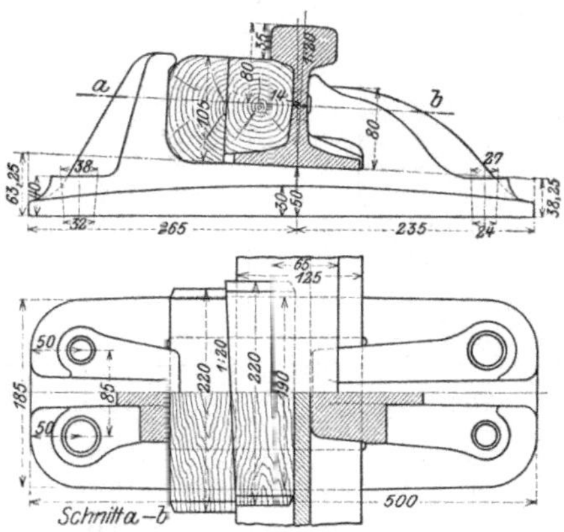

Abb. 43. Breitfußschienen im Stuhl.

Die Wendbarkeit der Stuhlschiene wird erreichbar, wenn man die oberen Laschenanlageflächen zur Auflagerung benutzt. Hierdurch entsteht „schwebende Lagerung“ nach Abb. 44. Diese Anordnung wurde vereinzelt angewendet, hat jedoch keine weitere Verbreitung erlangt.

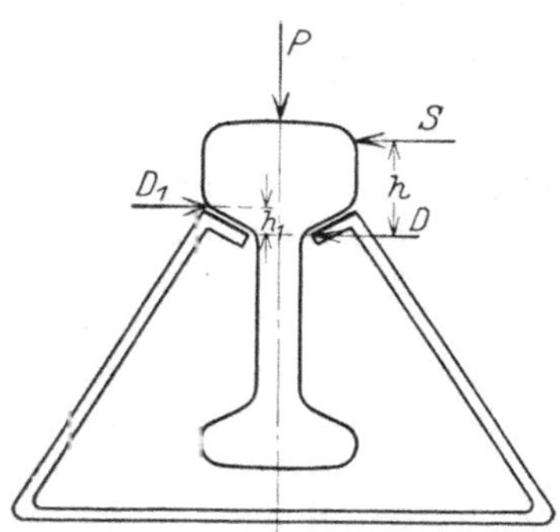

Abb. 44. Schwebende Lagerung.

Wie sich mehrere Schienenquerschnitte bei gleicher Grundform den verschiedenen Anforderungen des Betriebes zweckmäßig anpassen lassen, zeigen die Formen für den Einheits-Oberbau der deutschen Reichsbahn (Abb. 45 und 46). Von diesen Schienen ist die Form nach Abb. 45 für 10 t, die stärkere für 12,5 t Raddruck bestimmt. Beide Formen haben die gleiche Fußbreite, um die Unterlegplatten einheitlich zu machen und um abgenutzte Schienen der schwereren Form ohne weiteres auf Linien schwächeren

[1]) Jaehn: Beiträge zur wirtschaftlichen Ausgestaltung des Oberbaues, Sonderheft „Oberbau“ der Verk.-Woche, 1923.

Verkehrs oder in Nebengleise auch bei Eisenschwellen umlegen zu können. Gleichfalls mit zwei Formen von 35,6 und 46,3 kg/m Gewicht kommen die vormalig sächsischen Staatsbahnen aus, wobei die schwächere Form auf Hauptbahnen geringeren Verkehrs, auf Nebenbahnen und in abgenutztem Zustande schließlich auch auf Schmalspurbahnen verwendet wird; die früheren leichten Sonderschienen für Schmalspurbahnen werden nicht mehr gewalzt.

Eine Anzahl von Schienenformen ist in der Zahlentafel 1 zusammengestellt. Außer den Angaben für Abmessungen und Gewichte enthält die Zahlentafel noch einige Verhältniswerte, nach denen die Zweckmäßigkeit eines Schienenquerschnittes beurteilt zu werden pflegt. Die Standfestigkeitszahl gibt für Breitfußschienen das Verhältnis der Schienenfußbreite zur Schienenhöhe an. Je größer diese Zahl wird, desto günstiger ist das Verhalten der Schiene gegen Seitendrücke. Das Verhältnis erscheint zweckmäßig gewählt bei der sächsischen Schiene Form VI und bei der Form I der deutschen Reichsbahn; es erreicht seinen höchsten Wert bei amerikanischen Bahnen, die die Schienen auf hölzernen Querschwellen vielfach ohne Unterlegplatten verlegen. Als Ausnutzungszahl oder Güteverhältnis wird das Verhältnis zwischen dem Widerstandsmoment (in cm^3) und dem Einheitsgewicht der Schiene (in kg/m) bezeichnet. Je größer dieser Wert, desto wirtschaftlicher ist der Schienenquerschnitt für die Tragfähigkeit oder für die Aufnahme senkrecht wirkender Belastung ausgenutzt. Als günstig nach dieser Richtung erscheinen die sächsische Form VI, die belgische „Goliathschiene“ sowie die neuesten und schwersten, amerikanischen Formen. Die Frage, ob der Baustoff vom Standpunkte der Nachgiebigkeit aus günstig im Querschnitt verteilt ist, kann endlich nach der Nachgiebigkeitszahl $F \cdot e : W$ beurteilt werden, worin F die Querschnittsfläche, e den Abstand der gespanntesten Faser von der Nullinie bedeutet. Je kleiner die Nachgiebigkeitszahl ist, desto besser ist der Querschnitt ausgenutzt. Unter den leichten Schienen ist hier die preußische Form 6, unter den schweren die sächsische Form VI vergleichsweise günstig.

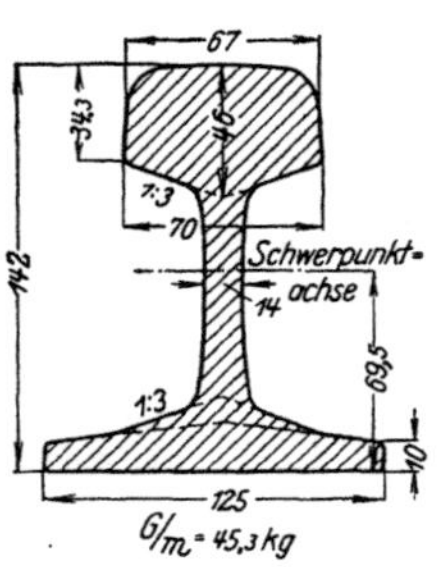

Abb. 45.

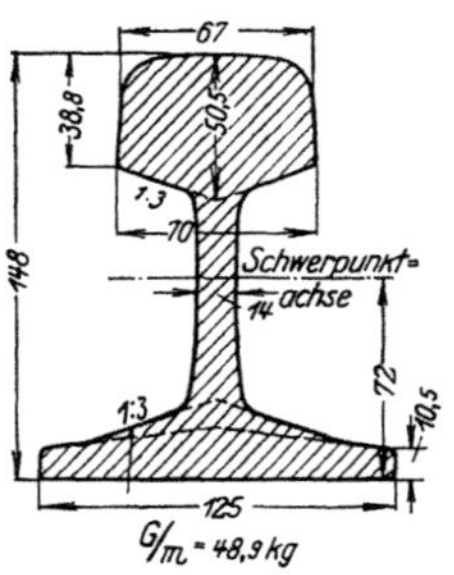

Abb. 46.

Schienenformen der deutschen Reichsbahn.

An den fertigen Schienen müssen für die Querschnittsmaße kleine Ungenauigkeiten zugelassen werden, die nach der immerhin etwas rohen und gewaltsamen Massenherstellung im Walzverfahren hauptsächlich wegen der allmählichen Abnutzung der Walzen unvermeidlich sind. Die preußischen Staatsbahnen bemessen den zulässigen Fehler in der Schienenhöhe auf $\pm$ 0,5 mm, in der Fußbreite auf $\pm$ 1 mm, im Gewichte auf $+$ 3 bis $-$ 2%. Hiernach können in der Fahrfläche Stoßstufen von 1 mm Höhe eintreten. Die Neigung der Laschenanlageflächen soll möglichst genau sein, damit die Berührung in der vollen Fläche, nicht nur in einer Kante erfolgt.

Die zulässigen Abnutzungen im Betriebe werden nach einem Grenzwerte des Trägheitsmomentes bestimmt, der mit Rücksicht auf die Tragfähigkeit nicht unterschritten werden darf. Die Schienen mit niedrigeren Köpfen vertragen senkrechte Abnutzungen bis 8 oder 10 mm, die mit höheren Köpfen bis 15 mm. Die Abnutzungen werden im Betriebe mit Lehre und Meßkeil gemessen. Die seitliche Widerstandskraft von Bogenschienen gilt bei den preußischen Bahnen als erschöpft, wenn die seitliche Abnutzungsfläche bis zur Berührung mit der Lasche herunter vorgeschritten ist. Sachsen bemißt die seitliche Abnutzung als Stichmaß auf 6—8 mm. Für die schwer feststellbare Abnutzung des Fußes werden zahlenmäßige Bestimmungen gewöhnlich nicht getroffen, obwohl sie erwünscht wären. Denn die Fußabnutzung kann zur Begrenzung der Lebensdauer führen, zumal bei Befestigungsarten, die den Schienenfuß nicht fest einspannen. In ungünstigen Fällen hat sie auch schon Schienenbrüche verursacht.

Die Baulänge der Schienen ist allmählich bis zur erreichbaren Höchstgrenze gestiegen. Die Schweißeisenschienen waren gewöhnlich 6 bis 7 m lang. Mit der Einführung der Flußstahlschienen ging man allmählich auf 9, 10, 12 und 15 m Länge über. Manche Verwaltungen bemessen die Baulänge der Schienen verschieden nach der Art der Strecke, und zwar auf 12—15 m für gerade, auf 10—12 m für bogenreiche Strecken scharfer Krümmung. Baulängen bis 18 m werden oft angewendet in den eingebetteten Gleisen von Wegübergängen, in Hallen- und Tunnelgleisen. In all diesen Fällen fällt mit der Sonnenbestrahlung die große Wärmeausdehnung weg. Ebenso wendet man auf kleinen Brücken oft längere Schienen an, um Stoßverbindungen auf den anschließenden Damm zu verlegen. Je größer die Einzellänge der Schienen, desto geringer wird die Zahl der Stoßverbindungen. Dadurch treten Ersparnisse an den kilo-

Zahlentafel 1. Nr. 1—13 Breitfußschienen, Nr. 14—16 Stuhlschienen.

		1	2	3	4	5	6	7	8	9	10	11	12	13	14
Nr.	Schienenform	Gesamte Höhe	Kopfhöhe	Kopfbreite	Stegstärke	Fußbreite	Fußhöhe in Stegmitte	Laschenneigung	Standfestigkeitszahl	Widerstandsmoment	Gewicht G	Nutzungszahl $n = \frac{W}{G}$	Abstand der gespanntesten Faser	Nachgiebigkeitszahl $\frac{Fe}{W}$	Bemerkungen
		mm	mm	mm	mm	mm	mm	1 : n		cm³	kg/m		mm		
1	Preußen, Nr. 6	134	39	58	11	105	19	1 : 4	0,78	154	33,4	4,61	67,5	1,87	Leichter } Oberb.
2	„ „ 8	138	39	72	14	110	23	1 : 4	0,80	193	41,0	4,71	69,7	1,89	Mittl. } Oberb.
3	„ „ 15c	144	43,5	72	14	110	24,5	1 : 4	0,76	217	45,0	4,81	72,5	1,92	Schwerer } Oberb.
4	Sachsen, Form Va	130	44	58	14	105	24	1 : 2,5	0,81	156	36,0	4,33	65,6	1,89	L. u. m. } Oberb.
5	„ „ VI	147	48	66	14	130	23	1 : 4	0,89	230	46,3	4,97	73,8	1,88	Schwerer } Oberb.
6	Dtsch. Reichsb. Form I	142	46	67/70	14	125	26	1 : 3	0,88	212	45,3	4,00	69,5	1,91	10 t Raddruck
7	„ „ „ II	148	50,5	67/70	14	125	27,5	1 : 3	0,84	237	48,9	4,80	72,0	1,91	12,5 t „
8	Österr. St. B. Form A	140	45	68	14	112	24	1 : 4	0,80	205	44,2	4,64	70,2	1,94	8 t „
9	Schweiz. B. B. 1902	145	45	65	14	125	25	1 : 4	0,86	215	45,9	4,69	69,6	—	Schwerer Oberb.
10	Belgische St. B. 1886	150	43	72	15	140	—	1 : 3	0,93	257	50,8	5,06	—	—	„ „
11	Illinois-Centr. B. 1897	146	43,3	69,8	14,4	146	24,7	1 : 4,3	1,00	—	49,8	—	—	—	„ „
12	Pennsylvania B.	165	48	76	17	140	—	1 : 3/1 : 4	0,85	321	62,0	5,18	—	—	Schwerster Oberb.
13	Lehightal-Bahn	178	48	75	17	165	—	1 : 4	0,93	360	67,5	5,33	—	—	„ „
14	Schweizer Alpenbahn	140	47,6	67	18	67	30,6	1 : 2,5	—	157	42,0	3,74	75,8	2,59	8 t Raddruck
15	Franz. Westbahn	142	53,25	62	18	62	41,25	1 : 2	—	164	44,0	3,73	—	—	
16	Engl. Midland-B.	148	56	72	21	72	35	1 : 2,14	—	194	49,8	3,9	77,8	2,55	

metrischen Kosten des Gleises ein, der Gang der Fahrzeuge wird durch die Verminderung der mit dem Stoß verbundenen Unstetigkeiten ruhiger, die erforderliche Zugkraft geringer, die Verteilung der Last auf die Schwellen in senkrechter und wagrechter Richtung gleichmäßiger. Nach oben wird jedoch die Baulänge der Schienen begrenzt durch die mit der Länge zunehmende Schwierigkeit der Handhabung, besonders bei Handarbeit, endlich durch das erforderliche Wärmespiel, dem durch Anordnung einer Wärmelücke Rechnung getragen werden muß.

Die Wärmelücke oder Stoßfuge bemißt sich aus der Wärmedehnung des Stahls (0,00108 für 100° Wärmeänderung), nach der Baulänge der Schienen und den klimatischen Verhältnissen. In Mitteleuropa rechnet man mit + 60° Schienenwärme bei stärkstem Sonnenbrande und — 25° bei größter Kälte. Hiernach hat man im offenen Gleise die Stoßlücke bei strengster Kälte auf $^1/_{1000}$ der Schienenlänge nebst einem Sicherheitszuschlage von 1 mm anzusetzen. In Tunneln kommt man mit 40% dieses Wertes aus, weil die Sonnenbestrahlung wegfällt und die Wärmeverhältnisse gleichmäßiger sind. Als Größtwert für die Wärmelücken gelten 20 mm. Für die gewöhnlichen Verlegetemperaturen werden Zwischenwerte berechnet, die durch Einschieben von Zwischenblechen beim Zusammenbau der Schienen berücksichtigt werden. Wird das Wärmespiel beschränkt oder verhindert, so läßt sich die auftretende Längsspannung in der Schiene nach der Gleichung $\Delta l : l = \sigma : \varepsilon$ bestimmen, wobei Δl das fehlende Wärmespiel, l die Schienenlänge bedeutet.

Bei der Lochung der Schienenenden muß dem Wärmespiel gleichfalls Rechnung getragen werden. Der Laschenbolzen muß im Bolzenloche Spiel haben, weil sonst Abnutzungen und Verbiegungen eintreten. Die Länge des Loches muß (in mm)

$$d = b + \frac{\delta}{2} + 2$$

betragen, wobei b den Durchmesser des Bolzens, δ das größte Wärmespiel der Schiene bedeutet. Der Zuschlag von 2 mm wird aus Sicherheitsgründen gemacht, um Ungenauigkeiten Rechnung zu tragen. Die Laschenlöcher werden entweder kreisrund mit dem Durchmesser d oder länglich mit der Länge d und der Höhe $b + 2$ mm gebohrt. Der Abstand der Schienenlochmitte vom Schienenende beträgt

$$c = \frac{e}{2} + \frac{\delta}{4},$$

wenn mit e die Entfernung der mittleren Bolzenlöcher in den Laschen bezeichnet wird.

Manche Fachleute halten die so berechneten Stoßlücken für zu groß. Aus der Tatsache, daß Gleisverwerfungen nur bei freigelegten Schwellen vorkommen, schließen sie, daß man ohne Gefahr einen Teil des Wärmeschubes sich in inneren Spannungen selbst verzehren lassen könne. Wird die Schiene seitlich von Bettungsstoff verhüllt, so wird das Wärmespiel geringer; bei gut schließendem eisernen Oberbau kann man annehmen, daß ein Teil der Wärme in den Boden abgeleitet wird.

Bogenschienen oder Ausgleichschienen besonderer Länge werden dadurch erforderlich, daß in Krümmungen auf die Schienenlänge l der innere Strang um das Maß

$$\Delta = s \cdot \frac{l}{R}$$

kürzer ist, wobei s den Schienenabstand (bei Vollspur rund 1500 mm) bedeutet. Die Bogenschienen werden gewöhnlich in 3 Längen hergestellt, die um 3 Stufen von je 4 bis 5 cm kürzer sind als die Regelschienen. Durch Einlegung dieser Bogenschienen kann erreicht werden, daß die gegenüberliegenden Schienenstöße nicht weiter aus der rechtwinkligen Lage verschoben werden als um den halben Längenunterschied der Ausgleichschienen. Eine größere Schieflage der Schwellen muß vermieden werden, vor allem bei Eisenschwellen mit Rücksicht auf ihre rechteckige Lochung.

Als Stoff der Schienen wird gegenwärtig nur noch Flußstahl verwendet, der nach dem Bessemer- oder dem Thomas-Verfahren in einer Birne, nach dem Siemens-Martin-Verfahren im Flammofen erzeugt wird. Beim Siemens-Martin-Verfahren hat man auch schon empfohlen, den Stahl basisch einzuschmelzen und ihn dann in saurem Bade „vergütend" nachzubehandeln. Im Flammofen ist eine besondere Wärmequelle (Gasheizung) erforderlich, während sich die Wärme bei den beiden anderen Verfahren durch den Vorgang selbst aus der Verbrennung der Beimischungen des Roheisens (Kohlenstoff, Silizium, Phosphor) entwickelt. Phosphorhaltiges Eisen ist beim Bessemer-Verfahren nicht brauchbar, beim Thomasverfahren aber Voraussetzung. Da die meisten deutschen Erze phosphorhaltig sind, spielt das Thomas-Verfahren in Deutschland eine große Rolle. Wo nicht Roheisen, sondern Alteisen (Schrott) als Grundstoff verwendet wird, macht man vorwiegend vom Siemens-Martin-Verfahren Gebrauch.

Die chemische Zusammensetzung des Schienenstahls wird von den Bahnverwaltungen gewöhnlich nicht besonders vorgeschrieben, man beschränkt sich vielmehr darauf, die Festigkeitseigenschaften der Fertigware festzulegen. Bei der hüttenmännischen Behandlung des Rohstoffes in der Birne oder dem Flammofen müssen die schädlichen Beimengungen — Schwefel, Phosphor, Sauerstoff möglichst vollkommen entfernt, die zweckmäßigen — Kohlenstoff, Nickel, Mangan, Silizium, Chrom, Titan, Wolfram, Aluminium, Stickstoff usw. — auf einen günstigen Anteil gebracht oder, wenn sie im Rohstoff fehlen, durch Zuschläge beigegeben werden. Für Siemens-Martin-Stahl ist z. B. die Zusammensetzung etwa 98% Eisen, 0,3% Kohlenstoff, 0,3% Silizium, 1,3% Mangan, 0,1% Phosphor. Stärkere Zuschläge von Nickel und Mangan erhöhen die Verschleißfestigkeit. In Amerika will man auf der Bostoner Hochbahn beobachtet haben, daß Bogenschienen aus Manganstahl (mit Mangan-Anteilen von 10% und mehr) eine 20 bis 80fach größere Widerstandsfähigkeit gegen seitliche Abnutzung hatten als solche aus gewöhnlichem Bessemerstahl. Auch für einzelne, besonders hoch beanspruchte Gleisteile, z. B. Kreuzungs- und Weichenteile von Straßenbahnen, ist Manganstahl öfters angewendet worden. Hinderlich ist der hohe Preis des Manganstahls. Auch ist seine Härte so groß, daß eine Bearbeitung auf der Baustelle schwierig wird. Aus solchen und ähnlichen Gründen ist man auch von der Herstellung anderer „verschleißfester" Schienen (z. B. aus Elektrostahl, Chromstahl, Chromnickelstahl) vielfach wieder abgekommen. Neuerdings ist es bei amerikanischen Bahnverwaltungen üblich geworden, dem Schienenstahl 1% Kupfer beizusetzen (ebenso wie dem Eisen der übrigen Oberbauteile). Dieser Zusatz soll den Widerstand gegen Rost in außerordentlichem Maße erhöhen. Der Rostangriff ist bei den Schienen von Betriebsgleisen vergleichsweise nicht allzu stark, jedenfalls aber geringer als an untätig lagernden Schienen. Oft wird der Rostangriff in bedrohlichem Maße erhöht. Allgemein durch die säurehaltige Luft von Industriegegenden, im besonderen an Tunnelgleisen, die länger dem Angriff der Rauchgase ausgesetzt sind, oder in Kohlenladegleisen durch abtropfende Wässer, die sich mit Schwefelverbindungen angereichert haben. Äußerliche Anstriche (mit Teer, Asphalt u. dgl.) haben sich als unwirksam erwiesen.

Das Raumgewicht des Schienenstahls liegt zwischen 7,83 und 7,92 g/cm³.

Zum Auswalzen der Schiene wird der geschmolzene Stahl zunächst in die aufrechtstehenden Gußformen zu Blöcken gegossen, die meist 2000 bis 2400 kg wiegen. Sind diese zur festen Form erstarrt, so gelangen sie in manchen Werken sofort in die Walze, um noch in der Schmelzwärme ausgewalzt zu werden. Meist jedoch werden sie in Wärmeöfen noch gleichmäßig durchgeglüht. Alsdann werden sie der Blockwalze zugeführt, in denen sie mit etwa 9 Stichen (Walzendurchgängen) gestreckt werden. Hierauf werden die unbrauchbaren Enden abgeschopft, im übrigen werden die Blöcke gleich darauf in derselben Hitze mit weiteren 7 Stichen zur fertigen Schiene ausgewalzt. Da zu heißes Walzen Schienen mit zu niedriger Streckgrenze ergibt, ist es am besten, wenn die Schiene das letzte Walzenkaliber gerade noch in Rotglut verläßt. Das austretende Walzstück, das die Länge mehrerer Schienen hat, gelangt im Auslauf an eine Kreissäge, die die Abschopf-Enden abtrennt und das Walzstück in Schienenlängen unter Zugabe des Schwindmaßes teilt. Von da gelangen die fertigen Schienen auf das Warmlager zum Abkühlen. Das Richten erfolgt entweder auf dem Warmlager noch in rotwarmem Zustande, indem die Schienen mit Holzhämmern bearbeitet werden, oder die Schienen werden zu diesem Zwecke nach dem Erkalten durch Richtwalzen oder Richtpressen geleitet. Die fertig gewalzten, abgeschnittenen und gerichteten Schienen sind an den Enden noch auf genaue Länge abzufräsen, wobei aber Ungenauigkeiten von $\pm$ 2 mm auf eine Schienenlänge von 12 m geduldet werden. Ferner werden die oberen und seitlichen Kanten der Kopfenden mit der Feile unter 45° auf etwa 2 mm abgeschrägt. Schließlich werden die Laschenlöcher mit kreisförmig oder länglich wirkenden Bohrmaschinen gebohrt, wobei der Bohrgrat sorgfältig beseitigt werden muß, weil selbst die feinsten, dabei zurückbleibenden Haarrisse wie Einkerbungen wirken und zu Schienenbrüchen führen können.

Für den Schienenkopf ist wegen der Quetsch- und Schleifwirkungen der Räder große Härte, für den Fuß wegen der Zugbeanspruchung große Zähigkeit erwünscht. Der Gedanke, diesen Verhältnissen dadurch Rechnung zu tragen, daß im Schienenquerschnitt verschiedenartige Stoffe angeordnet werden, ist immer wieder verfolgt worden. Schon die mehrteiligen Oberbauformen von Scheffler (Abb. 12), Battig u. a., bei denen der Fahrkopf aus Stahl, die Unterteile aus Eisen hergestellt waren, beruhten mit auf solchen Erwägungen, wenn auch der Wunsch, den Verbrauch an dem damals besonders teueren Stahl einzuschränken, an erster Stelle gestanden hat. Die im Schweißverfahren hergestellten Eisenschienen mit Stahlkopf (Stahlkopfschienen) entsprechen an sich jener Anforderung; die Schienen waren aber nur schwer in gleichmäßiger Dichte herzustellen, auch lösten sich an mangelhaft geschweißten Stellen die einzelnen Stäbe leicht wieder voneinander, so daß die Schienen oft vorzeitig abgängig wurden. Einen beachtlichen Versuch, diese Frage endgültig zu lösen, stellt die Verbundstahlschiene nach Patent Melaun dar. Zu ihrer Herstellung wird die stehende Gußform des Walzblockes im unteren Teile mit Flußeisen gefüllt und, wenn dieses zäh geworden ist, Stahl darüber gegossen. Dann wird der Walzblock durch Ausschmieden so gestaucht und dabei in die Länge gestreckt, daß die Stahlschicht an der oberen Längsseite des Blockes liegt. In diesem Zustande wird der Walzblock zur Schiene ausgewalzt. Wie Ätzbilder und metallographische Schliffe zeigen, entspricht die Verteilung von Eisen und Stahl im Querschnitte durchaus dem angestrebten Zwecke, auch ist die Bindung zwischen beiden vorzüglich; durch die Schmiedearbeit wird aber die Herstellung stark verteuert. Neuerdings wurde mehrfach versucht, den Schienenkopf dadurch zu härten, daß man ihn gleich nach dem Verlassen der Walze abschreckt.

Für die gewöhnliche, einheitliche Flußstahlschiene muß ein Stahl erstrebt werden, der sowohl die nötige Härte und Zähigkeit, als auch die erforderliche Gleichmäßigkeit in Zusammensetzung und Gefüge besitzt.

In der Annahme, daß ein verhältnismäßig weicher Stahl reiner herzustellen sei als ein harter, und daß in der Reinheit die beste Gewähr für gleichmäßiges Verhalten gegen Druck, Biegung und Bruchgefahr biete, war man in Deutschland und Österreich-Ungarn mit der Festigkeit des Schienenstahls, die auch als Maß für die Härte angesehen wurde, bis auf 50 kg/qmm herabgegangen, während in England eine Festigkeit von 50 bis 65, in Belgien eine solche von 60 bis 70 und in Frankreich bis 85 kg/mm² gefordert wurde.

Die Zulassung eines so weichen Stahls, wie ihn die deutschen Vorschriften früher vorsahen, kam zwar dem Thomasverfahren zugute, bei dem die Herstellung eines harten, gleichmäßig zähen Stahls anfangs auf Schwierigkeiten stieß, sie war aber nach Blum zweifellos ein Fehler, denn die betreffenden Schienen haben nicht nur raschen Verschleiß der Berührungsflächen zwischen Schiene und Rad gezeigt, sondern auch Verdrückungen des Kopfes, Verbiegungen des Steges und sonstige Formänderungen. Man hat dann auch in Deutschland die Festigkeitsgrenze versuchsweise auf 70 kg/mm² hinaufgesetzt, um größeren Widerstand gegen Abnutzung zu erhalten. Indessen hat sich diese Anforderung allein nicht als ausreichend erwiesen; auch bringt härterer Stahl wieder andere Nachteile mit sich. Wie der technische Ausschuß der Vereins deutscher Eisenbahnverwaltungen schon 1893 erklärt hat, scheinen Schienen aus härterem Stahle widerstandsfähiger gegen Abnutzung zu sein, hingegen, insbesondere bei zu geringer Dehnung und nicht genügender Reinheit und Durcharbeitung des Stahles, mehr zu Brüchen zu neigen. Es kann daher eine Festigkeitsgrenze von 65 kg/mm², die dann von den Werken zu ihrer eigenen geschäftlichen Sicherheit gewöhnlich um einige Hundertteile höher gehalten wird, als vorteilhaft und zweckentsprechend angesehen werden. Wichtig ist dabei, daß die Quetschgrenze hoch liegt im Verhältnis zur Gesamtfestigkeit.

Güteprüfungen des Stahls werden entsprechend der Wichtigkeit der Sache nach den verschiedensten Grundsätzen vorgenommen.

α) Zerreißproben geben zunächst ein Maß für die Zugfestigkeit und damit auch für die Druckfestigkeit. Diese läßt wieder einen Schluß auf die Härte zu. Die Längendehnung und die Querschnittseinschnürung, die am Probestab beim Zerreißen auftreten, können zur Beurteilung der Zähigkeit benutzt werden. Zugfestigkeit und Längendehnung sind ausschlaggebend für die Bruchfestigkeit des Stahls. Geschmeidiger, weicher Stahl von hoher Dehnbarkeit (großem Spielraum zwischen Elastizitätsgrenze und Bruchgrenze) wird weniger zu Brüchen neigen als spröder, harter Stahl. Manche Verwaltungen vereinigen daher beide Festigkeitsziffern in einer Meßzahl und fordern, daß das Produkt aus Festigkeit und Dehnung einen gewissen Mindestwert aufweise (Serbien $f \times d \geqq 900$, österreichische Südbahn $f^2 \times d \geqq 40000$). Nach dieser Betrachtungsweise ist ein Stahl von 50 kg/mm² Festigkeit und 30% Dehnung einem anderen von 70 kg/mm² Festigkeit bei 13% Dehnung überlegen. Da nun der weichere Stahl ganz allgemein dehnbarer ausfällt, erklärt sich daraus die stellenweise oder zeitweilige Bevorzugung weicher Stahlsorten. Den gesetzmäßigen Zusammenhang für Dehnung und Festigkeit liefert die „Baustoffziffer“ nach Saller[1]). Hohe Festigkeit bei großer Dehnung und geringem Raumgewicht nach Maßgabe des Ausdruckes $\frac{E\gamma}{T^2}$ machen einen Baustoff in Hinsicht auf den Gewichtsaufwand zur Aufnahme von Stoßdrücken geeignet. Hierin bedeutet E die Elastizitätszahl, γ das Raumgewicht, T die Spannung an der Elastizitätsgrenze. Nimmt man noch die Festigkeitsgrenze σ hinzu, so bedeutet der reziproke Wert des Ausdruckes $\frac{E}{T^2}$ bzw. $\frac{E}{\sigma^2}$ eben jenes Produkt aus Festigkeit und Dehnung.

β) Als besondere Druckfestigkeitsprobe wird die Brinellsche Kugeldruckprobe viel verwendet, bei der eine gehärtete Stahlkugel von 19 mm Durchmesser in den Schienenkopf eingepreßt wird. Der Durchmesser des bei 10000 kg

---

[1]) Stoßwirkungen, S. 52.

entstehenden Eindruckes und seine Tiefe bei 50000 kg Druck bilden die Vergleichsgrößen für die Druckfestigkeit des Schienenstoffes. Diese billige und bequeme Probe bildet eine wertvolle Ergänzung der Zerreißprobe.

γ) Belastungs- oder Biegeproben geben Anhalt für die Biegungselastizität der Schiene. Sie knüpfen an bekannte Biegeformeln an. Meist wird verlangt, daß ein Schienenstück bei Auflagerung auf 2 Stützen eine vorgeschriebene Last auf eine bestimmte Zeit aushalte, ohne bleibende Durchbiegungen zu erleiden.

δ) Schlagproben sollen die Widerstandsfähigkeit der Schiene gegen die Stoßwirkungen der Fahrzeuge dartun. Ein auf vorgeschriebene Entfernung — meist 1 m — frei aufgelagertes Schienenstück muß eine Anzahl von Schlägen eines Fallbären bis zu einer bestimmten Arbeitsleistung oder bis zu einer festgesetzten Durchbiegung — etwa $^3/_4$ der Schienenhöhe — aushalten, ohne Beschädigungen zu erleiden.

ε) Ätzproben werden manchmal vorgenommen, um die Gleichmäßigkeit des Stoffgefüges zu prüfen. Dünne Schienenabschnitte werden sorgfältig geglättet und mehrere Tage in Salzsäure gelegt. Etwaige Blasen, Lunker und Oberflächenrisse treten dabei zu Tage, auch wird der Unterschied zwischen dem gedichteten Randstahl und dem körnigeren Kern sichtbar.

ζ) Prüfung des Verschleißwiderstandes. Dieser kann unmittelbar nur durch wirkliche Abnutzungsmessungen bestimmt werden. Für Güteproben hat R. Scheibe als Maßstab den Gewichtsverlust vorgeschlagen, den ein Probekörper dadurch erleidet, daß er eine bestimmte Zeit mit gleichem Schleifdrucke auf einer Carborundumscheibe genau festgesetzter Zusammensetzung abgeschliffen wird[1]). Brinell hat vorgeschlagen, die zu messende Abnutzung durch das Sandstrahlgebläse zu erzeugen. Bei dem Abnutzungsmesser des Eisenbahnzentralamtes in Berlin werden die Verhältnisse des rollenden Rades dadurch nachgeahmt, daß der Probekörper als runde Scheibe auf einer sich drehenden Vergleichsscheibe mit gleichbleibendem Anpressungsdrucke rollt; ein regelbarer Schlupf der beiden umlaufenden Scheiben erzeugt neben der rollenden Abnutzung auch gleitende. Der Schlupf entspricht dem teilweisen Gleiten der Räder und stellt somit eine weitere Annäherung an die Wirklichkeit dar. Die Vergleichsscheibe muß ein Stahl von bekannten Eigenschaften sein. In der Forderung, diese Vergleichskörper in stets gleicher Beschaffenheit herzustellen, liegt eine Schwierigkeit der Abnutzungsmessungen.

η) Die mikroskopischen Gefügeuntersuchungen der Metallographie erschließen dem Blicke die feinsten Grundbestandteile des Stahles als Ferrit und Perlit und sind geeignet, dem Hüttenmann wichtige Aufschlüsse über die Zusammensetzung des Stahles, dem Betriebsmann über Fehler im Stoff und der Behandlung, über die Kerbwirkung feiner Haarrisse, ferner über Gefügeveränderungen durch Abnutzungserscheinungen zu bieten[2]). Insbesondere zur Aufhellung der Riffelbildungen ist die Metallographie viel herangezogen worden.

Die Prüfungen nach α) bis δ) bilden einen Teil des Abnahmeverfahrens. Ihnen wird gewöhnlich ein festgesetzter Teil der Lieferungen — 0,3 bis 1 v H — unterworfen. Die Untersuchungen nach ε) bis η) dienen mehr Forschungszwecken.

B. Die Schwelle.

a) Allgemeines. Die Anforderungen an die Schwelle folgen aus ihrer Aufgabe, die von den Rädern ausgehenden Kräfte verschiedener Art auf die Bettung und weiter auf den Untergrund zu übertragen. Bei 8000 kg Raddruck und 4000 kg Schwellen(Schienen-)druck beträgt der Flächenberührungsdruck

---

[1]) Organ Fortschr. Eisenbahnwes., 1897 und 1899.

[2]) Füchsel: Gefügeuntersuchungen, Sonderheft „Oberbau" der Verk. Woche, 1923.

zwischen Rad und Schiene	3500 kg/cm² und mehr,
zwischen Schienenfuß und Unterlegplatte etwa . . .	25 kg/cm²,
zwischen Unterlegplatte und Schwelle etwa.	10 bis 15 kg/cm²,
Hingegen darf der Bettungsdruck möglichst nicht über	2,5 kg/cm²,
der Druck auf erdigen Untergrund kaum über	1,0 kg/cm²

steigen.

Bei der Aufnahme dieser Kräfte sind die Schwellen Druck- und Biegungsbeanspruchungen unterworfen, denen sie nicht nur bei langsamem Auftreten der Belastung (mit statischer Wirkung) gewachsen sein müssen, sondern auch bei stoßweisem Auftreten mit dynamischen Auswirkungen. Die Sicherheit des Betriebes verlangt weiter von den Schwellen die dauernde Erhaltung eines verläßlichen Gleiszustandes, insbesondere müssen die Standfestigkeit der Schiene und die Spurweite in den erforderlichen Grenzen gewahrt bleiben. Hieraus erhellt die Bedeutung der Schienenbefestigung für die Bewährung der Schwellenformen und -Baustoffe.

Die Unterschwellung der Schienen erscheint

α) in der Form der Einzelstützen unter jedem Schienenstrang;

β) als durchlaufender Balken unter jedem Schienenstrang (Langschwelle);

γ) als Querbalken unter den beiden Schienensträngen (Querschwelle):

Die Einzelstützen unter jedem Schienenstrange sind in Gestalt von Steinwürfeln in der ersten Zeit des Eisenbahnwesens viel angewendet worden. Sie sind weder nach der Tragfähigkeit noch nach der Zuverlässigkeit der Schienenbefestigung größeren Ansprüchen gewachsen und erscheinen heute nur noch in den kurzen Wagengleisen der Entseuchungsanlagen, in denen der Unterbau des Gleises zur schnellen Abführung der ätzenden Waschwässer gewöhnlich als fugenlose Mauerwerksdecke ausgeführt wird, aus der einzelne Steinwürfel als Schienenträger hervorragen. Auch die Gleisanordnung auf den Wangenmauern von Reinigungs- und Untersuchungsgruben (in Werkstätten und an Lokomotivschuppen) bietet oft ein ähnliches Bild.

Einzelstützen aus Eisen haben besonders auf indischen Bahnen zeitweise eine gewisse Verbreitung erlangt. Unter jedem Schienenstrang waren glockenförmige Gußeisenschalen angeordnet, deren Hohlraum mit Bettungsstoff ausgestopft wurde. Zur Spurhaltung waren die Glockenstützen quer zum Gleise durch Zugeisen und Heftkeile verbunden.

Die Langschwelle wurde wegen theoretischer Vorzüge (durchlaufende Unterstützung der Schiene unter Ausnutzung der Möglichkeit, die Stöße der Schiene gegen die der Schwelle zu versetzen) lange Zeit mit heißem Bemühen umworben. Die Mangelhaftigkeit der Spurhaltung und die Erschwerung der Gleisentwässerung nach der Seite hin haben endlich dazu geführt, daß sie allgemein verlassen wurde. Die hölzerne Langschwelle gehört nur der ersten Zeit des Eisenbahnwesens an. Eiserne Langschwellen haben sich am längsten auf bayrischen Lokalbahnen gehalten, sind jedoch auch dort im Aussterben.

Im folgenden soll nur noch die Querschwelle ausführlich behandelt werden.

b) Die Holzschwelle. Holz ist der am weitesten verbreitete Schwellenstoff. Die Holzschwelle vermag den höchsten Betriebsanforderungen zu genügen; auch die amerikanischen Bahnen mit 25 bis 30 t Achslast sind bisher mit Holzschwellen ausgekommen, wobei sie allerdings bis auf die kleinste Schwellenentfernung gelangt sind, die für den üblichen Vorgang des Unterstopfens erreichbar ist. Die Elastizität des Baustoffes sichert der Holzschwelle einen Vorzug, der den übrigen Schwellenarten entweder ganz abgeht oder nur schwer erreichbar ist: Die Holzschwelle nimmt senkrechte und wagrechte Kräfte federnd auf, dämpft daher bis zu einem gewissen Grade die Stoßwirkungen und gewährleistet ein verhältnismäßig sanftes, geräuschloses Fahren. Die Reibung zwischen Schwelle und Bettung, die den wagrechten Kräften quer und längs zum Gleise entgegenwirkt, ist vermöge der tiefen Lage der Lagerfläche in der Bettung ausreichend groß; günstig beeinflußt wird sie außerdem durch den Umstand, daß sich die scharfen Kanten des Steinschlags in die Schwelle eindrücken, während allerdings andrerseits bei rolligem Bettungsstoffe (Kies) die Reibung für die Anforderungen des Hauptbahnbetriebes zu geringe Werte annehmen kann.

Eichenholz wurde früher in weitestem Umfange für Schwellen verwendet, namentlich hielt man es für erforderlich in schärferen Krümmungen und in Weichen. Es ist vermöge seiner vorzüglichen Festigkeitseigenschaften ein ausgezeichnetes Schwellenholz, jedoch ist es Rissebildungen in hohem Maße ausgesetzt. Seitdem sich die Lebensdauer anderer Schwellenhölzer durch fäulniswidrige Tränkung erhöht hat und die Druckbeanspruchung in den Lagerflächen durch Verbreiterung der Schienenfüße und Einführung der Unterlegplatten vermindert wurde, ist der Verbrauch von Eichenschwellen auf ein Mindestmaß zurückgegangen. Das teuerere Eichenholz konnte den wirtschaftlichen Wettbewerb mit billigeren Holzsorten nicht mehr aushalten und die Waldwirtschaft hat sich mehr und mehr auf schnellwüchsige Hölzer eingestellt. So hat heute die Eichenschwelle nur mehr für Einzelfälle von Brückengleisen ihre Berechtigung behalten.

Von anderen Harthölzern ist die Buche für Schwellen von Bedeutung. In Frankreich ist die Buchenschwelle vorherrschend. Auch in Deutschland kommt sie mehr und mehr in Aufnahme. Auch das Buchenholz neigt leicht zu Rissen; deswegen werden in die Stirnflächen oft S-förmige Bügel aus Blech eingetrieben.

In überseeischen Ländern finden sich Schwellen aus Hölzern, die schon den Edelhölzern zuzuzählen sind, wie Teakholz, Eukalyptus, Quebracho, Sarra oder Edelkastanie. Ausschlaggebend ist dafür oft die Frage, in welchem Maße die betreffende Holzart dem Insektenfraß unterliegt.

Von den weichen Nadelhölzern liefert die Kiefer das meiste Schwellenholz. In Deutschland ist die Kiefernschwelle vorherrschend. Sie verdankt diese Stellung ihrer Billigkeit, die mit der Anspruchslosigkeit der Kiefer an Boden und Klima und mit ihrem raschen Wuchs zusammenhängt. Auch der gerade Wuchs, ihre geringe Neigung zu Rissebildungen und ihre beträchtliche Elastizität bieten Vorzüge. Freilich gibt es Unterschiede im Werte: als die besten Kiefernschwellen gelten die aus den (deutschen) Mittelgebirgen, während die aus den Niederungen Polens und Rußlands etwas niedriger in der Wertung stehen.

Die europäischen Tannen und Fichten sind für Schwellen wenig geeignet, da sie zu weich sind und auch durch Tränkung wenig an Güte gewinnen.

Das Lärchenholz bietet dagegen einen guten Schwellenstoff und wird in Österreich, das in den Alpen über große Lärchenbestände verfügt, viel verwendet.

Die Lieferungsbedingungen für Schwellenholz schreiben meistens vor, daß die Hölzer im Winter (zur Zeit des geringsten Saftes) gefällt werden sollen. Grobgarige Stämme mit sehr breiten Jahresringen sind ungünstig, die Hölzer sollen vielmehr von langsamem Wuchs sein. Äste sind an den Auflagerstellen der Schienen unzulässig, aber auch sonst schädlich. Krümmungen, Windschiefe oder Drehwüchsigkeit schließen schon bei geringem Grade die Verwendbarkeit aus. Hölzer mit Wurmfraß müssen natürlich zurückgewiesen werden.

Krankheiten des Schwellenholzes sind Fäulnis, hervorgerufen durch Pilze, die in Feuchtigkeit leben, z. B. merulius lacrimans und seine Verwandten. Auch Trockenfäule tritt öfter im Betriebe auf, die sogenannte Kernfäule ist dagegen selten.

Die Tränkung des Schwellenholzes bezweckt, die Lebensdauer der Schwellen zu erhöhen. Der Gewinn ist bei Eichenschwellen verhältnismäßig gering, da das Eichenholz die Tränkflüssigkeit nur im Splint aufnimmt, im Kern dagegen wegen des Gehaltes an Gerbsäure fast gar nicht. Doch haben Eichenschwellen schon im rohen Zustande eine hohe Lebensdauer, die der von getränkten Kiefern- oder Buchenschwellen fast gleichkommt. Durch die Tränkung wird sie noch rund um ein Viertel höher. Das Buchenholz wird durch die Tränkung überhaupt erst zum Schwellenholz geeignet; denn ungetränkte Buchenschwellen haben kaum mehr als 5 Jahre Lebensdauer. Das Buchenholz ist fast kernlos und nimmt die Tränkflüssigkeit im ganzen Querschnitt gleichmäßig und begierig auf. Das Kiefernholz nimmt die Tränkstoffe gleichfalls vorwiegend im Splint auf, weniger in dem harzreicheren Kerne. Bei Kiefernholz ist als Nebenwirkung des Tränkens eine Erhöhung der Festigkeit um etwa $^1/_6$ zu verzeichnen.

Als Tränkflüssigkeiten werden heute, nachdem die ältesten Verfahren mit Kupfervitriol und Quecksilbersublimat (Kyanisieren) verlassen sind, vorwiegend Zinkchlorid und Teeröl verwendet, beide auch oft gemischt. Für die Teeröltränkung wird meistens das Rüpingsche Verfahren angewendet, bei dem das Holz zunächst bis zur vollen Sättigung durchtränkt wird, worauf ihm dann ein Teil der Tränkflüssigkeit wieder entzogen wird (Spartränkung). Der wieder entzogene Tränkstoff stammt dabei aus den Zwischenräumen zwischen den Zellen, die Zellenwände bleiben mit Tränkstoff umhüllt. Neuerdings werden Versuche mit einigen Tränkstoffen gemacht, deren Hauptbestandteil das Fluornatrium ist (Basilit, Malenit, Triolith). Sie sind wie andere salzige Tränkstoffe im Wasser löslich, doch scheint die Befürchtung, daß sie von Niederschlägen wieder aus dem Holze ausgelaugt werden, nur bis zu einem geringen Grade berechtigt zu sein. Mit salzigen Stoffen behandelte Schwellen bieten übrigens elektrischen Strömen einen geringeren Widerstand als die mit Teeröl getränkten. Das ist beachtenswert für Bahnen, bei denen Signalströme in den Schienen fließen. Die Unzuträglichkeiten, die aus dem verhältnismäßig großen Leitvermögen der salzgetränkten Schwellen entstehen, verlieren sich aber allmählich von selbst.

Die in der Tränkanstalt eingehenden Schwellen werden zunächst nach Sorten getrennt und eingelagert, bis sie lufttrocken geworden sind. Die lufttrockenen Schwellen gelangen bei manchen Verwaltungen ohne weiteres in den Tränkkessel, bei anderen werden sie vorher noch besonders zugerichtet, z. B. dadurch, daß die Lagerflächen der Stühle oder der Unterlegplatten durch Abfräsen geebnet werden. Mehr und mehr verbreitet sich auch der Brauch, in den Schwellen die Löcher für die Befestigungsschrauben vor dem Tränken zu bohren. Die einheitliche Bohrung aller Schwellen nötigt zwar dazu, für die Spurerweiterung in Krümmungen besondere Einlagen verschiedener Stärke vorzusehen. Doch nimmt man diese Umständlichkeit im Aufbau und in der Unterhaltung des Gleises gern in Kauf: vermeidet man doch andrerseits, daß von den nachträglich gebohrten, ungeschützten Schraubenlöchern das Nachlassen des festen Gleisgefüges und mit dem Eindringen von Wasser auch der Verfall der ganzen Schwelle ausgeht.

Zum Tränken werden die Schwellen auf besondere Rollwagen so verladen, daß der Tränkungskessel fast vollständig ausgefüllt wird. Ist der Kessel durch Einschieben der beladenen Wagen beschickt, so wird er luftdicht verschlossen. Hierauf wird derTränkungskessel und der mit ihm durch eine Leitung verbundene Ölvorwärmer bei dem Rüping-Verfahren unter einen Luftdruck gesetzt, der sich nach der Art und nach dem Austrocknungsgrade der Hölzer richtet, und zwar beträgt er zwischen 1,3 und 4 Atm. Ist der gewünschte Luftdruck erreicht, so wird er 5 Minuten lang unterhalten. Alsdann wird der Tränkungskessel unter Aufrechterhaltung des Überdruckes mit vorgewärmtem Teeröl gefüllt. Die Temperatur des Teeröls muß im Ölvorwärmer mindestens 70° C betragen, darf aber nicht höher als 100° C sein. Ist der Tränkungskessel mit dem vorgewärmten Teeröl vollständig gefüllt, so wird mit der Öldruckpumpe in den Tränkungskessel eine solche Menge Teeröl nachgepreßt, daß im Kessel ein Überdruck von 5,5 bis 7,0 Atm. entsteht. Dieser Druck wird mindestens 30 Minuten unterhalten; hierbei werden die Heizschlangen im Inneren des Kessels in Tätigkeit gesetzt. Hierauf wird das Öl aus dem Kessel abgelassen. Nach Aufheben des Druckes und Ablassen des Teeröls wird im Tränkungskessel eine Luftverdünnung bis mindestens auf 60 cm Quecksilbersäule herab hergestellt und mindestens 10 Minuten unterhalten. Hiermit ist die Tränkung beendet.

Die durchschnittliche Aufnahme an Tränkstoff beträgt

für eine kieferne Schwelle 2. Sorte 6 kg,
für eine kieferne Schwelle 1. Sorte 7 kg.
Eichenschwellen nehmen 4 bis 5 kg Tränkstoff auf.
Buchenschwellen 2. Sorte erfordern 12, solche 1. Sorte 16 kg Tränkstoff.

Buchenschwellen, die ja Wert und Dauer lediglich durch eine verläßliche Tränkung erhalten, pflegt man doppelt zu tränken, d. h. sie werden zweimal dem Überdruck im Tränkungskessel ausgesetzt, wobei man das zweite Mal den Hitzegrad der Flüssigkeit auf mindestens 90^{0}, den Überdruck auf 7 bis 8 Atm., die Dauer des Überdruckes auf eine Stunde steigert.

Die Abmessungen der Holzschwellen zeigen bei allen Bahnverwaltungen nur geringe Verschiedenheiten. Von der früher viel üblichen Länge von 2,40 m ist man nach und nach fast allgemein auf das von Zimmermann als günstigstes errechnete Maß von 2,70 m gelangt. Wo einzelne Bahnverwaltungen noch bei geringeren Längen (etwa von 2,5 m) stehen geblieben sind, wenden sie die Länge von 2,70 m wenigstens für Stoßschwellen an, um der stärkeren Beanspruchung des Stoßes Rechnung zu tragen. Die Auflagerfläche der Schiene oder der Unterlegplatte wird fast allgemein auf mindestens 16 cm Breite gehalten. Die Unterseite der Schwelle wird für die hohen Ansprüche der Hauptbahnen nicht unter 25 bis 26 cm gewählt, für die Stöße sucht man die breitesten Schwellen einer Lieferung aus. Englische Bahnen schreiben für Stoßschwellen erhöhte Breitenmaße (bis 31 cm) vor. Die Unterseite der Holzschwellen wird ganz allgemein ebenflächig hergestellt; Vorschläge, sie dachförmig zu gestalten (so, daß in der Mittelebene eine Verstärkung entsteht) haben sich nicht durchgesetzt. Zwar würde dadurch die Stopfarbeit erleichtert und die Druckverteilung auf den Untergrund erreichte einen günstigeren Winkel, aber die jetzige Einfachheit der Bearbeitung und der Handhabung geht verloren. Als zweckmäßigste Höhe der Holzschwellen wird für Breitfußschienen das Maß von 16 cm angesehen. Dieses Maß ergibt sich aus der Forderung, den Befestigungsmitteln einen verläßlichen Sitz zu bieten, der an eine gewisse Reichtiefe gebunden ist. Eine nicht zu geringe Schwellenhöhe ist auch günstig für das sichere Lager der Schwelle und ihren Widerstand gegen die von der Schiene her übertragenen Längs- und Querkräfte. Eine Holzschwelle von 16 cm Höhe und 26 cm Auflagerbreite hat einen erheblichen Überschuß an Tragfähigkeit. Es ist daher unbedenklich, ausgeschlagene Lagerflächen durch Nachdexeln wieder vorzurichten, obwohl die Schwelle dabei im stärkst beanspruchten Querschnitt an Höhe verliert. Es ist aber wirtschaftlich günstiger, die Druckflächen so groß zu machen, daß die Notwendigkeit des Nachdexelns nicht eintritt. Gleisformen, wie der englische Stuhlschienen-Oberbau, die eine besonders große Lagerfläche des Auflagerstuhles haben, so daß der Verschleiß der Schwelle unter dem Schienenlager gering ist, kommen mit einer Schwellenhöhe von 12 bis 13 cm aus. Die schiefe Fläche zwischen der oberen Fläche der Schwelle und den beiden Seitenflächen bleibt gewöhnlich als Waldkante stehen.

Neben der so entstehenden Schwellenform der Abb. 47a erlangt neuerdigs die Form nach Abb. 47b (Sachsenform) immer weitere Verbreitung. Sie hat den Vorzug größerer Billigkeit, da der Stamm am Wipfelende weiter ausgenutzt werden kann, auch sind die Bearbeitungskosten niedriger, da nur zwei Flächen zu bearbeiten sind. Meist ist dabei der Anteil des Kerns an der Querschnittsfläche größer, oft tritt das Kernholz bis an die Schienenlagerfläche heran; das ist für das Plattenlager günstig. Nachteilig ist hingegen die verringerte Auflagerfläche, die entweder einen größeren Bettungsdruck ergibt oder gar zur Vermehrung der Schwellenzahl zwingt. Häufig weisen diese Schwellen erhebliche Unterschiede in der Breite der unteren Lagerfläche bis ± 10 vH auf, so daß damit der Bettungsdruck und die elastische Nachgiebigkeit des Gleises in denselben Grenzen schwankt. Indessen ist diese Erscheinung, die sich theoretisch als unruhigere Gleislage auswirken müßte, nicht von erheblicher praktischer Bedeutung.

Für Nebengleise der Hauptbahnen und für Nebenbahnen werden geringere Ansprüche an die Querschnittsmaße der Holzschwellen gestellt (Sorte II, Abb. 47 c und d).

Die Lebensdauer der Holzschwelle ist statistisch immer noch nicht so zweifelsfrei erfaßt, wie es diese wirtschaftlich so wichtige Frage verdiente. Holzschwellen werden unbrauchbar

α) durch Einwirkungen des Betriebes,

β) durch Fäulnis und sonstige Verrottung des Holzes.

Die Einwirkungen des Betriebes äußern sich am Schienen- oder Plattenlager, sowie an den Sitzflächen der Befestigungsschrauben oder -Nägel. Sie bestehen darin, daß sich die Schiene oder Platte in die Schwelle einarbeitet und daß sich die Schrauben- und Nagellöcher ausleiern. Diese Einflüsse sind bei starkem Ver-

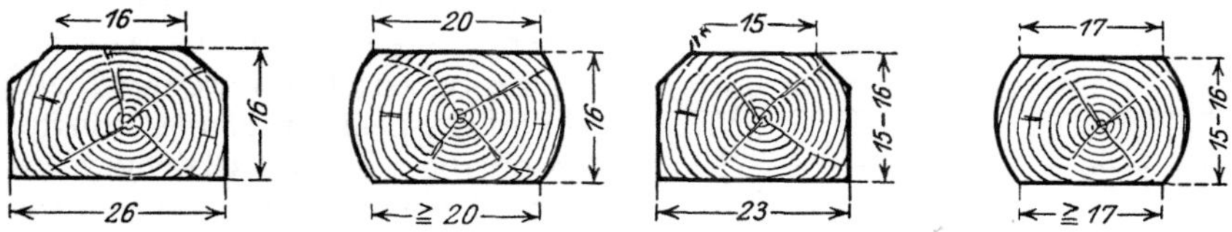

a b c d

Abb. 47. Querschnittsformen von Holzschwellen.

kehr fühlbarer als bei schwachem. Die Zerstörung des Plattenlagers kann durch Vergrößerung der Lagerflächen abgedämpft werden. Tritt eine Zerstörung des Plattenlagers ein, so muß die Schwelle nachgedexelt werden. Den festen Sitz von Befestigungsmitteln in Weichholzschwellen wieder herbeizuführen, wenn er einmal nachgelassen hat, ist fast aussichtslos: das viel angewendete Auskeilen der Löcher mit Holzpflöcken ist ein wenig wirksamer Notbehelf. In stark beanspruchten Gleisen können also Holzschwellen durch mechanische Überbeanspruchung unbrauchbar werden, wenn die Bauart des Gleises unzureichend ist. In Gleisen mit geringerem Verkehr setzt dagegen nur die natürliche Lebensdauer des Schwellenholzes, das im Gleise dem Wechsel des Wetters und seinen Unbilden ausgesetzt ist, der Schwelle ein Ziel. Die üblichen Angaben über die Lebensdauer von Holzschwellen trennen diese Einflüsse nicht, geben also nur Mittelwerte. Nach eingehenden Erhebungen, die um die Jahrhundertwende angestellt wurden, beträgt die Lebensdauer der Holzschwellen

	für Eichenholz	Buchenholz	Kiefernholz	
roh	8 bis 25	3 bis 6	3 bis 10	Jahre;
getränkt mit Teeröl	13 „ 30	15 „ 30	10 „ 20	Jahre.

Im Mittel wird sie bei Teeröltränkung angenommen

	für Eichenholz	Buchenholz	Kiefernholz	
in Hauptgleisen zu	18	20	15	Jahren,
worauf die Schwellen				
in Nebengleisen noch	7	10	5	Jahre

verwendbar sind.

Den zeitlichen Verlauf des allmählichen Abganges der Schwellen zeigt Abb. 48. Nach Aufschreibungen der vormaligen Sächsischen Staatseisenbahnen, die das Schicksal des Beschaffungsjahrganges 1895 bis zum Jahre 1919 verfolgen, waren

nach	5 Jahren	1,0 vH,		
„	10 „	6,0 „		
„	15 „	27,5 „		
„	20 „	62,5 „	und	
„	24 „	81,0 „		

des ursprünglichen Bestandes wegen Erschöpfung der Lebensdauer auszuwechseln. Ungefähr vom 13. Jahre an beginnt ein gleichmäßiger, ziemlich starker Verfall der Schwellen. In der Schaulinie der Abb. 48 ist von 1915 an ein Nachlassen in der jährlichen Auswechslung zu verzeichnen, doch dürfte dies lediglich mit den Beschaffungsschwierigkeiten, die sich während des Krieges einstellten, zusammenhängen. Ohne diesen Einfluß wären vielleicht 90 vH mit 25 Jahren abgängig geworden. Gelegentlich sind aber auch wesentlich günstigere Zahlen bekannt geworden. Bräuning berichtet, daß auf der Strecke Neustettin-Posen nach 34 Jahren noch 40 vH der ersten mit Teeröl oder Zinkchlorid und Teeröl getränkten Kiefernschwellen im Gleise lagen, auf einer Strecke bei Rügenwalde nach 31 Jahren noch 82 vH gleichartiger Schwellen. Noch günstiger lauten Berichte über Buchenschwellen. Von solchen lagen auf der Strecke der französischen Ostbahn nach 24 Jahren noch 88 vH, im Elsaß nach 28 Jahren noch 86 vH im Gleise. Vermutlich handelt es sich in all diesen Fällen um Bahnen mit schwachem Verkehr, so daß die natürliche Lebensdauer der Hölzer voll ausgenutzt werden konnte. Auch sind offenbar örtliche Zerstörungen der Hölzer nicht eingetreten: Bauweise der Gleise und Verkehrsbeanspruchung dürften in wohlabgewogenem Gleichgewichte gestanden haben. Aus solchen Angaben erhellt der gewichtige Vorteil, der sich erreichen läßt, wenn der Verlust an Schwellen, der durch mechanische Überbeanspruchung vorzeitig entsteht, durch verbesserte Bauweise vermieden wird. Andrerseits wird man angesichts der natürlichen Ungleichmäßigkeit des Holzes stets auf einen gewissen Flickbetrieb in Holzschwellengleisen angewiesen sein, der durch frühen Verfall einzelner Schwellen bedingt ist. Für die planmäßige Gleispflege erwächst hieraus die Aufgabe, den Zeitpunkt zu bestimmen, an dem die durchgreifende Schwellen-Auswechslung wirtschaftlicher ist als die Einzelauswechslung im Flickbetriebe. Wieweit es noch lohnend ist, die noch brauchbaren Schwellen in ein Nebengleis einzulegen, um sie völlig auszunutzen, muß gleichfalls Gegenstand einer besonderen Wirtschaftlichkeitsrechnung sein, bei der freilich die Schätzung der Wahrscheinlichkeit eine große Rolle spielt.

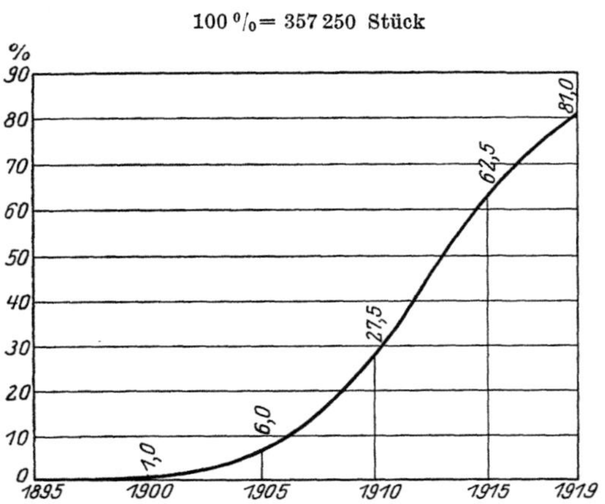

Abb. 48. Jährlicher Abgang an getränkten Kiefernschwellen auf Vollspurbahnen in Sachsen.

Weichholzschwellen mit Einsatzdübeln und Aufsattelungen verdanken ihre Einführung dem Bestreben, die Stellen örtlicher, starker Beanspruchung durch besondere Verstärkung gegen vorzeitige Erschöpfung zu sichern. Der Einsatzdübel aus Hartholz soll das Ausleiern der Schraubenlöcher verhindern oder verzögern. Dieser Zweck erscheint beachtlich, beträgt doch die Haftfestigkeit einer Schwellenschraube im Eichenholz rund 6000 kg, im (getränkten) Kiefernholz nur rund die Hälfte. Dabei sinkt die Haftfestigkeit im Kiefernholz mit zunehmendem Alter der Schwelle, so zwar, daß bei Messungen an einer 18 Jahre alten Schwelle die in frisch gebohrte Löcher eingedrehten Schrauben im Mittel nur noch 600 kg Haftfestigkeit aufwiesen. Ein solches Nachlassen in der Haftfestigkeit der Befestigungsmittel ist natürlich für die seitliche Standsicherheit der Schiene wohl zu beachten. Der Einsatzdübel hat also die Aufgabe, die Haftfestigkeit der Schrauben, die dem Kippbestreben der Schiene entgegenzuwirken haben, zu verbessern und den Seitendruck auf eine größere Lochleibungswand des Bohrloches in der Holzschwelle zu verteilen. Nebenher wird aber auch geltend gemacht, daß die oberen, bündig zur Schwellenoberfläche liegenden Flächen der Hartholzdübel vermöge ihrer größeren Widerstandsfähigkeit das Plattenlager gegen vorzeitige Abnützung schützen. Die Einsatzdübel erscheinen in zwei Formen, und zwar als Colletsche Schraubdübel (Abb. 49) und als einfachere, aber ebenso leistungsfähige Wegnersche Einschlagdübel (Abb. 50). Der Schraubdübel ist an fabrikmäßige Verarbeitung gebunden, der Einschlagdübel kann mit geringeren Hilfsmitteln auch auf der Baustelle eingebracht, also leicht zur Verbesserung gebrauchter Schwellen ausgenutzt werden. Aufsattelungen auf Weichholzschwellen sollen dem Plattenlager künstlich die Widerstandsfähigkeit des Hartholzes verleihen. Bisher hat sich von allen Bauweisen allein bewährt die Rambachersche Sattelschwelle, bei der das Lager aus drei, keilig zugeschnittenen Stücken von Hartholzbohlen besteht, die sich beim Antreiben der Keile fest gegeneinander und gegen die Seitenwände der eingeschnittenen Lagerpfanne verspannen (Abb. 51). Die Herstellung geschieht fabrikmäßig.

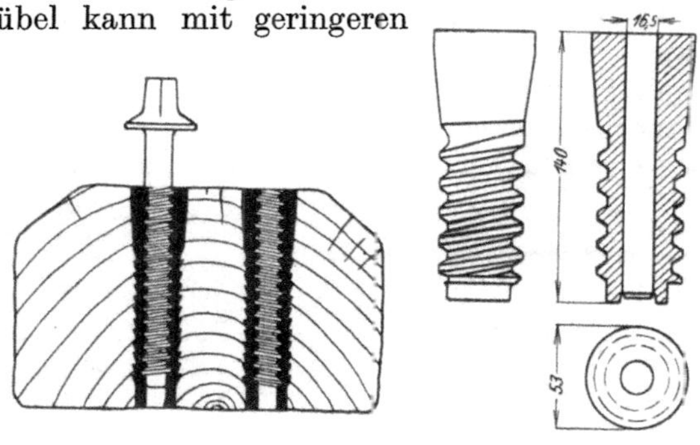

Abb. 49. Schraubdübel.

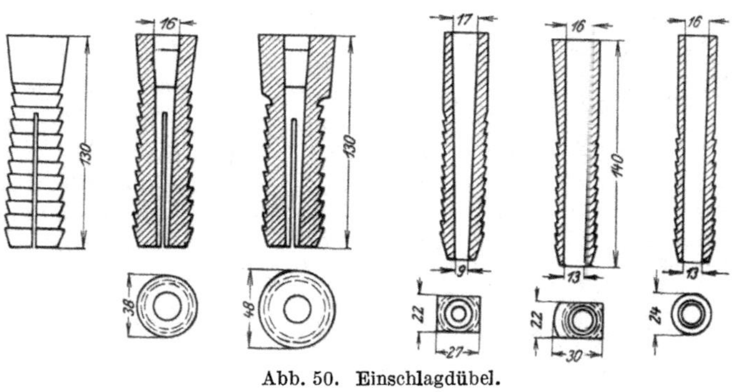

Abb. 50. Einschlagdübel.

c) Die eiserne Schwelle. Die Einführung der eisernen Schwelle verfolgte das Ziel, die Gleisunterhaltung stetiger und billiger zu gestalten. Man strebte an, die natürliche Ungleichmäßigkeit der Holzschwelle auszuschalten und aus widerstandsfähigerem Werkstoffe eine Schwelle erhöhter Lebensdauer zu schaffen. In Deutschland waren dabei ausgesprochen volkswirtschaftliche Gründe mit im Spiele: man wollte die aufblühende Eisenindustrie stärken und stützen. Zugleich sollte die starke Einfuhr ausländischer Holzschwellen abgedrosselt und der Geldabfluß ins Ausland eingeschränkt werden. Im Gegensatze dazu sind England und Amerika beharrlich bei der Holzschwelle geblieben. England ist dabei sogar in noch höherem Maße auf die Einfuhr von Schwellenholz angewiesen als Deutschland.

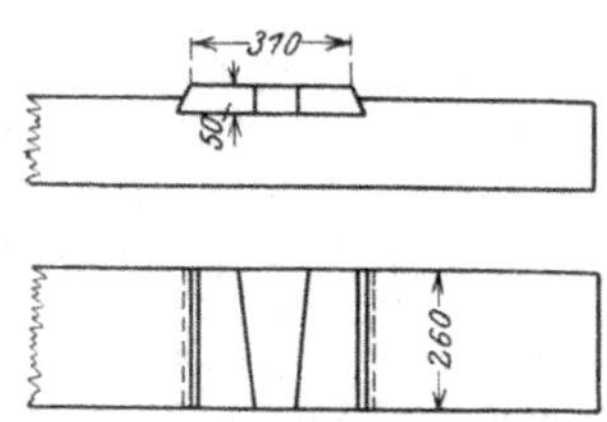

Abb. 51. Sattelschwelle.

Die Eisenschwelle brachte anfangs schwere Enttäuschungen. Das Vorgehen war tastend, denn eine zuverlässige Berechnung war damals nicht möglich. Überdies überschaute man in der ersten Zeit kaum alle Beziehungen eines wirtschaftlichen Vergleiches im vollen Umfange. Man war deshalb bestrebt, die Anschaffungskosten nicht höher werden zu lassen als die von Holzschwellen. Die Folge waren unzureichende Abmessungen nach Länge, Breite, Höhe und Dicke. Außerdem waren die Befestigungen noch wenig zuverlässig ausgebildet; die schlecht schließenden Befestigungen ließen reibende Bewegungen zu, die zu starkem Verschleiß führten. Überbeanspruchungen und vorzeitige Abnutzung zwangen daher oft, große Mengen der Schwellen nach kurzer Versuchszeit auszuwechseln, und es war oft schon günstig, wenn sie in schwach beanspruchten Nebengleisen noch weiter ausgenutzt werden konnten. Es ist daher auch nicht möglich, die Gebrauchsdauer eiserner Schwellen aus der Erfahrung zu bestimmen. Das Schicksal der eisernen Schwellen war bisher im wesentlichen ein Herabsinken aus den Hauptgleisen in die Nebengleise. Da die Eisenschwellen im Gegensatz zur Holzschwelle keinen Überschuß an Tragfähigkeit aufwiesen, sondern in ihren Abmessungen eher zu knapp als zu reichlich waren, brachte jede Erhöhung der Achsgewichte die Notwendigkeit, neue, kräftigere Formen einzuführen. In stark beanspruchten Hauptgleisen hat es daher die Eisenschwelle kaum über 12 bis 14 Jahre Liegedauer gebracht. Vielfach mußte dann ein großer Teil der aufgenommenen Schwellen ausgeschieden, ein anderer, schon mit Anrissen zur weiteren Verwendung an geschützterer Stelle zugelassen werden. Die Liegedauer der Eisenschwelle ist hiernach hauptsächlich bestimmt durch ihre Tragfähigkeit und die Zuverlässigkeit der Schienenbefestigung; beide müssen sorgfältig auf die Stärke des Verkehrs abgestimmt werden. Ob das bisher schon völlig gelungen ist, darf billig bezweifelt werden. Wenn daher von manchen Seiten eine Zeit von 35 Jahren als Lebensdauer eiserner Schwellen in vergleichende Wirtschaftlichkeitsberechnungen eingesetzt wird, so hat ein solcher Ansatz mehr die Bedeutung eines Hoffnungs- als eines Erfahrungswertes.

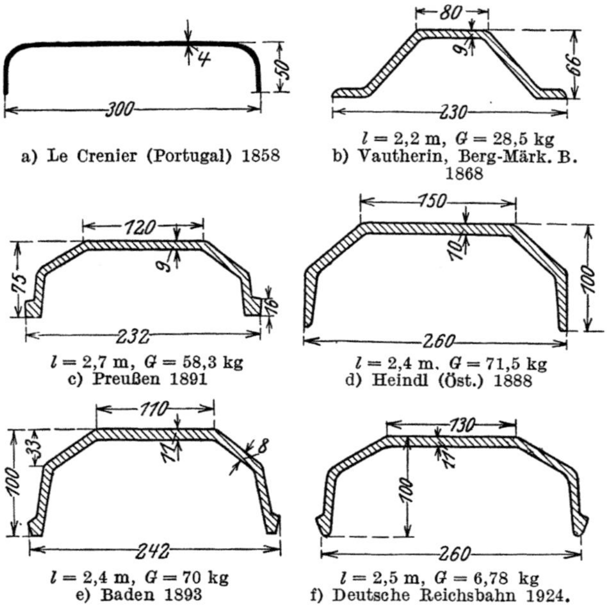

Abb. 52. Eisenschwellen 1:5.

Die Entwicklung der heutigen Form der Eisenschwelle wurde eingeleitet von Le Crenier, der 1858 in Portugal eine aus 4 mm starkem Eisenblech gepreßte Schwelle einführte (Abb. 52a). Die Schwelle erfüllte die Forderung einer breiten Auflage und der Umschließung des Bettungskörpers, sie scheiterte aber an der zu geringen Blechstärke. Die Schwelle von Vautherin (Abb. 52b) ging vom Zores-Eisen aus. Sie fand auf französischen und westdeutschen Eisenbahnen eine ziemlich weite Verbreitung, ohne jedoch auf die Dauer zu genügen. Neben zu geringen Abmessungen wirkten insbesondere noch die breiten, wagrechten Fußränder ungünstig; diese setzten sich auf der Bettung fest, eine gleichmäßige Druckverteilung zwischen den Fußrändern und der Decke kam nicht zustande und eine unruhige Gleislage war die Folge. Daher wurden in der weiteren Entwicklung die wagrechten Fußränder wulstartig, nach unten keilförmig gestaltet (Abb. 52c);

diese Wulst sollte eine gleichmäßigere Massenverteilung im Querschnitt herbeiführen und dem Fußrande Steifigkeit verleihen, so daß er sich unter der rollenden Last nicht verbiegt und auch Schlägen der Stopfhacke widerstehen kann. Auf diese Bewehrung der Fußkante haben in neuerer Zeit nur bayrische und österreichische Bahnen verzichtet (Abb. 52d). Die Decke blieb fast bei allen Formen eben, nur die preußische Rippenschwelle brachte einmal vorübergehend eine Verstärkung in Gestalt beiderseitiger Ansätze, die insbesondere der Unterlegplatte eine Führung und Stütze bieten sollten. Diese Absicht erwies sich jedoch wegen der Spielräume und Ungenauigkeiten als hinfällig. Da die Rippen außerdem den

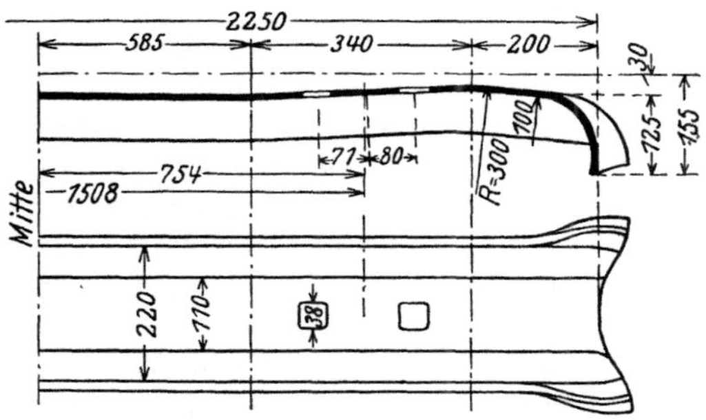

Abb. 53. Schienenneigung.

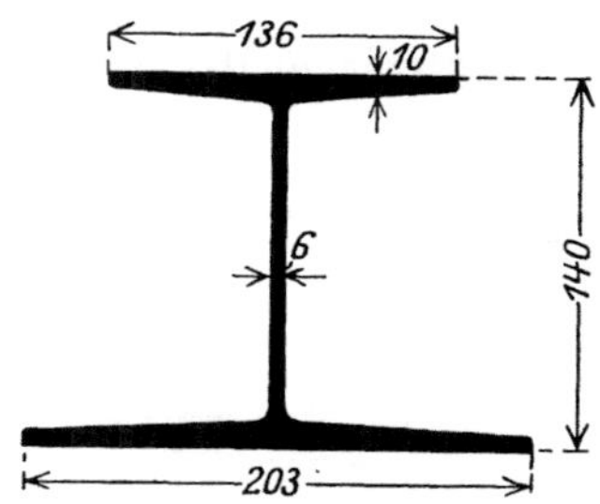

Abb. 54. Carnegieschwelle.

Wasserabfluß behinderten und dadurch das Rosten begünstigten, wurde die Rippenschwelle wieder verlassen. Damit war die heutige Gestalt der Eisenschwelle im wesentlichen ausgebildet. Als ihre besten Formen erscheinen die badische Schwelle und die des neuen Einheits-Oberbaues der deutschen Reichsbahn (Abb. 52e u. f).

Die Trogform (Kastenform, Kofferform) der Eisenschwelle hat einen großen Vorzug, indem sie einen beträchtlichen Teil des Bettungskörpers umschließend zusammenfaßt. Die Schwelle setzt daher Kräften, die auf Längs- oder Querverschiebungen hinwirken, einen sehr großen Widerstand entgegen. Dieser ist besonders groß in Schotter, ein Grund, nur diesen Bettungsstoff für Eisenschwellen zu verwenden. Bei Kies würde die Reibung zu gering sein. Die Umschließung des Bettungskörpers kommt dadurch zustande, daß die Enden der Querschwelle zu einem Seitenabschluß herabgepreßt werden. Gleichzeitig wird meistens an den Auflagerstellen der Schienen eine Neigung eingepreßt, die der Schiene die übliche Querneigung verleiht, ohne eine Unterlegplatte nötig zu machen (Abb. 53).

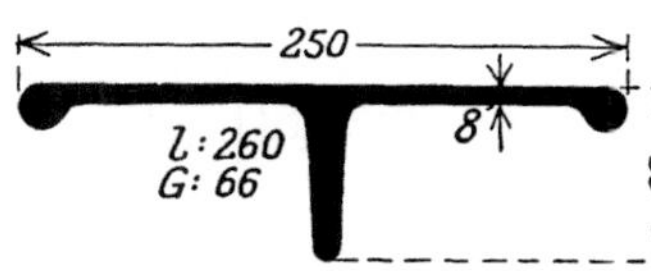

Abb. 55. Schuberts Eisenschwelle.

Andrerseits haften der Trogschwelle auch Nachteile an. Sie ist weder zur Aufnahme der statischen Last noch zur Verarbeitung der stoßweise auftretenden dynamischen Beanspruchungen sonderlich günstig. Die Hauptursache hierzu liegt darin, daß der lastaufnehmende Trägerteil zugleich zur Auflagerung benutzt werden muß. Es fehlt also insbesondere die Möglichkeit, die übliche Trägerform symmetrischer oder annähernd symmetrischer Form zu verwenden und dadurch eine günstige Stoff-Verbrauchsziffer zu erreichen. Eine Schwelle in Trägerform ist in Amerika als Carnegie-Schwelle (Abb. 54) in größerem Umfange versucht worden, jedoch hat die Lagerung und die Schienenbefestigung nicht befriedigt, so daß die Carnegie-Schwelle wieder verlassen wurde. Ebensowenig günstig war eine von Schubert vorgeschlagene Form, die die Trägerform eines doppelschenkligen Winkeleisens aufwies (Abb. 55); sie sollte insbesondere dem Nachteil der Kofferschwelle abhelfen, der in ihrer schweren Stopfbarkeit liegt; es hat sich jedoch die Kasten- oder Trogform trotzdem als weitaus günstiger erwiesen.

Die Hauptbeanspruchungen der eisernen Trogschwelle drängen sich in ihrer Decke zusammen; sie hat nicht nur die Durchbiegung der ganzen Schwelle mitzumachen, sondern sie ist noch für sich Querverbiegungen ausgesetzt; diese letzten wirken oft sogar so ungünstig, daß an der Übergangsstelle zum Seitenflansch Risse eintreten. Die Löcher, die für die Seitenschrauben eingestanzt werden, bedeuten eine Schwächung des Querschnitts, so daß eine vermehrte Durchbiegung am Schienenlager auftritt. Dazu kommen noch senkrechte und seitliche Beanspruchungen an den Deckenlöchern: die Köpfe der Schwellenschrauben können bei mangelhaftem Schluß der Befestigung reibende Bewegungen ausführen, so daß nicht nur oben am Schienenlager, sondern auch von unten her ein Verschleiß der Decke eintritt. Dazu kommt, daß bei den meisten Bauarten die äußere Fläche des Schraubenloches noch den Seitenschub aufzunehmen hat. Es ist daher kein Wunder, daß von den Schwellenlöchern ausgehend oft Risse in der Decke auftreten, die die Schwelle unbrauchbar machen (Abb. 56). Die Oldenburger Schwelle (Abb. 90, c, S. 73) verteilt diese gehäuften Beanspruchungen dadurch, daß sie das Schwellenloch von den Seitendrücken entlastet und deren Verarbeitung einer eingepreßten Dreiecksrippe zuweist; hierin ist ein bedeutsamer Fortschritt zu erblicken. Der Gedanke, die Schwellendecke zu entlasten, findet seine beste Lösung in der Forderung, jede Lochung in der Schwellendecke überhaupt zu vermeiden. Es ist daher verschiedentlich der Gedanke aufgetaucht, eine Unterlegplatte mit der Schwelle zu verschweißen. Erfahrungen stehen noch aus, vielfach wird die Zuverlässigkeit der Schweißung bei den Stoßbeanspruchungen im Gleise bezweifelt. Nach alledem kann die Entwicklung der Trogschwelle noch nicht als abgeschlossen angesehen werden.

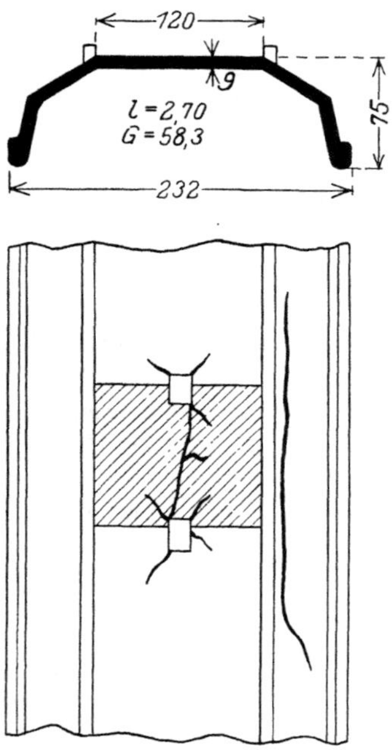

Abb. 56. Risse in Eisenbahnschwellen.

Einem grundsätzlich neuen Gedanken gab Scheibe mit seiner Hohlschwelle Gestalt. Er strebte an, die Eisenschwelle zur Verarbeitung von Stößen und sonstigen dynamischen Einwirkungen in höherem Maße geeignet zu machen als es bei der Trogschwelle möglich ist. Er gab seiner Schwelle die Form eines unten aufgeschlitzten Rohres, dessen Lappen elastischer Formänderungen in erheblichem Maße fähig sind. Messungen mit dem Gleisdurchbiegungsphoto haben dargetan, daß die Scheibesche Hohlschwelle tatsächlich die volle elastische Nachgiebigkeit der Holzschwelle besitzt. Die Form der Schwelle als eines Wälzkörpers macht die Schwelle und ihr Lager unempfindlich gegen jene kippenden Bewegungen, die beim An- und Ablauf des Rades auftreten und die sich bei anderen Schwellen als Kantbewegungen unangenehm auswirken, indem das Schwellenlager ungleichmäßig zusammengepreßt wird. Die sattelförmig gegeneinander geneigten Stützflächen gestatten ein leichtes Stopfen und verteilen den Bettungsdruck rascher auf größere Flächen des Untergrundes als die ebenen Lagerflächen anderer Schwellen. Schließlich erhält die Hohlschwelle ein großes Eigengewicht dadurch, daß der Hohlraum mit Schotter ausgefüllt wird. Versuche sind im Gange, aber noch nicht völlig abgeschlossen.

Bei dem Vergleich zwischen Holz- und Eisenschwelle ist als Hauptvorzug der Holzschwelle zu buchen, daß sie wegen ihrer elastischen Nachgiebigkeit ein sanftes Fahren gewährleistet. Hierbei wird die Bettung mehr geschont als unter der Eisenschwelle, die überhaupt etwas schwerer ihren Gleichgewichts- oder Beharrungszustand findet; das Eisenschwellengleis muß hierzu anfangs mehrmals durchgearbeitet werden. Als Hauptvorzug der Eisenschwelle gegenüber der Holzschwelle wird die bessere und zuverlässigere Spurhaltung ins Feld geführt. Ein genauer Vergleich der Wirtschaftlichkeit beider Schwellenarten würde erfordern, die Jahreskosten einer Einheit, beispielsweise eines Kilometers Gleislänge, gegenüberzustellen. Diese Kosten berechnen sich nach der Formel

$$R = N(p-1) + \frac{(N-A)(p-1)}{p^n - 1} + U.$$

Hierin bedeutet N die Anlagekosten, A den Altwert oder Rückgewinn, U die jährlichen Unterhaltungskosten; p ist die Zinszahl, n die Lebensdauer in Jahren. Die Zinszahl ist $1 + \frac{k}{100}$, wenn k der Zinsfuß ist, für 5% also z. B. 1,05. Der erste Summand in der Formel stellt den Jahreszins für die Anlagekosten N dar, der zweite Summand enthält den Jahresbetrag für die Tilgung der Anlagesumme.

Solche Wirtschaftlichkeitsvergleiche sind von mehreren Seiten aufgestellt worden, meist zur Stützung bestimmter Ansichten, also trotz allem Streben nach unbefangener Würdigung eben doch nicht ganz unvoreingenommen. Die Rechnung scheitert hauptsächlich daran, daß n nach bloßen Annahmen eingesetzt wird; auch der Wert U ist nicht hinreichend bekannt. Bei der Schätzung des Rückgewinnes muß man für die Eisenschwelle einen erheblichen Gewichtsverlust durch Abrosten berücksichtigen; man kann ihn auf 1,0 bis 1,5 vH für das Jahr ansetzen. In der schwefelhaltigen Luft von Gegenden mit starker Eisenindustrie kann der Rostangriff auf Eisenschwellen so stark werden, daß er die Lebensdauer der Schwellen noch empfindlicher herabsetzt.

d) Die Eisenbetonschwelle. Aus volkswirtschaftlichen Gründen darf in neuerer Zeit auch die Eisenbetonschwelle Beachtung fordern. Insbesondere kann sie mit der Eisenschwelle in Wettbewerb treten, auch nach der Höhe der Beschaffungskosten. Der Eisenverbrauch der Betonschwelle beträgt nur etwa ein Viertel einer Eisenschwelle. Die übrigen Rohstoffe sind fast überall erhältlich, so daß die Herstellung auch in Gegenden ohne Eisenindustrie möglich ist, beispielsweise in Kolonien. Die Eisenbetonschwelle erfordert aber vorsichtige Behandlung bei der Versendung und beim Einbau: geworfen bricht sie leicht. Ferner muß sorgfältig vermieden werden, sie in Gleismitte zu stopfen; „reitende" Eisenbetonschwellen brechen leicht. Das große Gewicht der Eisenbetonschwelle — Formen mit ausreichender Tragfähigkeit nehmen meist ein Eigengewicht von 200 bis 240 kg an — ist ein Nachteil für Herstellung, Versand und Einbau, wird jedoch allgemein als günstig für ein ruhiges Lager im Gleise angesehen. In Deutschland wurde die Eisenbetonschwelle bisher nur in kürzeren Versuchsstrecken verlegt, Italien ist mit umfangreicher Anwendung vorgegangen, da es weder Holz- noch Eisenschwellen in eigenen Wirtschaftsquellen erzeugen kann. Die Schienenbefestigung der Eisenbetonschwelle lehnte sich anfangs an die Holzschwelle an. So weist die italienische Schwelle einfache Holzdübel in Form einer abgestumpften Pyramide auf, in die die Schwellenschrauben eingreifen. Nachteilig ist daran, daß die Holzdübel auch bei bester Teeröltränkung die Neigung zum Schwinden und Treiben nicht ganz verlieren. Das Schwinden bei Trockenheit führt zu lockerem Sitz, treibende Dübel sprengen den umhüllenden Beton. Die Sprengrisse gehen besonders von den Ecken der Dübellöcher aus. Dieser Übelstand kann dadurch eingeschränkt werden, daß man die Dübel rundlich macht.

Die italienische Schwelle (Abb. 57) war bei 13 cm Höhe und 140 kg Gewicht (davon 12 kg Eiseneinlagen) etwas schwach. Trotzdem hat es bei einem Versuche bei Dresden, bei dem 20 Stück in das Hauptgleis einer Schnellzugstrecke eingebaut wurden, ein Viertel des ursprünglichen Bestandes bisher auf eine Gebrauchsdauer von 16 Jahren gebracht, ohne daß sie am Ende ihrer Leistungsfähigkeit wären; die übrigen mußten ausgewechselt werden, da starke Biegerisse eingetreten sind und die Plattenlager zerstört wurden.

Eine gewisse Ähnlichkeit mit der Holzdübelbefestigung weist die Schienenbefestigung der Asbestonschwelle auf. Bei diesen besteht das Kissen, daß die gewöhnlichen Schwellenschrauben aufnimmt, aus Asbestonzement, der eine Mischung von fettem Zementmörtel mit Asbestfaser darstellt. Dieses Asbestonkissen (D. R. P.) ist sehr elastisch und läßt sich bohren, worauf die Schrauben wie in Hartholz eingedreht werden. Nach mehrfachen Versuchen, die allerdings größtenteils enttäuscht haben, ist man in Sachsen zu der in Abb. 58 dargestellten Form gekommen. Sie weist einen kräftigen Stützkörper unter jeder Schiene mit großer Lagerfläche auf. Der verbindende Steg spielt mehr die Rolle eines kräftigen Spurhalters. Seine nach unten keilige Form verhindert wirksam, daß die Schwelle in Gleismitte gestopft wird; außerdem ist die Bettung in Gleismitte grabenförmig vertieft. Das Plattenlager ist durch Stahlzement gehärtet, außerdem bietet eine Pappelholzunterlage zwischen Unterlegplatte und Schwelle wenn auch nicht einen Schutz gegen dynamische Angriffe, so doch wenigstens gegen reibende Abnutzung der oberen Fläche der Schwelle. Das Gewicht einer Schwelle beträgt 240 kg, wovon 19,5 kg auf die Eiseneinlagen entfallen. Von der Schwelle sind im Vertrauen auf die vorausgegangenen Versuche mit Asbeston-

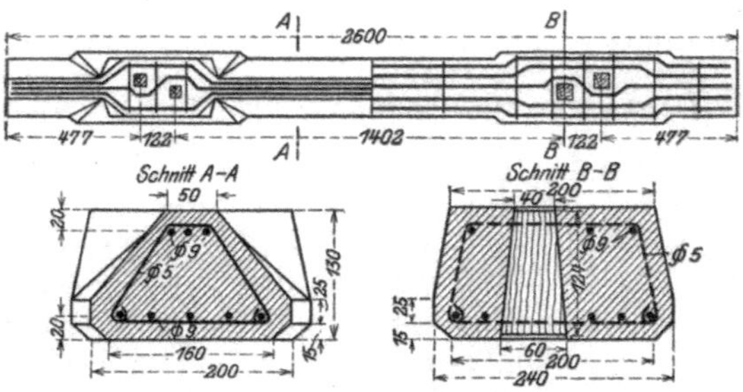

Abb. 57. Italienische Eisenbetonschwelle.

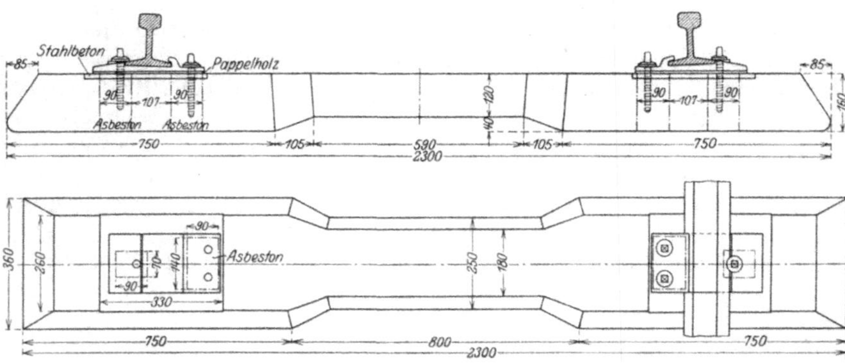

Abb. 58. Asbestonschwelle.

schwellen anderer Formen gleich 4000 Stück im Hauptgleise einer Schnellzugstrecke verlegt worden.

Versuche, die Schienenbefestigung auf Eisenbetonschwellen mit Stützgliedern aus Eisen (einbetonierte Teile von Eisenschwellen, Eisenbügel oder Schraubenhülsen) zu lösen, haben bisher nur ein wenig befriedigendes Ergebnis gehabt. Der Sitz solcher Teile im Beton ist zu starr und unnachgiebig, so daß der Beton in ihrer Nähe leicht ausbröckelt. Ausbesserungen sind dann kaum möglich. Bei der Asbestonschwelle lassen sich ausgeleierte Schraubenlöcher mit Asbestschnüren, die in Zementmilch getaucht werden, leicht wieder ausfüttern.

Bei den bisherigen Versuchen mit Eisenbetonschwellen hat man zu wenig berücksichtigt, daß der Eisenbeton dynamischen Beanspruchungen schlecht gewachsen ist. Man hat geglaubt, die Eisenbetonschwelle unter den schwersten

Bedingungen erproben zu müssen, d. h. in stark beanspruchten Hauptgleisen. Ihrer Natur nach gehören aber die Eisenbetonschwellen vorzugsweise in die Nebengleise. Dort sind sie von dynamischen Beanspruchungen und starken, raschen Stoßdrücken verschont, könnten also ihre natürliche Dauerhaftigkeit voll entfalten. Da Deutschland rund 40000 km Nebengleise hat, wäre der Eisenbetonschwelle darin ein genügendes Betätigungsfeld mit volkswirtschaftlicher Auswirkung gegeben.

e) Verbundschwelle. Eine Verbundschwelle aus Holz und Eisen ist die in Frankreich angeblich mit gutem Erfolge erprobte Schwelle von Michel. Sie

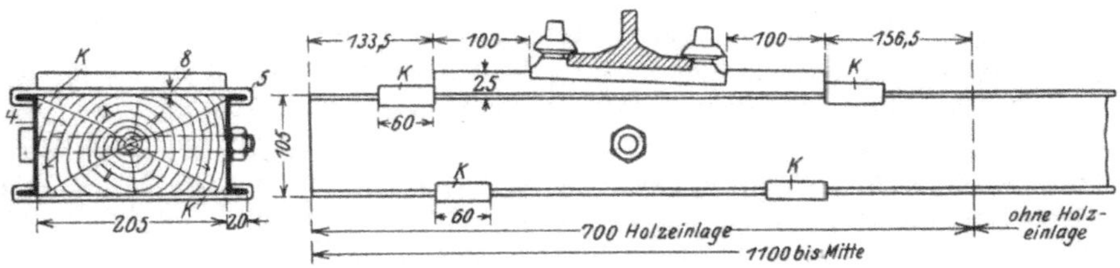

Abb. 59. Verbundschwelle.

besteht aus zwei kurzen Schwellenstücken, je 70 cm lang, die durch 2 hohe U-Eisen miteinander verbunden werden (Abb. 59). Als Verbindungsmittel dienen Schraubenbolzen und Bügel aus Flacheisen. Die gesamte Länge der Schwelle beträgt 2,2 m. Der Grundgedanke, durch die Auflösung der Schwelle in zwei Einzelstützen mit kräftiger Querverbindung einen gleichmäßigen Bettungsdruck zu erzeugen und das „Reiten" der in der Mitte gestopften Schwelle zu verhindern, ist derselbe wie bei der neuesten sächsischen Asbestonschwelle. Ob aber die Verbundschwelle bei ihrer immerhin verwickelten Bauart und Herstellung einen wirtschaftlichen Vorteil bietet, ist mindestens zweifelhaft. Lockerungen an den Verbindungsstellen und in ihrem Gefolge rasche Abnutzungen dürften schon wegen des Schwindens und Treibens des Holzes unvermeidlich sein.

f) Langschwellen. Die Langschwelle von Hilf (Abb. 60) weist wie ähnliche Formen von Haarmann und Hohenegger ungefähr den Querschnitt einer eisernen Trogschwelle auf, doch erhielten manche auch eine Verstärkung durch eine Mittelrippe oder durch einen kastenförmigen Kopfaufsatz. Über die ganze Länge hinweg stellte sich an Langschwellen ein erheblicher Verschleiß unter dem Schienenfuße ein, hervorgerufen durch die reibenden Bewegungen zwischen Schiene und Schwelle. Diese Abnutzungen führten häufig zu Längsrissen, die zum Ausbau der Schwellen zwangen.

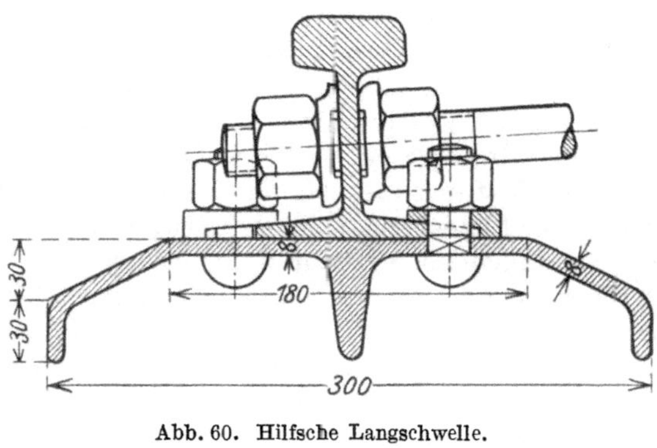

Abb. 60. Hilfsche Langschwelle.

C. Die Bettung.

Die Zwecke, denen die Bettung zu genügen hat, sind sehr vielgestaltig. Die Bettung ist daher ein wichtiges Glied des Oberbaues; sie übt auf seine Tragfähigkeit, Lebensdauer und Betriebssicherheit einen starken Einfluß aus. Die Anforderungen an die Bettung lassen sich in 4 Gruppen scheiden:

a) Anforderungen aus den Lastwirkungen am Gleise. Die Bettung soll als Grundlage des Gleises die senkrechten Drücke aufnehmen und sie so auf den

Unterbau (Erdkörper oder in besonderen Fällen Kunstbauten) ausgleichend und verteilend übertragen, wie es die Tragfähigkeit des Unterbaues verlangt. Die Aufnahme der Lasten mit ihren dynamischen Zusatzwirkungen muß, soweit möglich, rein elastisch vor sich gehen, damit die Kräfte unschädlich verarbeitet werden, so daß das Gleis nach der Belastung in seine ursprüngliche Höhenlage zurückkehrt; es dürfen also keine plötzlichen, schädlichen Verdrückungen oder Formänderungen entstehen, weder am Gleise selbst noch an der Bettung. Die Anforderungen der großen Widerstandsfähigkeit und der elastischen Nachgiebigkeit stehen in unlöslichem Widerspruch zu einander, so daß man nur einen Mittelweg einschlagen kann.

b) Anforderungen aus den wagrechten Kraftwirkungen am Gleise. Die Bettung soll den sowohl in der Längsrichtung des Gleises wie quer dazu auftretenden Kraftwirkungen ohne schädliche Verschiebungen widerstehen können.

c) Anforderungen aus der Raumlage des Gleises. Die Bettung soll die Möglichkeit bieten, Veränderungen der Höhen- und Seitenlage des Gleises, die als Folge des Betriebes eingetreten sind, mit möglichst geringem Aufwande an Arbeit, Zeit und Zuschußstoffen wieder zu beheben.

d) Anforderungen aus den Witterungsverhältnissen. Die Bettung soll sich selbst und das eigentliche Gleis, desgleichen auch den Unterbau gegen nachteilige Einflüsse der Witterung, insbesondere der Nässe und des Frostes, schützen.

Die Eigenschaften, die hiernach die Bettung in sich vereinigen soll, sind zu a) und b): Tragfähigkeit, elastische Nachgiebigkeit, große innere Reibung; die Rücksicht auf c) wird am einfachsten erfüllt von einer an sich losen, leicht zu dichtenden und nachzudichtenden Füllmasse; die Forderung unter d) verlangt vor allem Wetterbeständigkeit des Bettungsstoffes; im übrigen widersprechen sich dann die Forderungen wieder bis zu einem gewissen Grade. Von der Bettung aus gesehen genügt es, große Wasserdurchlässigkeit der Bettung zu verlangen, so daß die Schwellen stets trocken liegen. Wo aber die Tragfähigkeit des Untergrundes durch das von der Bettung an ihn weitergeleitete Wasser gefährdet werden kann, muß unter Umständen von der Bettung verlangt werden, daß sie das Niederschlagswasser zunächst in genügendem Maße vom Untergrund fernhält.

Die lose, nach bisherigem Gebrauche eigentlich nur am Schwellenlager *durch das Stopfen gedichtete Schüttmasse* der Bettung muß vor allem frei von lehmigen oder erdigen Bestandteilen sein. Gewöhnlicher *Sand* eignet sich nur wenig zu Bettungszwecken, er genügt höchstens für Bahnen oder Gleise untergeordneter Bedeutung. Allenfalls kann er noch aus wirtschaftlichen Gründen in solchen Gegenden in Frage kommen, wo bessere Stoffe mit hohen Kosten von weither angefördert werden müßten. Auch der *Grubenkies* mit seinem abgerundeten Korn ist nicht vollkommen. Seine Tragfähigkeit ist nicht groß, die Formänderung des Gleises unter der rollenden Last verhältnismäßig beträchtlich. Er ist rollig und bietet daher gegen wagrechte Verschiebungen zu wenig Widerstand. Aus all diesen Gründen muß bei Kiesbettung die Last auf viele Schwellen verteilt, d. h. eine enge Schwellenteilung angewendet werden, wenn das Gleis einigermaßen leistungsfähig sein soll. Kiesbettung läßt sich nur schwer feststopfen, der erreichte Zusammenhalt geht durch Erschütterungen leicht wieder verloren. Günstig wirkt in dieser Hinsicht ein gewisser Gehalt an feinkörnigem Sande. Andrerseits muß dieser Anteil in engen Grenzen gehalten werden, da sonst zuviel Nässe zurückgehalten wird und Neigung zu Schlammbildung eintritt, namentlich, wenn der Feingehalt unter einer Korngröße von 1 mm bleibt. Nach bewährten Vorschriften soll daher der Anteil an Feinkorn insgesamt nicht über 20 vH, der ganz feine Anteil unter 1 mm Korngröße nicht mehr als 5 vH betragen. Der beste Bettungsstoff ist *Steinschlag* aus hartem, wetterfestem Naturgestein. Der Bruch soll zackig und scharfkantig, das Einzelstück annähernd würfelig, nicht schiefrig sein. Verunreinigtes Gestein, Haldenschotter mit erdigen Beimengungen und Bruch aus verwitterten Lagen ist abzuweisen. Die Korngröße soll zwischen 30 und 60 mm Quermaß (nach anderen Vorschriften 25 bis 50 mm) Kantenlänge nicht übersteigen. Die Einzelsteine müssen den Schlägen der Stopfhacke einen großen Widerstand gegen Absplittern entgegensetzen. Der Steinschlag soll also zäh, nicht spaltbar oder brüchig sein. Abgesplitterte Staubteilchen verkitten mit dem Niederschlagswasser zusammen die Steinschlagbettung zu einer betonähnlichen, harten Masse; die Wasserdurchlässigkeit und die elastische Nachgiebigkeit gehen dabei verloren, das Fahren wird hart und dröhnend, die Abnutzungen der Gleisteile werden stärker als bei guter Bettung. Die Rücksicht auf Tragfähigkeit und guten Zusammenhalt würde bei Steinschlag verhältnismäßig derbes, die Rücksicht auf leichte Stopfbarkeit feineres Korn verlangen. Es fehlt daher nicht an Vorschlägen, zur Schüttung und Verfüllung gröberen Schotter und als Stopfschicht Splitt von 15 bis 30 mm Korngröße zu verwenden. Als Gesteinsarten werden für Bettungsschotter verwendet Basalt, Grauwacke, Granit, Quarzit, Kalkstein. Porphyr wird bei hölzernen Schwellen neuerdings als verdächtig angesehen, da er in vielen Fällen Trockenfäule verursacht haben soll. An Kunststoffen kommt für Bettungszwecke auch Hochofenschlacke in Frage, die wie Schotter zerkleinert wird. Die Steinschlagbettung ist nicht nur nach ihrer Kraftwirkung, sondern auch bezüglich der Wirtschaftlichkeit die beste. Nach Schubert erfordert sie nur rund ein Drittel von der Stopfarbeit, die bei Kiesbettung aufzuwenden ist.

Ausschlaggebend für das Verhalten des Bettungskörpers ist nach alledem seine innere Reibung. Auf ihr beruht nicht nur der Zusammenhalt, sondern auch die Fähigkeit der Bettung, Formänderungen elastisch zu verarbeiten. Natürlich kann ein loser Schüttkörper nicht rein elastischer Formänderungen fähig sein. Bei jedem Lastübergang muß vielmehr neben der elastischen eine bleibende Formänderung auftreten. Das Verhältnis beider ist von großer wirtschaftlicher Bedeutung insofern, als der nicht elastisch verarbeitete Teil der Formänderung zu bleibenden Senkungen führt, die sich gleichmäßig über die Gleislänge verteilen und damit die Quelle kostspieliger Nacharbeiten bilden. Aber auch für die Grenze der Tragfähigkeit der Bettung ist ihre innere Reibung entscheidend. Nach Zimmermann (Abb. 61) bildet sich unter der Schwelle ein Druckkeil K, dessen Seitendruck einen Ablösungskörper A seitlich abzuscheren trachtet, so daß neben einer stark belasteten Schwelle geradezu Auftriebserscheinungen auftreten. Wenn man mit merkbaren Veränderungen solcher Art bei der üblichen Belastung an einer zuverlässigen Bettung auch nicht zu rechnen braucht, so können sie immerhin bei schwachen oder überlasteten Bettungskörpern recht wohl eintreten. Außerdem geben die theoretischen Betrachtungen Zimmermanns manchen Aufschluß über das Verhalten der Bettung. Bräuning hat daher die Zimmermannschen Ableitungen über den Ablösungskörper der Bettung durch kleine Modellversuche nachgeprüft. Der Widerstand des Zimmermannschen Ablösungskörpers ist abhängig vom Reibungswinkel φ des Bettungsstoffes, der ausgedrückt wird durch dessen natürlichen Böschungswinkel; ferner ist mitbestimmend die Schwellenbreite b und die Auflast h neben der Schwelle, anders ausgedrückt die Tiefe der Schwellenlagerfläche in der Bettung. Der Reibungswinkel φ ist besonders einflußreich. Wächst er von 30 auf 40°, so nimmt der Widerstand gegen eine seitliche Verdrückung des Bettungskörpers schon den fünffachen Wert an. Die zweckmäßige Schwellenbreite drückt sich für die Frage der Gleisverstärkung bei gleichbleibender Schwellenteilung aus in dem Verhältnis $b:a$

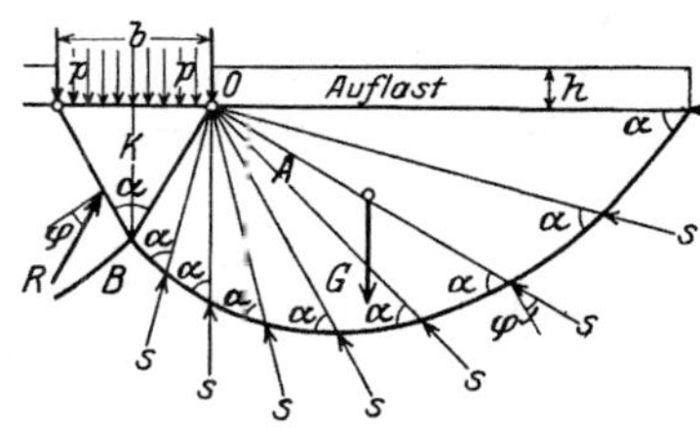

Abb. 61. Ablösungskörper in der Bettung

(Schwellenbreite zu Schwellenabstand). Dasselbe Verhältnis ist ebenso maßgebend für die Wirksamkeit einer engeren Schwellenteilung, d. i. einer Schwellenvermehrung auf die Einheit der Gleislänge. Bei beiden Verstärkungsmaßnahmen wächst die Tragfähigkeit rascher, als es die bloße Vermehrung der Auflagerflächen erwarten ließe. Diese Erscheinung, die Bräuning an seinen Modellversuchen zahlenmäßig untersucht hat, die aber am wirklichen Gleise leider noch nicht nach ihrem Einfluß durch Versuche belegt ist, läßt sich dem Grunde nach leicht dahin verstehen, daß sich bei enger Schwellenteilung die Ablösungskörper gegenseitig überschneiden, die Seitendrücke sich also teilweise aufheben. Ähnlich wirkt auch eine feste, seitliche Begrenzung des Bettungskörpers, etwa an den Borden der Bahnsteige oder an Wangenmauern von Kunstbauten. Der günstige Einfluß der Schütt- oder Verfüllhöhe h, die sich in der Lagertiefe der unteren Schwellenfläche unter der Bettungsoberfläche ausdrückt, wächst nach Bräunings Modellversuchen gleichfalls rascher als im geraden Verhältnis. Auch hierin liegt ein Vorzug der „tauchenden" Holzschwelle gegenüber der obenauf „schwimmenden", eisernen Trogschwelle. Auch empfiehlt es sich nach dieser Erkenntnis, die Schwellen noch mit Bettungsstoff zu überdecken; das ist in England, teilweise auch bei deutschen Verwaltungen allgemein üblich und vorgeschrieben. Neben der verbesserten Tragwirkung der Bettung erreicht man dadurch den Vorteil, daß das Eigengewicht des Gleises erhöht wird. Auch werden Holzschwellen durch die Verfüllung gegen Sonnenbrand- und Luftrisse geschützt. Gegen die Überschüttung der Schwellen wird geltend gemacht, daß das unter der Verfüllmasse zurückgehaltene Niederschlagswasser das Faulen oder Rosten der Schwellen begünstigt, daß ferner die Überschüttung die Begehung des Gleises erschwert, endlich daß sie den freien Ablagerungsraum für Schnee einschränkt und daher Störungen bei Schneeverwehungen Vorschub leistet. Da man weiterhin fordern muß, daß die Befestigungsmittel zur leichten Überwachung frei sichtbar bleiben, somit der Überschüttung der Schwellen gerade an den wirksamsten Stellen eine Grenze gesetzt wird, verzichtet man meist auf die günstige Wirkung einer Überschüttung und verfüllt die Schwellen nur bis zu ihrer oberen Fläche. Ja, in Gleismitte ordnet man oft eine grabenartige Vertiefung an, um nicht zum Stopfen der Schwellen in Gleismitte zu verleiten. Damit soll dem namentlich für Eisenbetonschwellen, aber auch sonst schädlichen „Reiten" der Schwellen vorgebeugt, nebenher aber entbehrlicher Arbeits- und Stoffaufwand gespart werden.

Die Stärke der Bettung muß verschieden bemessen werden, und zwar größer für Kies, weite Schwellenteilung, wenig tragfähigen Untergrund. Mit verhältnismäßig geringen Bettungsstärken kommt die Steinschlagbettung auf Packlage aus. Die Packlage erhält durch das Setzen von Hand einen gewissen Verband und durch Auszwicken der Lücken eine erhebliche Widerstandsfähigkeit gegen Verschiebungen, auch ist sie sehr tragfähig. Zwischen ihr und der Unterfläche der Schwellen wird gewöhnlich nur eine dünne Stopfschicht angeordnet, so daß mit etwa 25 cm Gesamtstärke der Bettung auszukommen ist. Die Unterbaukrone auf Dämmen und in Einschnitten wird dachförmig mit Gefäll 1 : 25 nach außen geneigt. Mit der üblichen Schüttung vor Kopf der Schwellen, die zur Sicherung der Seitenlage beiträgt und 30 bis 45 cm breit gemacht wird, ist die Form der Bettung bestimmt; es ergibt sich hiernach eine Anordnung nach Abb. 62. In Felseinschnitten kann die Bettung noch schwächer gewählt werden; da wird

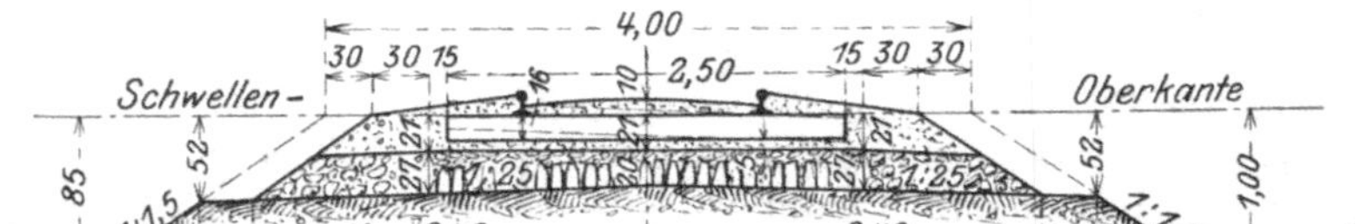

Abb. 62. Eingleisige Bettung.

die Packlage oft durch eine rund 10 cm starke Schüttung von Grobschlag ersetzt. Bei gekrümmten Gleisen mit größeren Überhöhungen ($\geq$ 80 mm) wird die dachförmige Neigung des Unterbaus einseitig angeordnet (Abb. 63). Auf zweigleisigen Bahnen nimmt die Bettung wegen der unentbehrlichen Querneigung erhebliche Stärken an (Abb. 64). Drei- und mehrgleisige Bahnen müssen ähnlich wie Bahnhofsgleise entwässert werden, wobei Quergefäll in einzelnen Gleisen mit Längs- und Querableitungen in Rohr- oder Sickergräben zweckmäßig werden. Für leicht

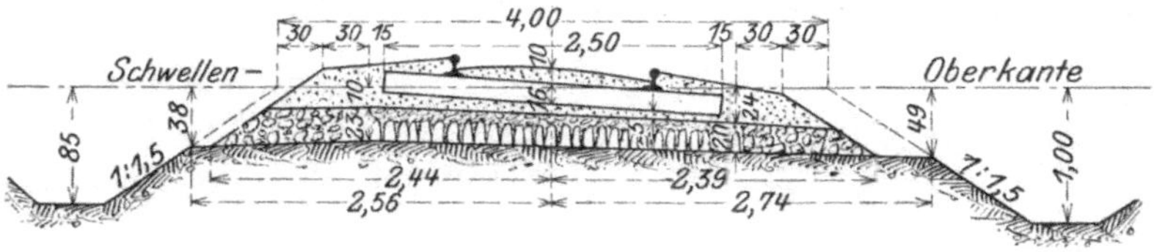

Abb. 63. Bettung in schärferen Gleiskrümmungen.

ausweichenden Untergrund hat Schubert eine Anordnung nach Abb. 65 empfohlen, wobei die Bettung zum Schutz des Untergrundes bis in frostfreie Tiefe hinabgeführt, die Entwässerung aber nicht mehr den Seitengräben, sondern zur Verminderung der Einschnittsbreite einer Rohrleitung in Bahnmitte zugewiesen

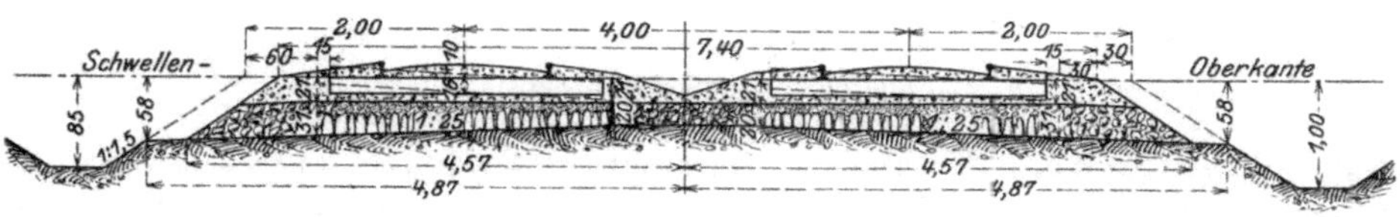

Abb. 64. Bettung in zweigleisiger Bahn.

ist. Man hat sich indessen nur selten zu so großen Bettungsstärken entschlossen. Unter gewöhnlichen, nicht allzu ungünstigen Verhältnissen sieht man für reine Steinschlagbettung (ohne Packlage) eine Bettungsstärke von etwa 30 cm unter Schwelle als erwünscht, aber auch als hinreichend an. In England sind Bettungs-

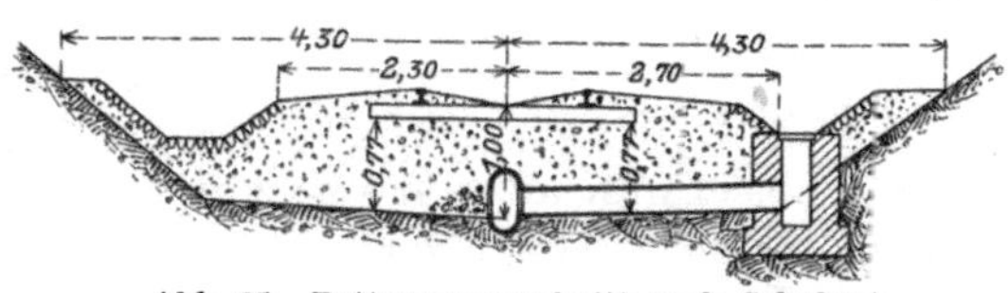

Abb. 65. Bettungsquerschnitt nach Schubert.

stärken von 45 cm unter Schwelle, in Nordamerika solche von 40 cm Stärke üblich. Dabei wird allerdings die untere Schicht oft aus **minderwertigen Stoffen** (Sand oder Lokomotivschlacke) gebildet, so daß eine Art Mischbettung entsteht. Oft erweist sie sich nützlich zum Schutz des Untergrundes. Es ist bekannt, daß unzulänglicher Untergrund (Mergel, Ton sowie das sogenannte Rotliegende in Steinkohlenbezirken) zum Aufweichen neigen, wenn das Niederschlagswasser durch die völlig durchlässige Bettung restlos an den Untergrund weiter geleitet wird und dort in Mulden stehen bleibt oder in Spalten und Rissen versackt. Dann wird der entstehende Schlamm unter der Belastung in den Fugen hochgepumpt, das Gleis „suppt" bei nassem Wetter, die Bettung versinkt im Untergrunde, alle Teile des Gleises verlieren den festen Zusammenhalt (Abb. 66). In solchen Fällen ist es nützlich, zwischen der Bettung und dem Untergrunde eine Schicht anzuordnen, die Wasser in beträchtlichem Maße aufsaugen und zurückhalten kann. Die notwendigen Eigenschaften einer solchen Schicht lassen sich leicht angeben: feines, nicht rolliges Korn und Widerstandsfähigkeit gegen Verwittern, ferner ausreichender Gehalt an Poren, damit das aufgenommene

Wasser auch leicht wieder verdunsten kann. Für das einzelne Korn ist zu fordern, daß die Oberfläche, die ja durch die Benetzung das Wasser zurückhält, groß sein soll im Vergleich zum Rauminhalt. Zackiger Bruch, nicht die Kugelgestalt ist also die günstigste Form. Diesen Forderungen genügt scharfer Sand oder Lokomotivschlacke (-asche). Die Wirksamkeit einer solchen Zwischenlage ist in Amerika mit umfangreichen Versuchen nachgewiesen worden, wobei ein eigens angelegtes Versuchsgleis künstlich beregnet und Tausenden von Lastübergängen eines Meßwagens ausgesetzt wurde. Eine einfache Nachahmung dieser Versuche,

Abb. 66. Aufgeweichter Tongrund.

freilich ohne Betriebseinwirkungen, hat ergeben, daß eine Schlackenschicht von 25 cm Stärke einen Regenguß von 4 cm Niederschlagshöhe unschädlich aufzunehmen und zurückzuhalten vermag. Auch in Deutschland werden daher jetzt für unsicheren Untergrund Bettungsquerschnitte nach Abb. 67 empfohlen.

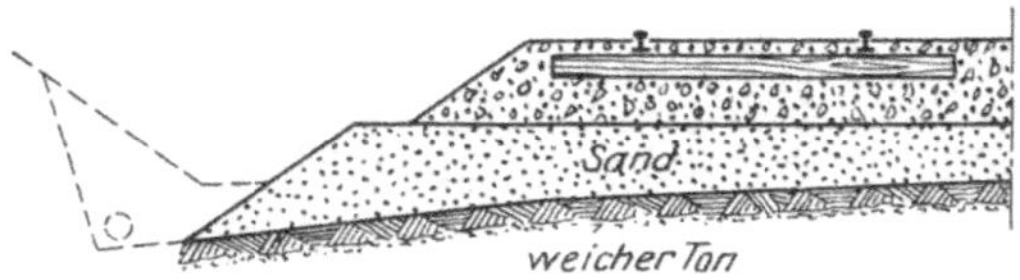

Abb. 67. Mischbettung.

Übrigens sollte in solchen Fällen auch die Unterbaukrone sorgfältiger behandelt werden, als es meistens geschieht. Sorgfältige Herstellung der Querneigung in etwas stärkerem Gefäll als sonst ist zu empfehlen. Ferner Vermeidung von Mulden unter Abrammen oder Abwalzen der Unterbaukrone, um Risse und Spalten zu schließen. Schließlich kann es lohnend werden, in die Unterbaukrone noch eine dünne Schicht von Sand oder Schlacke einzuwalzen, um den Unterbau etwa nach Art eines Fußweges zu dichten. Vielleicht wird es später einmal als zweckmäßig erkannt werden, eine unzuverlässige Unterbaukrone durch Einwalzen einer dünnen Schicht kolloidaler, teerhaltiger Straßenbaustoffe widerstandsfähiger und wasserundurchlässig zu machen.

Um das Schwellenlager herzustellen, bedient man sich heute noch fast allgemein des Stopfverfahrens. Durch dieses wird aber nur unter der Schwelle selbst der Bettungsstoff zu einem Lagerpolster gedichtet, im übrigen besteht die Bettung aus einer losen Schüttung (Abb. 68a). Das Stopfverfahren setzt dabei dem Schwellenabstande, damit aber auch der Tragfähigkeit des Gleises ein enges Ziel. Mit der von Hand frei geschwungenen Stopfhacke kann man für Holzschwellen kaum unter 55 cm Abstand gelangen, ohne befürchten zu müssen, daß die Schwellen durch fehlgehende Schläge beschädigt werden (Abb. 68b). In Amerika wird vielfach mit Stößeln gestopft, die auf der Nachbarschwelle eine gewisse Führung finden. Hierbei kommt man bis 45 oder 50 cm Schwellenentfernung herab (Abb. 68c). Denselben Vorzug kann sich vielleicht die Stopfmaschine zunutze machen. Für die Ausnutzung der Kraftwirkung ist das Stopfen ein ungünstiger Vorgang, denn die Kraft der Stopfhacke ist leicht nach unten geneigt, der Bettungsstoff soll aber senkrecht nach oben getrieben werden. Dem einzelnen Lagerpolster unter der Schwelle ist nur eine geringe Dauer beschieden, weil es an der benachbarten losen Schüttmasse nur ein ungenügendes Widerlager hat, das ein seitliches Ausweichen nicht verhindern kann, wenn das Schwellenlager zusammengepreßt wird. Hierdurch geht dann die innere Reibung als einziger Zusammenhalt verloren.

Um diese Schwächen zu bekämpfen, ist Hundsdorfer[1]) vom Stopfen zum Stampfen der Bettung übergegangen. Das Stampfen ist dem Stopfen weitaus überlegen; die Bettung wird fester, dichter, gleichmäßiger, ihre innere Reibung wird größer. Anstatt einzelner Lagerpolster entsteht eine gleichmäßige Decke über die ganze Gleisbreite (Abb. 68d). Das Gleisbett wird beim Stampfen mit Bohlen seitlich eingefaßt, die von Einschlagpfählen gestützt werden. Die Bohlen dienen zugleich als Höhenmarken; Überhöhung und Übergangsrampen werden durch genaues Abstecken von vornherein mit vorgesehen. Als Stampfgerät werden ebene Wagenpuffer verwendet, von deren Scheibe zwei Randstreifen abgeschnitten sind. Am Stiel ist ein Handgriff für 2 Mann angebracht. Zum Stampfen werden die Gleisrahmen im ganzen entfernt. Unterstampfen einzelner Schwellen ist jedoch nicht ausgeschlossen. Diese müssen dann angehoben und seitlich verschlagen werden. Der Bettungsstoff wird in Schichten von etwa 8 cm Höhe eingebracht und in genau vorgeschriebenem Arbeitsgange mehrmals gleichmäßig abgerammt. Auf die so vorbereitete Bettung werden die Holzschwellen ausgelegt. Voraussetzung für die gute Lage der Schienen ist, daß die Schwellen gleiche Höhe haben, sie müssen also nach der Stärke sorgfältig sortiert werden.

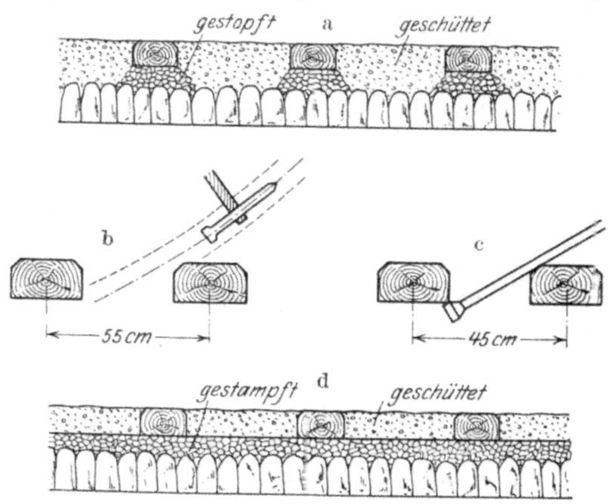

Abb. 68a—d. Stopfen und Stampfen.

Noch verbleibende Höhenunterschiede werden ausgeglichen, indem das Gleis mit einem Hebebocke nochmals angehoben und mit einem Streublech eine dünne Lage von Feinschlag (Splitt) unter die Schwelle geschüttet wird. Damit sich diese Streuschicht nicht in dem Schotter verkrümelt, ist es nützlich, den Schotter von vornherein nicht zu grob zu wählen. Die Haltbarkeit eines so hergestellten Gleises ist hervorragend: es wird berichtet, daß Gleise, die drei Jahre auf gestampfter Bettung liegen, keinerlei Nacharbeit erfordert haben.

Auch für Eisenschwellen ist das Stampfen der Bettung angewendet worden. Auf der gestampften Unterbettung wird, dem Hohlraum der Schwelle entsprechend, ein Modellkörper aus Schotter in Holzformen hergestellt und gleichfalls eingestampft.

Können Strecken- oder Bahnhofsgleise zur Gleiserneuerung in größerer Länge außer Betrieb gesetzt werden, so kann das Stampfen der Bettung durch Abwalzen ersetzt werden. Auch mit diesem Verfahren sind in Bayern und in Sachsen schon gut gelungene Versuche gemacht worden[2]).

Ob es gelingt, mit dem Einstreuen einer dünnen Feinschlagschicht bei der Unterhaltung der Gleise auch feinere, bis auf Null abnehmende Hohlräume unter den Schwellen auszugleichen, wird von manchen Seiten noch bezweifelt. Möglicher-

[1]) Organ Fortschr. Eisenbahnwes. 1925, Heft 1.
[2]) Organ Fortschr. Eisenbahnwes. 1925, S. 33 u. 1926.

weise wird man dazu kommen, daß bei der Herstellung wie bei der Unterhaltung der Bettung die unteren Schichten gerammt oder gewalzt, der Tragkörper unter der Schwelle aber gestopft wird. Jedenfalls aber ist es wichtig, auch die dann noch zugegebenen Verfüllmassen gleichfalls abzurammen, wie es beim Stampfverfahren üblich geworden ist. Der Widerstand der Bettung gegen seitliche Verschiebungen und gegen Wanderschub wird dadurch erheblich vermehrt.

In welchen Grenzen sich die Bettungsziffer der gestampften oder gewalzten Bettungsziffer bewegt, muß durch genaue Messungen noch belegt werden. Manche befürchten, daß durch die gesteigerte Dichtung des Gleisbetts die Tragfähigkeit der Bettung auf Kosten der elastischen Nachgiebigkeit in einem Maße gesteigert werden könnte, daß eine unerwünschte Starrheit des Gleises eintritt; vorläufig ist jedoch diese Befürchtung unerwiesen.

Die Beanspruchung des Schwellenlagers und der Bettung ist nicht unter allen Schwellen gleich; am stärksten ist sie unter den Stoßschwellen und an den Weichenschwellen, die an der Zungenwurzel und unter dem Herzstücke liegen. Es liegt daher der Gedanke nahe, an solchen Stellen die Widerstandsfähigkeit der Bettung zu verbessern. Diesem Gedanken verleihen die von Mairhofer erfundenen Eisenbetonroste glückliche Gestalt (Abb. 69). Sie gehen unter zwei benachbarten Schwellen durch und übertragen daher Drücke und Erschütterungen auf größere Flächen als es sonst der Fall wäre. Der in die Maschen des Rostes eingestampfte feinkörnige Bettungsstoff (Splitt) wird gut zusammengehalten und gegen Ausweichen geschützt. Da die Eisenbetonroste nach ihrer Lage in der Bettung wie nach ihrem Werkstoffe den Gebrauch der Stopfhacke ausschließen, muß die Bettung in ihrem Bereiche durch Stampfen gedichtet werden. Nach vielfachen Versuchen und eingehenden Beobachtungen auf bayrischen Bahnen haben die Eisenbetonroste viel zur ruhigeren Lage der Stoßschwellen und Weichenschwellen beigetragen und insbesondere die Stoßeinschläge vermindert. Sie haben demnach auch einen beträchtlichen wirtschaftlichen Erfolg zu verzeichnen.

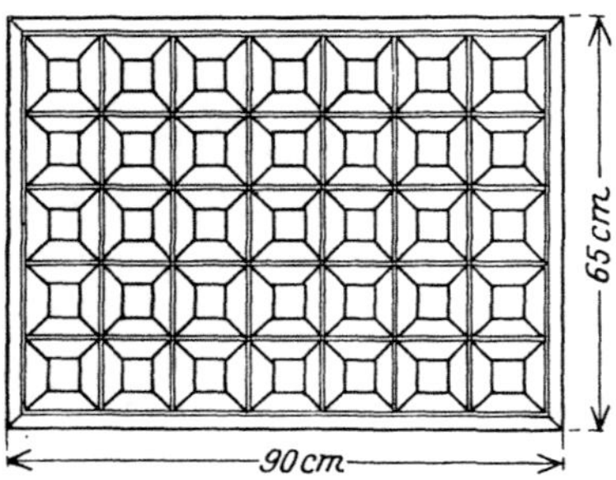

Abb. 69. Eisenbetonrost.

V. Das Gleis als Ganzes.

Den festen Verband zwischen Schiene und Schwelle herbeizuführen, ist Aufgabe der Verbindungsmittel; diese müssen hauptsächlich folgenden Kräften widerstehen:

a) den abhebenden Kräften, die an den nach oben gekrümmten Teilen der Biegelinie auftreten;

b) dem Seitenschub des Gleises, und zwar:

α) dem Seitenschub an sich, der sich bei loser Verbindung zwischen Schiene und Schwelle in voller Größe auf die Verbindungsmittel überträgt, während er bei verspannender Befestigung in etwas durch die Reibung zwischen Schiene und Schwelle vermindert wird;

β) dem Kippmoment, das dadurch entsteht, daß der am Schienenkopfe angreifende Seitenschub auf die Sitzfläche der Schwelle übertragen wird, wodurch in Bezug auf die Schwellenoberkante ein Kräftepaar entsteht.

Als zusätzliche Einrichtungen, die nach dem Kräftespiel zwischen Schiene und Schwelle an manchen Stellen des Gleises noch nötig sind, stellen sich dar die Leitschienenanlagen, die bezwecken, in scharfen Krümmungen die äußere Bogenschiene teilweise vom **Führungsdruck** zu entlasten; ferner die Wanderstützen, die den **Wanderschub** von der Schiene auf die Schwelle übertragen. Schließlich gehören zum Aufbau des Gleises als eines Ganzen noch die **Verbindungen** der Schienen **an den Stößen**.

A. Holzschwellengleise.

Die älteste und einfachste Schienenbefestigung auf Holzschwellen besteht darin, daß die Schiene mit 3 **Doppelkopfnägeln** ohne weitere Zwischenglieder auf der Schwelle festgeheftet wird. Die Nägel sind (Abb. 70) 16 bis 18 cm lang und etwa 15 mm im Geviert stark. Der Kopf ist mit einem hinteren Ansatz oder mit zwei seitlichen Lappen versehen, so daß man die Nägel mit einer untergreifenden Nagelzange oder mit dem zweiteiligen Geißfuß ausziehen kann. Die Löcher für die Nägel werden meistens vorgebohrt, um das Aufspalten der Schwelle zu vermeiden. Aus demselben Grunde werden die Nägel seitlich gegeneinander versetzt, daher gewöhnlich zu dreien an jedem Schienenlager verwendet. Die Haftfestigkeit der Nägel im Holze ist gering, sie erschöpft sich in ungetränkten Schwellen binnen kurzer Zeit fast ganz; in getränkten Schwellen ist sie zuverlässiger, da der Tränkstoff selbst klebrig ist und auch durch chemische Einwirkung die Oberfläche der Nägel rauher macht. Bei Nägeln, die den Halt verloren haben, nützt auch das Antreiben nichts, doch können ausgeleierte Nagellöcher durch Einschlagen einfacher Holzpflöcke leicht wieder etwas aufgebessert werden. Etwas besser ist die Wirkung des Schienennagels gegen Seitenschub, da der Lochleibungsdruck vermöge der ebenen Seitenflächen des Nagels eine immerhin günstige Übertragung findet. Im ganzen kann aber der Schienennagel auf die Dauer keine feste Verbindung gewährleisten. Die Schienen arbeiten unter der Last sehr stark; das freie Spiel der Schiene auf der Schwelle führt dazu, daß am Halse der Schienennägel starke Abnutzungen auftreten und daß sich die Schiene ein nach oben gewölbtes Lager tief in die Schwelle einarbeitet, so daß schließlich die Standsicherheit der Schiene gefährdet wird. Nach **Bräunings** Beobachtungen wurden diese nachteiligen Folgen schon dadurch, daß statt des Schienennagels die besser schließende Schraube eingeführt wurde, auf die Hälfte vermindert. Denn wo sich im Oberbau Fugen bilden, werden die reibenden Abnutzungen durch die abschmirgelnde Wirkung des hinzutretenden Sandes oder Staubes verstärkt. Immerhin ist aber auf amerikanischen Bahnen auch für schweren und schwersten Verkehr die einfache Schienenbefestigung noch weit verbreitet, bei der die Schiene ohne Unterlegplatte mit 3 Nägeln an jeder Lagerstelle angeheftet wird. Die sehr eng, mit nur 50 cm Abstand verlegten Schwellen werden dabei nicht in Neigung gekappt, die Schienen stehen also senkrecht.

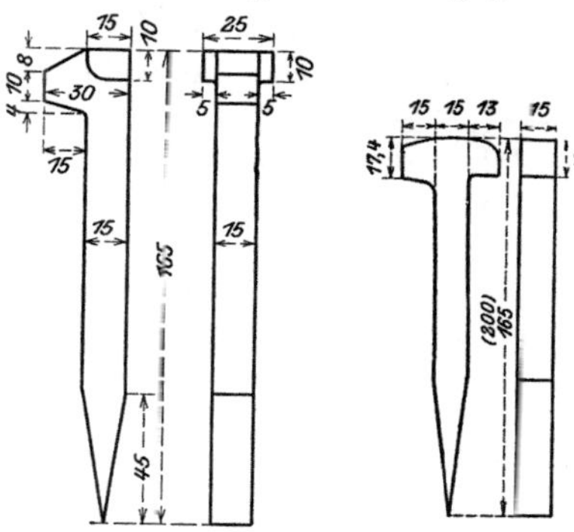

Abb. 70. Schienennägel.

Die **Schwellenschraube**, in Frankreich zuerst aufgekommen, verbindet große Haftfestigkeit in der Schwelle mit ausreichender seitlicher Widerstandsfähigkeit. Die zum Herausreißen einer Schraube erforderliche Kraft beträgt

in neuen Eichenschwellen etwa	6000 kg
„ „ Buchenschwellen „	7000 „
„ „ Kiefernschwellen „	3000 „
„ gebrauchten Kiefernschwellen, 6 Jahre alt, etwa	2400 „
„ „ „ 12 „ „ „	1200 „
„ „ „ 18 „ „ „	600 „

Ob die Schwellenschraube dem Seitenschub genügend Widerstand leisten werde, wurde anfangs bezweifelt. Manche Verwaltungen wendeten daher die Schwellenschrauben nur an der Innenseite des Gleises an, wo sie auf Herausziehen beansprucht werden, blieben aber an der Außenseite beim Nagel. Solche Bedenken haben sich jedoch als hinfällig erwiesen. Auch der Umstand, daß die unmittelbar am Schienenfuß angreifenden Schwellenschrauben eigentlich nur mit einer Kante, nicht mit einer Fläche aufsitzen, tat ihrer Bewährung keinen Abbruch. Der Schraubenschaft ist (Abb. 71) gewöhnlich 14,0 bis 16,5 mm stark, die Höhe eines Gewindeganges 10 bis 12 mm, die Höhe des Gewindedreieckes 2,5 bis 4,0 mm bei gleichem Maße für die Ansatzfläche des Gewindes. Der Halsansatz der bei der Übertragung des Seitenschubs die Hauptlast trägt, erhält 20 bis 22 mm Durchmesser. Der Gewindeteil muß so lang werden, daß er ausreichend tief in den Kern eingreift, also mindestens 11, besser bis 13 cm. Der Kopfaufsatz, der zum Ansetzen des Schraubenschlüssels dient, wird gewöhnlich mit einer Spitze oder einem Buchstaben versehen, damit man erkennen kann, wo eine Schraube gewaltsam eingeschlagen wurde. Die Schwellenschraube soll für die ganze Lebensdauer der Schwelle eine genügende Haftfestigkeit bewahren, denn ausgeleierte Schraubenlöcher können nicht so einfach nachgebessert werden wie die ausgepflockten Nagellöcher. Man muß für Schraubenlöcher schon zu der teuereren Verdübelung greifen. Es ist daher wichtig, daß der Schraubenschaft kräftig von dem umgebenden Holz gepreßt wird. Dies erreicht man dadurch, daß das zur Aufnahme der Schwelle vorgebohrte Loch bei Hartholzschwellen 1 mm, bei Weichholzschwellen bis 3 mm enger gebohrt wird. Das Schraubenloch wird bei manchen Verwaltungen durch die ganze Schwelle durchgebohrt, in der Absicht, von oben eingedrungenes Wasser abzuleiten; andere vermeiden das, da sie beobachtet haben wollen, daß die durchgebohrten Löcher von unten her Wasser ansaugen und daher dem Rosten der Schraube und dem Faulen der Lochwandung Vorschub leisten. Die Schraubenlöcher müssen, wenn sie nicht in der Tränkanstalt vor dem Tränken, sondern erst auf der Baustelle gebohrt werden, mit heißem Teer voll ausgegossen werden. Der eingegossene Teer wird, wenn das Schraubenloch nicht durch die ganze Schwelle durchgebohrt war, kräftig in das umgebende Holz eingepreßt, so daß eine ziemlich zuverlässige Tränkung entsteht. Die Schrauben nur in Teer einzutauchen nützt nichts, weil der Teer beim Einschrauben abgestreift wird.

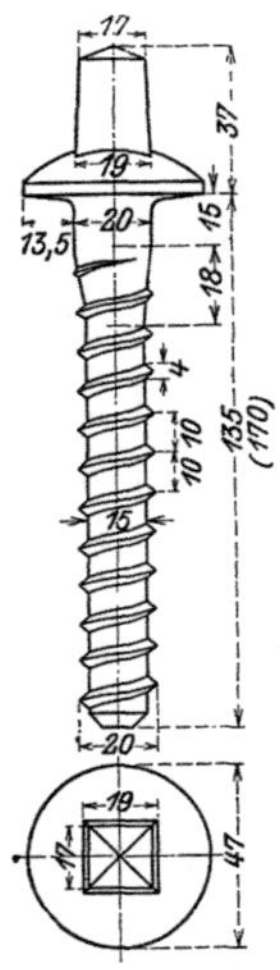
Abb. 71. Schwellenschraube.

Die sehr einfache Gleisanordnung, daß jede Schiene allein mit 3 Schwellenschrauben auf der Schwelle befestigt wird, hat sich für Buchenschwellen bis in die neueste Zeit auf der französischen Ostbahn erhalten, ist auch von dort versuchsweise für die neuen Oberbauformen der Deutschen Reichsbahn übernommen worden, und zwar für Tunnelstrecken. Schienen-Lagerflächen auf den Schwellen werden nachgefräst, um die übliche Schienenneigung herzustellen. Freilich entsteht dadurch der Nachteil, daß das stehenbleibende Wasser Angriffspunkte zur Fäulnis findet. Im übrigen weist aber dann diese Bauart neben den Schrauben nur noch einen einzigen Bestandteil auf, nämlich ein dünnes **Pappelholzplättchen** zwischen Schiene und Schwelle (Abb. 72). Diese Plättchen werden in 8 mm Stärke hergestellt, mit Teeröl getränkt und mit Wasserdruckpressen bis auf 5 mm Stärke gedichtet. Die weichen Zwischenlagen erfüllen den Zweck, die Schienenlagerflächen dadurch vor Verschleiß zu bewahren, daß sie ihn als der schwächere Teil selbst tragen. Als weiterer Vorteil erscheint, daß sie die Fuge zwischen Schiene und Schwelle satt ausfüllen. Solang dies erreicht wird, stellt sich auch eine erhöhte Reibung zwischen Schiene und Schwelle ein, da die

Plättchen durch den ausgepreßten Tränkstoff an der Schiene kleben, auch die kleinen Unebenheiten des Schienenfußes sich wie mit einem Prägestempel auf dem Plättchen abdrücken. Diese Bauart kann daher wagrechten Kräften einen hohen Widerstand entgegensetzen, Wanderbewegungen sollen bei ihr so gut wie gar nicht auftreten. Alle diese Vorzüge verschwinden indessen größtenteils, sobald die Schraubenspannung nachläßt. Dann werden die Plättchen stark angegriffen, sie verschieben sich auch oder brechen. Sie erfordern dann viel liebevolle, ins Kleine gehende Unterhaltungsarbeit. Die Fähigkeit, Stoßwirkungen zu mildern, haben die Plättchen entgegen der oft geäußerten Meinung nicht. Dazu würde eine viel größere elastische Nachgiebigkeit gehören, als sie eine 5 mm starke Holzplatte aufbringen kann. Besser hierzu geeignet sind geteerte **Filz- und Gewebebauplatten**, die oft als Zwischenlagen an Stellen verwendet werden, wo die Stoßdämpfung besonders erwünscht ist, also in Weichen oder auf Brükken. Der Nutzen ist unzweifelhaft, aber von kurzer Dauer; nach etwa 2 bis 3 Jahren werden die Platten durch Witterungseinflüsse und Betriebseinwirkungen hart; wo

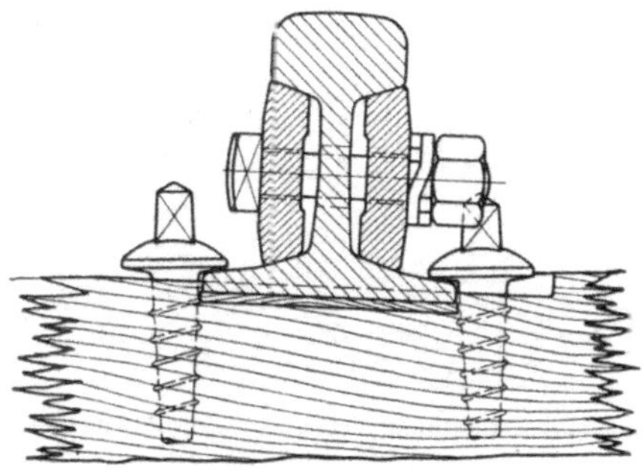

Abb. 72. Pappelholz-Zwischenlagen.

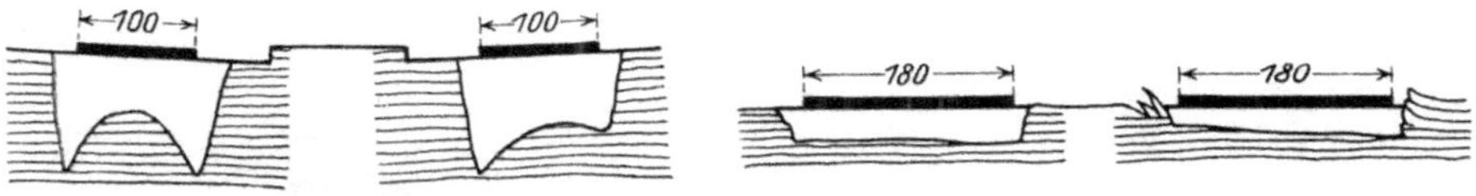

Abb. 73. Ausgeschlagene Lagerflächen in Holzschwellen. Längen 1:10, Höhen 1:2. (Aus Bräuning, Grundlagen.)

aber der wiederholte Unterhaltungsaufwand wirtschaftlich gerechtfertigt ist, sind sie ein recht empfehlenswerter Behelf.

Es ist einleuchtend, daß die unmittelbare Auflagerung der Schiene auf der Schwelle einen breiten Schienenfuß verlangt. Nach **Bräunings** Messungen bildeten sich unter dem Schienenfuß plattenloser Gleise vertiefte Lagerflächen, die teils gewölbt, teils einseitg geneigt waren. Durch Einführung aufgeschraubter **Unterlegplatten** gingen diese Abnutzungen auf ein unschädliches Maß zurück (Abb. 73), die Unterlegplatten wirkten dabei in stärkerem Maße als es allein der Vergrößerung der Auflagerflächen entsprochen hätte. Die Platten wirken auch insofern günstig, als sie die seitlichen Kräfte auf alle Befestigungsteile einer Lagerstelle ziemlich gleichmäßig verteilen. Bald bildeten sich zwei Grundsätze für ihre Gestaltung heraus: die keilige Oberfläche, um das Kappen der Schwelle am Schienenlager zu vermeiden, und die Anordnung erhöhter Ränder, um den unmittelbaren Angriff des Schienenfußes auf die Befestigungsmittel zu verhindern. Die Platten nahmen demgemäß die Form der **Doppelrandplatte** nach Abb. 74 an. Mit den steigenden Achslasten vergrößerte sich die Lagerfläche der Platten allmählich. Nicht immer wurde dabei auf den wichtigen Grundsatz mittiger Belastung Rücksicht genommen. **Bräuning** veröffentlicht Beobachtungen an stark einseitig gestalteten und belasteten Platten, bei denen durch einseitiges Verdrücken des Schwellenholzes, Verschieben der Schiene und Abnutzung des

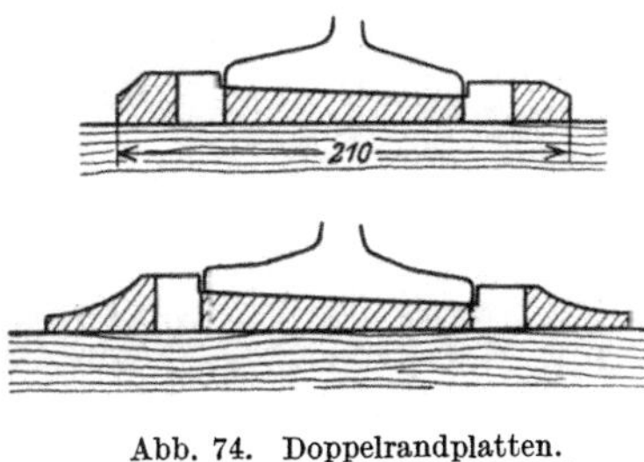

Abb. 74. Doppelrandplatten. (Aus Bräuning, Grundlagen.)

Schraubenhalses der feste Gleisverband gefährdet werden konnte (Abb. 75). Der Gedanke, den Rand der Platte auf einer Seite des Fußes so auszugestalten, daß eine Krempe (ein Haken) den Schienenfuß umgreift, ist bei mehreren deutschen Verwaltungen als Haken- oder Krempenplatte durchgeführt worden: Sachsen und Bayern ordneten die Krempe innen an, Preußen außen. Die sächsische Anordnung ging von der Beobachtung aus, daß die Bewegungen des Schienenfußes an der Innenkante am lebhaftesten sind; die innen angebrachte Krempe soll also vorwiegend dem Kippbestreben des inneren Schienenrandes entgegenwirken. Die inneren Befestigungsschrauben rücken dabei weit von der Schiene ab, der Hebelarm des dem Kippmomente widerstehenden Kräftepaares wird sehr groß, damit zugleich die Standsicherheit. Die beiden inneren Schrauben erleiden nur einen vergleichsweise geringen Zug gegen Herausreißen. Bei einem Vergleichsversuch ergab sich, daß die sächsische Anordnung einer Seitenkraft von 6500 kg, die auf ein kurzes Schienenstück wirkte, mit erträglicher Formänderung widerstand, während eine der preußischen ähnliche Anordnung mit nur einer, dicht am Schienenfuße mit einer Klemmplatte angreifenden Schwellenschraube schon bei 3500 kg Seitendruck versagte (Abb. 76). Allerdings kann die innere Krempe den Schienenfuß nicht dicht anschließend umfassen, wegen der

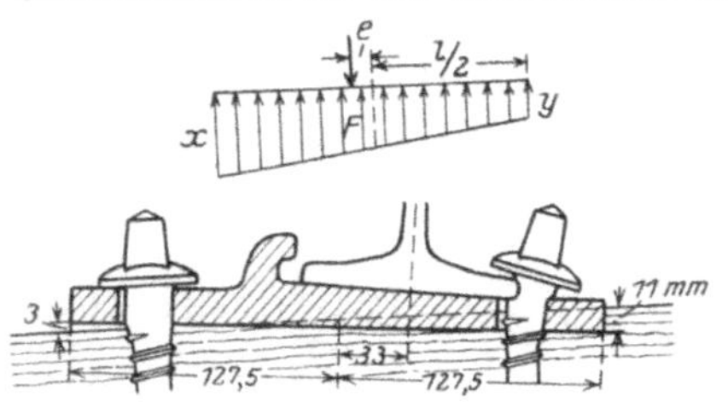

Abb. 75. Einseitige Belastung. (Aus Bräuning, Grundlagen.)

Abb. 76. Vergleich der seitlichen Standfestigkeit.

unvermeidlichen Ausführungsfehler müssen Spielräume vorgesehen werden (Abb. 77). Da ferner wie bei allen Randplatten die Auflagerfläche der Schiene (die Pfannenweite) etwas reichlicher bemessen werden muß, behält die Schiene unter dem fahrenden Zuge etwas seitliche Bewegungsfreiheit, die lästige Fußabnutzungen und lebhafteren Wanderschub im Gefolge hat. Immerhin aber sind die Abnutzungen des Schienenfußes nicht so erheblich, daß durch sie die Schienen abgängig werden, das tritt vielmehr (wie bei anderen Oberbauformen auch) fast ausschließlich durch die Abnutzung des Fahrkopfes ein. Mißlicher ist dagegen die reibende Einwirkung auf die obere Lagerfläche der Platte: stark angegriffene Platten verbiegen sich leicht. Die äußere Befestigung mit nur einem Nagel ist einfach und ausreichend. Die Rippen an der Unterseite der Platten sollen Seitenbewegungen entgegenwirken. Diese Wirkung ist, wenn sie überhaupt eintritt, von kurzer Dauer; bei längerer Liegezeit nutzen sich die Rippen fast bis zum völligen Verschwinden ab. Bayern hat an seiner Haken- oder Krempenplatte den Haken gleichfalls innen angeordnet, jedoch statt des äußeren Nagels eine Schraube mit Klemmplatte gewählt; diese stützt sich gegen eine Keilleiste. Die ältere preußische Anordnung (Abb. 78) steht der sächsischen an Standsicherheit nach, teilt übrigens mit ihr den Übelstand, daß die Spielräume reibende Bewegungen zulassen, wenn auch in minderem Maße. Eine weitere Sicherung des festen Zusammenschlusses verbürgt die Spannplatte nach Abb. 79, die seitliche Spielräume ausschließt. Die Möglichkeit, daß in dem aufwärts gekrümmten Teile der Biegelinie ein senkrechtes Spiel in der nicht satt aufliegenden Krempe entsteht, ist freilich immer noch gegeben, da dieser Bewegung nur Reibungskräfte entgegenwirken. Es hat daher nicht an Vorschlägen und Versuchen gefehlt, die Spielräume in den Krempenplatten durch keilige Füllstücke nach Abb. 80 zu schließen; ein voller Erfolg war diesen Anordnungen nicht beschieden, weil die Keile leicht mit der Schiene wandern.

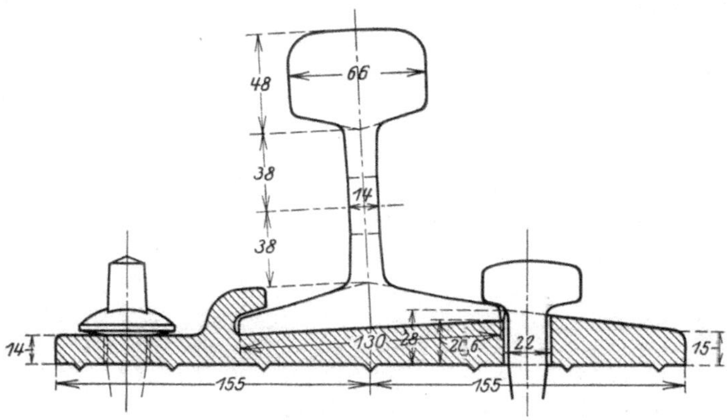

Abb. 77. Sächsische Krempenplatte.

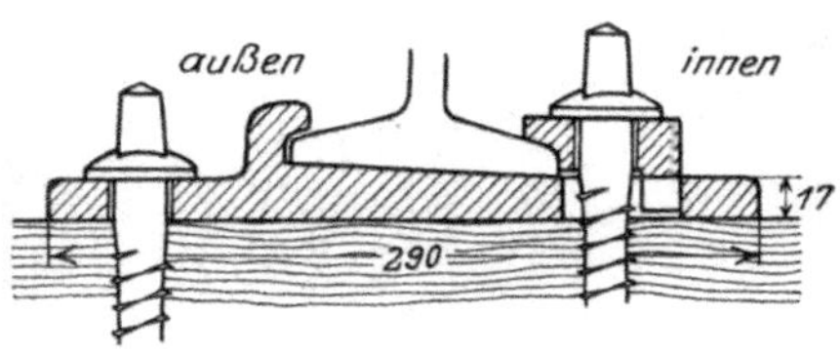

Abb. 78. Hakenplatte.

Abb. 79. Spannplatte.
(Aus Bräuning, Grundlagen.)

Der doppelten Aufgabe, die Schiene auf der Platte und diese zugleich auf der Schwelle zu befestigen, ist eine einzige Schraube an der Innenseite des Gleises nur schlecht gewachsen, namentlich wenn die Klemmplatte ein ungünstiges Hebelverhältnis zwischen dem Schienenfuß, der Schraubenmitte und dem äußeren Abstützpunkte hat. Es entstand daher der Wunsch, die Schienenbefestigung von der Schwellenbefestigung ganz zu trennen. Diese Trennung bietet insbesondere noch den Vorteil, daß man die Schiene auswechseln kann, ohne die Befestigung der Platte zu lösen; allerdings nur dann, wenn sämtliche Befestigungsmittel von oben her eingeführt werden können.

Abb. 80. Keil-Füllstück. (Aus Bräuning, Grundlagen.)

Die älteste und zugleich einfachste Lösung dieser Aufgabe liegt in dem englischen Stuhlschienengleise vor (Abb. 81). Die umschlossene Lagerung der Schiene wird dadurch erreicht, daß die Doppelkopfschiene einerseits von dem Innenlappen des Schienenstuhls, andrerseits von einem eingetriebenen Holzkeil eingespannt wird. Die Maulweite des Stuhles muß dem Lagerkopfe soviel Raum bieten, daß die Schiene herausgehoben werden kann. Von dem Holzkeil und seiner Stütze werden die Seitenkräfte dicht unterhalb des Kopfes mit geringem Kippmoment federnd aufgenommen. Zur Befestigung des Stuhles auf der Schwelle dienen zwei gegeneinander versetzte Hartholzpflöcke und zwei eiserne Rundkopfnägel. Das Gewicht der Stühle ist sehr groß, 20 kg und darüber, auch ist die Herstellung im Gußverfahren der Massenanfertigung nicht günstig. Dem Stuhlschienengleise wird nachgerühmt, daß es eine ruhige Lage bewahrt und sich weich befährt. Auch seine Sicherheit ist groß: 1924 soll in England an Doppelkopfschienen nicht ein einziger Schienenbruch vorgekommen sein. Versuche, diesen in England so vorzüglich bewährten Oberbau auf das Festland zu übertragen, sind stets gescheitert, weil sich das Treiben und Schwinden des Holzkeiles in dem kontinentalen Klima zu ungünstig auswirkte. Auch mit Hilfe des Ausweges, statt des Holzkeils einen aus Stahlblech gepreßten, federnden Keil zu verwenden, hat das Stuhlschienengleis auf dem Festlande nur geringe Verbreitung gefunden, neuerdings aber in größerem Umfange in Frankreich. Für ein Sondergebiet hat Baden den Schienenstuhl mit Erfolg übernommen, und zwar für Tunnelgleise. In den gleichmäßigeren Wärme- und Feuchtigkeitsverhältnissen der Tunnel hat sich der Holzkeil als Schienenbefestigung genau so bewährt wie in seinem Mutterlande. Um nicht eine besondere, landfremde Schienenform vor-

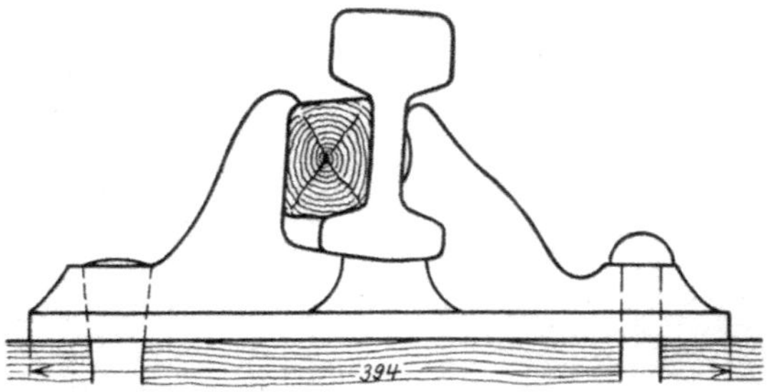

Abb. 81. Schienenstuhl. (Aus Bräuning, Grundlagen.)

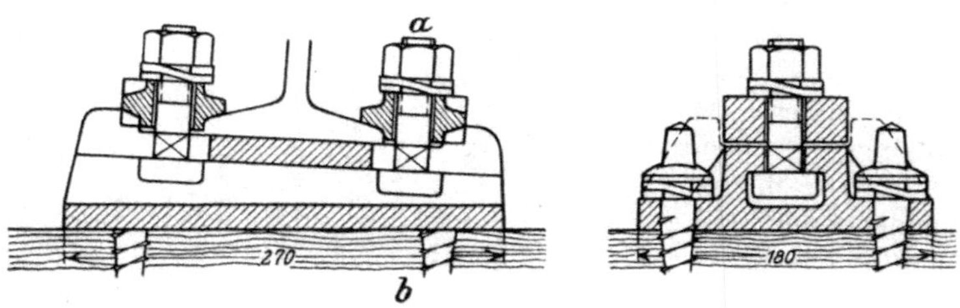

1. Preußen 1898; $G = 10{,}4$ kg. Schnitt *a*—*b*.

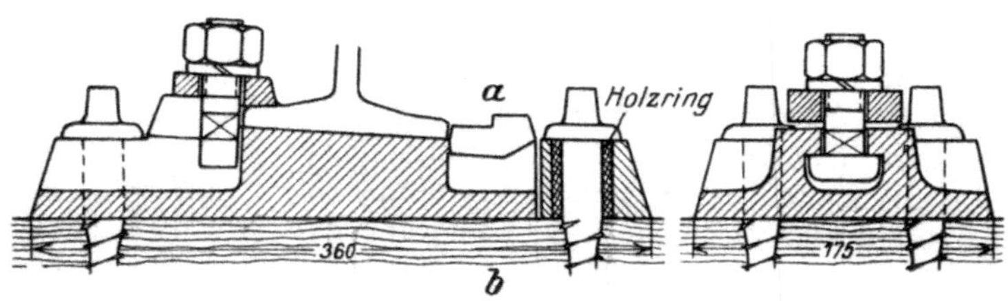

2. Niederlande 1911; $G = 13$ kg. Schnitt *a*—*b*.

Abb. 82. Schienenstühle für Breitfußschienen. (Aus Bräuning, Grundlagen.)

rätig halten zu müssen, richtete man dabei den Stuhl zur Aufnahme von Breitfußschienen ein (vgl. Abb. 43 S. 35).

Gegossene Schienenstühle für Breitfußschienen mit Fußbefestigung hat Bräuning 1898 eingeführt (Abb. 82, 1). Der Stuhl weist getrennte Befestigung Schiene gegen Stuhl und Stuhl gegen Schwelle auf. Die Schienenschrauben werden von der Seite her zwischen hochstehenden Längsrippen eingeführt. Die Klemmplatten stützen sich gegen Randnasen ab und gestatten, da sie wendbar sind, mit wenig Formen durch Verschieben der Schiene auf der Unterlage Spurerweiterungen bis 20 mm herzustellen. Diese Anordnung bringt den gewichtigen Vorteil mit sich, daß sämtliche Schwellenlöcher in der Tränkanstalt vor dem Tränken gebohrt werden können. Das Bohren wird im Großen billiger als bei der Handarbeit auf der Baustelle, ferner wird die Schraubenwandung bis zum Grunde mit getränkt und dadurch widerstandsfähiger gemacht. Außerdem können die Stühle in der Tränkanstalt mit Maschinen aufgeschraubt werden. Obwohl die Lagerfläche auf der Schwelle verhältnismäßig nur klein war, blieb sie doch, wie Bräuning berichtet, „auch nach langer Zeit unversehrt, sie wurde unter dem Drucke wohl eingepreßt, aber nicht abgenutzt. Der ausgetretene Tränkstoff hatte die Stuhlplatten zum Teil so fest mit den Schwellen verkittet, daß sie erst durch Hammerschläge abgelöst werden konnten". Zu einer allgemeinen Einführung hat es der Bräuningsche Stuhl nicht gebracht, da man in Deutschland die im Massenverfahren leichter herstellbare, gewalzte Platte vorzieht. In einem größeren, über bloße Versuche hinausgehenden Umfange haben dagegen holländische Bahnen einen gegossenen Schienenstuhl seit 1911 eingeführt (Abb. 82, 2). Der Stuhl ist schwerer als der Bräuningsche, vor allem deswegen, weil die Lagerfläche auf der Schwelle größer gewählt ist. Die Schwellenschrauben stehen in größerem Abstande von der Schiene, was namentlich innen wegen des Kippmomentes günstig ist. Das Schienenlager ist von Randleisten eingefaßt, die Spurregelung muß also durch Verschieben des Stuhles auf der Schwelle durchgeführt werden, wodurch manche Vorteile verloren gehen. Die Anordnung wird nach neuesten Berichten günstig beurteilt.

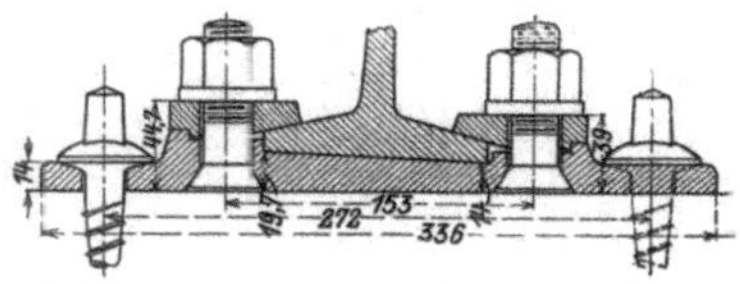

Abb. 83. Stuhlplatte. (Aus Foerster, Taschenbuch, 4. Aufl.)

Gewalzte Platten mit getrennter Schienen- und Schwellenbefestigung sind zuerst in Österreich eingeführt worden. Bei der Stuhlplattenbefestigung der Österreichischen Staatsbahn (Abb. 83) werden die Schienenschrauben von unten eingeführt, die Platte muß also bei Auswechslung der Schraube abgehoben werden. Der Schienenfuß liegt, selbstverständlich mit einigem Spielraum, zwischen zwei Randleisten, die Spurregelung verlangt also Verschieben der Stuhlplatte auf der Schwelle, die Stuhlplatten können nur auf dem Bauplatze aufgeschraubt werden. Die Klemmplatte übt nur senkrechten Druck auf die Schiene aus, die Köpfe der Schienenschrauben sind nach Art versenkter Niete gestaltet und sind für festen Halt und gegen Abnutzung nicht günstig. Eine zweite österreichische Anordnung ist die Spannplattenbefestigung nach Hohenegger (Abb. 84). Die mit demselben niedrigen Kopfkegel ausgestatteten Schienenschrauben werden gleichfalls von unten her eingeführt. Die Spurregelung wird durch die wendbaren Spannplatten erreicht; eine Nase an der Spannplatte greift in die Lagerplatte ein, bietet also etwas Schutz gegen Wanderschub. Die hintere Stützfläche der Spannplatte stützt sich gegen eine keilförmige Nase, durch Anziehen der Schraube kann also die Spannplatte nach vorn geschoben werden, Ungenauigkeiten in der Breite des Schienenfußes werden ausgeglichen, der Schienenfuß wird auch seitlich eingespannt. Ungünstig an der Hoheneggerschen Spannplatte ist das Hebelverhältnis, das durch die Entfernungen zwischen Schienenrand, Spannschraube und Stütznase dargestellt ist.

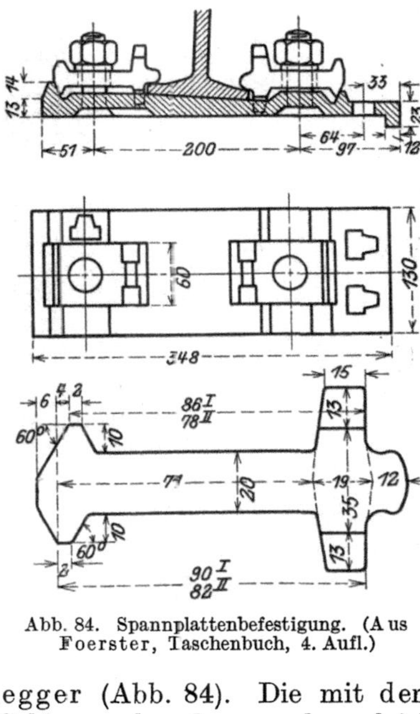

Abb. 84. Spannplattenbefestigung. (Aus Foerster, Taschenbuch, 4. Aufl.)

Einige Übelstände der österreichischen Anordnungen vermeidet die **Stuhlplatte** der vorm. Reichseisenbahnen in **Elsaß-Lothringen** (Abb. 85). Die Spannschraube kann von oben her eingeführt werden, vermöge der großen Dicke der Platte und ihrer hochgezogenen Ränder kann der Schraubenkopf kräftig gehalten werden. Freilich schließt die Notwendigkeit, Befestigungsmittel bei der Einführung von oben zu drehen, die Gefahr in sich, daß durch die weiten Löcher Wasser eindringt und das Eisen zum Rosten, das Holz zum Faulen bringt. Dem Schraubenschaft dicht am Kopfe einen quadratischen Ansatz zu geben, ist bei der beschränkten Höhe der Kopflöcher nur schwer möglich. Denn bei dieser Anordnung muß die einzuführende Schraube zunächst um die Höhe des quadratischen Ansatzes tiefer durchgelassen, dann gedreht und wieder hochgezogen werden. Die Schienenschraube der elsässischen Stuhlplatte ist also gegen Verdrehen nur durch die Reibung am Bund der Mutter geschützt, was nicht immer ausreicht. Der Hebelarm an der Klemmplatte der elsässischen Stuhlplatte ist günstig. Die Spurregelung geht so vor sich, daß die Nasen der im übrigen wendbaren Klemmplatte wechselnde Stärken erhalten. Diese Nasen füllen dann den Zwischenraum zwischen dem Schienenrande und dem Seitenrand der Platte aus. Die Platte ist also eine Doppelrandplatte, der Schienenrand stützt sich mittelbar gegen die Plattenränder und die Klemmplatte braucht keinen äußeren Stützpunkt mehr. Allerdings übertragen sich dabei die seitlichen Bewegungen der Schiene, die trotz der Keilneigung der Ränder in der Plattenpfanne etwas Spielraum behalten muß, durch die Klemmplatte auch auf die Befestigungsschrauben. Für den neuen **Einheitsoberbau der Deutschen Reichsbahn** ist eine walzbare Platte mit getrennter Schienen- und Plattenbefestigung gewählt worden, deren Form wohl zuerst vom Oberbaubureau der Reichsbahndirektion Dresden entworfen wurde. Die Schienenschraube greift dabei an einer über die Platte hinaufführenden, stehenden Rippe an, die zur Aufnahme der schwanzförmig endenden Schraube bogig ausgestanzt ist (Abb. 86). Die Schraube wird von der Seite her eingeführt. Die Platte wird in zwei Formen hergestellt, und zwar für Gleise mit und ohne Spurerweiterung. Bei der Ausführung für Regelspur ist der Schienenfuß mit einem kleinen Spielraum beiderseits von den Rippen eingefaßt. Der Schienenfuß wird beiderseits durch eine bogenförmige Klemmplatte niedergehalten. Zwischen Klemmplatte und Schrau-

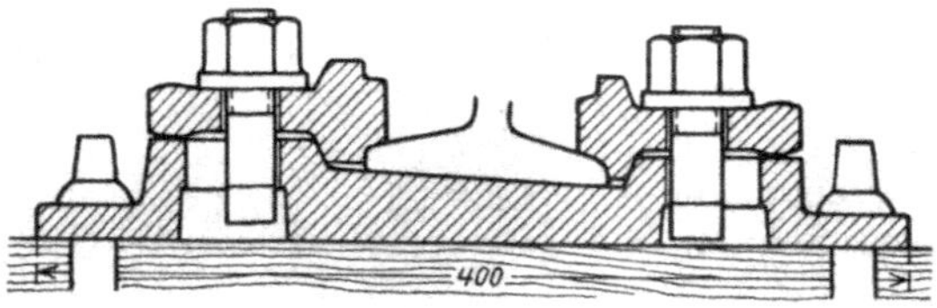

Abb. 85. Stuhlplatte. (Aus Bräuning, Grundlagen.)

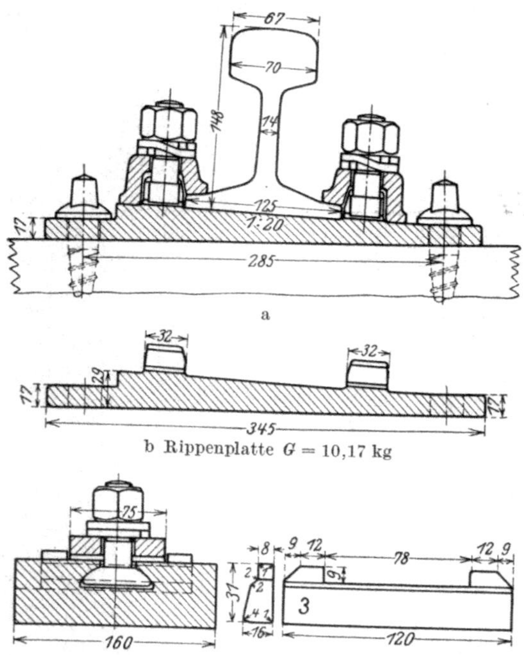

a

b Rippenplatte $G = 10{,}17$ kg

c Schnitt durch die Rippe. d Spurplättchen.

Abb. 86. Rippenplatte.

benmutter ist ein doppelter Federring angeordnet. Zur Herstellung der Spurerweiterung ist der Raum zwischen den Rippen erweitert, die so entstehenden Zwischenräume werden durch Füllstücke nach Abb. 86, d geschlossen. Die Klemmwirkung der Klemmplatte mit Hakenschraube und Federring ist dieselbe wie für die Regelspur.

Über die Spannung in der Klemmschraube stellt Bräuning folgende zahlenmäßigen Betrachtungen an: „Nimmt man an, daß die unbelastete, dem Wanderschub am meisten ausgesetzte Schwelle im Gleise einen Widerstand von 500 kg findet, so muß, um diesen Widerstand auszunutzen, der Reibungswiderstand an jedem Schienenlager 250 kg betragen, der Spannungsdruck am Schienenfuß bei einer Reibungsziffer von 1 : 4 also 1000 kg, der sich auf beide Klemmplatten mit je 500 kg verteilt. Die Spannung in jeder Klemmschraube ist wegen der Hebelwirkung auf etwa 1000 kg zu steigern, bleibt also in mäßiger Grenze. Sogar eine halb so große Spannung genügt, wenn außer der Schienenlagerfläche auch die Druckfläche der Klemmplatte am Schienenfuße als volle Reibungsfläche zur Geltung kommt, wenn also die Klemmplatte am Mitwandern verhindert wird. Das geschieht, wenn auch in unvollkommener Weise, in der Regel schon durch die Schraubenspannung, bei weitem wirksamer und zweckmäßiger aber durch seitliche Stützen im Schienenlager, an welche die Klemmplatte sich anlehnt unter voller seitlicher Entlastung der Spannschraube.“

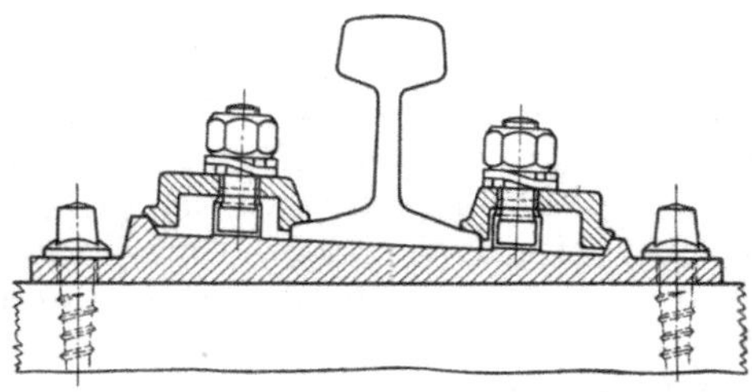

Abb. 87. Rippen-Spannplatte.

Der Grundgedanke des neuen Reichsoberbaus ist vortrefflich, weil die Schienenbefestigung keinerlei Durchbrechung des Plattengrundes erfordert. Die ganze Unterfläche der Platte ist zur Druckübertragung ausgenutzt, das Eindringen von Wasser und Sand kann höchstens von der Seite her stattfinden, ist also auf das erreichbare Mindestmaß herabgesetzt. Im übrigen aber sind recht wohl noch Verbesserungen der Bauart möglich, und zwar in folgenden Richtungen: Die Vorhaltung zweier Plattenformen und die Anordnung der Füllstücke erscheint als eine Erschwerung, die zu vermeiden möglich und erwünscht ist. Die Klemmplatten sind fast zu klein ausgefallen, offenbar deswegen, weil man die Unterlegplatten möglichst kurz halten wollte. Dadurch ist aber auch das Hebelverhältnis der Klemmplatte teilweise recht ungünstig geworden. Der Schienenfuß behält innerhalb der Plattenpfanne oder zwischen den Spurbeilagen schädliche Spielräume, was zu Fußabnutzung und Schienenwandern führen wird. Der auf die Klemmplatte wirkende Wanderschub überträgt sich auf die Hakenschraube weiter, so daß diese unruhig liegen und sich abnutzen wird.

Von diesen Übelständen dürfte ein Oberbau nach Abb. 87 frei sein. Die Anordnung ist für Gleise mit und ohne Spurerweiterung gleich, es ist also nur eine Plattensorte nötig. Diese fällt zwar größer und schwerer aus, doch trägt dies zur erhöhten Schonung der Schwelle bei, ist also wirtschaftlich gerechtfertigt. Die Spurregelung wird allein durch die Klemmplatte bewirkt, die kleinen, gegen Abnutzungen empfindlichen Spurplättchen fallen also weg. Die Zahl der Walzformen für die Bogenklemmplatten kann dadurch vermindert werden, daß man von einer Mittelform ausgehend zwei weitere herstellt, indem man die Bogenöffnung der bügelartigen Klemmplatte auf- oder zusammenpreßt. Die Klemmplatte spannt den Schienenfuß auch seitlich ein; es werden also reibende Abnutzungsbewegungen vermieden und die Platte kann etwas schwächer gehalten werden. Die Klemmplatte stützt sich einerseits gegen den Schienenfuß, andrerseits gegen eine äußere, keilförmige Stützrippe. Diese Stützrippe sitzt so weit ab von der Schraubenrippe, daß ein sehr günstiges Hebelverhältnis für die Klemmschrauben entsteht. Am Wanderschub wird die Klemmplatte dadurch verhindert, daß aus den bis zur Oberkante der Klemmplatte hinaufgeführten Schraubenrippen ein seitlich beiderseits scharf begrenztes Lager für die Klemmplatten herausgestanzt wird. Verdrehungen der Schienenschrauben können durch würfelförmige Ansätze dicht am Kopfe verhindert werden, die durch die Klemmplatte reichen. Um die Zuverlässigkeit der seitlichen Einspannung des Schienenfußes zu steigern, könnte in Frage kommen, die Randhöhe des Schienenfußes von 10 auf 12 mm zu steigern, was leicht durch einfaches Nachstechen der Walzenform geschehen könnte.

Eine besondere Betrachtung erfordert noch die Form der seitlichen Stützfläche für die Klemmplatte. Soweit eine solche bisher erschien, war sie als ge-

a b
Abb. 88a und b. Seitliche Abstützung des Schienenfußes.

neigte Ebene ausgebildet, wirkte also als Keilfläche. Es entstand eine Art der Stützung, wie sie in Abb. 88, a im Gerippe dargestellt ist. Wenn dabei die Stützfläche der Klemmplatte satt anliegen soll, darf sich die Platte nur parallel verschieben. Die Platte kann also zwanglos nur jene Abweichungen von der richtigen Lage des oberen Schienenrandes ausgleichen, die in einer Parallelen zur Stützfläche liegen, z. B. Lage II gegen Lage I; bei allen anderen Fehlern muß sich die Platte schief stellen, wodurch entweder am unteren oder oberen Rande einseitige, starke Kantenpressungen und daher Abnutzungen eintreten. Insbesondere müssen die Klemmplatten um den oberen Stützpunkt an der Randleiste pendeln, wenn sich die Schiene vor dem anrollenden Rade von der Platte abhebt. Es ist daher besser, die zusammenstoßenden Stützflächen der Klemmplatte und der Widerlagerleiste nach Art der steinernen Wälzgelenke an Wölbbrücken auszuführen (Abb. 88, b).

B. Eisenschwellengleise.

Für Eisenschwellengleise ohne Unterlegplatten hat sich zuerst eine einfache Keilbefestigung nach Abb. 89 in großem Umfange eingeführt. Sie besteht aus zwei verschieden gestalteten, den Schienenfuß umfassenden Klammerstücken, einem Futterstücke an der Innenseite und einem von oben her eingetriebenen Keil. Die Spurregelung wurde durch verschiedene Abmessungen der beiden Klammerstücke hergestellt. Die Bauweise, schon an sich vielteilig, verlangte also noch eine größere Zahl von kleinen Ersatzteilen in Vorrat zu halten. Die Schienenneigung wurde (wie bei allen Eisenschwellen ohne Unterlegplatten) dadurch hergestellt, daß die Schwelle in der Gegend des Schienenlagers in die entsprechende Neigung gepreßt (gekröpft) wurde. Die Keilbefestigung bietet keinen genügenden Schutz dagegen, daß sich der Keil durch die Erschütterungen lockert, sie erfordert also sorgfältige Wartung. Nachteilig ist ferner, daß die Schwellendecke durch die großen Löcher allzusehr geschwächt

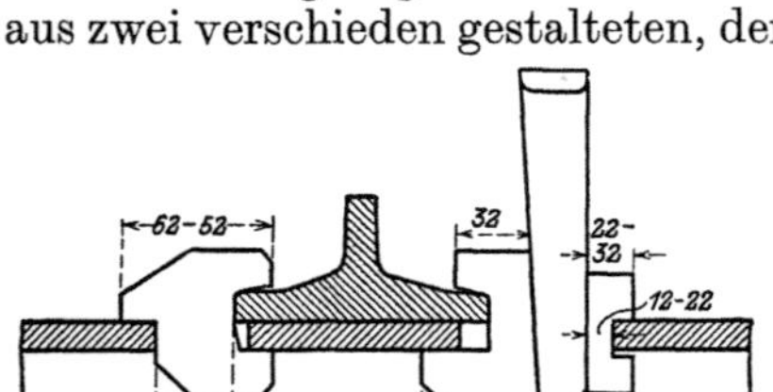

Abb. 89. Keilbefestigung. (Aus Foerster, Taschenbuch, 5. Aufl.)

wird und daß in den Lochwandungen übergroße Beanspruchungen und ebensolche Abnutzungen eintreten. Trotzdem hat es diese Bauweise auf Bahnen mit geringerer Betriebsbelastung zu einer langen Lebensdauer gebracht, sie findet sich z. B. heute noch auf solchen Bahnen in Württemberg selbst in Hauptgleisen.

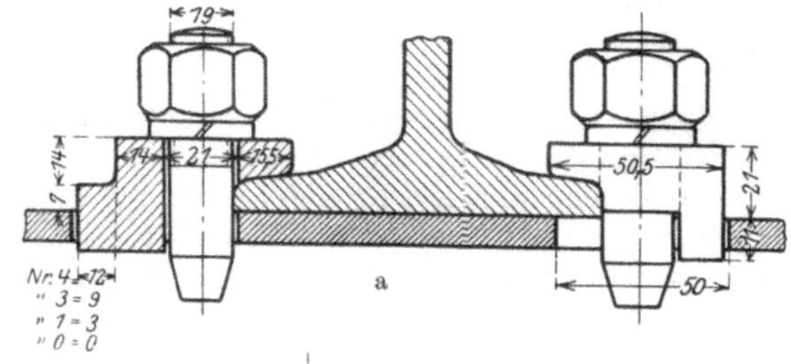

a

Im allgemeinen aber wurde der Keil bald durch die zuverlässigere Schraube abgelöst. Die Klemmplatten-Befestigung nach Abb. 90, a kam zuerst in Preußen auf, ist daselbst für die Fahrschienen auf eisernen Weichenschwellen noch allgemein üblich und auch auf den schweizerischen Bundesbahnen weit verbreitet. Die Kopfschrauben werden von oben eingeführt und sind durch einen Würfelansatz gegen Verdrehen gesichert. Der Schienenfuß hat seitliches Spiel, findet jedoch an der Klemmplatte ein verhältnismäßig gut wirkendes Widerlager.

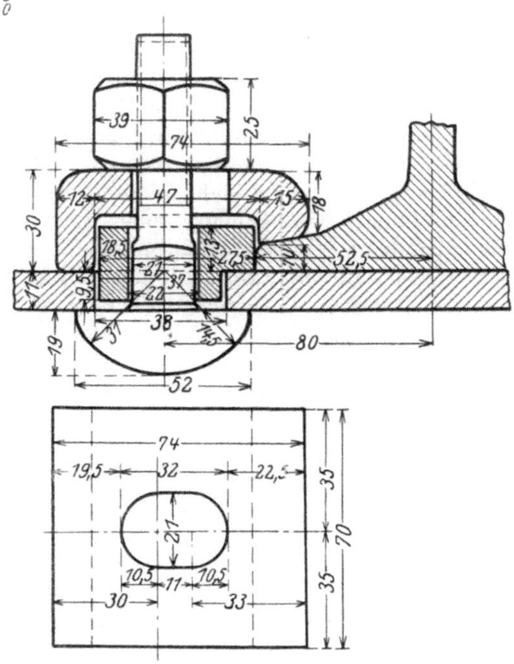

b

Sehr günstige Beurteilung fand allenthalben die Form nach Abb. 90, b. Sie geht auf Roth und Schüler zurück, wurde auf den vorm. badischen Staatsbahnen, als diese grundsätzlich zur Eisenschwelle übergingen, als Einheitsbauweise gewählt und dabei zu der heutigen Form entwickelt. Der Sitz der Befestigungsmittel in den Schwellenlöchern ist zuverlässig und dauerhaft. Der gute Sitz der Schrauben wird dadurch begünstigt, daß sie vom Querschub entlastet und von der breiten, elastischen Klemmplatte unter Spannung gehalten werden. Die Spurregelung ist mit nur 4 Formen der Füllstücke, die vierseitig benutzbar sind, so fein, daß die Spurerweiterung von 0 bis 20 mm mit Stufen von nur 1 mm durchgeführt werden kann. Das geht beinah schon über das praktische Bedürfnis hinaus. Als Nachteil der Bauart erscheint, daß die Schrauben von unten her eingeführt werden müssen. Das kann zwar für den Neubau in den Kauf genommen werden, wird aber unter Umständen bei der Gleisunterhaltung störend. Die seitliche Bewegung der Schienen ist mangels einer Keilverspan-

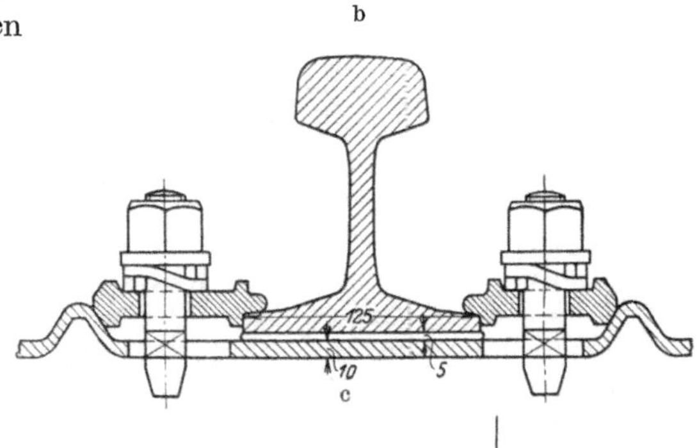

c

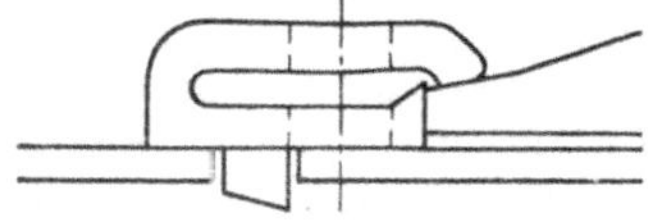

d

Abb. 90a—d. Klemmplattenbefestigungen.

nung möglich, so daß die Abnutzung der Schwellendecke immerhin beachtlich ist. Es ist daher auch schon das Urteil laut geworden, daß die Bewährung des badischen Oberbaues nicht so sehr der Güte der Schienenbefestigung zuzuschreiben sei, sondern vielmehr dem Umstande, daß die Schwellenform besonders kräftig ist. Jedenfalls ist auch die badische Schwelle bei schwerem Betriebe nicht gegen Brüche gefeit: diese werden besonders durch die immerhin noch großen Löcher in der Schwellendecke begünstigt.

Bedenkliche, ja gefährliche Folgen zeitigt an den Formen nach Abb. 90, a und b die Tatsache, daß in den Schwellenlöchern drei verschiedenartige Beanspruchungen sich zusammendrängen: die Aufnahme des aufwärts gerichteten Schraubenzuges, unter dessen Wirkung der Schraubenkopf die Schwellendecke von unten her annagt, ferner die Verarbeitung des Seitendruckes und des Wanderschubes, wodurch die Lochwandungen abgenutzt werden. Kommen dazu noch Abnutzungen der Schwellendecke von oben her infolge der reibenden Bewegungen der Schiene, so wird die Schwelle leicht so weit geschwächt, daß Risse und Brüche entstehen, die noch deswegen bedenklich sind, weil sie an verborgenen, nicht frei sichtbaren Stellen entstehen, also erst an ihren Folgen erkennbar werden. Der badische Oberbau ist daneben nicht frei von sonstigen mißlichen Abnutzungserscheinungen. Das Spurplättchen liegt, um möglichst die ganze Stärke der Schwellendecke für die Aufnahme des Seitenschubes auszunutzen, so dicht über dem Schraubenkopfe, daß es allmählich angehoben wird, wenn sich der Schraubenkopf von unten in die Schwellendecke einarbeitet. Es kann schließlich bis an die Klemmplatte gehoben werden, so daß diese völlig unwirksam wird. Dagegen liegt bei dem oldenburgischen Oberbau Abb. 90, c) eine klare Trennung der Beanspruchungen vor. An dem Schwellenloch greift nur noch der Zug der Schienenschraube an, der die Schwellendecke unten abnutzt. Die Verarbeitung des Seitenschubs ist den in die Schwellendecke bei Rotglut eingepreßten, dreieckigen Rippen zugewiesen. Der Lochwandung verbleibt also nur noch die Verarbeitung des Wanderschubes. Gegen Abnutzungen von oben ist die Schwellendecke schon durch die Bauart an sich so lange geschützt, als die seitliche Einspannung der Schiene keine reibenden Bewegungen aufkommen läßt. Treten diese dennoch ein, so werden die Abnutzungen von einem zwischen Schiene und Schwelle eingelegten Pappelholzplättchen aufgenommen. Diesen unbestreitbaren, gewichtigen Vorzügen gegenüber treten einige kleine Nachteile völlig in den Hintergrund. Der hauptsächlichste Nachteil besteht darin, daß die Querrippen mit einem etwas gewaltsamen Arbeitsvorgange bei Rotglut in die Schwellendecke eingepreßt werden. Es entstehen dabei nach dem Erkalten der Schwellen Unterschiede in der Lage und in dem Abstande der Rippen, die weit über die Fehler beim Walzverfahren oder beim kalten Einstanzen der Schwellenlöcher hinausgehen. Es müssen also diese Unterschiede durch genaues Anpassen der Klemmplatten an die zufällig gegebenen Abmessungen ausgeglichen werden. Das erschwert einigermaßen die Verlegung. Dieselbe Erschwerung ist dadurch bedingt, daß die Schiene beim Verlegen keinen festen Anschlagpunkt hat; ein solcher kann nur an der vorher aufgeschraubten, durch eine behelfsmäßige Beilage in die endgültige Höhenlage gebrachten äußeren Klemmplatte gefunden werden. Daß die ebene, nicht genau herstellbare Stützfläche der Rippen nicht vollkommen und dauernd wirksam sein kann, ist nach Abb. 88 leicht verständlich.

In den Einheitsoberbau der Deutschen Reichsbahn ist die badische Befestigung mit einigen kleinen Abänderungen endgültig übernommen worden. Zunächst mußten die Verbindungsmittel selbstverständlich an die Einheitsschienen der Deutschen Reichsbahn angepaßt werden. Ferner hat man die Schwellenlöcher nicht mehr quadratisch, sondern rechteckig gestaltet, und zwar mit 41×45 mm. Infolgedessen kann man durch die längere Öffnung des Rechteckes die Hakenschrauben schief von oben einführen. Diesem Vorteil zuliebe hat man auf die

Spurregelung um einzelne Millimeter verzichtet, die Spurerweiterung geschieht in Stufen von 2 mm, ein Maß, das auch für die Spurregelung im Übergangsbogen völlig ausreichend ist. Der oldenburgische Oberbau ist vorläufig für den Reichsoberbau zu umfangreichen Versuchen in Aussicht genommen, und zwar unverändert. Es soll also seine weitere Bewährung abgewartet werden. Diese Vorsicht ist verständlich, wenn man bedenkt, daß der badische Oberbau auf eine Bewährungszeit von über 30 Jahren zurückblickt, während der oldenburgische wesentlich jünger ist, so daß man also insbesondere noch keinen genauen Anhalt für die Lebensdauer der Schwelle und über die Abnutzungserscheinungen bei ihrem Altern hat.

Günstige Erwartungen knüpfen sich in neuester Zeit nach Versuchen bei der deutschen Reichsbahn an die Federklemme von Höhne (Abb. 90, d). Man kann sich diese Klemme aus der badischen Befestigung (Abb. 90, b) dadurch entstanden denken, daß

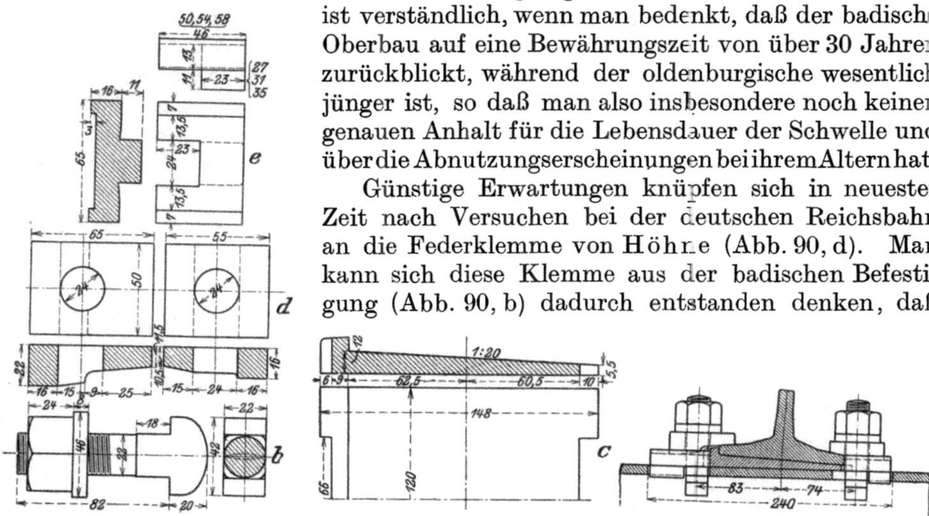

Abb. 91. Heindlsche Unterlegplatte. (Aus Foerster, Taschenbuch, 4. Aufl.)

die Spureinlage und der Klemmbügel zu einem Stücke vereinigt werden. Von dem großen Reibungsdrucke zwischen Klemme und Schwelle verspricht man sich eine ruhige Seitenlage der Schiene, der senkrechte Druck der Klemme auf den Schienenfuß ist jedoch nur klein.

Für Eisenschwellen mit Unterlegplatten hat die Heindlsche Befestigung schon frühzeitig eine weite Verbreitung in Bayern, Österreich, Württemberg und Elsaß-Lothringen gefunden. Die Bauweise (Abb. 91) ist schon an sich vielteilig, sie erfordert neben der Unterlegplatte noch Füllstücke und Klemmplatten. Zur Spurregelung erhalten die in die Schwellendecke eingreifenden Nasen der Füllstücke verschiedene Stärken. Da die Füllstücke nicht wendbar sind, müssen sie in zahlreichen Formen vorrätig gehalten werden oder man muß bei Einschränkung ihrer Zahl die Stufen für die Spurregelung unerwünscht groß wählen. An der großen Zahl kleiner Berührungsflächen treten starke Abnutzungen und damit Lockerungen des Gefüges ein.

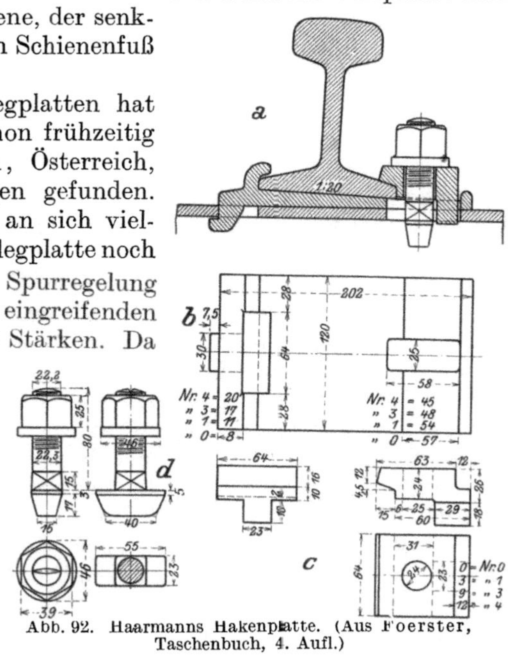

Abb. 92. Haarmanns Hakenplatte. (Aus Foerster, Taschenbuch, 4. Aufl.)

In Preußen ist die Entwicklung der Unterlegplatte für Eisenschwellen an den Namen Haarmanns geknüpft. In der ersten Form, der Hakenplatte, ist für die innere Befestigung eine Kopfschraube mit Klemmplatte verwendet (Abb. 92). Die äußere Befestigung besteht aus einem den Schienenfuß umfassenden Haken und einer unter die Schwellendecke greifenden Nase. Schraube und Klemmplatte sind sozusagen mit der Platte verschmolzen. Die Schiene hat wie in der Hakenplatte für Holzschwellen senkrechtes Spiel im oberen Haken, die untere Nase hat wieder Spielraum gegen die Schwellendecke. Die Spurregelung wurde mit je 4 Formen der Platte und der Klemmplatte in Stufen von 3 mm dadurch erreicht, daß der obere Haken auf der Platte verschiedene Lagen erhielt und das Ansatzstück der Klemmplatte jeweils entsprechend verstärkt wurde. Die Hakenzapfenplatte nach Abb. 93 überdeckte die Schwellenlöcher beiderseits um ein beträchtliches Maß; dadurch sollten die Gefährdungen dieser mehrfach ungünstig beanspruchten Stelle vermindert werden. Die Hakenzapfenplatte war innen mit einer keilförmigen Stützleiste versehen, die zur Spurregelung gleichmäßig mit dem oberen Haken verschiedene Abstände vom Rande annahm. Zu den vier Sorten Platten war demnach nur eine Form der Klemmplatte nötig. Da man Grund zu der Annahme zu haben glaubte, daß außen eine Sicherung gegen Abheben der

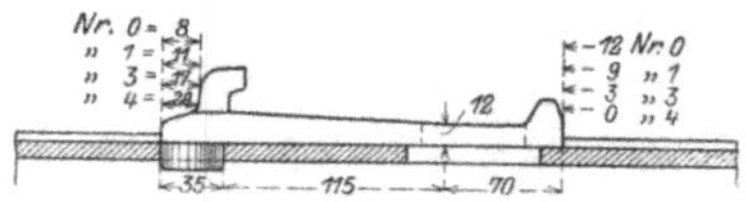

Abb. 94. Zapfenplatte.

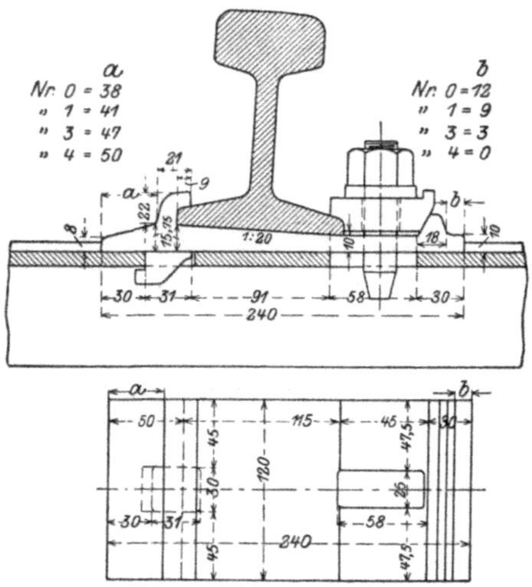

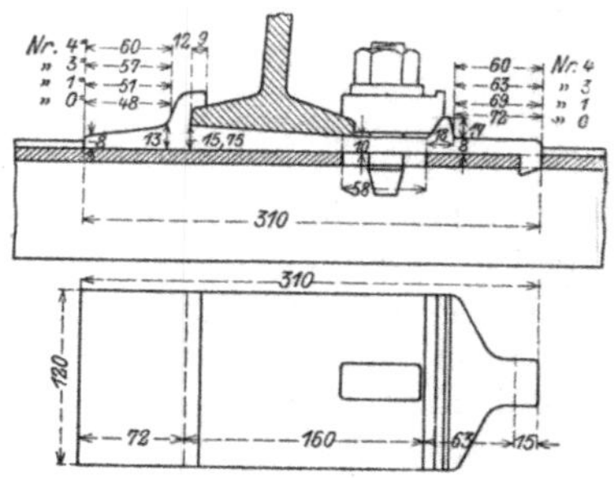

Abb. 93. Hakenzapfenplatte. Abb. 95. Ankerplatte.
(Abb. 93—95 aus Foerster, Taschenbuch, 4. Aufl.)

Platte überhaupt nicht nötig sei, kam man weiterhin zur Form der Zapfenplatte (Abb. 94). Der Zapfen und das Schwellenloch waren bei dieser kreisrund; diese Form sollte die gefährlichen Ecken der Schwellenlöcher, von denen die Risse gewöhnlich zuerst ausgehen, vermeiden. Endlich wurde in der Ankerplatte (Abb. 95) das Loch an der Außenseite ganz vermieden. Der Punkt, an dem der Seitenschub angreift, wurde innen nach der Gleismitte zu an eine Stelle geschoben, die durch Biegungsspannungen weniger gefährdet ist. Alle diese Bauarten litten an dem schweren Nachteil, daß an beiden Haken der Zusammenschluß durch die notwendigen Spielräume nur mangelhaft war. An der Hakenplatte betrug dieses Spiel bis 2 mm, an der Hakenzapfenplatte bis 4 mm, an der Zapfenplatte und der Ankerplatte wurde das Spiel, das bei der Aufbiegung des Gleises vor den anrollenden Rädern eintritt, nur durch die Klemmwirkung der Schraube einigermaßen begrenzt. Durch den mangelhaften Zusammenschluß wurde auch das Wandern der Schienen begünstigt. Die Hakenplatte mit ihren Abarten wird daher seit 1924 für die Deutsche Reichsbahn nicht mehr beschafft. Die Platte ist als überflüssiger, die Abnutzungen vermehrender Bestandteil erkannt worden. Der Vorzug, der längere Zeit zugunsten der Hakenplatte angeführt worden war, daß nämlich an der Außenseite der Schiene keine lösbaren Verbindungsmittel zu überwachen seien und das Gleis demnach außen bis zum Schienenkopf verfüllt werden könne, war gegenüber den Vorteilen einer beiderseitigen Verschraubung in den Hintergrund getreten.

Dennoch ist es nicht ausgeschlossen, daß die Unterlegplatte noch einmal wiederkehrt. Die beste Befestigung der Schiene auf der Tragschwelle würde die sein, bei der jede Durchlochung der Schwellendecke vermieden ist. Neuerdings wurde daher vorgeschlagen, eine Unterlegplatte nach Abb. 86 auf der Trogschwelle festzuschweißen. Das mit großem Erfolge im Werkstättenwesen ausgebildete, im Straßenbahnoberbau längst heimische Schweißverfahren auch im Vollbahnoberbau einzuführen, ist von verschiedenen Seiten angeregt worden. Es liegt durchaus nicht außer dem Bereich der Möglichkeit, die Platten fabrikmäßig im großen auf den Schwellen festzuschweißen und diese so auf den Bauplatz zu liefern. Ob aber eine Schweißnaht den Erschütterungen im Betriebe dauernd zu widerstehen vermag, müßte, wie schon früher erwähnt, erst durch die Erfahrung belegt werden. Der Erfolg erscheint aber schon deswegen ungewiß, weil die Durchbiegung der Schwelle am Lastpunkte Dehnungen und Verkürzungen zwischen der Schwellendecke und der darauf befestigten Unterlegplatte hervorruft, die für eine etwas nachgiebige Schraubenverbindung verschwindend sein mögen, aber doch für eine starre, fugenlose Befestigungsart verhängnisvoll werden können.

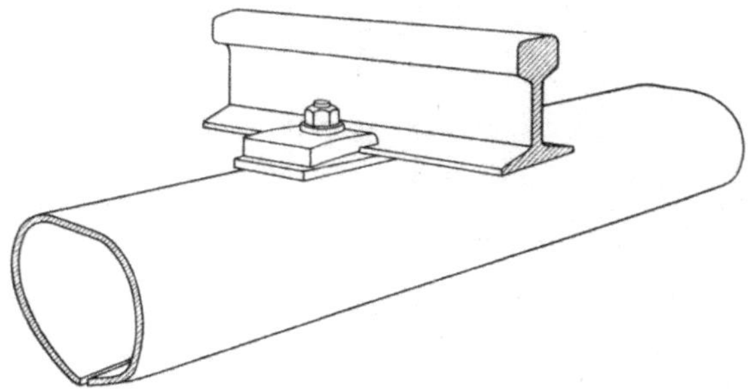

Abb. 96. Scheibes Spannbefestigung.

Eine möglichst unveränderliche Schraubenbefestigung strebt Scheibe für seine Hohlschwelle an (Abb. 96). Er wählt die Klemmplatte außergewöhnlich lang und gibt den Schwellenschrauben den gleichfalls besonders großen Durchmesser von 29,2 mm. Diese Hakenschrauben werden mit einem 1,2 m langen Schlüssel von 2 Mann soweit angezogen, daß ein Zug von 8000 kg im Schraubenschaft entsteht. Dieser Zug geht schon nahe bis an die Streckgrenze. Die Schienen werden dabei mit einem Druck von $2 \times 5200 = 10400$ kg auf der Schwelle angepreßt. Scheibe strebt damit an, die Schiene so innig mit der Schwelle zu verbinden, daß alle Zwischenräume und die dadurch begünstigten seitlichen Bewegungen zwischen Schiene, Platte und Schwelle verschwinden. Das ist nötig, um die stoßverarbeitende Wirkung der in sich elastischen Hohlschwelle voll zur Geltung zu bringen. Die Unterlegplatte ragt über die Schwellenlöcher beiderseits um ein bedeutendes Maß hinaus, soll dadurch die Schwellendecke schützen und als „Verstärkungsplatte" wirken. Der Anpressungsdruck zwischen Schiene und Schwelle beträgt ein Vielfaches des sonst üblichen Druckes und ist vielleicht schon geeignet, die Veränderungen der Schienenlänge bei wechselnder Temperatur einzuschränken. Scheibe nimmt aber nach sinnfälligen, vorläufig nicht zahlenmäßig belegten Beobachtungen auf einer Probestrecke an, daß die Hohlschwelle gestatten werde, die Wärmelücke am Schienenstoß weitgehend einzuschränken, wenn nicht gar ganz wegzulassen; denn vermöge der großen Berührungsflächen zwischen Schwelle und Bettung, ferner wegen des fugenlosen Zusammenschlusses zwischen Schiene und Schwelle werde die von der Schiene aufgenommene Wärme unschädlich an Bettung und Unterbau weitergeleitet, so daß also die Gleisteile keinen wesentlich höheren Wärmegrad annehmen könnten als den des Bodens.

C. Gleise auf Eisenbetonschwellen.

Die Schienenbefestigung auf Eisenbetonschwellen ging bisher von dem Streben aus, entweder die Befestigungsart der Holzschwellen oder die von Eisenschwellen auf die Eisenbetonschwelle zu übertragen. Neben dem natürlichen Vorgehen, Neues an Bekanntes anzuknüpfen, war diese Beschränkung auch durch die Notwendigkeit bedingt, die Befestigungsmittel für die Versuche mit Eisenbetonschwellen auf den geringen Umfang der Versuche zuzuschneiden. Aber auch bei umfangreicherer Einführung der Eisenbetonschwelle kann der Wunsch berechtigt erscheinen, die Eisenbetonschwelle so einzurichten, daß man dieselben Befestigungsmittel verwenden kann wie auf Holz- oder Eisenschwellen; das würde die Lagerhaltung für die Vorratsteile erheblich vereinfachen und verbilligen. Freilich müßte man dann letzten Endes wünschen, die Schienenbefestigung gleich für alle drei Schwellenformen einheitlich zu gestalten. Ob das aber gelingt oder auch nur zweckmäßig erscheint, mag dahingestellt bleiben; denn die Vorbedingungen für die Lagerung auf den drei Schwellenformen gehen doch zu weit auseinander, als daß sie sich zwanglos durch eine einzige Bauart erfüllen ließen.

Soweit die Schienenbefestigung auf Eisenbetonschwellen an der Holzschwelle anknüpft, haben die beiden möglichen Lösungen immerhin Ergebnisse gezeitigt, die als ausreichend, ja zufriedenstellend bezeichnet werden können. Zwar die Schwächen des Holzdübels sind bekannt und schon auf Seite 53 geschildert worden. Aber Abrunden der Dübellöcher, Einschalten einer nachgiebigen, zu-

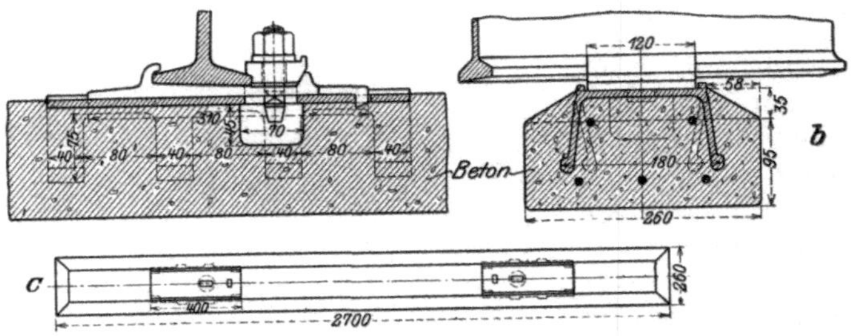

Abb. 97. Eingebettete Eisenschwellenlager. (Aus Foerster, Taschenbuch, 4. Aufl.)

sammenpreßbaren Zwischenlage zwischen Dübel und Beton (etwa aus Papier), Umschnüren des Dübels mit Drahtspiralen oder Einlagen von Drahtspiralen in den Beton am Dübel könnten Mittel sein, die Risse zu verhindern, die oft durch das Treiben des Holzes entstehen. Die Treibwirkung des Holzes ist sehr stark. Man kann annehmen, daß die Kantenlänge eines Dübels am getränkten Holz sich um $^1/_{40}$ vergrößern kann, also bei 5 cm Seitenlänge um 1,25 mm. Diese Formänderung muß in innere Spannungen von zulässiger Höhe umgesetzt werden, wenn keine Risse eintreten sollen. Nun dehnt sich das quellende Holz in der Faserrichtung so gut wie gar nicht aus. Die Dübel sollten also in der Schwelle eigentlich derart gelagert werden, daß die Faserrichtung mit der Schiene gleich läuft; denn in dieser Richtung liegt die geringste Widerstandsfähigkeit der Schwelle, wenn die Kraft des quellenden Holzes durch innere Spannungen aufgezehrt werden soll. Auch die Haftfestigkeit der Schrauben würde dadurch verbessert, weil sie für Schrauben senkrecht zur Faserrichtung größer ist als im Hirnholz. Ein Versuch, die Dübel derart anzuordnen, ist jedoch noch nicht bekannt geworden. Der Asbestzement ist von dem Bestreben zu treiben frei. Die Asbestonschwelle stellt daher die einfachste und zwangloseste Lösung dar, die die Schienenbefestigung auf der Eisenbetonschwelle bisher gefunden hat.

Die Versuche, für die Befestigung der Schienen auf Eisenbetonschwellen das Muster von der Eisenschwelle zu nehmen, haben bisher nicht befriedigt. Freilich darf man keinen Erfolg von so schwächlichen Versuchen erwarten, wie sie in Amerika etwa gemacht wurden, daß ein Träger von der Form der Carnegieschwelle einfach teilweise mit Beton umhüllt wurde. Aber auch deutsche Vorschläge nach Art der Abb. 97, wobei an jedem Schienenauflager ein Stück Eisenschwelle in den Beton beim Stampfen eingebettet wurde, entsprachen nicht dem Wesen des Eisenbetons: Das Eisenschwellenstück bildet einen Fremdkörper in dem Beton, da er mit der Eisenbewehrung des Betonkörpers in keinem Zusammenhange steht, der dem Kräftespiel irgendwie Rechnung trüge. Die schon bei den älteren Eisenbetonschwellen gewählte Anordnung, bei der für die Befestigungsmittel eiserne Hülsen in den Betonkörper eingesetzt wurden, läßt sich der Eisenbewehrung schon besser anpassen. Immerhin bedeuten aber auch sie eine erhebliche Schwächung des Betonkörpers, besonders wenn die Kopfschrauben von oben eingesetzt werden sollen. Die Einführung der Schienenschrauben von unten her schränkt die Abmessungen der Schraubenhülse erheblich ein und vermindert dadurch die Schwächung des Betonkörpers, ist aber für die Gleisunterhaltung nicht empfehlenswert (Abb. 98).

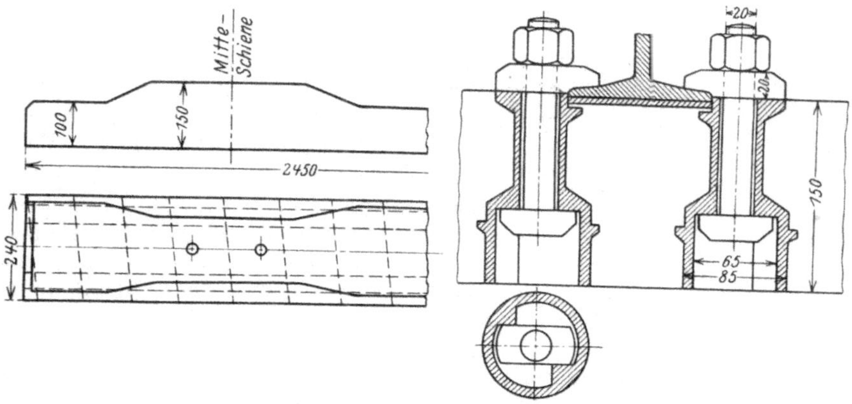

Abb. 98. Hülsenbefestigung. (Aus Eisenbahntechnik der Gegenwart.)

Eine einfache, dem Wesen der Eisenbetonschwelle gut entsprechende Schienenbefestigung wird von Bräuning in Gestalt der Bügel in Abb. 99 empfohlen. Ob aber die Anordnung geeignet ist, die Seitenkräfte auf den Schwellenkörper zu übertragen, ohne daß der Beton ausbröckelt, erscheint mehr als fraglich. Ebenso wird die Anordnung nur sehr geringe Abnutzungen ertragen können.

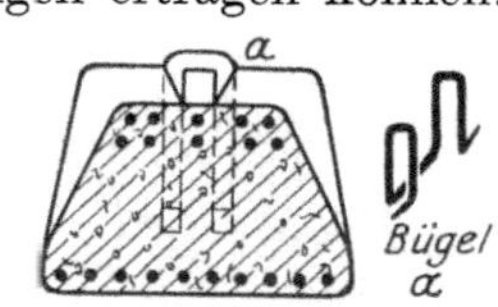

Abb. 99. Bügelbefestigung. (Aus Bräuning, Grundlagen.)

Die Bedingungen für eine zuverlässige Schienenbefestigung auf Eisenbetonschwellen lassen sich wie folgt zusammenfassen:

a) Die in die Schwelle einbetonierten, kraftübertragenden Teile sollen den Betonkörper möglichst wenig schwächen; offene Löcher im Beton sind unerwünscht, da sie leicht Anlaß zu Rissen geben.

b) Die kraftübertragenden Teile sollen in enger Verbindung mit den Eiseneinlagen als den widerstandsfähigsten Teilen der Betonschwelle stehen; Kröpfungen der Eisenlagen zur Umgehung der Befestigungsteile sind unerwünscht.

c) Der Widerstand der Schienenlagerflächen gegen Druck und Abnutzung muß besonders groß sein. Bietet der für die Schwelle verwendete Beton diese Gewähr nicht schon an sich, so soll die Lagerfläche durch besondere Zuschläge gehärtet werden; an der Lagerfläche eine schützende Beilage vorzusehen, die die Abnutzungen auf sich nimmt, empfiehlt sich stets.

d) Es ist erwünscht, wenn alle Kräfte nicht stoßartig, sondern durch Federwirkung gemildert auf den Beton übertragen werden.

e) Gelingt es nicht, die Bedingung unter d) zu erfüllen, so muß die Verwendung der Eisenbetonschwelle auf Nebengleise beschränkt bleiben, wo die Geschwindigkeit und damit die Stoßdrücke klein sind.

Bisher ist noch keine Eisenbetonschwelle bekannt geworden, die mit einer den Eisenschwellen nachgebildeten Befestigungsart diese Bedingungen erfüllt und sich voll bewährt hätte. Am nächsten ist den Anforderungen noch die

Asbestonschwelle gekommen. Eine besonders elastische und feste Art des Betons, der Schleuderbeton, ist für Schwellen bisher überhaupt noch nicht verwendet worden. Obwohl die Eisenbetonschwelle bisher recht viele Enttäuschungen gebracht hat, ist es dennoch erwünscht, die Versuche fortzusetzen, insbesondere aus volkswirtschaftlichen Gründen.

D. Langschwellengleise.

Das Langschwellengleis auf Eisenschwellen wurde zuerst in England von Macdonell in größerem Umfange erprobt; auf einer offenen, flachen Rippenschwelle war unter Zwischenschaltung einer Holzbeilage eine Brückschiene angeordnet. Der Schienenstoß war durch Laschen von der Form eines ⊥-Eisens, der Schwellenstoß durch beiderseitige Winkeleisen gedeckt (Abb. 100). Auf dem europäischen Festlande hat das Langschwellengleis zuerst durch Hilf um 1867 eine brauchbare Ausbildung erfahren (Abb. 60, S. 55). Die Schwelle hat Trogform mit Mittelrippe, der Schienenstoß war gegen den Schwellenstoß versetzt, bald wurden jedoch beide zusammengelegt und durch eine Stoßquerschwelle unterstützt. Diese Anordnung wurde dann auch von Haarmann (Abb. 101) und Hohenegger (Abb. 102) im wesentlichen beibehalten.

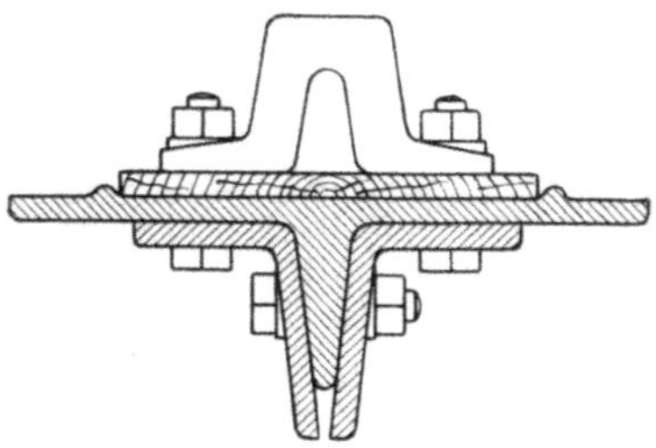

Abb. 100. Rippen-Langschwelle.

In Deutschland sind von den verschiedenen Formen des Langschwellen-oberbaus immerhin 5700 km verlegt worden. Auf Hauptbahnen hat das Langschwellengleis nicht zu genügen vermocht; er liegt nur noch vereinzelt auf Nebenbahnen mit geringem Verkehr. Aus theoretischen Gründen wird der Langschwellenoberbau gelegentlich auch heute noch empfohlen, weil er den Rädern eine ununterbrochene, gleichmäßig durchlaufende Unterstützung bietet. Sonst aber ist ihm eine ganze Reihe schwerwiegender Nachteile eigen. Die Kosten für das Gestänge sind hoch. Auch verlangt das Langschwellengleis eine höhere und breitere Bettung als das Querschwellengleis. Bettung von geringer Höhe und aus nicht hochwertigen Stoffen verschlammt unter Langschwellen in kurzer Zeit bis zu völliger Undurchlässigkeit, so daß die Entwässerung der Gleismitte unmöglich wird. Trotz rechnerisch geringen Beanspruchungen waren an Langschwellen die Abnutzungen hoch, weil der Verband nicht kräftig genug war und alle Teile sich gegenseitig abscheuerten. Die Erhaltung der Höhenlage, der Richtung und der

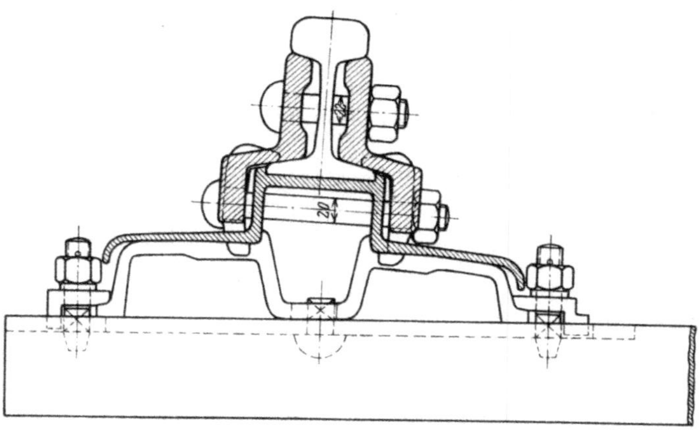

Abb. 101. Hutförmige Langschwelle. (Aus Eisenbahntechnik der Gegenwart.)

Spurweite war unvollkommen, auch die Unterzüge an den Stößen vermochten nicht, eine gute Gleislage zu sichern. Die Anpassung des Oberbaues an die Krüm-

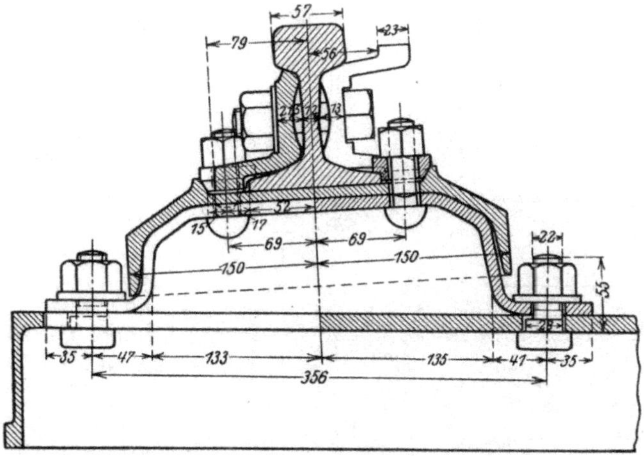

Abb. 102. Trogförmige Langschwelle. (Aus Eisenbahntechnik der Gegenwart.)

mung war schwierig, eine Verstärkungsmöglichkeit, wie sie etwa das Querschwellengleis in dem einfachen Mittel der Schwellenvermehrung bietet, war nicht gegeben.

E. Gleise auf Einzelstützen.

Einzelstützen aus Stein, die anfangs auch in Hauptgleisen weit verbreitet waren, finden sich mit dem einfachen Befestigungsmittel der Steinschraube heute noch in kurzen Gleislängen an Viehrampen und Wagenreinigungsanstalten; die Steinstützen erheben sich dabei über ein Pflaster, das entweder fugenlos ist oder vergossene Fugen hat, so daß der ganze Gleisbereich leicht gereinigt werden kann. Die Steinschrauben sind entweder mit Zement vergossen oder sitzen in Holzdübeln.

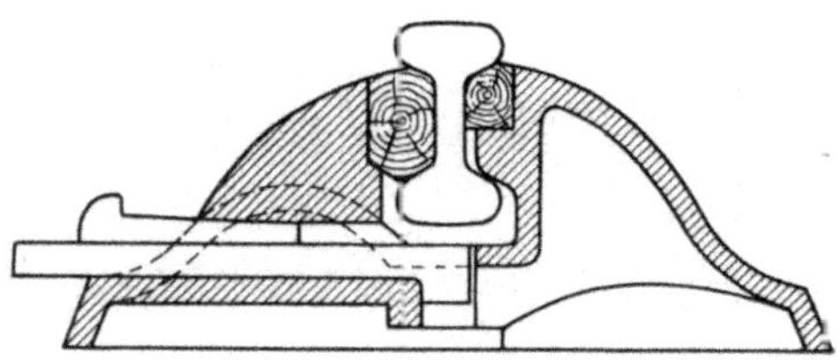

Abb. 103. Gußglocke nach Griffin, Argentinien, 1863.

Einzelstützen aus Eisen sind in tropischen Ländern viel angewendet worden, namentlich in Argentinien und Indien. Sie konnten dort um so leichter Eingang finden, als in den Tropen die meisten Holzarten, als Schwellen verlegt, leicht durch Insekten oder durch Witterungseinflüsse zerstört werden. Außerdem konnten die Einzelstützen ohne weiteres auf jene Größe gebracht werden, die durch die meist mangelhaft hergestellte und unterhaltene Bettung in jenen Ländern für die Unterstützungen nötig ist. Die Form der eisernen Einzelstützen ist meist die einer glockenförmigen Schale, die entweder aus Gußeisen oder aus gepreßtem Blech hergestellt wird (Abb. 103). Freilich ist diese Form für das Stopfen womöglich noch ungünstiger als die Trogform der Querschwelle, und die Stützglocken sind deshalb von einzelnen Bahnen mit Löchern versehen worden, durch die der Bettungsstoff von oben eingebracht wurde. Die in Abb. 103 dargestellte Form ist länglichrund bei etwa 70 cm Länge und 45 cm Breite; die Höhe beträgt 18 bis 20 cm. Auf den Außenseiten sind Gußrippen zur Verstärkung angeordnet. Die Schiene ruht in dem stuhlförmigen Oberteile zwischen einem Kissen aus Teakholz und dem gewöhnlichen Holzkeil. Auch für Breitfußschienen sind die Stützglocken eingerichtet worden (Abb. 104). Ebene Plattenstützen sind in einigen Fällen versucht worden, haben aber minderen Erfolg erzielt. Die Glockenstützen haben Gewichte bis zu 50 kg. Ihre Lebensdauer wird auf 50 Jahre angegeben. Bei den gegossenen Stützen ist dies nicht unwahrscheinlich, da Gußeisen wesentlich größeren Widerstand gegen Rosten zeigt als Schweißeisen. Die Einzelstützen wären mit einer solchen Lebensdauer den Querschwellen weit überlegen. Andrerseits aber brechen bei Entgleisungen die gußeisernen Einzelstützen besonders leicht, so daß man sie von Bahnhöfen vielfach ausschloß und dort lieber Querschwellen verwendete. Zur Sicherung der Spurweite werden Flacheisen mit Vorstekkern eingelegt.

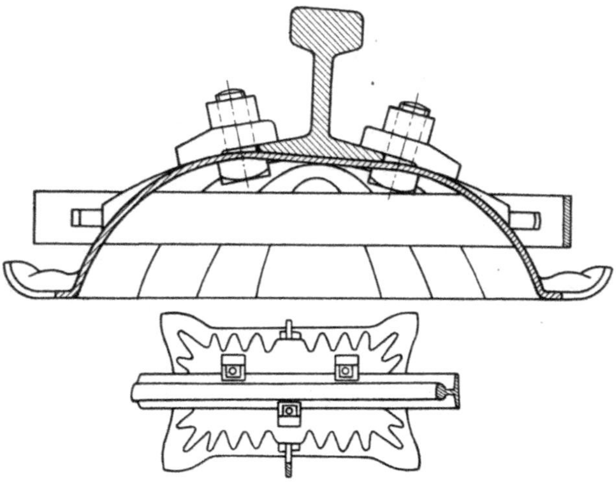

Abb. 104. Gepreßte Glocke von *Mac Lellan*, Indien, 1874. (Aus Eisenbahntechnik der Gegenwart.)

Die Einzelstützen bieten bezüglich der Erhaltung der guten Gleislage nach Höhe, Richtung und Genauigkeit der Spurhaltung dieselben Schwierigkeiten wie das Langschwellengleis, sie sind daher nur auf Bahnen geringeren Verkehrs dauernd allen Ansprüchen gewachsen. Immerhin kann man sagen, daß die Lösung nach Abb. 103 dem Wesen der Doppelkopfschiene recht gut entspricht: Stuhl und Glocke sind zwanglos in ein Ganzes verschmolzen. Zumal wenn auf die Erschwerung verzichtet wird, die durch die schwebende Lagerung der Doppelkopfschiene verursacht wird, ist von der Bauweise für geeignete Verhältnisse recht wohl ein befriedigendes Verhalten zu erwarten (Abb. 105). Weniger dem Wesen der Einzelstütze angemessen erscheint die Verwendung *gepreßter Bleche* nach Abb. 104, weil von den Deckenlöchern ausgehend Risse und Sprünge in ähnlichem Maße auftreten können wie an eisernen Querschwellen der Trogform.

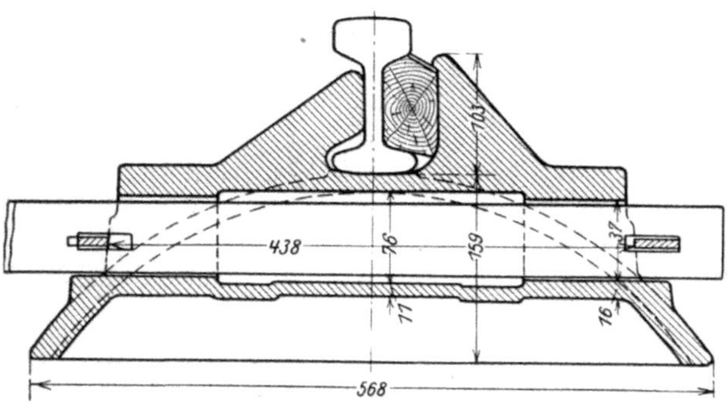

Abb. 105. Glockenstütze. Indien, 1897. (Aus Eisenbahntechnik der Gegenwart.)

Daß die indischen Staatsbahnen mit den Einzelstützen jedenfalls befriedigende Erfahrungen gemacht haben, beweist der Umstand, daß man sie auch für den neuesten Baustoff, nämlich für Eisenbeton, beibehalten hat. Seit der neuesten Zeit werden in Indien in großem Umfange *Einzelstützen aus Eisenbeton* verwendet, die paarweise zur Spurhaltung mit Flacheisen und Vorsteckern nach Art der Abb. 105 verbunden werden.

F. Gleise mit schwebender Lagerung der Schiene.

Die Art der schwebenden Lagerung von Doppelkopfschienen geht aus Abb. 103 hervor. Es wurde damit angestrebt, einen Gedanken zu verwirklichen, der schon

Stephenson vorgeschwebt hatte: Die Doppelkopfschiene wendbar zu machen. Daß eine Anordnung nach Art der Abb. 103 für nebenbahnähnliche Betriebe genügen kann, ist möglich; daß sie für höhere Forderungen versagen muß, ist unschwer einzusehen. Jedenfalls ist auch für Doppelkopfschienen die stehende Lagerung allgemein üblich geblieben, obwohl ähnliche Vorschläge wie die Anordnung nach Abb. 103 noch mehrfach auftauchten und in Versuchsausführungen geprüft wurden.

Für Breitfußschienen ist nur ein einziger Versuch mit der schwebenden Lagerung bekannt geworden, nämlich der Schienenstuhl von Urbanitzky (Abb. 106). Da die Wendbarkeit für die Breitfußschiene selbstverständlich ausscheidet, müssen dem Erfinder andere Vorteile als Ziel vorgeschwebt haben. Er glaubte, eine federnde Aufhängung der Schiene gefunden zu haben, deren Vorteile sich namentlich am Stoße auswirken sollten. Der Stoß sollte beide Schienenenden in einem Stuhle vereinigen. Die Anordnung wurde 1904 versuchsweise von der österreichischen Staatsbahn bei Linz eingebaut. Der Versuch wurde aber nach anfänglich günstigem Ergebnis bald nach 1906 wieder aufgegeben. Wahrscheinlich war die mangelhafte Einspannung der Schiene die Ursache des Versagens. Obwohl die Seitenkräfte gegenüber der Stützfläche nur an einem geringen Hebelarm wirken, ist doch die seitliche Einspannung des Schienenfußes recht mangelhaft. Auch die Verankerung der Schiene gegen die Schwelle hat keine voll durchdachte Lösung gefunden. Wenn an irgendeiner Oberbauform, dann hätten an dem Schwebestuhl für Breitfußschienen Schienen- und Schwellenbefestigung getrennt werden müssen.

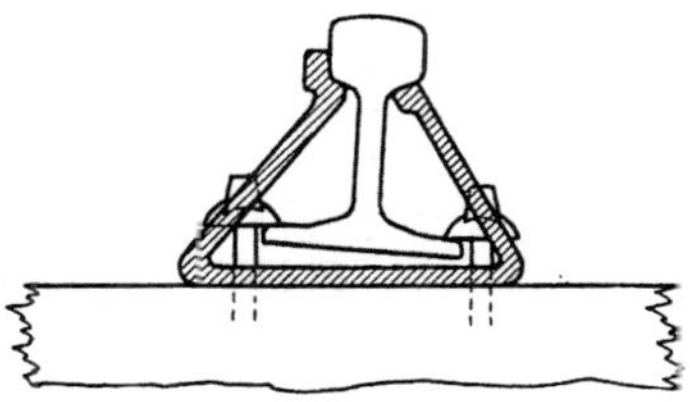

Abb. 106. Schienenstuhl für schwebende Lagerung.

G. Gefederte Gleise.

Seit mit Zunahme der Fahrgeschwindigkeit die Bedeutung der Stoßdrücke erkannt worden war, ist immer wieder der Gedanke verfochten worden, daß die Gleise nach Art der Betriebsmittel gefedert werden müßten. Soweit diese Bestrebungen darauf abzielten, dem Gleise eine über die elastische Nachgiebigkeit der Bettung hinausgehende Federung zu bieten, ist dieses Bestreben von Saller als überflüssig und zu weit gehend nachgewiesen worden. Für die Verarbeitung der Stoßdrücke genügt die Nachgiebigkeit von der Größe der üblichen Bettung, vorausgesetzt, daß sie gleichmäßig auftritt. Wohl aber kann es erwünscht sein, zwischen Schiene und Schwelle ein elastisches Zwischenglied einzuschalten, um die Bettung zu schonen oder einem bettungslosen Gleise die volle Nachgiebigkeit zu verleihen, die sonst die Bettung gewährt. Was Scheibe mit seiner Hohlschwelle an die Unterfläche der Schwelle verlegt, soll mit Federn zwischen Schiene und Schwelle schon in einer höheren Lage erreicht werden. Theoretisch ist dieser Grundsatz richtig, denn es ist am günstigsten, wenn die Stoßdrücke möglichst unmittelbar am Orte ihres Entstehens verarbeitet werden.

Der am besten begründete, aussichtsreichste Vorschlag für ein gefedertes Gleis stammt von Schuler (Abb. 107). Die Schiene ruht auf Federn aus gehärtetem Stahl, die an den Enden die Breite des Schienenfußes haben, sich aber nach der Mitte zu verbreitern, um Platz für eine Ausklinkung zu gewinnen, deren Rand sich gegen die Unterlegplatte legt. Darüber liegen zwischen dem Schienenfuß und dem inneren Stützrand der Klemmplatte Oberfedern, die durch ihre Spannung die Schiene gegen Kippen sichern sollten, auch wenn sich die Unterfeder zusammendrückte. Die Gewichte der Federn waren gering, eine Unterfeder wog nur 1,4 kg, eine Oberfeder 0,25 kg. Die Federn wurden in ganzen Stäben gewalzt, dann mit der Schere geschnitten und ausgestanzt, endlich geglüht und gehärtet. Die Biegebeanspruchung stieg unter der Last etwa bis 80 kg/mm². Die Anordnung wurde von den vorm. oldenburgischen Staatsbahnen in einer Länge von etwa 100 m versucht. Die Strecke befuhr sich in den ersten Jahren gut, auch schienen die Unterhaltungskosten etwas geringer zu sein als für den Regeloberbau. Schon nach etwa 4 Jahren begannen aber Federbrüche, die schließlich dazu führten, die federnden Unterlegplatten wieder auszubauen.

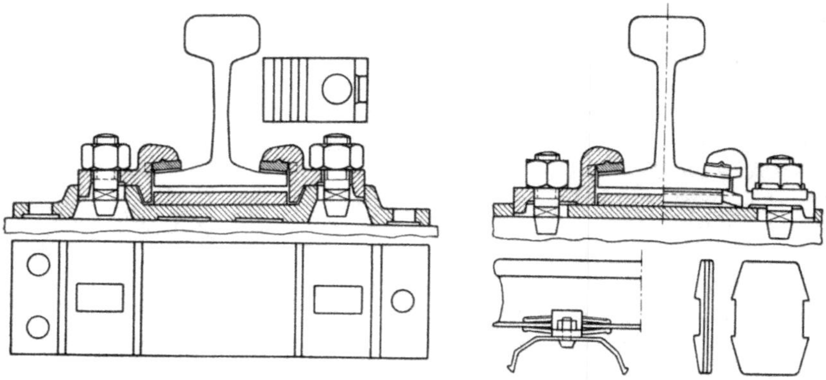

Abb. 107. Gefedertes Gleis.

Die Fehler der Schulerschen Bauweise waren offensichtlich folgende:

1. Zu schwache Bemessung der Federn, so daß sich Spannungen in einer Höhe einstellten, denen die damals bekannten Stahlsorten nicht gewachsen waren;

2. gewaltsame Behandlung der Federn durch die Schere und Stanze, wobei Haarrisse nicht ausgeschlossen sind;

3. sehr ungünstiges Hebelverhältnis der Klemmplatte, das auch die günstigste Wirkung der Oberfedern wieder aufhebt.

Werden diese Schwächen der Schulerschen Vorschläge vermieden, so erscheint es aussichtsreich, daß für Sonderfälle zu einer befriedigenden Federung des Gleises zu gelangen ist.

H. Gleise auf Brücken.

Auf Brücken wird die Bettung oft nicht durchgeführt, es entstehen dann bettungslose Gleise; diese Anordnung ist zumal auf eisernen Brücken häufig.

Freilich ist der Nutzen, den die über eiserne Brücken durchgeführte Bettung gewährt, schon allgemein anerkannt. Wenn auch die stark verminderte Bettungsstärke nicht imstande ist, dem Gleise die volle elastische Nachgiebigkeit des Regelgleises zu verleihen, so bleibt dem Schotterbett auf Eisenbrücken immerhin ein Teil davon erhalten. Vor allem aber behält das Brückengleis jene leichte Regelbarkeit nach Höhe und Richtung, die das Schotterbett als Vorzug darbietet. Das Brückengleis im Schotterbette ist ferner feuersicher, und der dichte Abschluß der Fahrbahn verhindert, daß brennende Kohlenstücke, Wasser oder Unreinigkeiten vom Zuge durch das Gitterwerk der Brücke fallen; dies ist in bebauten Lagen oft wichtig. Als Nachteil entsteht eine erhebliche Vermehrung des Eigengewichtes im Tragwerk.

In Deutschland ist bisher das Schotterbett nur auf kleinen und mittleren Brücken durchgeführt worden. Manche Direktionen bilden den Fahrbahntrog aus Blechen, die durch Asphaltpappe und Ziegelflachschichten gegen Rost und mechanische Beschädigungen geschützt werden. In Bayern wird Eisenbeton als Werkstoff für den Trog bevorzugt (Abb. 108). Die Mindeststärke der Bettung ist neuerdings auf 15 cm unter Schwelle festgesetzt. In Amerika sind in neuester Zeit auch schon große und größte Brücken mit Schotterbettung ausgerüstet worden.

Für die offene Fahrbahn auf den eisernen Brücken der Deutschen Reichsbahn enthalten die „Grundsätze für die bauliche Durchbildung eiserner Eisenbahnbrücken" eingehende Anweisungen:

„Die unmittelbare Auflagerung der Schienen auf den Haupt-, Quer- und Längsträgern ist nach Möglichkeit zu vermeiden.

Die Zahl der Schienenstöße auf der Brücke ist tunlichst einzuschränken; bei kleinen Brücken sind Schienenstöße ganz zu vermeiden.

Bei Brücken ohne Durchführung der Bettung sind die Querschwellen so auf den Längsträgern zu lagern und zu befestigen, daß sie die wagerechten, quer- und längsgerichteten und senkrechten Kräfte einwandfrei auf die Längsträger übertragen können und auch den Rädern entgleister Fahrzeuge hinreichend sichere Unterstützung bieten. Die hölzernen Querschwellen sind bei Brücken, auf denen Lokomotiven oder Wagen mit einem Achsdruck von 20 t und mehr verkehren, zweckmäßig aus Hartholz zu fertigen. Der lichte Abstand der Quer-

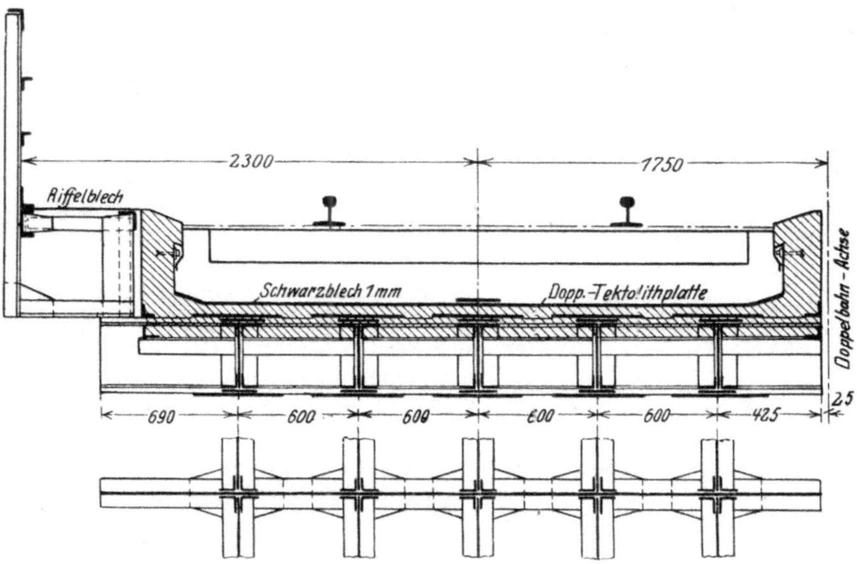

Abb. 108. Bettungstrog aus Eisenbeton

schwellen soll höchstens 40 cm betragen. Die Querschwellen brauchen in ihrer Gesamtheit in der Brückenbreite nur soweit durchgeführt zu werden, als es der mögliche Fahrbereich der Räder etwa entgleister Fahrzeuge verlangt. Dieser Fahrbereich wird durch etwa vorhandene Leitschienen, Entgleisungsschutzvorrichtungen oder auch bei tief liegender Fahrbahn durch die Eckversteifungen zwischen Pfosten und Querträgern begrenzt. Außerhalb dieses Fahrbereichs brauchen nur so viele Querschwellen durchgeführt zu werden, als zur Unterstützung der Fahrbahnabdeckung notwendig sind. Liegen die Querschwellen unmittelbar auf vollwandigen Hauptträgern, so sind die Fußsteige und Geländer nicht auf den Fahrbahnquerschwellen, sondern auf besonderen Konsolen anzuordnen, um die Querschwellen bequem auswechseln zu können.

Bei Brücken mit offener Fahrbahn empfiehlt es sich, Leitschienen oder andere Entgleisungsvorrichtungen vorzusehen, wenn die Gleise in einer Krümmung mit einem kleineren Halbmesser als 350 m liegen oder wenn bei Brücken von einer Gesamtlänge von mehr als 50 m die Fahrbahn oben und so hoch liegt, daß die Obergurte entgleiste Fahrzeuge nicht vor dem Absturz schützen können. Entgleisungsschutzvorrichtungen sind auch dort zu empfehlen, wo sich an die Brücke der Übergangsbogen einer scharfen Krümmung ($r \leqq 350$ m unmittelbar anschließt, auch wenn die Brücke in der Geraden liegt. Die Entgleisungsschutzvorrichtungen sind zweckmäßig auf dem anschließenden Bahnkörper von den Schienen abzubiegen, damit die Räder vor der Brücke entgleister Fahrzeuge wieder in die Nähe der Schienen geführt werden (Abb. 109). Über dem beweglichen Lager größerer Brücken sind die Entgleisungsschutzvorrichtungen zu unterbrechen.

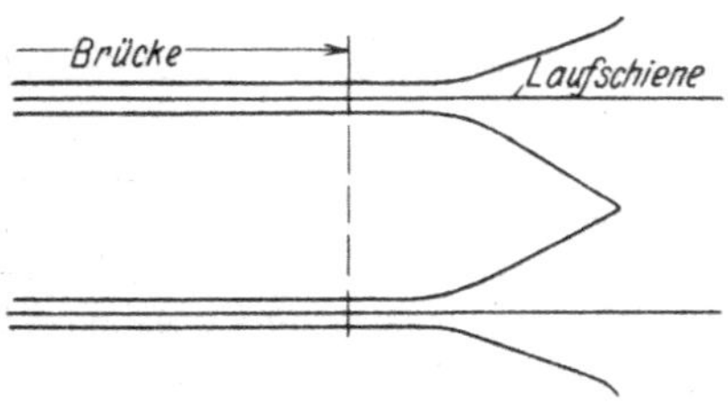

Abb. 109. Entgleisungsschutz.

Fahrbahnen ohne Durchführung der Bettung sind mit **Bohlen aus Holz oder Eisenbeton** abzudecken. Die Bohlen sind in einzelnen aufnehmbaren Tafeln, die nicht schwerer als 150 kg sein dürfen, zu verlegen. Die Tafeln sind auf den Schwellen so zu befestigen, daß sie vom Wind nicht abgehoben oder von unbefugter Hand nicht ohne weiteres aufgenommen werden können. Die Befestigungsmittel dürfen nicht über die Oberfläche des Belages hinausragen. Die zu beiden Seiten jeder Schiene liegende Fläche, die von den Kanten der Unterlegplatten begrenzt wird, braucht in der Regel nicht abgedeckt zu werden. Bei Verwendung von hölzernem Belag ist mindestens der Raum zwischen den Schienen zum Schutze gegen glühende Schlackenstücke tunlichst mit Warzenblechen abzudecken.

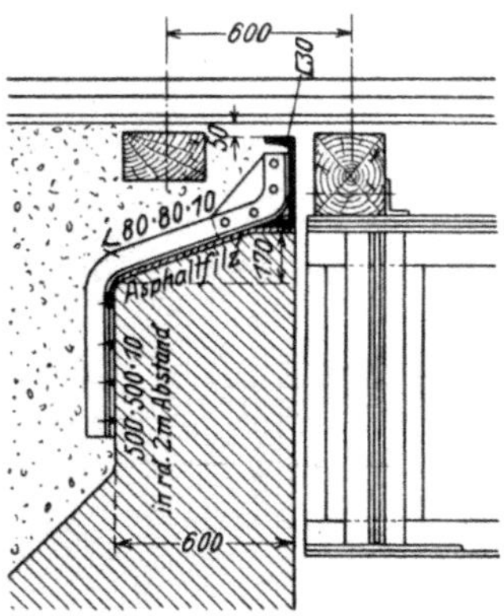

Abb. 110. Fahrbahnabschluß.

Über den Widerlagern von Brücken, auf denen die **Bettung** nicht durchgeführt wird, ist die Bettung der angrenzenden Bahnkörper durch ein ⊏-Eisen, eine Eisenbetonkonstruktion oder dgl. (vgl. Abb. 110) derart **abzuschließen**, daß der letzten in der Bettung verlegten Schwelle eine schon auf der Brücke liegende Schwelle folgt."

Die allzu **starre Auflagerung von Gleisen** auf Eisenbahnbrücken hat sich oft als nachteilig erwiesen. Ein Beispiel besonders starrer Ausbildung stellt der Oberbau auf den eisernen Brücken der Eisenbahn von Ismid nach Angora dar (Abb. 111). Die ganz eiserne Fahrbahn ist aus einem recht eigentümlichen Grunde angewendet worden: Da jene Gegend außerordentlich holzarm ist, mußte man bei der herrschenden Unsicherheit befürchten, daß die hölzerne Fahrbahn häufig eine willkommene Diebesbeute sein würde. Offenbar ist man aber bei der Ausbildung der Fahrbahn in dem Streben, alles niet- und nagelfest zu machen, viel zu weit gegangen, und die Folge war ein zu starres Gleis. Die Schwellen-Längsträger hatten bei dieser Anordnung nur 1,6 m Abstand, lagen also fast unmittelbar unter den Schienen. Auf sie waren die flußeisernen Schwellen (Zoreseisen) mittels einer Grundplatte festgenietet. Auf die Zoreseisen waren der Schienenneigung wegen glatte, keilförmige Unterlegplatten von achteckiger Form genietet.

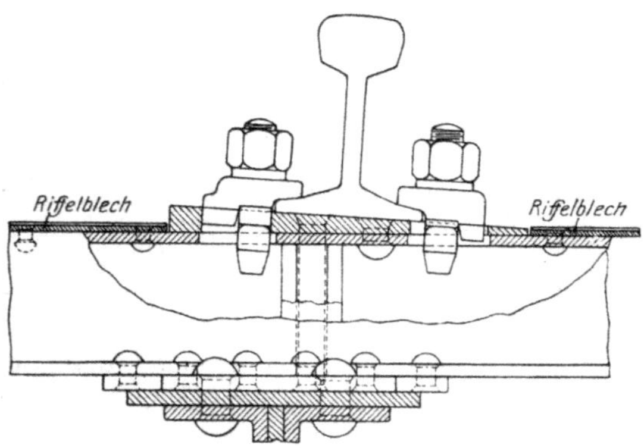

Abb. 111. Starre Auflagerung.

Auf diesen waren die Schienen mit gewöhnlichen Hakenschrauben und Klemmplatten befestigt. Zur Erzielung großer Steifigkeit war je ein senkrechter Stehbolzen zwischen der Grundplatte und dem Stege des Zoreseisens eingezogen. Zerdrückungsversuche sollten die Zweckmäßigkeit dieser Maßregel dargetan haben. Die Gangbahn war aus Riffelblechen, die zwischen die Zoreseisen genietet waren, gebildet. Dieser Oberbau erschien nun in statischer Hinsicht nach allen Richtungen völlig gesichert, bezüglich seiner dynamischen Wirkung hat er jedoch völlig versagt. Infolge der Unnachgiebigkeit des Oberbaus fuhr es sich sehr hart auf den Brücken, namentlich die Auffahrt soll sich sehr unangenehm bemerkbar gemacht haben. Augenscheinlich hat der unvermittelte Übergang von dem nachgiebigen Schottergleise nach dem starren Brückengleise zu besonders lästigen Stößen und Schwingungen geführt. Ferner wurden durch die Schläge der Betriebsmittel in zehnjährigem Betriebe viele Brückennieten gelockert, so daß zuletzt große Unterhaltungskosten erwuchsen. Auch wurden die Stehbolzen an ihren Enden breitgeschlagen, so daß sie den ihnen zugedachten Zweck nicht mehr erfüllen konnten; die Belageisen begannen vielfach zu reißen. Schließlich mußte der Oberbau durch Einziehen von Holzschwellen nachgiebiger gemacht werden. Ganz ähnliche Erfahrungen wurden mit dem Oberbau einer Elbbrücke unterhalb Dresden gemacht, bei dem die Schienen gleichfalls auf Zoreseisen und diese wieder unmittelbar auf Fahrbahnträgern verlegt waren.

Ein Beispiel eines Langschwellen-Oberbaues ist der auf der Firth-of-Forth-Brücke, 1890 fertiggestellt. Die Langschwellen liegen hier in einem kastenförmigen eisernen Troge, der zugleich als Schutz gegen Entgleisungen dienen soll, und dessen Oberkanten daher über die Schienenfahrflächen hinausragen. Die Fahrbahn der Brücke wies in langen Wellen Abweichungen von der Geraden auf, die bis zu 80 mm betrugen und die durch Montagefehler an diesem Riesenbauwerk recht wohl erklärlich sind. Es war daher nötig, Ausgleichshölzer zur Erzielung gleichmäßiger Höhenlage einzubringen. Es wurden in die Tröge zunächst mit Abständen von 813 mm Teakholzklötze nach der Quere eingepaßt und fest eingekeilt (Abb. 112 a). Die Zwischenräume wurden mit Tannenholzklötzen ausgefüllt, die in Teeröl getränkt waren. An den Kanten waren kleine, bogenförmige Entwässerungsmulden eingeschnitten, die in kleine Ablaufstutzen ausmündeten. Die ganze Klotzlage wurde bei heißem Wetter mit Pech übergossen und mehrfach überstrichen, bis es sicher schien, daß kein Wasser mehr durch die Fugen eindringen könne. Auf diese Unterlage wurden die Langschwellen aus Teakholz in Längen von je 2,438 m verlegt und mit Eisendornen an die Unterlage angeheftet. Die Schiene, eine Brückschiene von 210 mm Fußbreite, 100 mm Höhe und 59,53 kg/m Gewicht, war mit stumpfen, runden, etwas konischen Kopfnägeln befestigt. Hierzu waren Löcher in die Schwellen vorgebohrt. Die Nagelköpfe stehen soweit vor, daß sie mit der Zange gefaßt werden können. Eine Verlaschung fehlt ganz, doch sind an den Schienenstößen in dichter Lage 8 Schienennägel in 60 cm Teilung versetzt angeordnet. Die Pechfüllung hat das Eindringen von Wasser nicht zu verhindern vermocht, denn schon im ersten Betriebsjahre mußten Auswechslungen vorgenommen werden. Auf der Brücke ist übrigens bald nach der Eröffnung ein leerer Kohlenwagen entgleist, wobei sich der Entgleisungsschutz als völlig wirksam erwies. Im Sommer 1908, also nach 18jähriger Betriebszeit, wurde dieser Oberbau gänzlich erneuert und teilweise etwas verändert. Die

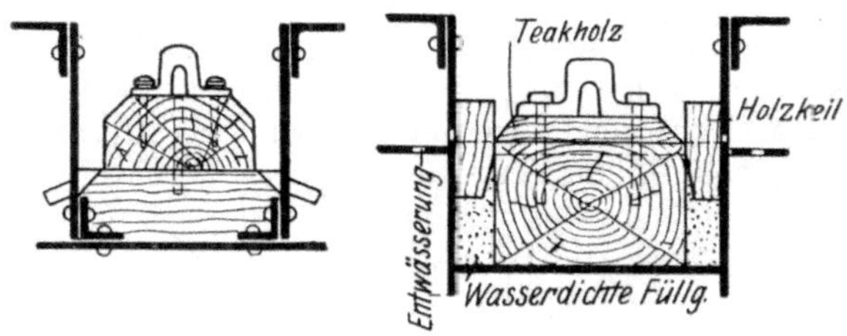

Abb. 112a und b. Kastengleis mit Brückschiene.

kieferne Langschwelle liegt jetzt (Abb. 112b) auf dem Grunde des Kastens und ist mit Teakhölzern festgekeilt. Alle verbleibenden Zwischenräume sind mit einer wasserundurchlässigen Teermasse verkittet. Die Ausgleichshölzer sind nicht mehr unter, sondern auf der Langschwelle in enger Teilung angeordnet. Sie bestehen aus Platten australischen Hartholzes in verschiedenen Stärken und sind 2 cm tief in die Lagerschwellen eingelassen. Die Schienen sind mit den Unterleghölzern mit je einer Schraube in versetzter Anordnung an den Schwellen befestigt. Es ist gleich die doppelte Anzahl von Schienenlöchern vorgesehen, um locker gewordene Schrauben ersetzen zu können. Die gesamte Oberfläche zwischen den Längsträgern und diese selbst sind mit Asphaltteer gestrichen. Trotzdem ist nach den früheren Erfahrungen immer wieder mit dem Eindringen von Wasser und Faulen der von Luft abgeschlossenen Schwellen zu rechnen.

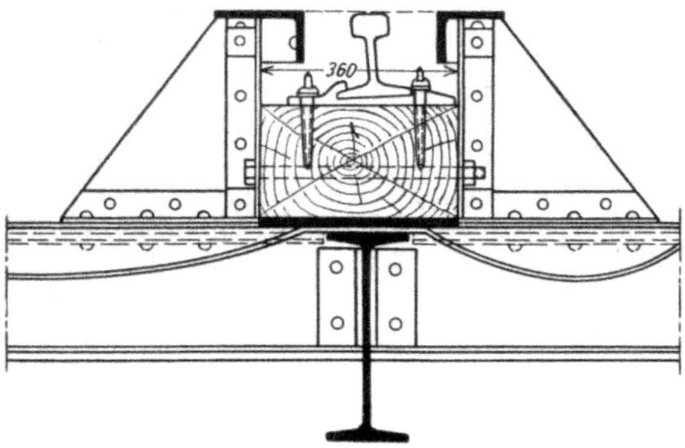

Abb. 113. Kastengleis mit Breitfußschiene.

Ein Brückenoberbau mit unechter Langschwelle ist der von der viergleisigen Eisenbahn-Elbbrücke in Dresden (Abb. 113.) Unecht kann die Langschwelle deswegen genannt werden, weil die Schienen nicht durchlaufend satt auf der Langschwelle gelagert sind, sondern nur in einzelnen Stützpunkten. Übrigens hat, als die Langschwellen erneuert werden mußten, das Einsetzen und Einpassen der neuen eine erhebliche Mühe verursacht. Dieser Nachteil ist wohl allen Bauarten mit Langschwellen eigen, im vorliegenden Falle aber wegen der geschlossenen Bauart zwischen den Streichschienen besonders hervorstechend.

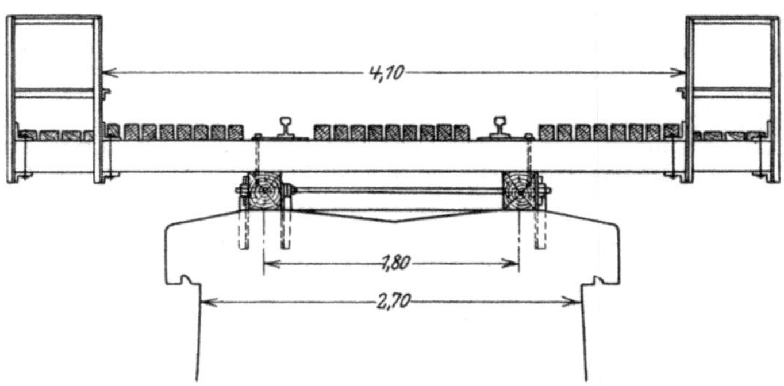

Abb. 114. Bettungsloses Gleis auf Steinbrücke.

Als Beispiel eines bettungslosen Gleises auf Steinbrücken sei das Brückengleis einer sächsischen vollspurigen Privatbahn angeführt (Abb. 114). Diese Brücken sind sehr schmal und bis zur Schwellenunterkante voll gemauert, die Querschwellen sind auf einer Holz-Langschwelle verlegt. Dieser Oberbau entspricht schon ganz dem, wie er auf eisernen Brücken allgemein üblich ist. Höchstens haben die Längsträger auf eisernen Brücken gewöhnlich einen etwas größeren Mittenabstand. Dennoch ist aber die Lage der Schienen zu der unterstützenden Fläche fast immer noch so, daß die Schiene mit der Innenkante des Lastträgers abschneidet, die Querschwelle also nicht auf Biegung, sondern nur auf Abscheren beansprucht wird. Es kommt also keine Durchbiegung als stoßverarbeitende Federung zustande, sondern lediglich die Zusammendrückung des Holzes wirkt auf die Verarbeitung der Stoßdrücke hin.

Um die *Stoßdrücke auf Brücken* in engen Grenzen zu halten oder zu mildern, ist eine gute Gleislage nötig, ferner sorgfältige Herstellung der Stöße. Erwünscht ist es, die Zahl der Stöße überhaupt dadurch einzuschränken, daß die Schienen möglichst lang gemacht werden. Selbst die Überdachung von Brücken könnte in dieser Richtung gute Dienste leisten; übrigens würde sie auch die Entwässerung der Fahrbahn verbessern. Auch die Verschweißung der Schienenstöße auf eisernen Brücken ist schon mit Erfolg durchgeführt worden, sie hat die auf die Fahrbahnträger wirkenden Stoßdrücke um ein volles Viertel vermindert.

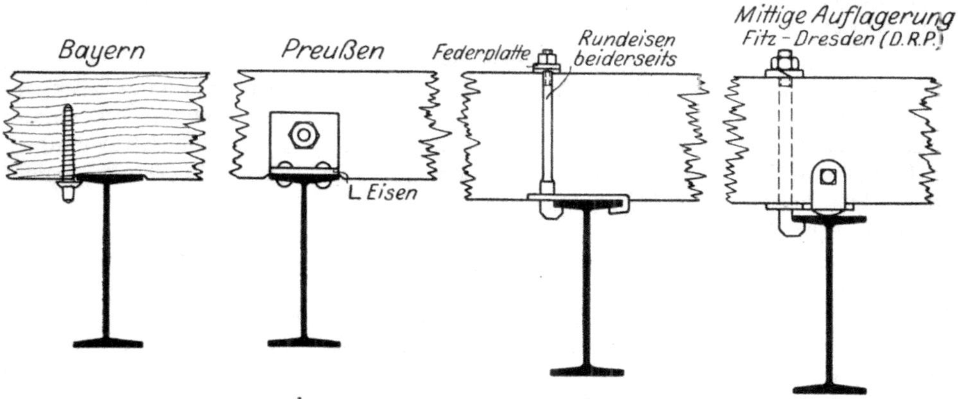

Abb. 115a bis d. Schwellenbefestigung auf Eisenbrücken.

Um die entstehenden Stoßdrücke unschädlich zu verarbeiten, müssen sie in elastische Formänderungen umgesetzt werden. Das geschieht am besten gleich am Gleise selbst, um die Stoßdrücke nicht erst in das Bauwerk zu leiten. Es empfiehlt sich also, zwischen Schiene und Schwelle stoßdämpfende, elastische Zwischenlagen einzuschalten, wie Filz-, Leder- oder Gewebebauplatten oder auch echte Federn aus Stahl. Auch ist empfohlen worden, die elastische Durchbiegung der Schwellen zur Stoßverarbeitung heranzuziehen, indem die Entfernung der Schwellenauflager wesentlich größer gewählt wird als die Spurweite des Gleises.

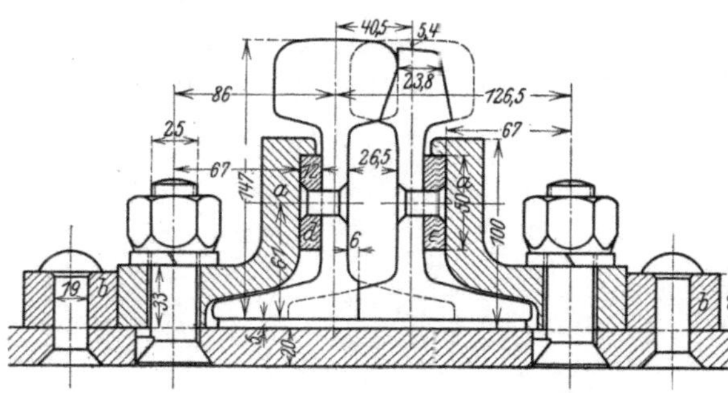

Abb. 116. Schienenauszug.

Für die Durchbildung der Auflagerung der Schwelle auf den Fahrbahnträgern ist Rücksicht auf die Durchbiegung der Fahrbahnschwellen zu nehmen; ohne diese Vorsorge sind schon häufig Verdrückungen und im Zusammenhange mit zu starrer Gleislage auch Risse an den Fahrbahnträgern aufgetreten. Es ist also *mittige (zentrische) Auflagerung der Schwellen* mit leicht lösbarer Befestigung empfehlenswert (vgl. Abb. 115 a bis d).

Der *Entgleisungsschutz* nach Abb. 109 wird an den Einläufen oft ergänzt durch rampenartige Auflaufstücke beiderseits der Fahrschienen; diese sollen entgleiste Räder so auf die Höhe der Fahrschiene heben, daß sie sich von selbst wieder eingleisen können. Tatsächlich soll dieser Erfolg in einigen Fällen schon erreicht worden sein. Die Abbiegeweiten der hörnerartigen Enden der Schutzschienen sollen nicht zu knapp bemessen werden; die inneren werden am besten bis zur

Gleismitte zusammengeführt und dort mit einer Spitzenlasche zusammengeschlossen.

Über dem beweglichen Auflager größerer Eisenbrücken sind Schienenauszüge nötig, um die Längenänderungen der Brückenträger auszugleichen, die als Folge der Wärmeausdehnung auftreten. Sie werden in der Form von Weichenzungen ausgeführt, die sich aneinander abschieben und dabei durch seitliche Stützwinkel eine Parallelführung erhalten (Abb. 116). Solche Schienenauszüge sind auch nötig, um Gleisen mit verschweißten Stößen die Möglichkeit der Wärmeausdehnung zu verleihen. Sie werden dann in Abständen von etwa 200 m angeordnet.

J. Tunnelgleise.

In den Tunneln von Dampfbahnen sind die eisernen Gleisteile einer erhöhten Abrostung ausgesetzt, weil die Rauchschwaden aus der Lokomotive einen erheblichen Anteil an schwefliger Säure enthalten, der von der Feuchtigkeit der Luft und von den Sicker- oder Tropfwässern gebunden wird. Als Abhilfe gegen diese Rostangriffe empfehlen sich:

a) Rasche Abführung des Rauches durch gute Entlüftung;
b) Rasche Abführung des säurehaltigen Wassers durch gute Entwässerung;
c) Wahl rostbeständiger Eisen- und Stahlsorten;
d) Einschränkung der Eisenmassen durch Wahl entsprechender Gleisbauarten.

Die Schutzmaßnahmen unter a) und b) erklären sich von selbst. Die unter c) läßt die Verwendung der gußeisernen Lagerstühle in Tunneln, wie sie in Baden üblich ist, als vorteilhaft erkennen: denn Gußstahl rostet weniger leicht als Flußstahl. Weiter könnte in Frage kommen, kleinere Eisenteile von Tunnelgleisen durch jenen halbprozentigen Kupferzusatz zu vergüten, der sich nach amerikanischen Erfahrungsberichten als außerordentlich wirksamer Rostschutz bewährt hat. Die Einschränkung der Eisenmassen für Tunnelgleise, die unter d) empfohlen ist, weist zunächst darauf hin, Eisenschwellen für Tunnelgleise zu vermeiden. Tatsächlich ist z. B. die Gotthardtbahn von den zeitweilig in dem großen Scheiteltunnel verlegten Eisenschwellen zu Holzschwellen übergegangen. Allerdings waren dafür auch andere Gründe mit maßgebend. Die Schienen auf Eisenschwellen wurden nämlich in einem derartigen Maße von Riffelbildungen befallen, daß das Fahrgeräusch ins Unerträgliche gesteigert

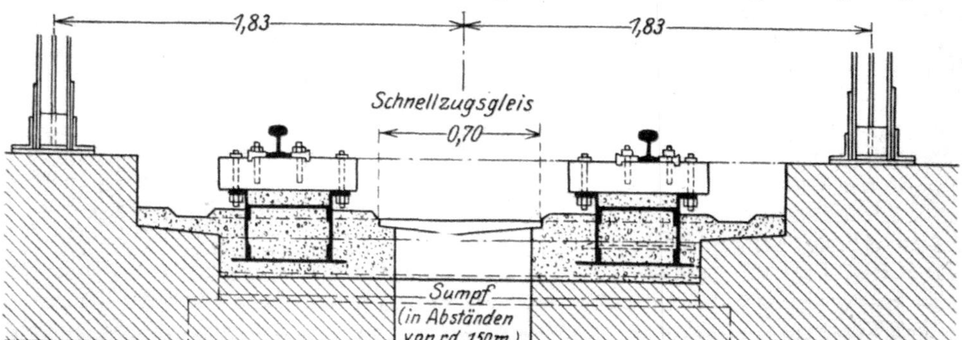

Abb. 117. Tunnelgleis auf Lagerstühlen.

wurde. Die einfache Oberbauform nach Abb. 72, die von der Deutschen Reichsbahn für Tunnelgleise übernommen wurde, erscheint also vorteilhaft wegen ihres auf ein Mindestmaß herabgesetzten Bedarfes an Eisenteilen.

Nicht bewährt hat sich der Versuch, die Eisenteile von Tunnelgleisen durch Anstriche von Kalk, Asphalt oder Teer gegen Rosten zu schützen. Es bildeten sich dabei äußere Rostschalen, unter denen der Angriff säurehaltigen Schwitzwassers um so ungestörter vor sich gehen konnte.

Andere Schwierigkeiten für Tunnelgleise rühren von der Bettung her. Will man diese in wirklich stoßverarbeitenden Stärken anordnen, dann muß man mit dem Sohlgewölbe entsprechend tief hinabgehen, die Anlage verteuert sich also. Das Wasser wird in der stärkeren Bettung länger zurückgehalten und kann sich stärker mit Rauchgasen anreichern. Für die Unterhaltung eines starken Bettungskörpers wird gelegentlich Bauzugbetrieb nötig, was bei dichter Zugfolge lästig und störend ist. Namentlich auf den ganz stark belegten Tunnelstrecken von Stadtbahnen kann ein bettungsloses Gleis Vorteile bieten. In Amerika sind daher in erheblichem Umfange Oberbauformen üblich geworden, bei denen man grundsätzlich das Schotterbett vermieden hat; ferner hat man jeden Schienenstrang für sich durch hölzerne Querschwellen unterstützt, die nur so lang sind, daß sie von einem einzigen Manne ausgewechselt werden können. Auf der Untergrundbahn in Philadelphia sind die Schienen auf 61 cm langen Schwellenstücken befestigt, die auf einbetonierten, eisernen Lagerböcken ruhen (Abb. 117). Die Lackawanna-Eisenbahn ordnet die Halbschwellen in ausgesparten Kammern der Betonsohle an, wobei die 71 cm langen Halbschwellen gegen Seitenverschiebungen durch Brustansätze der Lagerkammern und gegen Längsverschiebungen durch Holzkeile gesichert werden. Aufgeschraubte Flacheisenschienen verbinden die Schwellen untereinander (Abb. 118).

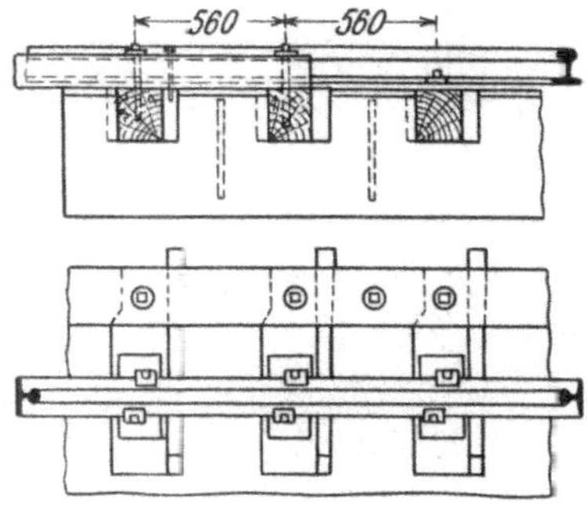

Abb. 118. Tunnelgleis in Lagerkammern.

K. Eingebettete Gleise.

Die Notwendigkeit, Eisenbahngleise in den Straßenkörper einzubetten, tritt auf in schienengleichen Wegübergängen und in Hafenbahnen oder Hafengleisen, auf denen der Gleisbereich in seiner gesamten Erstreckung zugleich dem Fuhrwerksverkehr dienen muß. Früher legte man wohl auch Neben- und Kleinbahnen auf größere Längen in Straßen, um die Anlagekosten zu verringern. Auf Wegübergängen hilft man sich damit, die Bauart des Regelgleises den veränderten Bedingungen anzupassen; denn es würde nicht lohnen, für die einzelnen Punkte, die die Wegübergänge immerhin darstellen, besondere Gleisformen anzuwenden. Dagegen kann dies für die ausgedehnten Anlagen der Hafenbahnen oder für straßenbahnähnliche Gleise recht wohl in Frage kommen.

Drei Bedingungen muß das Gleis auf Wegübergängen erfüllen:

1. es muß eine Spurrille für die Radflansche freihalten;
2. es muß über den Querschwellen eine reichliche Bauhöhe bieten, um dem Straßenkörper so viel inneren Halt zu geben, daß er nicht durch die vom Zuge ausgehenden Erschütterungen zerrüttet wird;
3. es sollen womöglich keine Stöße im Bereiche des Wegeüberganges angelegt werden.

Die Spurrille kann auf Wegübergängen mit schwachem Straßenverkehr entbehrt werden, wenn die Straßenkrone innerhalb der Schiene entsprechend tiefer angelegt wird. Schneidet aber der Weg die Bahn unter spitzem Winkel ($\leqq 55^0$), so wird eine besondere Spurrille nötig; ebenso bei starkem Verkehr. Die Rille wird im allgemeinen 67 mm breit angelegt; im Bogen tritt hierzu noch das Maß der Spurerweiterung. Werden Leitschienen zur Bildung der Spurrinne verwendet, so kann wegen ihrer zuverlässigeren Befestigung die Weite der Spurrinne auf 45 mm eingeschränkt werden. Ihre Tiefe muß bei neuen Fahrschienen 38 mm betragen. Sie wird gebildet aus Streichbalken, die auf den Querschwellen festgeschraubt werden, oder aus Streichschienen von der Form der Fahrschienen, die entweder unabhängig von den Fahrschienen auf den Schwellen befestigt werden oder durch Schraubenbolzen und Füllstücke (Futterstücke) mit den Fahrschienen gekoppelt werden (s. unter „Leitschienen"). Neuerdings sind für die Spurrillen besondere Beischienen üblich geworden, die durch Bolzen mit der Fahrschiene zu einer Art zusammengesetzter Rillenschienen vereinigt werden (Abb. 119).

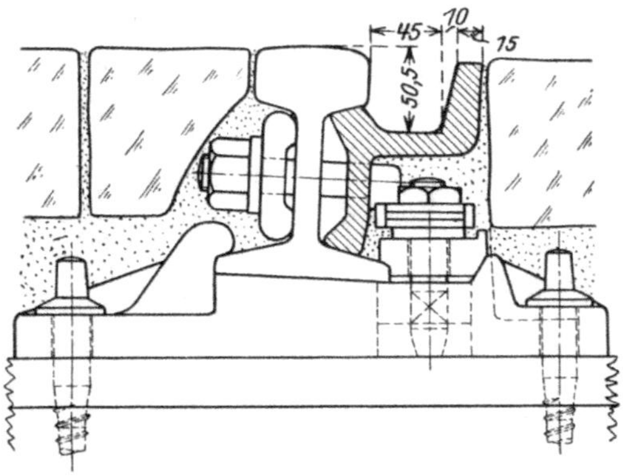

Abb. 119. Gleis in Wegübergängen.

Der für eine genügende Stärke der Straßendecke erforderliche Höhenunterschied zwischen Schiene und Schwelle wird auf Holzschwellen dadurch gewonnen, daß auf ihnen durchgehende Langschwellen oder einzelne Futterhölzer aufgeschraubt werden. Oder man verwandelt die flachen, gewalzten Unterlegplatten in hohe, gegossene, stuhlähnliche Platten, wie aus Abb. 119 ersichtlich. Die Schrauben erhalten manchmal Schutzhauben oder auch Sicherungen gegen Verdrehen.

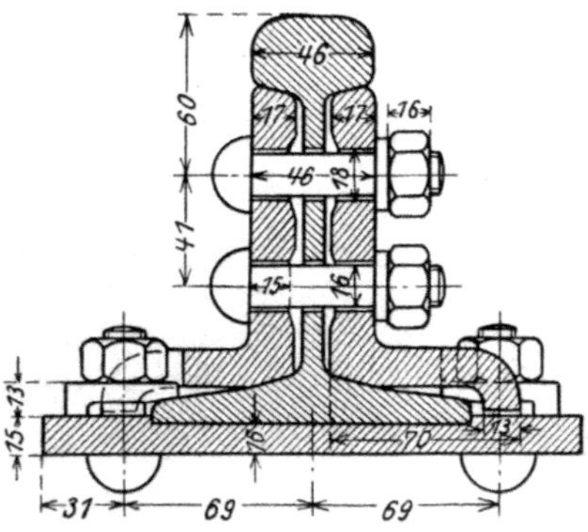

Abb. 120. Eingebettete Hartwichschiene. (Aus Eisenbahntechnik der Gegenwart.)

Schienenstöße auf Wegübergängen zu vermeiden ist deswegen erwünscht, weil von ihnen besonders leicht Zerrüttungen der Straßendecke ausgehen. Es ist unbedenklich, Schienen bis 20 m Einzellänge zu verwenden, weil die Wärmeausdehnung der eingebetteten Schienen stark vermindert ist; denn die Seiten- und Fußflächen werden nicht von der Sonne bestrahlt, die aufgenommene Wärme wird leichter in den Boden abgeleitet, der Rest des Wärmeausdehnungsbestrebens wird durch die Reibung der Schiene im Straßenkörper aufgezehrt und in innere Spannungen umgesetzt.

Für Gleise, die auf größere Länge im Straßenkörper liegen, ist die Schwellenschiene weit verbreitet. Man nähert sich in dieser Hinsicht der Bauart des Straßenbahngleises; allerdings ist man auf Straßenbahnen in Amerika und neuerdings stellenweise auch in Deutschland wieder zum eingebetteten Querschwellengleise übergegangen.

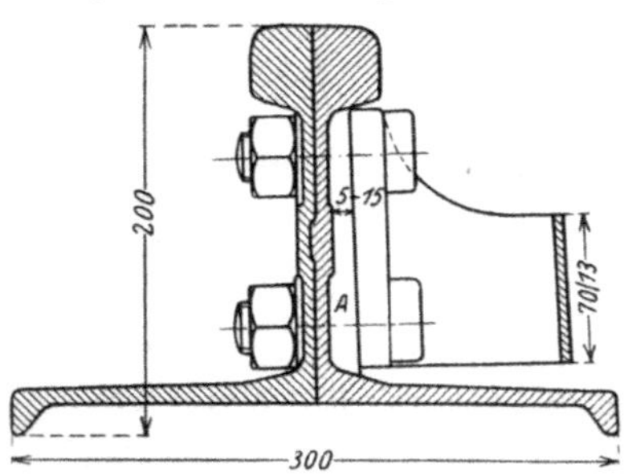

Abb. 121. Eingebettete Schwellenschiene. (Aus Eisenbahntechnik der Gegenwart.)

Die Hartwich-Schiene wurde auf bayrischen Bahnen für Gleisstrecken in Straßen viel angewendet; sie hat geringe Fußbreite bei großer Höhe. Als Spurstangen dienen kräftige Flacheisen, die den Schienenfuß mit Klemmplatten zwischen Randrippen einfassen (Abb. 120).

Die Haarmannsche Schwellenschiene ist zweiteilig ausgeführt, wobei die beiden Teile durch Schrauben oder Schrauben und Fußklammern miteinander verbunden werden (Abb. 121). Vermöge der Zerlegung in 2 Halbschienen kann die Fußbreite der Verbundschiene auf ein großes Maß gesteigert werden, so daß der Bettungsdruck in erträglichen Grenzen bleibt. Um eine Spurrille zu bilden, wird eine Beilegschiene durch Schrauben und Füllstücke an der Fahrschiene angeheftet (Abb. 122). Der Schienenstoß ist in den beiden Halbschienen um 50 cm versetzt, so daß eine dem Blattstoß ähnliche Anordnung entsteht. Für Hafenbahnen hat sich dieser Oberbau recht wohl bewährt; freilich ist die Vorhaltung so vieler vom Regelgleis abweichender Gleisteile lästig. Für Hauptbahnen hat sich Haarmann von der doppelteiligen Schwellenschiene versprochen, daß sie das Ziel eines stoßlosen Oberbaues verwirklichen werde; indessen hat sie auf Hauptbahnen gänzlich versagt und ist von diesen wieder verschwunden.

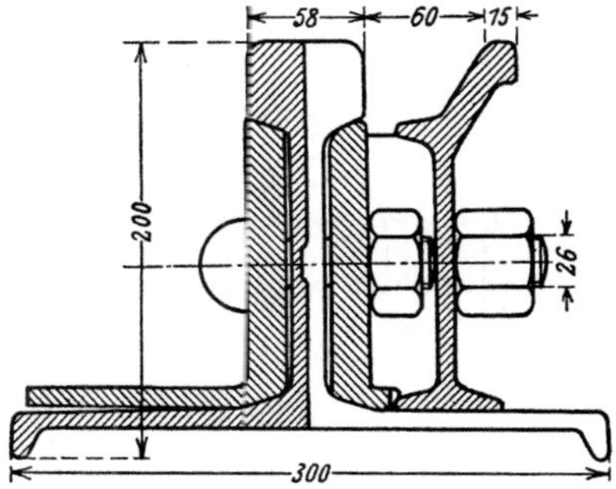

Abb. 122. Schwellenschiene mit Rillenansatz. (Aus Eisenbahntechnik der Gegenwart.)

L. Gleise schärfster Krümmung.

In Anschlußgleisen tritt oft das Bedürfnis ein, schärfste Krümmungen anzuwenden, wenn die Gleise in engen Fabrikhöfen ohne Anwendung von Drehscheiben oder Schiebebühnen durchgeführt werden sollen. Man war zwar mit den gewöhnlichen Gleisen ausnahmsweise schon bis 100 m Halbmesser herabgegangen, ja bei älteren Anlagen noch weiter. Zum Vergleiche sei erwähnt, daß eine vollspurige Nebenbahn bei Dresden für lebhaften Personen- und Güterverkehr vielfach Krümmungen von 78 m Halbmesser hat. Da aber auch solche Maße für Fabrikgleise noch zu sperrig sind, hat man für solche Anschlußgleise mit dem Mittel des Spurkranzauflaufes Krümmungshalbmesser bis 35 und 30 m Halbmesser erreicht. Die Bauart des Gleises erfordert eine kräftige Leitschiene im Innenstrange, der die Führung allein zufällt. Der Außenstrang besteht bei der Bauart der Gewerkschaft „Deutschland" aus einer einfachen Schiene mit breitem, ebenem Kopf, auf der der Flansch aufläuft. Bei der Bauart Vögele ist das Auflaufstück zwischen zwei gewöhnlichen Schienen verschraubt. Das Füllstück ist wendbar (Abb. 123).

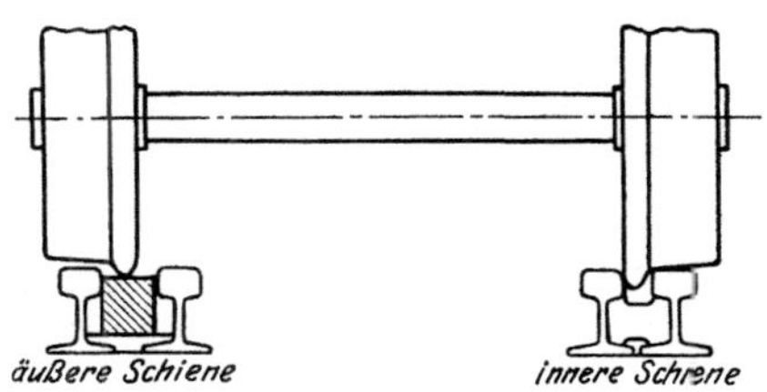

Abb. 123. Spurkranzauflauf.

Daß der Spurkranzauflauf gefährliche Abnutzungen der Radflansche verursachen wird, ist bei der Seltenheit solcher Anlagen nicht zu befürchten.

M. Schwellenteilungen und Stoffbedarf.

Die Bemessung des Schwellenabstandes ist das einfachste Mittel, die Tragfähigkeit des Gleises den steigenden Lasten anzupassen. Die Vermehrung der Schwellen vermindert dabei weniger die Beanspruchung der Schiene als die der Bettung, sie kommt daher dem schwächsten Teile des Oberbaus zugute. Neben der Verminderung des Bettungsdruckes wird auch der Vorteil erreicht, daß die Einschränkung des verfüllten Raumes zwischen den Schwellen die Bettungsteile gegen Verschieben und Auftrieb schützt, also die innere Standfestigkeit der Bettung hebt. Die meisten Verwaltungen sind daher neuerdings zu Schwellenabständen gelangt, die gerade noch ein sicheres Unterstopfen der Schwellen von beiden Seiten her gestatten. Während in Deutschland um die Jahrhundertwende allgemein noch Schwellenteilungen von etwa 80 cm üblich waren, ist man heute auf Hauptbahnen zu Abständen der Mittelschwellen gelangt, die zwischen 60 und 65 cm liegen (Abb. 124). In Amerika mußte man der ungleich stärkeren

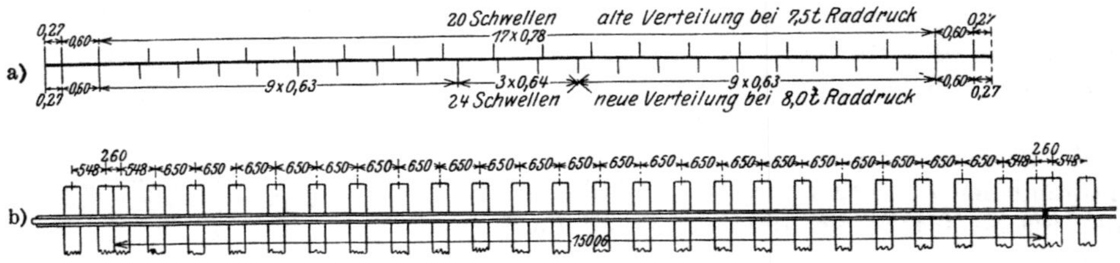

Abb. 124.
a) Schwellenteilung der vorm. Sächsischen Staatseisenbahn.
b) ,, des Reichsoberbaues *K* 49.

Stoffbedarf für den Reichsoberbau *K* 49 m auf Holzschwellen, für Gleisbogen mit Spurerweiterung.

Nr.	Stoffe	Gewicht für 1 Stück kg	22 Mittelschwellen 15 m Gleis Stck	15 m Gleis Gewicht kg	1 km Gleis Stck	1 km Gleis Gewicht t rund	17 Mittelschwellen 12 m Gleis Stck	12 m Gleis Gewicht kg	1 km Gleis Stck	1 km Gleis Gewicht t rund
1	Schienen, 15 m lang	733,04	2	1466,08	$133^1/_3$	97,74	—	—	—	—
2	,, 12 m ,,	586,37	—	—	—	—	2	1172,74	$166^2/_3$	97,73
3	,, 18 m ,,	879,64	—	—	—	—	—	—	—	—
4	Doppelschwellen	—	1	—	67	—	1	—	83	—
5	Mittelschwellen	—	22	—	1467	—	17	—	1417	—
6	Laschen	9,06	4	36,24	267	2,42	4	36,24	333	3,02
7	Laschenschrauben	0,891	8	7,13	534	0,48	8	7,13	666	0,59
8	Stoßplatten	28,72	2	57,44	134	3,85	2	57,44	166	4,77
9	Rippenplatten	11,92	44	524,48	2934	34,97	34	405,28	2834	33,78
10	Klemmplatten	0,908	96	87,17	6404	5,81	76	69,01	6332	5,75
11	Spurplättchen	0,242	96	23,23	6404	1,55	76	18,39	6332	1,53
12	Hakenschrauben	0,515	96	49,44	6404	3,30	76	39,14	6332	3,26
13	Schwellenschrauben	0,538	192	103,30	12808	6,89	152	81,78	12664	6,81
14	Kuppelschrauben	2,92	3	8,76	201	0,59	3	8,76	249	0,73
15	Unterlagen f. d. Kuppelschr.	0,658	6	3,95	402	0,26	6	3,95	498	0,33
16	Doppelte Federringe	0,092	104	9,57	6938	0,64	84	7,73	6998	0,64
			Gew. für 1 m Gleis = 158,50 kg				Gew. für 1 m Gleis = 158,94 kg			

Achslasten wegen noch weiter herabgehen, und zwar, wie wiederholt erwähnt, bis auf etwa 50 cm. Neben- und Kleinbahnen kommen auch heute noch mit Schwellen-Entfernungen von 80 cm, selbst von 1,0 m aus. An den Schienenstößen hat man schon seit langem die geringste erreichbare Entfernung der Schwellen angewendet, und man kam für den schwebenden Stoß zu Mittenabständen von 54 bis 56 cm. Mit den in neuester Zeit üblich gewordenen Stoßformen, bei denen der Stoß auf zwei gekuppelten Holzschwellen oder auf der Mitte einer eisernen Breitschwelle liegt, ist der Mittenabstand der Stoßstützpunkte bis auf 26 cm bei Holzschwellen und bis auf 24 cm bei der eisernen Breitschwelle herabgedrückt. Gegen das Stoßfeld hin pflegt man noch eine oder zwei Schwellenentfernungen etwas kleiner anzuordnen als in der Schienenmitte, um der stärkeren Beanspruchung in der Nähe des Stoßes Rechnung zu tragen.

Um die Bestellung des Stoffbedarfes zu erleichtern, werden bei den meisten Verwaltungen **Stofflisten** für eine Schienenlänge übersichtlich zusammengestellt (siehe nebenstehendes Muster).

VI. Zubehör zum Gleise.

A. Stoßverbindungen.

Die Wirkungsweise der Laschen ist am besten aus dem Verhalten des unverlaschten Stoßes zu verstehen, das Ast und Wasiutynski in mehreren Schaubildern photographisch aufgenommen haben. Unter der Wirkung des anrollenden Rades hebt sich zunächst das Ende der abgebenden Schiene, wird dann aber wieder heruntergedrückt und erreicht seine tiefste Lage, wenn das Rad gerade auf dem Ende steht. Die aufnehmende Schiene bildet nun eine Stoßstufe gegen die abgebende, so daß das anlaufende Rad anstößt und damit zum Wanderschube beiträgt. Hierbei entstehen auch seitliche Schwankungen an Fahrzeug und Gleis. Wenn das Rad die Stufe überspringt, erfolgt ein Rückschlag des gefederten Fahrzeuges, der die Stoßwirkung des Rades erhöht und daher das Ende der aufnehmenden Schiene stärker senkt als das der abgebenden. Unter der Gegenwirkung der elastisch zurückschnellenden Schiene bewegt sich sodann das Rad in einer Wellenlinie, die nach Bräunings Beobachtungen in der Form von Oberschwingungen zur Durchbiegungslinie erscheint. Wird der schwebende Stoß verlascht, so werden diese Bewegungen wesentlich kleiner, ohne aber ganz zu verschwinden. Die Aufgaben der Laschen sind daher folgende:

1. sie sollen die Stetigkeit des Schienenstranges sowohl in der Seitenlage wie nach der Höhe sichern;
2. sie sollen die im Schienenstrange auftretenden Biege- und Schubspannungen an der Unterbrechungsstelle aufnehmen, sie von einer Schiene auf die andere übertragen und dem Schienenstrange eine nahezu gleichbleibende Tragfähigkeit verleihen, ohne dabei die Wärmeausdehnung der Schiene zu behindern;
3. die beiderseits über die Stoßschwelle hinausgreifenden Laschen sollen eine Art Trägerverbindung zwischen den Schwellen schaffen und dadurch die Schienen in weitgehendem Maße entlasten.

Andere Aufgaben neben diesen den Laschen zuzuweisen, ist wegen der ohnehin schon starken Beanspruchung des Stoßes nicht ratsam. So haben sich Bauweisen als verfehlt erwiesen, bei denen die Laschen einen Teil des Wanderschubs dadurch verarbeiten sollten, daß sie sich mit Ausklinkungen gegen die Unterlegplatte stützten. Ebenso ist es verfehlt, einen wagrechten Laschenschenkel dazu zu benutzen, um mit Schrauben Lasche und Schiene zugleich auf die Schwelle niederzupressen.

Die Berechnung der Laschen läuft darauf hinaus, den Flächendruck auf der Anlagefläche sowie das Biegemoment zu bestimmen.

Der Laschendruck an den Enden und in der Mitte der Laschen wird nach Zimmermann bei ungünstigster Belastung:

$$R = \frac{\dfrac{(1+2\,\alpha_1)\,\gamma + (2+3\,\alpha_1)\,\alpha_1 - \alpha_0^2}{4\,\alpha_0} \cdot G - \dfrac{\varepsilon}{2\,\alpha_0^2} \cdot B}{1 + \gamma + 3\,\alpha_1 - \alpha_0\left(2 - \dfrac{J}{i}\right)} .$$

Hierin ist nach den Bezeichnungen der Abb. 125

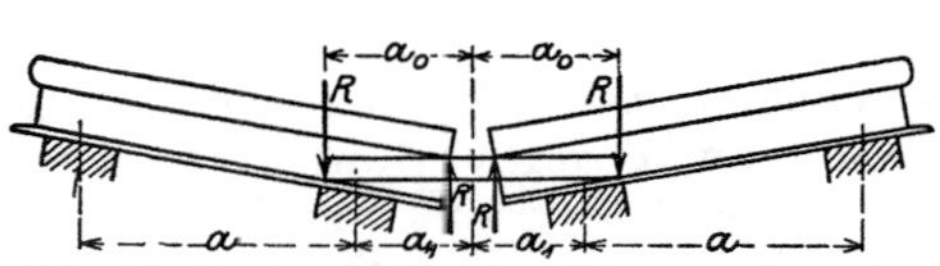

Abb. 125. Laschendruck. (Aus Foerster, Taschenbuch, 4. Aufl.)

$$\alpha_0 = \frac{a_0}{a}, \quad \alpha_1 = \frac{a_1}{a},$$

ferner

$$\gamma = \frac{B}{D}; \quad B = \frac{6\,EJ}{a^3} \text{ (Schienensenkungsdruck);}$$

$$D = \frac{C\,b}{\varkappa_1\,[\eta_e]}$$

(Schwellensenkungsdruck); G der Raddruck, J Trägheitsmoment der Schiene, i Trägheitsmoment des Laschenpaares, ε das Mittel aus den Spielräumen zwischen Lasche und Schiene (oben und unten).

Das in dem Laschenpaare auftretende Biegemoment wird

$$M = R \cdot a_0.$$

Man sieht, daß M kleiner wird, wenn der Spielraum ε wächst. Da aber ein möglichst großes Biegemoment übertragen werden soll, müssen die Spielräume klein gehalten werden. Dem Umstand, daß damit der Laschendruck R größer wird, muß durch Verlängerung der Laschen und durch Verbreiterung der Anlagefläche Rechnung getragen werden.

Eine dynamische Berechnung des Schienenstoßes hat neuerdings Pösentrup[1]) versucht, indem er die Stoßkraft an Höhenstufen, Winkelknicken und Stoßlücken aus der lebendigen Kraft des Arbeitsvorganges für die Unstetigkeit der Bahn berechnet.

Eine auch nur angenäherte Abschätzung der am Schienenstoße auftretenden Kräfte, insbesondere der Stoßwirkungen, ist nach dem derzeitigen Stande der Wissenschaft kaum möglich. Der Wert der Rechnung beschränkt sich daher höchstens darauf, verschiedene Bauweisen mehr oder weniger zutreffend zu vergleichen, im übrigen aber ist man bei der Beurteilung von Stoßverbindungen vorwiegend auf Erfahrungstatsachen angewiesen.

Die bauliche Entwicklung der Stoßverbindung ging nur langsam vor sich. Ursprünglich glaubte man, damit auskommen zu können, daß man den Stoß auf einer breiten Querschwelle anordnete und jedes Schienenende mit 2 Nägeln auf einer gemeinsamen Unterlegplatte anheftete (unverlaschter Schienenstoß, Abb. 126, 1). Um 1850 tauchten einfache Flachlaschen auf, die zwar die Stetigkeit der Seitenrichtung einigermaßen sichern konnten, aber zur Übertragung senkrechter Kräfte nicht geeignet waren. Die damaligen, birnenförmigen

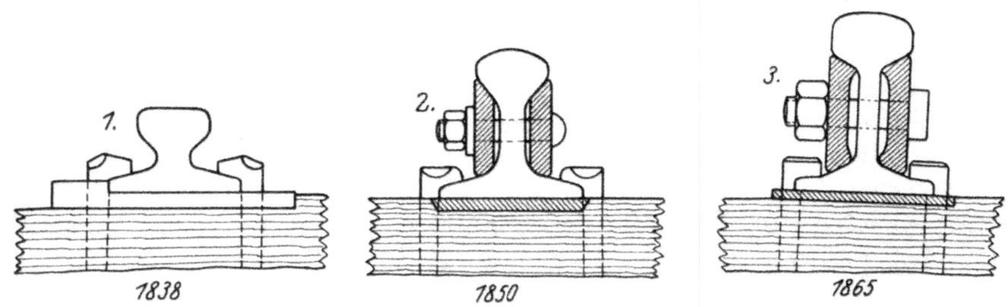

Abb. 126. Entwicklung des Schienenstoßes.

Schienenquerschnitte waren dazu ungeeignet (Abb. 126, 2). Erst um 1855 gelangte man zu jener klaren Unterschneidung des Schienenkopfes, die zu einer tragenden Anlage der Lasche nötig ist (Abb. 126, 3). Anfangs behielt man den festen oder ruhenden Stoß auf einer Schwelle bei, diese Schwelle zeigte sich aber für die zunehmenden Lasten und Geschwindigkeiten den Beanspruchungen nicht gewachsen. Um 1870 ging man dazu über, die Stoßfuge in die Mitte zwischen zwei Schwellen zu verlegen. Dadurch wurde die Beanspruchung auf zwei Schwellen verteilt und dem Stoße eine elastisch nachgiebige Lage gesichert Die damit gewonnene Grundform des noch heute verbreitetsten Stoßes entwickelte sich von der Flachlasche (Abb. 126, 3) allmählich in der Richtung einer

[1]) Verk. Woche 1925, S. 463.

stetigen Verstärkung der Laschen. Der Querschnitt wurde durch Ansätze vergrößert und dadurch tragfähiger gemacht, zunächst in der Form der Winkellasche (Abb. 127, 1), dann in Preußen in der Form der Doppelwinkel- oder Z-Lasche (Abb. 127, 2). Alle diese Querschnitte waren symmetrisch zur Schienenmitte, eine Anordnung, die der Trägerwirkung am besten entspricht, weil dabei keine Querschnittsverdrehungen auftreten, solange die Belastung mittig bleibt. Von unsymmetrischen Laschenverbindungen hat eine Winkellasche in Österreich weite Verbreitung gefunden, bei der die äußere Lasche durch einen wagrechten Schenkel am Kopfe zu einer liegenden Doppelwinkellasche verstärkt war; neben der Tragfähigkeit sollte dadurch auch die seitliche Widerstandskraft erhöht werden (Abb. 127,3). Hand in Hand mit diesen Verstärkungen ging die Verlängerung der Laschen. Während sich diese anfangs auf den freien Raum zwischen den Schwellen und auf vier Befestigungsschrauben beschränkt hatten, dehnte man sie etwa seit 1885 über die Stoßschwellen hinaus aus, wobei bald die Zahl der Laschenschrauben für Hauptbahnen allgemein auf 6 erhöht wurde; nur Neben- und Kleinbahnen sind im wesentlichen bei der kurzen Lasche mit 4 Schrauben weiter ausgekommen.

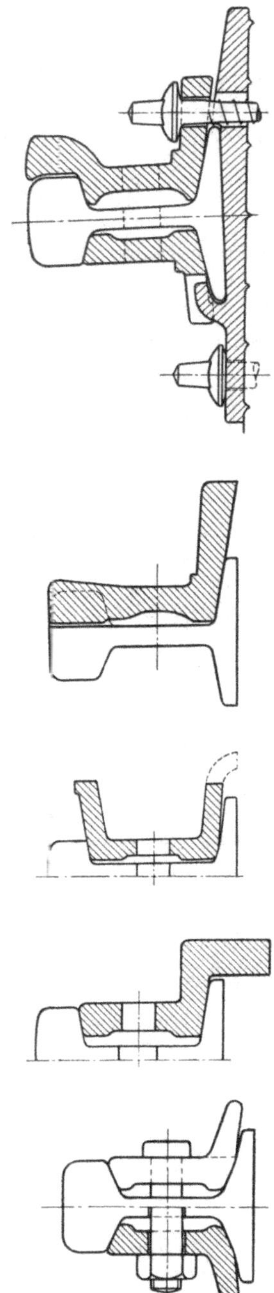

Abb. 127. Entwicklung der Laschenformen.

Zu den unsymmetrischen Laschenverbindungen gehören auch die Stoßfangschienen und die rädertragenden Laschen. Die Stoßfangschienen, die neben der Fahrschiene eine besondere, auf den Schwellen abgestützte Laschenschiene mit einem laschenartigen Zwischenfüllstück vorsahen, sind über Versuche nicht hinausgekommen. Dagegen sind die rädertragenden Laschen in Sachsen allgemein eingeführt worden und haben sich von da aus in Süddeutschland und Oldenburg verbreitet. Ihre Ausgangsform war die Kopflasche von Neumann (Abb. 127, 4). Sie bewährte sich jedoch nicht, weil die Fahrschiene durch das Ausschneiden des Kopfes zu sehr geschwächt wurde. Schon nach kurzen Versuchen kam man daher zu der Auflauflasche nach Abb. 127, 5). Die Kopffläche erhielt eine geringe Überhöhung gegen die Schienenfahrfläche, die der Kegelform neuer Räder entspricht. Die damit verbundene Absicht, das Rad beim Übergange über die Stoßfuge zugleich durch die Schiene und die Auflauflasche zu unterstützen, kann jedoch nur bei neuen Rädern wirksam sein. Abgenutzte Räder steigen an der Auflauflasche auf und fallen hinter ihr wieder auf die Fahrschiene herab. Die Auflauflasche wird daher bald niedergehämmert, auch bröckeln oft ihre Kanten aus. Dann wird die Auflauflasche auch für neue Räder unwirksam. Außerdem leidet die Nachziehbarkeit unter den Verhämmerungen des Kopfes. So bleibt als einziger Vorteil der Auflauflasche ihre große Tragfähigkeit, ein Vorteil, der sich aber ebenso gut erreichen ließe, wenn der Kopf der Lasche unter der Fahrfläche endete. Ein weiterer Mangel der sächsischen Auflauflasche ist der, daß die Schraube, die die Schiene befestigen soll, am wagrechten Schenkel der Außenlasche angreift. Der Hals dieser Schraube wird stark abgenutzt, auch durch Wanderschub.

Neben dieser, sozusagen geradlinigen Entwicklung des Schienenstoßes läuft eine Reihe von Bestrebungen einher, die den Schienenstoß mit verwickelteren Gedankengängen zu verbessern trachtete. Zimmermann schlug ausgehend von seiner Laschenberechnung eine Stoßverbindung vor, die nur an 4 Punkten der Laschenkammer tragende Anlage suchte und daselbst eingetretene Abnutzungen durch die Nachziehbarkeit der doppelten Keillasche wieder wettzumachen trachtete (Abb. 128).

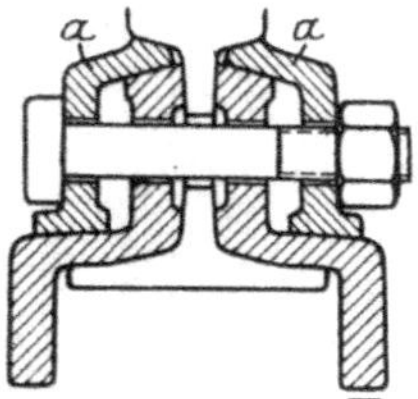

Abb. 128. Zweiteilige Lasche.

Ein anders gearteter Versuch, durch die Fußlasche am Fuße eine weitere Anlagefläche zu erschließen und dadurch die Laschenkammer zu entlasten, scheiterte an der Tatsache, daß die Walzungenauigkeiten der Schiene und der Lasche ein gleichmäßig tragendes Anliegen an 3 Punkten unmöglich machen (Abb. 129). Selbst auf Straßenbahnen, von wo diese Bauart ausging, wurde sie wieder verlassen. Der Keilstoß von Schuler unterstützte die Schienenenden durch Keile, die in Ausschnitten einer Z-Lasche ein Widerlager fanden (a in Abb. 130). Von den Keillöchern gingen jedoch viele Brüche aus. Das Bestreben, dem Rade schon auf der aufnehmenden Schiene eine Stütze zu schaffen, während es noch auf der abgebenden Schiene rollt, hat schon Stephenson dazu geführt, die Schienenenden nicht stumpf, sondern unter 45^0 spitz anzuordnen. Diese Bestrebungen finden ihren Abschluß in dem Blattstoß nach Abb. 131. Die Überblattung war gewöhnlich 25 cm lang, erstreckte sich jedoch in dem schiefen Blattstoß von Becherer und Knüttel von einer Schwelle zur anderen. Dem Blattstoß zuliebe wurden auch besondere Schienenformen eingeführt, und zwar die Dickstegschiene mit 18 mm starkem Steg, der in der Mitte durch den Blattschnitt geteilt werden konnte. Ferner die Wechselsteg-Verblattschiene, deren Steg außermittig stand, so daß die Stege zweier gewendeten Schienen sich im Blatt nebeneinander legten. Der Blattstoß ist wegen der umständlichen Bearbeitung, die auch mit Verlusten an Schienenlänge verbunden ist, recht teuer. Im Betriebe hat er sich nicht bewährt, weil die geschwächten Schienenenden sich stark verhämmerten und die Blattfuge ausbröckelte.

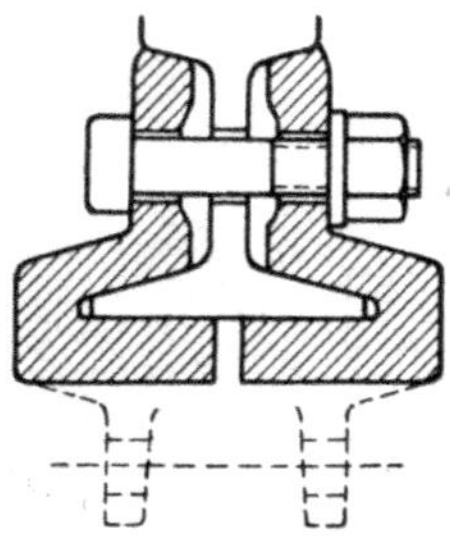
Abb. 129. Fußlasche.

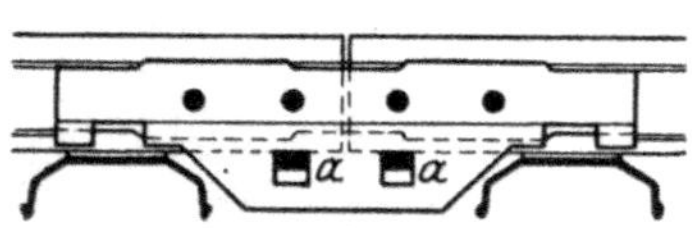

Abb. 130. Verkeilte Laschen.
(Abb. 128—130 aus Bräuning, Grundlagen.)

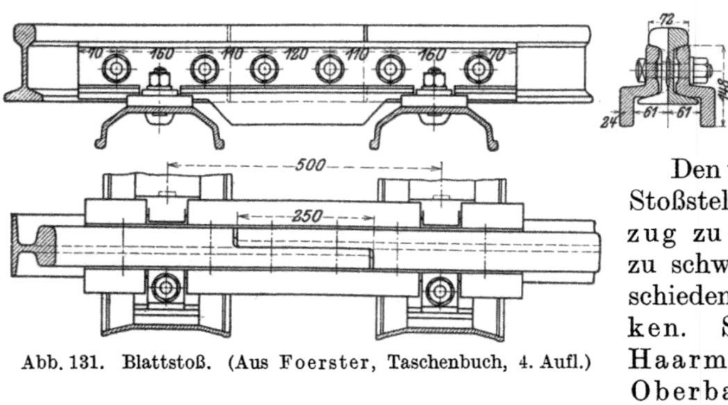

Abb. 131. Blattstoß. (Aus Foerster, Taschenbuch, 4. Aufl.)

Den umgekehrten Weg, die Stoßstelle durch einen Unterzug zu verstärken, statt sie zu schwächen, gehen die verschiedenartigen Stoßbrücken. Starre Bauarten wie Haarmanns Starkstoß-Oberbau haben sich nicht zu halten vermocht. Dagegen steht die einfache, klar durchgebildete Stoßbrücke der vorm. bayrischen Staatsbahnen in ausgedehntem Gebrauch (Abb. 132). Sie ist eigentlich eine über beide Stoßschwellen verlängerte Unterlegplatte, in deren Mitte die beiden Schienenenden mit der Platte verschraubt werden. Auf der Pennsylvania-Bahn werden Stoßbrücken in Längen bis zu 1,8 m verwendet.

Neuere Bestrebungen knüpfen wieder bei der Einschränkung, Ausfüllung oder gänzlichen Vermeidung der Stoßlücken an. Der Keilstoß von Fr. Hoch, der in manchen Straßenbahnstößen Vorläufer hat, ersetzt die Laschen durch flache Keile mit dem Anzuge 1 : 80 (Abb. 133). Sie sollen zusammen mit dem Schuh, in den die Schienen eingefädelt werden, eine feste Einspannung der Schienenenden bieten, ohne die Freiheit der Wärmeausdehnung zu beeinträchtigen, auch sollen die wegen der Größe der Berührungsflächen schon an sich geringen Abnutzungen durch die leichte Nachziehbarkeit der Keile unschädlich zu machen sein. Als besonderer Vorzug dieser Nachstellbarkeit und Anpassungsfähigkeit wird geltend gemacht, daß es mit der Keillasche möglich sei, niedergefahrene Stöße wieder zu heben oder neuen einen Stich nach oben zu geben, der den Eintritt von Stoßknicken verzögere. Der Keilstoß ist bisher über Versuche noch nicht hinausgekommen.

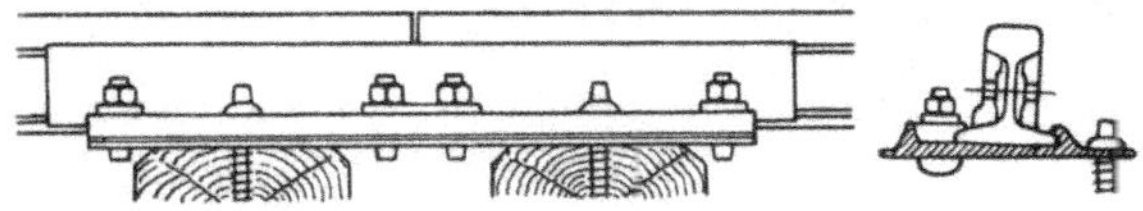

Abb. 132. Stoßbrücke. (Aus Bräuning, Grundlagen.)

Vorschläge, die schädlichen Spielräume zwischen Lasche und Laschenkammer und die von ihnen verursachten Schläge dadurch auf ein erträgliches Maß herabzusetzen, daß Schiene und Lasche durch Nachhobeln der Sitzflächen genau aneinander angepaßt werden, haben noch keine Erprobung gefunden. Wohl aber sind an Einzelstellen Versuche gemacht worden, die Spielräume durch Nahtschweißung der Laschen ganz zu vermeiden. Auf Brücken hat dieses Verfahren eine bedeutende Verminderung der Stoßdrücke gezeitigt. Ob es auch auf längere Strecken ausgedehnt werden kann, muß erst die Erfahrung lehren. Leichter durchführbar erscheinen jedoch Vorschläge, die Laschen nur auf einer Seite mit der Schiene zu verschweißen, ihr aber auf der anderen durch Beibehaltung der Schraubenverbindung die freie Beweglichkeit zu lassen.

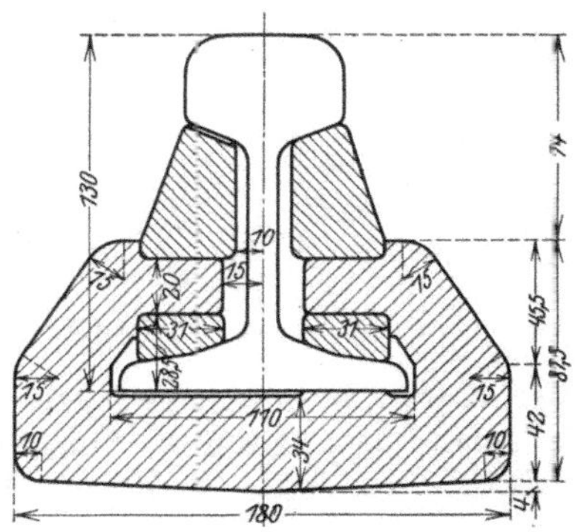

Abb. 133. Keilstoß.
Links: Schnitt in der Stoßfuge. — Rechts: Schnitt durch die tragende Anlagefl.

Die Deutsche Reichsbahn hat für ihren Einheitsoberbau eine Anordnung gewählt, die schon vorher bei den preußischen Staatsbahnen sich bewährt hatte und die darin besteht, daß die beiden Stoßschwellen unter Verzicht auf das zweiseitige Unterstopfen in eine Doppelschwelle zusammengezogen werden. Die Schienenenden behalten dabei zwischen den Auflagerstellen immerhin noch ein genügendes Maß von Federung und der geringe Abstand der Stützpunkte gestattet es, wieder zu der einfachen Form der Flachlasche zurückzukehren. Für Holzschwellen-Oberbau werden zwei Schwellen durch 3 Kuppelschrauben zu einer Doppelschwelle zusammengefaßt, für Eisenschwellengleise wird eine besondere Breitschwelle nach Abb. 134 hergestellt. Die senkrechte Mittelrippe dieser Breitschwelle soll dem beim Stopfen in den Hohlkörper ein-

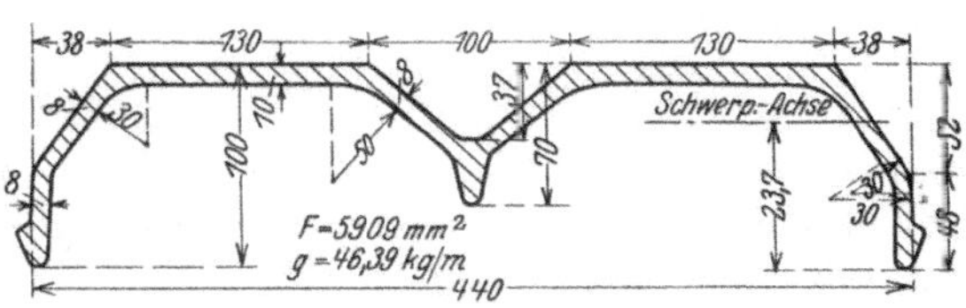

Abb. 134. Breitschwelle.

dringenden Bettungsstoff ein seitliches Widerlager bieten. Die Gesamtanordnung des Stoßes ist aus Abb. 135 ersichtlich.

Die bauliche Durchbildung des Stoßes fordert zunächst eine ausreichende Breite der Anlageflächen für die Laschen, um den Flächendruck in erträglichen Grenzen zu halten. Nach innen darf die Anlagefläche nicht von vornherein ganz ausgenutzt werden; die Laschen müssen vielmehr in neuem Zustande einigen Abstand vom Stege wahren, damit sie bei Abnutzungen nachziehbar bleiben. Manche Schienenformen, darunter auch die neuen Regelformen der Deutschen Reichsbahn, suchen daher die Verbreiterung nach außen dadurch, daß die Seitenflächen des Kopfes einen Anlauf erhalten. Die Steigung der Laschenanlageflächen wurde früher sehr steil, etwa auf 1 : 2 bemessen; sie wurde dann allmählich flacher, in Deutschland fast allgemein bis auf 1 : 4, in Belgien sogar 1 : 5. Die Regelform der Deutschen Reichsbahn ist auf ein mittleres Maß von 1 : 3 zurückgekehrt. Die Laschenschrauben müssen kräftig gehalten werden, sie erhalten meist um 25 mm Durchmesser. Die Schraubenmuttern liegen nach einem alten Brauche innen; der Streckenläufer soll dadurch in den Stand gesetzt werden, bei einem Gange beiderseits den festen Sitz der Schrauben zu prüfen. Für Bahnen mit starkem Verkehr erscheint es jedoch zweckmäßiger, die Muttern außen anzubringen. Der Wärter braucht dann den glatten Fußweg nicht zu verlassen und die Unfallgefahr wird geringer. Folgerichtig würde dann freilich der Oberbau so auszubilden sein, daß die inneren Befestigungsmittel keine oder nur eine sehr geringe Wartung verlangen.

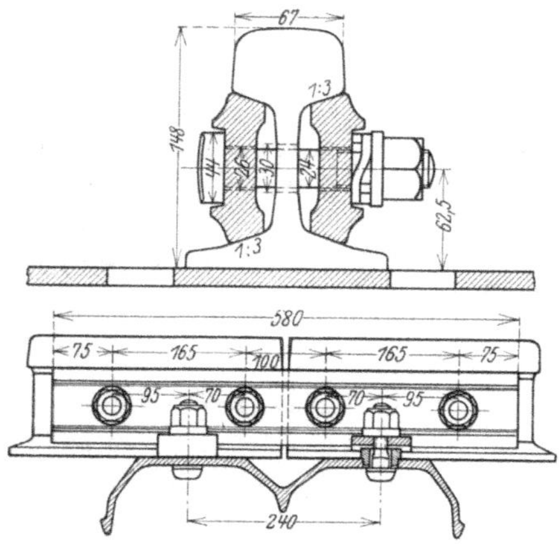

Abb. 135. Flachlasche und Breitschwelle.

Um an einem Schienenstoß zwei verschiedene Schienenformen zusammenzuschließen, werden Übergangslaschen nötig. Sie müssen meistens wegen der verschiedenen Kopfhöhe und Kopfbreite doppelt gekröpft werden, erfordern also kräftige Formen; schwache sind oft gebrochen. Auch der Höhenausgleich erfordert besondere Vorkehrungen, vgl. Abb. 136, Übergangsstoß des deutschen Reichsoberbaues. Bei den sächsischen Auflauflaschen werden die Übergangsformen durch Umpressen der gewalzten Grundform gewonnen. Bayern wendet Übergangsschienen an, die nach einer mittleren Form der beiden zusammenzuschließenden Gattungen gestaltet sind; an den Enden werden die Laschenkammern für die anschließende Schienenform besonders ausgearbeitet. Solche Übergangsschienen sollen wie die Paßstücke an Umbaustrecken, an eisernen Brücken und Wegübergängen sowie zwischen Weichen nicht unter 3 m lang sein.

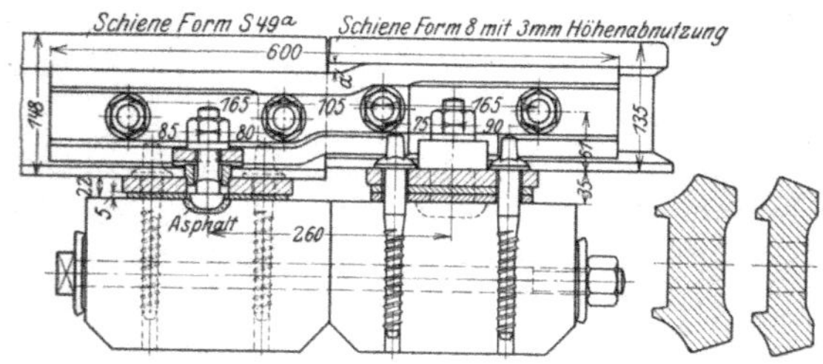

Abb. 136. Übergangslaschen.

Eine besondere Aufgabe haben die Stoßverbindungen auf elektrisch betriebenen Bahnen zu erfüllen: die Stöße müssen für die Rückleitung des Stromes leitend verbunden werden. Nur auf Wechselstrombahnen wird manchmal davon abgesehen, weil der Ohmsche Widerstand gegen den induktiven zurücktritt. Die *Schienenverbinder* sitzen mit zwei Endstöpseln fest im Steg der Anschlußschiene, im übrigen bestehen sie aus einem Kupferstabe oder einem Bündel von Kupferblechstreifen, die meist federartig abgebogen sind, damit sie der Schienenausdehnung widerstandslos folgen können. Zum Schutze gegen Diebstahl werden sie oft unter die Lasche verlegt. Versuche, die Kupferbügel am Schienenfuß anzulöten oder die leitende Verbindung an den Stößen durch Einstreichen leitender Paste herzustellen, sind fehlgeschlagen.

B. Wanderstützen.

Unter „Wandern“ versteht man eine Verschiebung des Gleises in der Längsrichtung. Hierbei wandert oft das ganze Gleis, namentlich in Gefällstrecken. Häufig wandert aber auch nur ein Strang, und zwar eilt gewöhnlich bei Gleisen, die nur in einer Richtung befahren werden, der linke vor. Durch starkes Wandern werden Schrauben oder sonstige Befestigungsmittel verbogen und abgenutzt, die Stoßfugen aus der Mitte des Schwellenfeldes gerückt, die Schwellen aus ihrer Lage rechtwinklig zu den Schienen verschoben, wobei Spurverengungen auftreten. Die Wiederherstellung der Regellage erfordert hohe Kosten.

Die *Ursachen des Wanderns* sind nicht völlig geklärt; selbst die Achsendrehung der Erde hat man zur Erklärung herbeigezogen. Als näher liegende Ursachen erscheinen:

Ungleichmäßige Wärmeausdehnung der Schienen;

Schub der Räder, die bei größeren Geschwindigkeiten nicht auf dem Grunde der Durchbiegungswelle angreifen, sondern gleichsam auf der schiefen Ebene, die vor jedem Rade entsteht;

Schubwirkung der Lokomotivtreibräder;

Schleifen gebremster Räder;

Schubwirkungen am Stoße, und zwar Anstoß an die aufnehmende Schiene bei Höhenstufen oder schiefes Auftreffen auf die aufnehmende Schiene bei Stoßknicken.

Dem Wandern wirken entgegen:

die Reibung zwischen Schiene und Schwelle;

die Reibung der Schwelle in der Bettung;

der Widerstand, den der zwischen den Schwellen als Verfüllung eingebrachte Bettungsstoff der Verdrückung entgegensetzt.

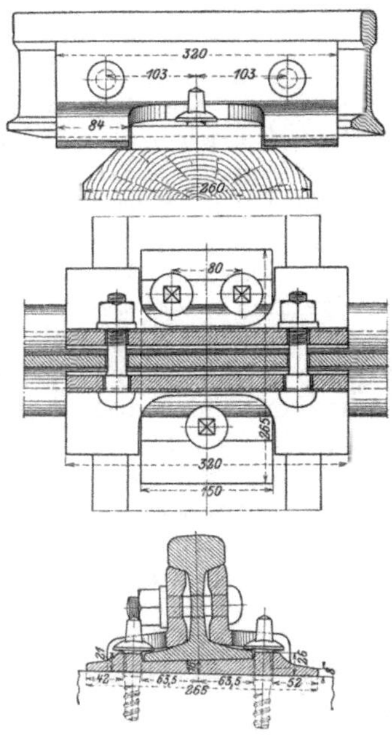

Abb. 137. Stemmlasche. (Aus Foerster, Taschenbuch, 4. Aufl.)

Um das Wandern zu verhindern, hat man früher die Fußränder von Eisenschienen an den *Befestigungsmitteln ausgeklinkt*. Für Stahlschienen erwies sich dieses Mittel als unzulässig, weil die Einkerbungen oft zu Schienenbrüchen Veranlassung gaben. Versuche, die Stoßlaschen durch Ausklinkungen gegen die Unterlegplatten abzustützen und damit dem *Stoße die Aufnahme des Wanderschubes zuzuweisen*, mußten scheitern, weil dieses Verfahren eine ungünstige Häufung der Beanspruchungen an dem ohnehin schon überlasteten Stoße darstellte. Man übertrug daher bald die Bekämpfung des Wanderns auf die *Mittelschwellen*. Hierzu wurden kurze Laschenstücke — *Stemmlaschen* — an den Schienensteg angeschraubt, die sich entweder einseitig gegen die Unterlegplatten legten oder sie beiderseitig umfaßten. Die bayrische Stemmlasche (Abb. 137) umfaßt in ihrer kräftigsten Ausführung die Unterlegplatten zweier Schwellen. Die vorm. Reichseisenbahnen bildeten ihre Stemmlasche als Z-Lasche aus und ließen deren senkrechten Schenkel unmittelbar auf die Schwelle wirken. Die Anlagestelle an hölzernen Schwellen war dabei durch ein aufgeschraubtes Blech verstärkt. Diese Anordnung schonte die Schwellenschrauben und ihren Sitz. Alle Stemmlaschen hatten den Nachteil, daß der Schienensteg durchbohrt werden muß. Diese Arbeit ist umständlich und als Handarbeit auf der Baustelle teuer. Wird der Bohrgrat nicht sorgfältig entfernt und werden die kleinen Haarrisse, die als Bohrwunden entstehen, nicht sorgfältig ausgefeilt, so treten leicht Schienenbrüche auf. Die neueren Wanderschutzmittel greifen deshalb sämtlich am Schienenfuße an. Die *Keilstützklemmen*, von denen eine nach *Paulus* in Abb. 138 dargestellt ist, verfolgen die Absicht, daß sie durch den Wanderschub unter Spannung gesetzt werden sollen. Indessen ist diese selbstspannende Wirkung unzuverlässig. Einfacher in ihrem Aufbau und klarer in der Wirkung sind die *Schraubenklemmen*; eine der zahlreichen Formen zeigt Abb. 139.

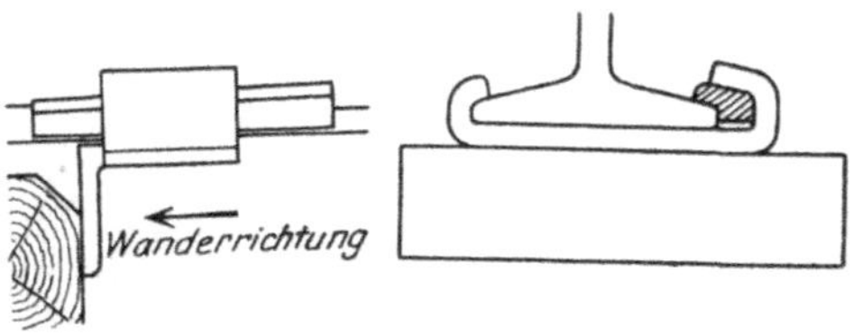

Abb. 138. Keilstützklemme.
(Aus Bräuning, Grundlagen.)

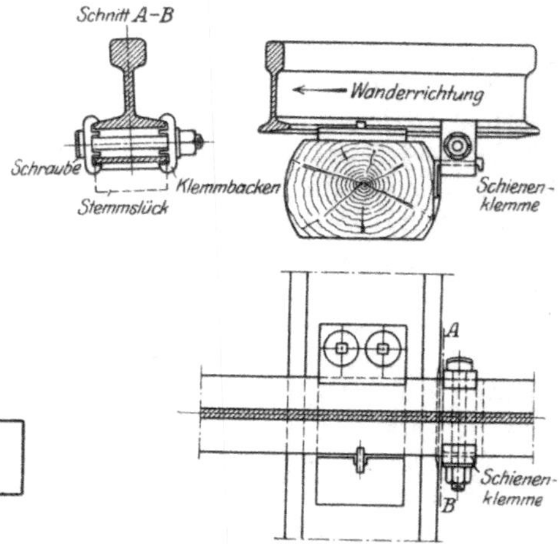

Abb. 139. Schraubenklemme.
(Aus Foerster, Taschenbuch, 4. Aufl.)

Die Wanderstützen sind bei den meisten Verwaltungen an einer immer größeren Zahl von Schwellen angebracht worden. Man kann jedoch häufig beobachten, daß ein großer Anteil der Stützen nicht anliegt. Das kann auch eintreten, wenn die Wanderstützen erst einige Zeit nach der Inbetriebnahme des Gleises angebracht werden, denn der Wanderschub ist nach der Größe unberechenbar und selbst in der Richtung wechselnd. Es wäre demnach, wenn man die sichere Wirkung erzwingen wollte, beinah nötig, die Wanderstützen an allen Schwellen beiderseitig anzubringen. Aber selbst dann bleibt die Wanderstütze ein Heilmittel, das dem Übel nicht an der Wurzel zu Leibe geht. Da jene Gleise den lebhaftesten Wanderschub zeigen, die eine mangelhafte, lose Lagerung der Schiene aufweisen, erscheint als die sicherste Abwehr die Verbesserung der Schienenbefestigung in dem Sinne, daß eine ausreichende Reibung zwischen Schiene und Unterlage erzeugt und dauernd erhalten wird.

C. Leitschienen.

Leitschienen dienen als *Entgleisungsschutz* und sind dort am Platze, wo die sichere Führung der Fahrzeuge unbedingt erzwungen werden soll, also in scharfen Krümmungen und bei ungünstigem Krümmungseinlauf, auf unruhigen Dämmen, auf Brücken. Auf Brücken tritt hierzu gewöhnlich noch die Forderung, daß die Leitschienen entgleiste Fahrzeuge zum Schutz der Brückenträger oder Zwischenstützen nahe an die Fahrschiene heranführen, sie womöglich wieder zum Eingleisen bringen sollen. Da die Leitschienen den Fahrwiderstand beträchtlich erhöhen, werden sie nur in talwärts befahrenen Gleisen angebracht, allenfalls noch am Fuße von Gefällstrecken. Als Maß des Halbmessers, von dem an sie erforderlich werden, gelten neuerdings 350 m (vgl. V. H, Gleise auf Brücken).

Die Leitschiene wird ausschließlich *durch seitliche Kräfte beansprucht*, die schätzungsweise bis 3000 kg gehen können. Einfache verschraubte *Winkel-*

stützen übertragen daher große Beanspruchungen auf die Schrauben, denen die gewöhnlichen Schwellenschrauben kaum gewachsen sind. Außerdem drücken sich die Winkel leicht in das Holz ein. Die Anordnung hat sich daher für Holzschwellen selbst mit 6 Befestigungsschrauben als unzulänglich erwiesen. Aber auch bei Eisenschwellen treten große Beanspruchungen an die Schrauben und den Lochwandungen auf. Die Deutsche Reichsbahn hat daher die Winkelstützen nur für Eisenschwellen und auch diese nur versuchsweise übernommen (Abb. 140).

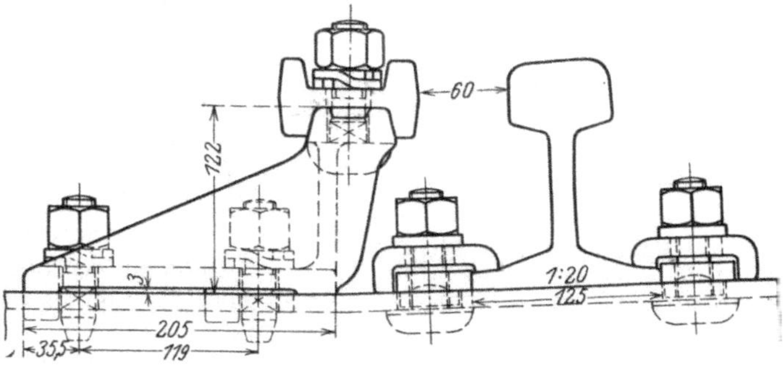

Abb. 140. Leitschiene auf Winkelstützen.

Die vorm. sächsischen Staatsbahnen gestalten ihre Leitschienenstrecken mit gekuppelten Schienen nach Abb. 141. Die Anordnung trägt dem Gedanken Rechnung, daß Fahrschiene und Leitschiene entgegengesetzten Seitenkräften ausgesetzt sind, so daß bei einer Kupplung beider eine die andere entlastet. Die Bauart weist jedoch zu viel Einzelteile auf, die vielen Bohrungen in den Schienenstegen sind lästig und teuer, endlich sind die inneren Schwellenschrauben der Fahrschiene der Wartung entzogen. Im Betriebe kommt es überdies vor, daß die Füllstücke von Rädern getroffen und beschädigt werden, wenn starke Abnutzungen der Schiene und der Radreifen zusammentreffen.

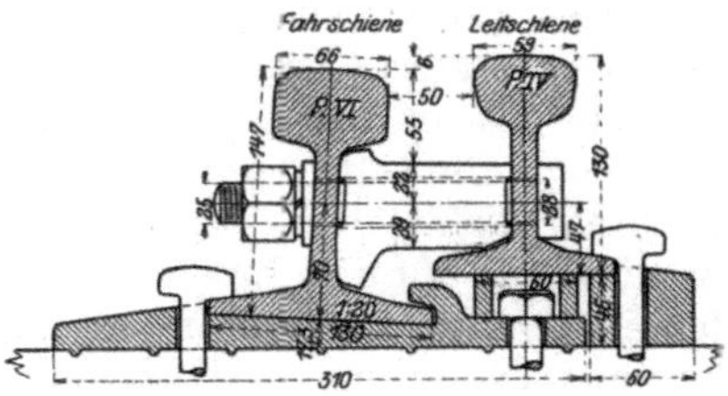

Abb. 141. Gekuppelte Leitschiene. (Aus Foerster, Taschenbuch, 4. Aufl.)

Für Holzschwellen ist daher die beste Lösung darin zu suchen, daß Fahrschiene und Leitschiene auf einer gemeinschaftlichen Platte gelagert werden. Ein

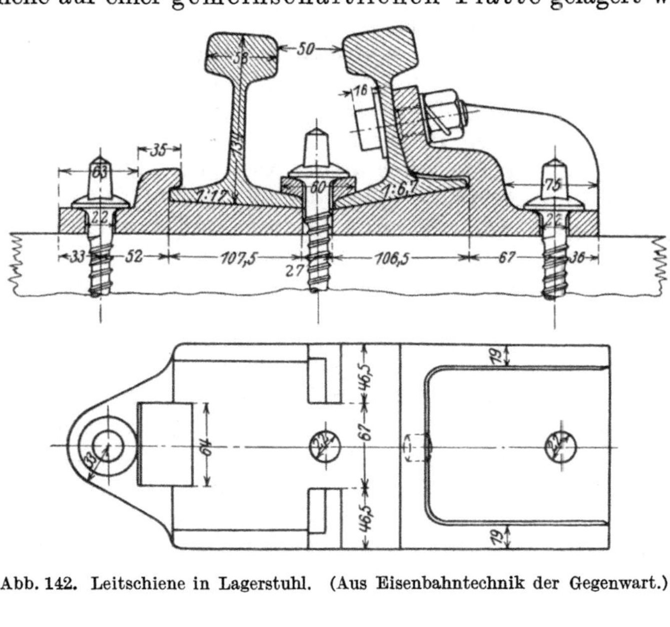

Abb. 142. Leitschiene in Lagerstuhl. (Aus Eisenbahntechnik der Gegenwart.)

Muster für eine solche Anlage findet sich in der älteren Leitschienenform der Berliner Stadtbahn (Abb. 142). Der gemeinschaftliche Stuhl ist im Gußverfahren hergestellt. Da die mittlere, gleichfalls gemeinschaftliche Schraube ohnehin schon stark beansprucht ist, hat man die Aufnahme des auf die Leitschiene wirkenden Seitenschubs folgerichtig einem besonderen Stützlappen am Stuhl zugewiesen. Die für den Reichsoberbau auf Holzschwellen versuchsweise in Aussicht genommene Leitschienenform sieht gleichfalls einen gegossenen Stuhl vor, bei dem dieselbe Leitschiene verwendet werden kann wie auf Eisenschwellen (Abb. 143).

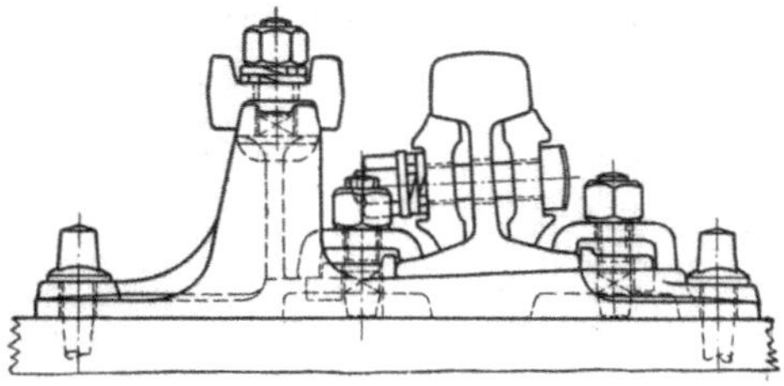

Abb. 143. Neuerer Lagerstuhl.

D. Schienenbefestigung auf Mauerwerk.

Besondere Befestigungsweisen erfordern Gleise auf dem Mauerwerk von Schiebebühnen, Drehscheiben, Reinigungs- und Untersuchungsgruben, schließlich in Werkstättengleisen. Früher hat man sich meistens dadurch geholfen, daß man die Schienen auf eine hölzerne Langschwelle verlegte. In Reinigungsgruben, wo Dampflokomotiven ausgeschlackt werden, geriet diese Langschwelle oft in Brand, und in Reinigungsgruben mit Spülwasserbetrieb faulte sie rasch. Da außerdem die Verbindung zwischen Holzschwelle und Mauerwerk auch nicht einfach ist, wurde es neuerdings mehr und mehr üblich, die Schienen unmittelbar auf das Mauerwerk zu legen. Da alle solche Gleise nur langsam befahren werden, die Stoßdrücke und Erschütterungen daher in erträglichen Grenzen bleiben, erscheint diese Verlegungsart annehmbar. Zu fordern ist jedoch, daß die Befestigungsmittel einige elastische Nachgiebigkeit behalten und auswechselbar bleiben.

Die Steinschraube mit Klemmplatte und aufgeschraubter Mutter ist keine vollkommene Lösung, da sie nicht auswechselbar ist, wenn sie anrostet oder sonst beschädigt wird. Es ist daher besser, Schrauben in eiserne Hülsen zu setzen, ähnlich denen, wie sie auch für Eisenbetonschwellen angewendet werden (vgl. Abb. 98). Auf den Wangenmauern von Gleisgruben, die eine möglichst große lichte Weite erhalten sollen, kommen aber die inneren Schrauben oder Schraubenhülsen zu nahe an den inneren Rand, so daß die verbleibende dünne Schale leicht ausbröckelt. In solchen Fällen hat man sich wohl damit geholfen, daß man winkelartig abgebogene Unterlegplatten verwendete, die am inneren Rande der Schiene zum Teil zu einem Haken oder einer Krempe aufgebogen waren; der andere Schenkel legt sich an die Ansichtsfläche der Mauer und wird in einem ausreichenden Abstande unter der Mauerkrone durch Steinschrauben verankert. So ziemlich alle Ansprüche dürfte die Schwellenschraube im Asbestonkissen erfüllen; dieses kann bis an die Vorderfläche der Mauer heranreichen, stellt also keine besonderen Raumansprüche, der Sitz der Schrauben ist immerhin weicher als in Stein oder Beton und eingelegte Asbestschnüre lassen die Möglichkeit, ausgeleierte Schraubenlöcher einigermaßen zuverlässig auszubessern.

E. Stromdichte Schienenstrecken.

Für Sicherungszwecke ist es manchmal nötig, kürzere Gleisstrecken gegen Erde zu isolieren. Diese Isolierung wird bei den üblichen Blockeinrichtungen überall dort nötig, wo der Zug selbsttätig zu seiner Sicherung beitragen soll. Das ist z. B. der Fall bei der Magnetsperre, die erst durch die letzte Achse einer Fahrzeuggruppe so gelöst wird, daß der Zug zurückgeblockt werden kann, oder bei der Haltfalleinrichtung, durch deren Vermittlung die letzte Achse eines Zuges das Signal hinter sich auf Halt zurücklegt und dgl. Vorrichtungen mehr. Für stromdichte Schienenstrecken sind natürlich nur Holzschwellen verwendbar, nicht aber Eisenschwellen. Von den Holzschwellen geben die mit Teeröl getränkten einen ziemlich hohen, gleichbleibenden elektrischen Widerstand gegen Erde. Die mit salzigen Lösungen getränkten Holzschwellen haben anfangs nur einen verhältnismäßig geringen Widerstand gegen Erde, der Zustand bessert sich aber bald, wenn der Tränkungsstoff durch Regen aus den äußeren Schichten der Holzschwellen herausgelaugt ist (vgl. S. 45).

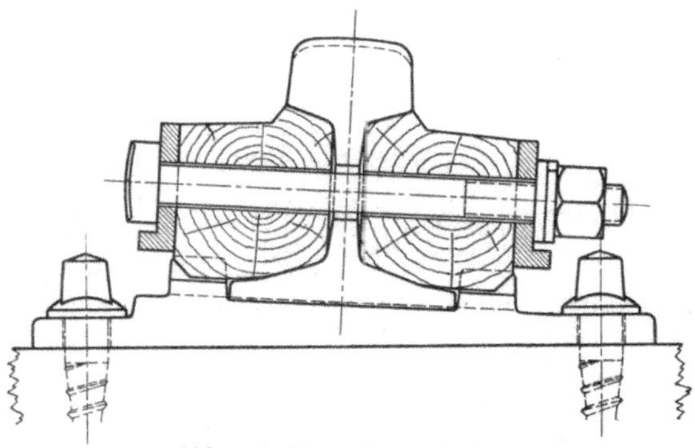

Abb. 144. Stromdichter Stoß.

Am Stoße werden nach der Anordnung des Reichsoberbaues die Schienen eines Gleisstranges durch kräftige, teerölgetränkte Hartholzlaschen stromdicht gegeneinander abgeschlossen (Abb. 144). Der andere Schienenstrang erhält die gewöhnlichen Eisenlaschen. Der stromdichte Schienenstoß liegt auf einer gekuppelten Doppelschwelle. Die Unterlegplatten beider Schienen sind voneinander getrennt, die Befestigungsstelle zwischen Schiene und Platte liegt auf der in Gleisrichtung verlängerten Platte außerhalb der Stoßschwellen. In die Stoßlücke wird eine stromdichte Zwischenlage (meistens Leder) eingelegt; überbrückende Grate müssen abgefeilt werden. In Strecken mit Eisenschwellen werden noch bis zur Mitte des an den stromdichten Stoß angrenzenden Schienenfeldes Holzschwellen verlegt, um den Übergang von den Holzschwellen auf die Eisenschwellen weitab vom stromdichten Stoße zu legen.

F. Schraubensicherungen und federnde Zwischenlagen.

Am ersten ist das Bedürfnis, Schrauben gegen Losrütteln zu sichern, bei den Laschenschrauben aufgetreten. Anfangs suchte man die Muttern der Laschenschrauben gegen Verdrehen zu sichern durch Splinte, Keile, Hauben oder Unterlegbleche, von denen man einen Lappen so aufbog, daß er sich gegen eine Seitenfläche der Mutter legte. Alle diese Mittel haben versagt. Als es mit der maschinenmäßigen Herstellung der Schrauben möglich geworden war, die Muttern mit einem Bunde zu versehen, glaubte man eine Zeitlang, auf besondere Sicherungen verzichten zu können. Es ist ja möglich, einer Schraube durch straffes Anziehen jede beliebige Spannung zu erteilen, solange diese unter der Streckgrenze des Schraubenschaftes oder unter der Abscherspannung der Gewindegänge bleibt. Die starke Reibung zwischen dem Bunde und seiner Sitzfläche sollte dann eine Verdrehung von selbst verhindern. Da jedoch die Schraube gerade im entlasteten Zustande am ehesten zur Lockerung neigt, ist man doch wieder zu einer Schraubensicherung zurückgekehrt. Diese erschien zunächst in der Form des einfachen Federrings, der aus gehärtetem Federstahl hergestellt wird, aber nur ein geringes Federspiel bei kleiner Spannkraft aufweist (Abb. 146, rechts). Eine Verbesserung brachten die Spannplatten, die in zahlreichen Formen als einfache oder doppelte, d. h. zwei Schrauben erfassende Form weite Verbreitung fanden. Ihre Spannkraft war größer, das Federspiel aber immer noch gering, bei der in Abb. 145 dargestellten Einlochplatte z. B. 2,5 mm. Ein größeres Federspiel von 5 mm bei ausreichender Spannkraft weist der doppelte Federring nach Abb. 146 (links) auf. Er vermeidet auch den Übelstand des einfachen Federringes, daß die Mutter einseitig aufsitzt. Der doppelte Federring wird daher im deutschen Reichsoberbau allein als Schraubensicherung verwendet.

An den Schwellenschrauben pressen die Federringe die Platte mit gleichbleibender Spannung gegen die Schwelle. Die Platte kann sich also nicht von der Schwelle ablösen, die Reibung als Widerstand gegen Seitenbewegungen bleibt erhalten, zumal wenn die klebende Wirkung des ausgepreßten Tränkstoffes oder einer Zwischenlage aus Weichholz dazukommt. Das Plattenlager wird dadurch stark geschont. Aber auch das Schraubenloch wird vor Überdrehen und Überbeanspruchungen geschützt, wenn die Schraube nicht stärker angezogen wird als es das Federspiel gerade noch hergibt. Der deutsche Reichsoberbau sieht daher an allen Schwellenschrauben für Holzschwellen, ebenso wie an den Hakenschrauben der Eisenschwellen doppelte Federringe vor.

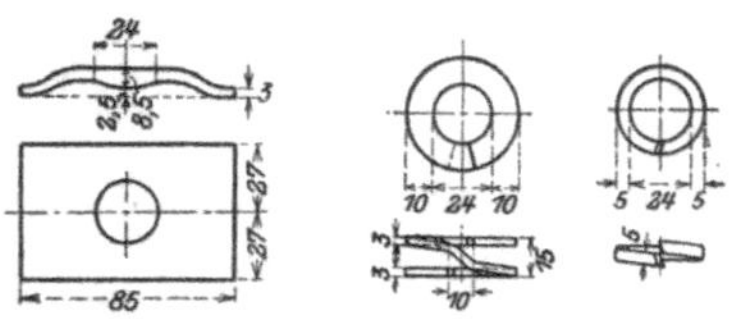

Abb. 145. Abb. 146.
Schraubensicherungen.
(Aus Foerster, Taschenbuch, 4. Aufl.)

Der Federring ist auch imstande, Abnutzungen des Plattenlagers oder elastischer Zwischenlagen, wie der Leder-, Filz- oder Gewebebauplatten bis zu einem gewissen Grade auszugleichen. Allerdings nimmt dabei seine Spannkraft nach Maßgabe der Abnutzung ab, größere Abnutzungen müssen also durch Nachziehen der Schraube wieder ausgeglichen werden. Da bei allen elastischen Zwischenlagen ebenso wie bei den mehr in der Lagerebene wagrecht wirksamen Zwischenlagen aus Weichholz stets damit gerechnet werden muß, daß sich ihre Höhe durch Zusammenpressen und Abnutzen vermindert, sollten diese Beilagen nie ohne Federringe oder Spannplatten verwendet werden.

VII. Oberbauarbeiten.

A. Verlegen des Gleises.

Nachdem die Unterbaukrone abgeglichen und nach Bedarf durch Stampfen oder Abwalzen gedichtet sowie unter besonderen Verhältnissen durch Aufbringen einer undurchlässigen Schicht gefestigt ist, wird beim Neubau zunächst die Bettung bis nahe an die Höhe der Schwellenunterkante aufgebracht. Zur Anfuhr werden die beim Erdbau verwendeten Fördermittel benutzt. Bei gestampfter Bettung geht man gleich bis zur Höhe der Schwellenunterkante, für eiserne Trogschwellen werden zweckmäßig die Lager des Hohlkörpers in Schalungsformen als gestampfte Bänke vorbereitet. Die Gleislage muß nach Richtung und Höhe durch Festpunkte festgelegt werden. Das Gleis wird gewöhnlich unmittelbar auf der Bettung vorgelegt. Stehen bei Gleisauswechslungen Zugpausen von der erforderlichen Länge nicht zur Verfügung, so müssen die Gleisjoche seitlich zusammengebaut und im ganzen eingeschoben werden. Zur Erzielung genauer Schwellenlage werden die Schwellen nach einer Latte, auf der die Schwellenteilung aufgetragen ist, ausgelegt. Bei Holzschwellen werden die Schienen auf den vorher aufgeschraubten Unterlegplatten abgesetzt und sodann verschraubt. Bei den Eisenschwellen des Reichsoberbaus werden die

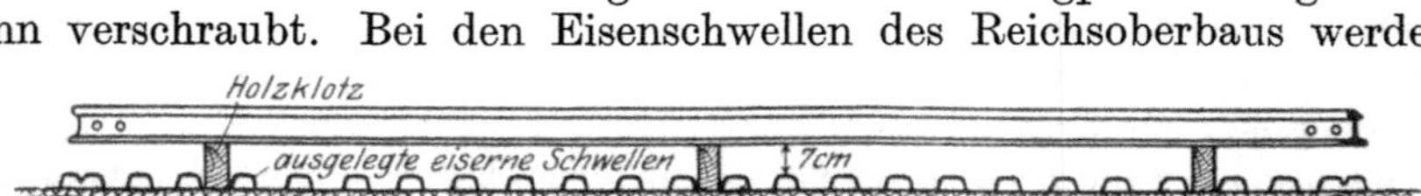

Abb. 147. Auslegen von Schienen und Schwellen.

Schienen zunächst der Spurweite entsprechend auf Klötzen nach Abb. 147 über den Schwellen abgesetzt und lose verlascht. Die Laschenkammern müssen von Rost gereinigt und geölt werden. Nachdem die Schwellenteilung auf den Schienen angekreidet ist, werden die Schwellen nach Abb. 148 an den Schienen angeheftet. Sodann wird der zweite Satz der Befestigungsmittel angeschraubt, der Gleisrahmen abgelassen, gerichtet und gestopft. Auch nach Inbetriebnahme des Gleises sind die Verschraubungen, insbesondere die leicht sich lockernden Hakenschrauben, noch mehrmals auf festen Sitz zu prüfen und nach Bedarf selbst an-

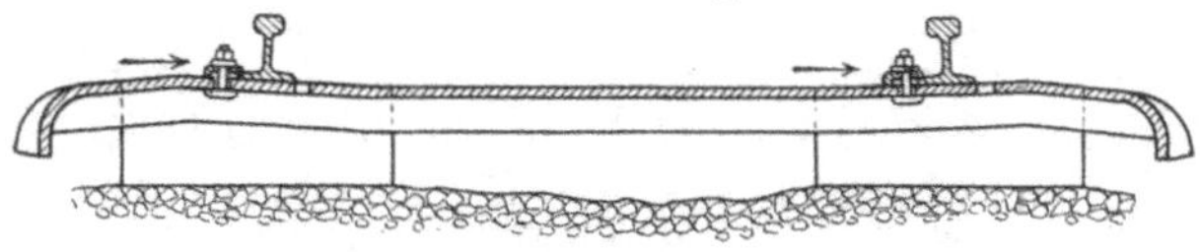

Abb. 148. Anheften der Schwellen.

zuziehen. Die Herstellung der Spurerweiterung geschieht nach der folgenden Zahlentafel (vgl. auch Abb. 149):

Halbmesser bis einschl.	Spurerweiterung	Spurplättchen					
		äußerer Strang			innerer Strang		
m	mm		außen	innen	innen	außen	
900	0	Nr. 0 (regelm.)	10	0	0	10	Nr. 0 (regelm.)
800	2	„ 0 („)	10	0	2	8	„ 1 (1 eckig)
700	4	„ 1 (1 eckig)	8	2	2	8	„ 1 (1 „)
600	6	„ 1 (1 „)	8	2	4	6	„ 2 (2 „)
550	8	„ 2 (2 „)	6	4	4	6	„ 2 (2 „)
500	10	„ 2 (2 „)	6	4	6	4	„ 2 (2 „)
450	12	„ 2 (2 „)	4	6	6	4	„ 2 (2 „)
400	14	„ 2 (2 „)	4	6	8	2	„ 1 (1 „)
350	16	„ 1 (1 „)	2	8	8	2	„ 1 (1 „)
325	18	„ 1 (1 „)	2	8	10	0	„ 0 (regelm.)
324 u. weniger	20	„ 0 (regelm.)	0	10	10	0	„ 0 („)

Die vollständige Verfüllung der Schwellen eines Neubaugleises pflegt man erst nach einigen Wochen durchzuführen, nachdem das Gleis unter dem Betriebe einigermaßen seinen Beharrungszustand erreicht hat. Früher war es viel üblich, diesen Vorgang dadurch rascher herbeizuführen, daß man das neue Gleis einige Tage mit schwersten Lokomotiven befuhr. Dieses Gebahren schadet mehr als es nützt. Für Gleisauswechslungen bestand in Preußen früher die Vorschrift, daß die Bettungserneuerung ein Jahr vor der Erneuerung des Gleises

Nr. 0 (regelmäßig) Nr. 1 (1 eckig) Nr. 2 (2 eckig) usw.

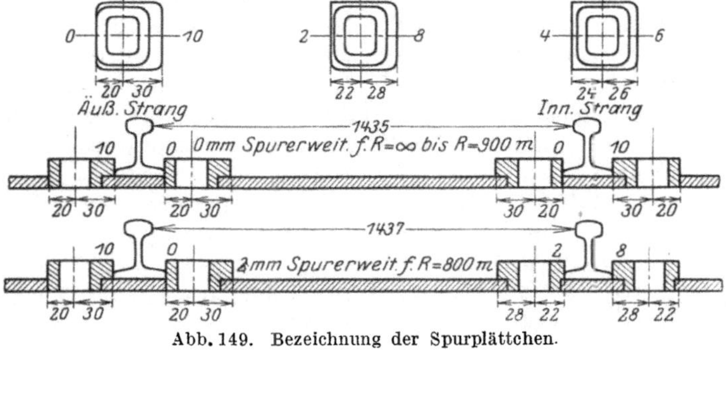

Abb. 149. Bezeichnung der Spurplättchen.

durchzuführen sei: man wollte auf diese Weise dem neuen Gleise von vornherein eine eingefahrene, gefestigte Bettung darbieten. Man ist neuerdings von diesem Verfahren wieder abgekommen, weil es den Arbeitsaufwand stark erhöht. Für den Übergang zur gestampften Bettung ist es unbrauchbar.

Die richtige Bemessung der Wärmelücken am Stoße wird dadurch gesichert, daß an den Stößen Blechlehren eingelegt werden, die nach der beim Auslegen herrschenden Luftwärme bemessen werden. Ihre Stärke beträgt z. B. für 15 m lange Schienen: für über 30°C 3 mm, für 30° bis 20°C 5 mm, für 20° bis + 5°C 7 mm, für + 5° bis — 5°C 9 mm, für — 5 bis — 20°C 11 mm.

In Bogen werden im inneren Strange verkürzte Bogenschienen verwendet, um den Längenunterschied zwischen den äußeren und dem inneren Strange auszugleichen. Diese Bogenschienen werden in bestimmten Längen vorrätig gehalten, für 15 m Regellänge z. B. in 14,95 m, 14,90 m und 14,85 m Länge. Für diese Bogenschienen werden besondere Gebrauchstafeln berechnet. Im Bogen von 300 m Halbmesser gehören z. B. auf 7 Regelschienen von 15,00 m Länge im Außenstrange 4 Stück von 14,95 m und 3 Stück von 14,90 m im inneren Strange. Für den Übergangsbogen genügt es, die Bogenlänge bis zum theoretischen Tangentenpunkt zu rechnen.

B. Gleisunterhaltung.

Die Gleisunterhaltung durch einzelne Leute (Bahnwärter, Streckenläufer) erstreckt sich auf das Anziehen lockerer Laschen- und Schwellenschrauben, Antreiben von Schienennägeln, Auswechseln einzelner Kleineisenteile, Offenhalten von Spurrinnen, Beseitigen von Unkraut. Die Regelung des Bettungskörpers, Nachstopfen loser Schwellen, Wiederherstellung der Spurweite und Überhöhung, das Zurücktreiben gewanderter Schienen, das Beseitigen wagrechter Verschiebungen und die Hebung gesunkener Gleisstellen erfordert gewöhnlich eine größere Zahl von Arbeitern, die unter Aufsicht eines Rottenführers arbeiten.

Diese Arbeiten sind bisher gewöhnlich nach Bedarf durchgeführt worden, und man rechnete für mittlere Verhältnisse mit einem jährlichen Tagewerksaufwand für 1 km Gleis

$$T = k + 30\sqrt{z}$$

Hierin bedeutet z die Zahl der täglich überrollenden Züge, k einen Festwert, der für Nebenbahnen auf 50 angesetzt werden kann, für Hauptbahnen bis 100 steigt, auf stark belasteten Schnellzugstrecken aber auch 150 erreichen kann. Neben der Fahrgeschwindigkeit ist die Beschaffenheit der Bettung von starkem Einfluß.

Die Gleisunterhaltung nach Bedarf entsprang dem Wunsche, durch rechtzeitig durchgeführte kleine Unterhaltungsarbeiten dem Eintritt größerer Schäden vorzubeugen. Sie ist jedoch ein Flickbetrieb, den man neuerdings als wirtschaftlich falsch und als nachteilig für den Bestand des Gleises ansieht. Denn meist wurde versucht, nur die Richtung und Höhe und die feste Schwellenlage wieder herzustellen, ohne daß gleichzeitig der gesamte Oberbau gründlich untersucht und alle schadhaften Teile ausgewechselt wurden. Oder man hat umgekehrt verschlissene Teile ausgewechselt, ohne gleichzeitig die feste Schwellenlage wieder herzustellen. Bei der Wechselwirkung zwischen den losen Teilen und der schlechten Gleislage können solche Halbheiten keinen Erfolg haben, es werden nur die Arbeitskräfte verzettelt, ihr Wirkungsgrad wurde durch Hin- und Herschicken verringert.

Eine wirtschaftliche Gleispflege kann nur durch eine planmäßige, in allen Teilen gründliche und im Zusammenhange durchgeführte Durcharbeitung des Oberbaus erreicht werden.

Die planmäßige Gleispflege der Deutschen Reichsbahn sieht daher vor, daß die Gleise in bestimmten Zeiträumen, die von der Betriebsbeanspruchung, der Form und dem Alter des Oberbaus, den Untergrundverhältnissen und von Witterungseinflüssen abhängen, gründlich instand gesetzt werden. Hierbei wird die Bettung untersucht, sämtliche Oberbauteile werden auf ihre weitere Brauchbarkeit geprüft und ausgewechselt, wenn sie nicht mehr die Gewähr für einen einwandfreien Zusammenschluß des Gleises bieten. Die Holzschwellen werden darauf nachgesehen, ob die Schrauben noch einen festen Sitz haben; sonst sind die Löcher neu zu bohren und die alten zu verpflöcken, oder die Schwellen sind durch Verdübeln oder Aufsatteln wieder zu verbessern. Gerissene oder am Schienenauflager stark abgearbeitete Eisenschwellen werden ausgewechselt. Unterleg- und Klemmplatten, die keinen innigen Schluß des Gleises mehr bewirken können, werden durch neue oder aufgearbeitete, entsprechend verbreiterte Teile ersetzt, so daß die entstandenen Verschleißlücken voll ausgefüllt werden. Laschen, die nicht mehr spannen, werden durch neue verstärkte ersetzt oder auch durch altbrauchbare aufgepreßte, die in ihrer Höhe sich den ausgeschlagenen Laschenkammern tunlichst anpassen. Sämtliche Schrauben, deren Gewinde keinen festen Sitz der Mutter mehr gewährleistet, werden gegen neue ausgewechselt. Nach dieser gründlichen Instandsetzung des Gestänges wird alsdann dem Gleise durch sachgemäßes Richten und Stopfen eine feste, gute Lage gegeben.

Ein so durchgearbeiteter Oberbau kann längere Zeit, je nach den örtlichen, ferner den Betriebs- und Verkehrsverhältnissen 1 bis 4 Jahre allen Ansprüchen genügen, ohne daß es nötig wird, an ihm größere Arbeiten auszuführen. Der Plan braucht natürlich nicht unbedingt starr zu sein, kann vielmehr den wechselnden Bedürfnissen angepaßt werden.

Für die Verwaltung erfordert diese planmäßige Gleiswirtschaft eine planmäßige, rechtzeitige Vorbereitung der Gleisarbeiten, ferner eine genaue Nachrechnung der Selbstkosten nach Arbeits- und Stoffaufwand. Bildliche Darstellungen solcher Ermittlungen sind für Veranschlagung und Überwachung nützlich.

Von der Arbeiterseite her betrachtet kann die planmäßige Gleispflege gefördert und gestützt werden durch die weitere Ausdehnung des Gedingeverfahrens, das sich nach den bisherigen Erfahrungen gut bewährt hat und das geeignet ist, die Arbeitsleistung der Arbeiter bei gleichzeitiger Erhöhung ihres Einkommens zu verbessern. Genaue Zeitstudien über den Arbeitsaufwand werden geeignet sein, Ungleichmäßigkeiten in der Anwendung des Gedingeverfahrens hintanzuhalten und etwaiges Mißtrauen der Arbeiter zu beseitigen.

Zu den Vorerhebungen für die planmäßige Gleisunterhaltung sind durchlaufende Messungen der Gleislage zweckmäßig, die genauere Ergebnisse liefern, als wenn der Befund lediglich nach Stichmaßen und Augenmaß festgestellt wird. Der von Hand gezogene Dorpmüllersche Gleisprüfungswagen zeichnet Spurerweiterung und Überhöhung fortlaufend selbsttätig auf, jene durch die Seitenbewegung eines auf der Achse verschieblich befestigten Rades, diese durch den Ausschlag eines schweren Hängependels gegen das Untergestell. Um das Verhalten des Gleises bei größeren Geschwindigkeiten beurteilen zu können, sind Meßwagen gebaut worden, die bei der Fahrt in Zügen verschiedene Schaubilder liefern, wie für die Zugkraft, die Bewegung des Fahrzeuges im Gleisbogen und im Krümmungseinlauf u. dgl. mehr.

Besondere Sorgfalt erfordert die Unterhaltung der Gleisbogen in Krümmungen. Vielfache Pfeilmessungen von Bogengleisen haben ergeben, daß das vorgeschriebene Krümmungsmaß, wenn die Unterhaltung nur nach Augenmaß geschieht, oft bis zu 40 vH unterschritten und bis 50 vH überschritten wird. Die Übergangsbogen haben meist die Neigung, mit zu starker Krümmung einzusetzen und zu rasch auf das Krümmungsmaß des Hauptbogens anzusteigen. Solche Ungleichmäßigkeiten sind die Hauptursache unruhigen Ganges in den Krümmungen. Es sind verschiedene geometrische Verfahren entwickelt worden, einen verfahrenen Gleisbogen mit möglichst geringen Seitenverschiebungen in einen gleichmäßigen Bogen mittleren Halbmessers zu verwandeln. Das älteste Verfahren, von Nalenz begründet und von Höfer[1]) weiter ausgebildet, gründet sich auf Pfeilmessungen im Bogen, beschränkt also die Aufmessungen in der Natur im wünschenswerten Maße; die Hauptarbeit ist rechnerisch und fußt auf den Beziehungen zwischen Kreisbogen und Evolvente. Andere Verfahren greifen auf den ursprünglichen Polygonzug der Linie zurück, streben also die Wiederherstellung der plangemäßen Lage an; solche Verfahren empfehlen sich insbesondere dann, wenn in dem zu verbessernden Linienzuge Bauwerke liegen, die als Festpunkte für den berichtigten Linienzug behandelt werden müssen.

C. Maschinenarbeit beim Bau und bei der Unterhaltung von Gleisen.

Für die planmäßige Gleisunterhaltung ist es von großer Bedeutung, die Arbeitsgeräte auf ihre Eignung hin zu prüfen und die Bedingungen festzustellen, wie mit ihnen die höchste Leistung bei geringstem Aufwande an Kraft und Zeit zu erreichen ist.

Der Wunsch, die Leistungen weiter zu steigern als es mit der bloßen Handarbeit möglich ist, weist auf die Ausbildung von Arbeitsmaschinen für Gleisbau und Gleisunterhaltung hin. Neben kleineren Maschinen wie den Schwellen-

Abb. 150. Kruppsche Stopfmaschine.

und Schienenbohrmaschinen, den Maschinen zum Ein- und Ausdrehen von Schrauben, den Lade- und Entladevorrichtungen sind es vor allem die Gleisstopfmaschinen, die jetzt soweit vervollkommnet sind, daß sie wirtschaftliche Vorteile bieten. So stellten sich nach neueren Ermittlungen die Kosten für das Durchstopfen eines Gleises mit der Kruppschen Stopfmaschine (Abb. 150) nur

[1]) Höfer: Die Berichtigung der Krümmungen in Gleisbögen, 1914.

auf $^2/_3$ des Aufwandes für Handarbeit. Für die gestampfte Bettung ist die entsprechende Maschine die Bettungswalze, die nach gleichmäßigem Druck, ebener Walzfläche und Wendigkeit besonders für Eisenbahnzwecke durchgebildet werden muß.

Auch große Maschinensätze sind für umfängliche Gleisarbeiten schon gebaut worden. So ist z. B. in Amerika die maschinenmäßige Entladung von Schotterzügen durchgebildet worden. Der Schotter war dabei auf abgebordeten Wagen verladen. Auf dem letzten Wagen des Zuges wurde ein keilförmiger Schlittenpflug mitgeführt. Wurde dieser auf der Baustelle durch ein Drahtseil von der abgespannten Lokomotive vorgezogen, so streifte er den Schotter seitlich von den Wagen ab. Der Pflug wurde dabei durch kurze Rungenstummel geführt, die auf der anderen Seite der Wagen eingesteckt waren. Die neueren Selbstentlader machen solche verwickelte Vorkehrungen entbehrlich; sie sollten deshalb, namentlich auf stark belegten Linien, viel mehr als Arbeitswagen verwendet werden als es bisher geschehen ist. Auch eine fahrbare Waschanlage, mit der bei Gleisumbauten der aufgenommene Schotter gesiebt und gewaschen wurde, wurde in Amerika schon angewendet. In England ist neuerdings ein Kranzug gebaut worden, der ganze Gleisjoche aushebt und gleichzeitig die neuen einlegt. Die neuen Joche werden auf dem rückwärtigen Teil des Zuges fertig zusammengebaut verladen, die vorderen Wagen des Zuges rollen leer an, um die ausgehobenen alten Gleisjoche aufzunehmen. Der Ladekran bewegt sich auf einer Laufbahn, die am Rande der Wagen ausgelegt und an den Wagenlücken durch bewegliche Füllstücke geschlossen wird, sobald der Bauzug angekommen ist. In Deutschland wurde in der neuesten Zeit versuchsweise ein Maschinensatz eingeführt, der die alten Gleisjoche mit einem Kran aushebt, sodann den alten Schotter mit einem Keilschlitten beiseite schiebt und schließlich die neuen, seitwärts bereitgelegten Gleisjoche fertig einhebt (Abb. 151). Um den Kranwagen in Züge einstellen zu können, wird der Kran entsprechend abgesenkt und durch einen Schutzwagen gedeckt.

Abb. 151. Gleisverlegekran.

Die wirtschaftliche Verwendung so schwerer und teuerer Maschinen verlangt natürlich, daß die Maschinen möglichst ungestört bei ihrer Arbeit bleiben können: ein schlechter Ausnutzungsgrad würde auf die Wirtschaftlichkeit schwer drücken. Bei einigermaßen dichter Zugfolge wird man solche Maschinen nur dann mit Aussicht auf Erfolg verwenden können, wenn sich in Bahnhöfen das Umbaugleis sperren oder wenn sich auf der freien Strecke eingleisiger Betrieb einrichten läßt.

Auch für Nebenarbeiten führen sich allmählich Maschinen ein. So sind an mehreren Stellen zur Beseitigung des Unkrautes Maschinen erprobt worden, die die Bettung durchwühlen, das Unkraut ausreißen oder abschneiden und die

Bettung hinter sich wieder glätten. Ihre Wirkung geht jedoch nicht tief genug, um z. B. den tiefwurzelnden Schachtelhalm zu erfassen. Deshalb werden neuerdings chemische Mittel zur Vertilgung des Unkrautes empfohlen (z. B. wäßrige Lösung von Natriumchlorat).

D. Aufbesserung alter Oberbauteile. Altstoffwirtschaft.

Während früher eiserne Oberbauteile schon bei geringen Abnutzungen zum Alteisen geworfen werden mußten, können mit neuzeitlichen Schmiede- und Preßverfahren Ersparnisse dadurch erzielt werden, daß verschlissene Teile in besonders dafür ausgebildeten Maschinen wieder aufgefrischt werden. So werden alte Klemmplatten durch Herausdrücken und Verbreitern der Knaggen, Unterlegplatten durch Niederdrücken des Hakens, Laschen durch Aufpressen so wieder hergestellt, daß sie von neuem eine längere Gebrauchsdauer erhalten. Voraussetzung für diese Auffrischung ist natürlich, daß durch sorgfältige Messungen festgestellt wird, wie die Abnutzung der einzelnen Teile vor sich geht, damit die richtige Form bestimmt werden kann. So wurde z. B. mit einem besonderen Meßgerät erwiesen, daß die Laschenkammern der Schienen im allgemeinen trapezförmig ausgeschlagen werden, so daß die aufgepreßten Laschen eine entsprechende Form erhalten müssen (Abb. 152). Es ist sogar von mehreren Seiten geltend gemacht worden, daß es nützlich sei, der gesprengten Lasche so viel Stich zu geben, daß die Stoßstelle um ein geringes Maß überhöht wird; es soll dadurch die Wiederkehr des Stoßeinschlages verzögert werden.

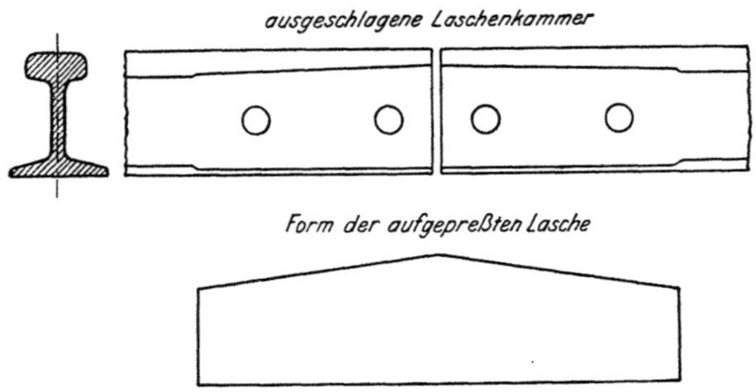

Abb. 152. Aufgepreßte Lasche.

Eisenschwellen, die an den Löchern gerissen oder an den Schienenauflagern stark abgenutzt sind, werden durch Verschweißen der Risse oder durch Einschweißen eines neuen Deckenstückes wieder hergestellt. Schadhafte Holzschwellen werden durch Verdübeln der Löcher oder durch Aufsatteln der Lagerflächen für eine Reihe von Jahren wieder brauchbar gemacht.

Sind die Oberbauteile gänzlich unbrauchbar geworden, so werden sie als Altstoffe verwertet. Holzschwellen werden versteigert oder an Eisenbahner gegen ein Geringes für Bauzwecke oder als Hausbrand abgelassen. Altschienen werden an Bauunternehmer als Fördergleis verliehen, ein Teil wird auch für Bauzwecke verkauft, teils als Träger, teils für Grubenaussteifung. Der Rest wandert mit dem unbrauchbar gewordenen Kleineisen an die Hüttenwerke zum Einschmelzen, und zwar unter Vermittlung des Alteisenhandels. Es erscheint jedoch nicht unzweckmäßig, dabei diesen Zwischenhandel auszuschalten und mit den Hüttenwerken in der Form abzuschließen, daß sie für jede Tonne Alteisen eine bestimmte Menge neuer Oberbauteile liefern. Dieses Umschmelzen gegen Lohn würde sozusagen die äußerste Form des Auffrischens bedeuten und die Eisenbahn hätte alljährlich außer dem Einschmelzverluste nur so viel Oberbaustahl zuzukaufen, wie der Abgang durch Rost, Verschleiß und Verlust, ferner die Neubauten als Vermehrung erfordern.

E. Nebenbetriebe für Gleisarbeiten.

Nebenbetriebe für Oberbauzwecke werden von manchen Bahnen zur Beschaffung der Bettungsstoffe sowie zur Aufbereitung der Holzschwellen unterhalten.

Anlagen zur Herstellung von Bettungsstoffen werden gewöhnlich nur unter besonderen Verhältnissen von der Bahn selbst unterhalten, sei es, daß es wegen des geologischen Charakters des Landes oder wegen seines Kulturzustandes keine Unternehmer dafür gibt, oder daß Bettungsstoffe eigener Art beschafft werden müssen. So hat man in Gegenden, wo gar kein anderer Steinstoff zu haben ist, Ziegel gebrannt und diese zu Schottersteinen zerkleinert. Auch die Hochofenschlacke erfordert, da sie in Schichten von höchstens 5 cm Dicke zum Erkalten ausgegossen, dann zerschlagen und im Steinbrecher zerkleinert werden muß, eine Brecheranlage entweder im Eisenwerk oder bei der Bahn, wenn mehrmalige Förderung und Zwischengewinne vermieden werden sollen. In der norddeutschen Tiefebene, wo sich gewachsener Felsboden nicht vorfindet, hat man stellenweise die Gletscher-Endmoränen der Eiszeit in bahneigenen Anlagen zur Gewinnung von Steinschlag ausgebeutet. Auch Kiesgruben werden vielfach für Bettungszwecke von Bahnverwaltungen betrieben. Wo Steinbrüche zum gleichen Zwecke unterhalten werden, sind sie stets mit Steinbrechern verbunden. Diese werden zweigeschossig angelegt, damit das gebrochene Gut ohne Zwischenhebung aus einem Fülltrichter oder aus Silokammern in die Eisenbahnwagen geladen werden kann. Die Brecheranlage ist also womöglich so anzuordnen, daß sie Zweiggleisanschluß erhalten kann; Zwischenförderung mit Rollbahn oder Seilbahn verteuert den Betrieb. Besonderer Wert ist bei der Herstellung von Steinschlag darauf zu legen, daß die richtige Größe des Korns eingehalten wird. Meistens wird der Schotter — auch wenn er bei einem Unternehmer gekauft wird — viel zu grobkörnig angeliefert. Bei kleinen, muscheligen Steinen wird aber die richtige Lage der Gleises schneller erreicht und außerdem eine festere Gleislage erzielt als bei gröberem würfelförmigem Korn. Zumal für das Stampfverfahren und seinen Erfolg ist kleinkörniger Steinschlag nötig.

Die Aufbereitungsanstalten für Schwellen sind stets mit den Tränkanstalten verbunden. Vom Lagerstapel gelangen die Schwellen zuerst an die Hobelmaschine, wo das Plattenlager geglättet wird, ferner an die Bohrmaschine, von da in den Tränkkessel. Für Oberbauformen mit getrennter Schienen- und Plattenbefestigung können auch gleich die Platten maschinenmäßig aufgeschraubt werden. In neuzeitlichen Anlagen kann die ganze Behandlung weitgehend als Bandarbeit ausgebildet werden, wie es in einer neuen englischen Anstalt bereits geschehen ist. Beim Abladen der Schwellen ist die Durchführung von Maschinenarbeit allerdings dadurch erschwert, daß nach dem in Deutschland allgemeinen Gebrauche die Rohschwellen im Walde vom Unternehmer verladen, aber erst in der Tränkanstalt übernommen und zur Zwischenagerung sortiert werden. Für das Aufladen der frisch getränkten Schwellen ist Schutzkleidung für die Arbeiter nötig, da die meisten Tränkstoffe die Haut angreifen. Bei der Bildung der Wagenladungen zum Versand frisch getränkter Schwellen muß darauf Rücksicht genommen werden, daß die Schwellen sehr schlüpfrig sind, so daß sich die Ladung leicht verschiebt.

Zweiter Abschnitt.

Gleisverbindungen.

I. Weichen und Kreuzungen.

A. Allgemeines über Weichen und Kreuzungen.

Eine Weiche ist die Verzweigung eines Gleises in zwei oder drei, die so angeordnet ist, daß sie von geschlossenen Fahrzeuggruppen oder ganzen Zügen befahren werden kann.

Kreuzungen nennt man die Überschneidung zweier Gleise in derselben Ebene.

a) Die einfache gerade Weiche. Die einfache Weiche entsteht, wenn aus dem Stammgleise nur ein Neben- oder Zweiggleis abzweigt. Diese Weichen bestehen aus 3 Teilen: Der Zungenvorrichtung, auch Ablenkvorrichtung, in Österreich Wechsel genannt, dem Herzstück und den dazwischen liegenden Weichengleisen. Die Ablenkung einer Fahrzeugachse aus dem Hauptgleise wird durch die an der „Anschlag- oder Backenschiene" anliegende Zunge herbeigeführt, die gegenüberliegende Zunge „schlägt auf". Die Weichenlänge rechnet von dem Stoße vor der Zungenvorrichtung bis zum Stoße hinter dem Herzstücke. Der Schnittpunkt der beiden Fahrkanten im Herzstücke heißt die mathematische Herzstückspitze.

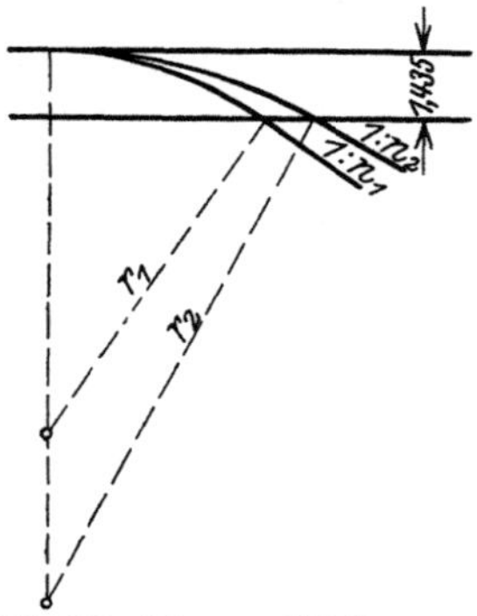

Abb. 153. Länge und Halbmesser.

Die Länge und die geometrische Gestalt der aus geradem Gleise abzweigenden „geraden" Weichen kann man leicht nach Abb. 153 überschläglich beurteilen. Man erkennt leicht, daß die Länge der Weiche mit zunehmendem Bogenhalbmesser wächst, während gleichzeitig der Tangentenschnittwinkel des Herzstückes abnimmt. Gewöhnlich nimmt man für das Herzstück einen bestimmten Winkel in einer runden Verhältniszahl an. Der zugehörige Bogenhalbmesser ist dadurch mitbestimmt, er ändert sich durch die genauere Berechnung nur in engen Grenzen.

Die in Deutschland hauptsächlich verwendeten Weichen sind in folgender Zahlentafel zusammengestellt.

Herzstück-		Krümmungshalbmesser des Weichenbogens	Bestimmung der Weiche	Zulässige Geschwindigkeit von Zügen gegen die Spitze in Ablenkung	Ungefähre Maße des Linienbildes		
verhältnis	winkel				a	b	p
1 : 7	8°7′48″	140	Nur für Wagen ohne Lokomotiven (Ablaufweichen in Rangierbahnhöfen, Fabrikgleise usw.)	—	7,7	11,4	13,0
1 : 8	7°7′30″	165	Nebenbahnen	30 km/Stde	11,0	13,0	15,0
1 : 8,5	6°42′35″	180	Nebenbahnen und Nebengleise der Hauptbahnen		11,0	15,0	17,6
1 : 9	6°20′25″	190	Hauptgleise der Hauptb.	45 km/Stde	11,0	15,0	17,6
1 : 10	5°42′38″	250			11,5	17,0	19,0
1 : 13	4°23′55″	500	Einseitige Bogenweichen		11,5	22,8	26,0
1 : 15	3°48′51″	600	Schnellzugsabzweigungen	60 km/Stde	20,2	25,0	27,9

Bei der Fahrt gegen die Spitze dürfen die Weichen im geraden Strange mit der vollen für die betreffende Linie geltenden Geschwindigkeit befahren werden, wenn die Weichen mit Spitzenverschlüssen ausgerüstet sind. Der krumme Strang einer Weiche darf auf Hauptbahnen gewöhnlich nur mit 45 km/Stde befahren werden, auch wenn der Weichenhalbmesser an sich eine größere Geschwindigkeit zulassen würde. Maßgebend für diese Beschränkung ist der Umstand, daß die gekrümmten Weichengleise keine Überhöhung erhalten, vor allem aber der „Ablenkfehler“ an der Zungenspitze, der dadurch entsteht, daß die krumme Weichenzunge aus baulichen Gründen nicht tangential an die Anschlag- oder Backenschiene anschließen kann. Bei zu schneller Fahrt führt dieser Ablenkfehler durch die plötzliche Richtungsänderung zu heftigen Stößen, die betriebsgefährlich werden können. Um für Schnellzüge, die auf der freien Strecke oder in kleinen Bahnhöfen abzweigen sollen, die Herabminderung der Fahrgeschwindigkeit in erträglichen Grenzen zu halten, ist in den letzten Jahren nach holländischem Muster die Weiche 1 : 15 üblich geworden; diese darf nach Ablenkfehler und Bogenhalbmesser mit 60 km/Stde in der Ablenkung befahren werden.

Je nachdem das abzweigende Gleis von der Spitze aus gesehen rechts oder links vom Hauptgleise liegt, unterscheidet man Rechts- oder Linksweichen (Abb. 154 und 155). Die Zungenvorrichtungen werden für beide Formen ver-

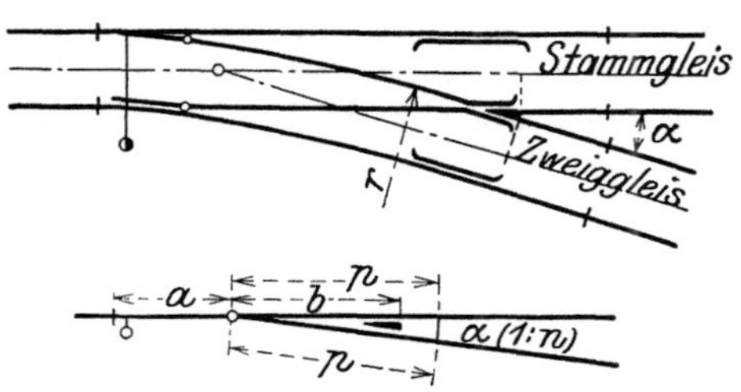

Abb. 154. Rechtsweiche.

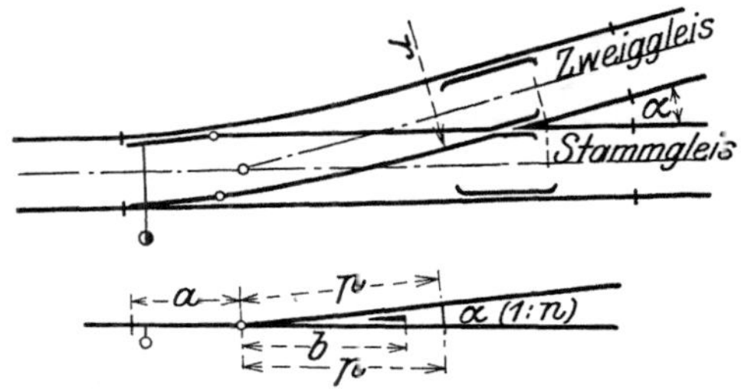

Abb. 155. Linksweiche.

(Aus Foerster, Taschenbuch, 4. Aufl.)

schieden, wenn die Zunge für den ablenkenden Strang gekrümmt werden soll. Frühere Formen, bei denen Zunge und Anschlagschiene gerade waren und an der Zungenwurzel (dem hinteren Ende der Zunge) in einer Linie abschlossen, konnten nach Wahl für Rechts- oder Linksweichen verwendet werden; sie sind aber verlassen, da die Fahrt in der Ablenkung allzu große Unstetigkeiten aufweist. Das Herzstück wird gewöhnlich mit geraden Fahrkanten ausgeführt. Es ist dann für Rechts- und Linksweichen gleich. Dem geraden Stücke der Fahrkante vor der mathematischen Herzstückspitze, der Herzstückgeraden, wurde früher eine große Bedeutung für die Sicherheit der Fahrt beigemessen. Sie sollte das führende Rad aus der Krümmung des Weichenbogens in die Richtung der Herzstücktangente überleiten, so daß der Radflansch beim Durchlaufen der führungslosen Stelle des Herzstückes vor dem Anstoß an die Herzstückspitze bewahrt bleiben sollte. Die Herzstückgerade wurde deshalb möglichst lang, auf 2,5 bis 3 m bemessen. Je länger aber die Herzstückgerade wird, desto kleiner muß bei angenommenem Herzstückwinkel der Halbmesser des Weichenbogens ausfallen, die Verhältnisse der Weiche werden also in anderer Hinsicht verschlechtert. Man ging daher mit der Herzstückgeraden immer weiter herab, etwa bis zu 1,0 m, bei steilen Weichen selbst bis zu 0,4 m. Der Anschlußpunkt des Weichenbogens rückte damit beinahe bis an den Beginn der führungslosen Stelle heran. Dieses Verfahren hat sich als unbedenklich erwiesen. Denn die Überleitung des Rades über die führungslose Stelle im Herzstücke wird auch durch den Radlenker oder die Zwangschiene, die dem Herzstücke gegenüber am durchgehenden Strange angebracht wird, genügend gesichert. Die zweite Aufgabe der Herzstückgeraden, nämlich die am inneren Strange des Weichenbogens allgemein übliche Spurerweiterung wieder auszugleichen, wird dabei freilich hinfällig, die Spurerweiterung muß noch vor Bogenende eingezogen werden. Den Ablenkfehler an der Zungenspitze pflegt man in solche geometrische Form zu bringen, daß sich die gerade Fahrkante der Anschlagschiene und die gekrümmte der Zunge um ein geringes Maß überschneiden. Dieser Überschneidung wegen ist es nötig, zwischen zwei geraden, nach verschiedenen Seiten abzweigenden Weichen eine Gerade von 6 m einzuschalten (T. V. § 39, 4). Denn an der Spitze zweier zusammenstoßenden Zungenvorrichtungen mit Fahrkantenüberschneidung würde für die Fahrt im Gegenbogen außer der zweimaligen plötzlichen Richtungsänderung noch eine Querverschiebung nötig werden (Abb. 156). Auch wenn vor einer Weichenablenkung ein einfacher Gleisbogen der entgegengesetzten Richtung liegt, muß die Zwischengerade von 6 m nach T. V. § 39, 4 eingehalten werden. Ja, selbst wenn ein Bogen gleichen Sinnes vor der Weiche liegt, pflegt man diese Zwischengerade einzuhalten, um auf den Bogenauslauf nicht sofort den Stoß des Ablenkfehlers folgen zu lassen, sondern das scharf anlaufende, führende Rad zunächst in die Richtung der Anschlagschiene zu leiten, ehe es an der Zungenspitze abgelenkt wird. Sind schließlich zwei nebeneinander laufende Gleise durch eine Rechts- und eine Linksweiche miteinander verbunden, so ist zwischen die entstehenden Gegenbogen gleichfalls eine Zwischengerade von 6 m Länge einzuschalten (T. V. § 39, 3).

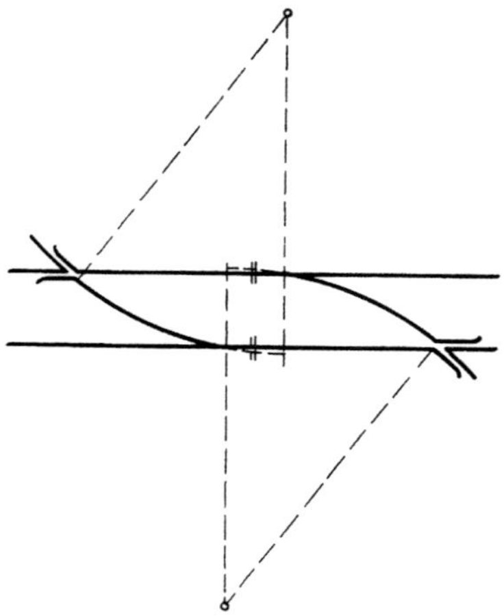

Abb. 156. Aneinanderstoßende Weichen.

In neuester Zeit ist nun der Wunsch entstanden, den Weichenbogen ohne die Unstetigkeit der Herzstückgeraden durch das Herzstück hindurch- und ihn dahinter noch ein Stück weiterzuführen (gekrümmte Herzstücke). Man braucht dann für Rechts- und Linksweichen besondere Herzstücke; die Herzstücke sind nicht mehr vertauschbar, die Lagerhaltung wird erschwert. Aber man erreicht dadurch entweder den Gewinn, daß eine Weiche von gegebener Steigung mit dem gekrümmten Herzstück einen größeren Halbmesser erhalten kann oder daß eine Weiche von demselben Halbmesser eine größere Endtangente erreicht. Das heißt, die Weichen und ihre Zusammenfügungen zu „Weichenstraßen“ werden steiler. Gewöhnlich wird der letztgenannte Vorteil angestrebt, weil er die nutzbare Länge der Gleise günstig beeinflußt. Von den vier Gestaltungsgrundsätzen

1. Einschaltung einer Herzstückgeraden,
2. Spurerweiterung im Weichenbogen,
3. Bildung des Ablenkfehlers durch Fahrkantenüberschneidung,
4. Zwischengerade zwischen den Gegenbogen eines Verbindungsgleises zweier Weichen

ist also der erste gefallen. Was wird aus den anderen?

Die Spurerweiterung im Weichenbogen, die jetzt gewöhnlich auf etwa 20 mm bemessen wird, kann wegen der Beziehungen zwischen Herzstück und Radlenker nicht oder nicht gleichmäßig durchgeführt werden. Dr.-Ing. Vogel[1]) weist nach, daß diese Spurerweiterung für die kurzen Weichenbogen mindestens bedeutend eingeschränkt werden kann, und zwar so, daß sie für Halbmesser von 180 m und mehr überhaupt wegfallen kann, während sie dann bis 140 m Halbmesser herab

[1]) „Grundlagen für steile Weichenstraßen“, Verkehrstechn. Woche 1925, 26-28.

allmählich auf 12 mm steigt. Die Überschneidung der Fahrkanten an der Herzstückspitze erweist sich gleichfalls als unzweckmäßig, wenn auf die Einschaltung einer Zwischengeraden zwischen Gegenweichen verzichtet werden soll. Dr. Vogel schlägt vor, die bei Straßenbahnen übliche Zungenform, die berührend an die Backenschiene anschließt, anzunehmen (Abb. 157 b). Wenn auch wegen der betriebssicheren Ausbildung der Zungenspitze der Ablenkfehler beibehalten werden muß, so fällt bei einer Gegenfahrt nach Abb. 156 doch die Unstetigkeit weg, die als beiderseitige Fahrkantenüberschneidung störend auftritt. Was schließlich die Zwischengerade zwischen den Gegenkrümmungen eines Weichenverbindungsgleises anlangt, so haben Berechnungen der ungünstigsten Pufferausschläge und praktische Versuche dargetan, daß es unbedenklich ist, auf sie zu verzichten. Übrigens hat auch Bräuning schon auf einem verwandten Gebiete die Beobachtung gemacht, daß der Lauf aus einem Bogen in den Gegenbogen in den bestehenden Vorschriften mit übermäßiger Vorsicht beurteilt wird. Gegenüber der Vorschrift, daß nach B. O. zwischen Gegenbogen eine unüberhöhte Strecke von 30 m Länge eingeschaltet werden soll, hat nach Bräuning der unmittelbare Übergang der Gegenbogen ineinander den Vorzug, daß die Drehung der Fahrzeuge um ihre Längsachse, welche die Rampenfahrt mit sich bringt, am Wendepunkte ununterbrochen und stetig in gleichem Sinne fortschreitet, während sie in der Zwischengeraden eine plötzliche, die Stetigkeit der Bewegung störende Unterbrechung erleidet. Möglich, daß solche und ähnliche Stetigkeitsuntersuchungen neue Grundsätze auch für den Weichenbau zutage fördern.

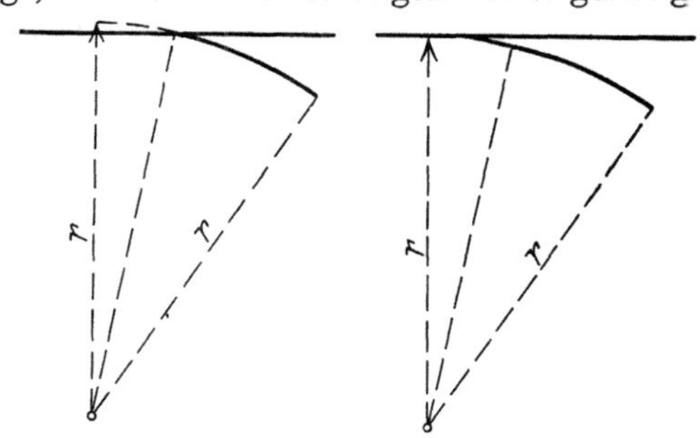

Abb. 157a und b. Überschneidende und berührende Zunge.

Verlängert man die durch die Herzstückgerade gegebene Achsenrichtung des Nebengleises bis zum Schnitt mit der Achse des Stammgleises, dann erhält man die mathematische Weichenmitte. Es entsteht so das Linienbild der einfachen geraden Weiche, das zur Darstellung der Weichen in Bahnhofsplänen und zum Abstecken der Weichen benutzt wird. Das Linienbild wird vervollständigt, indem man den Stoß vor der Zungenspitze und die Stöße hinter dem Herzstück mit einträgt. Auch für die übrigen Weichenformen werden die Achsenschnitte zu Linienbildern vereinigt.

b) Die einfache Bogenweiche. Hat man eine einfache gerade Weiche in ein Bogengleis einzuschalten, so muß man das Ursprungsgleis auf eine ausreichende Länge am Anfang und Ende durch schärfere Krümmungen ersetzen, so daß dazwischen eine Gerade entsteht. Diese muß der Länge der einzuschaltenden Weiche gleich sein, wenn der Bogen der Weiche gleiche Richtung mit dem Hauptbogen hat; andernfalls sind noch 6 m Zwischengerade zwischen den Gegenbogen nötig. In beiden Fällen entstehen gewöhnlich bedeutende Querverschiebungen v gegen den ursprünglichen Bogen (Abb. 158).

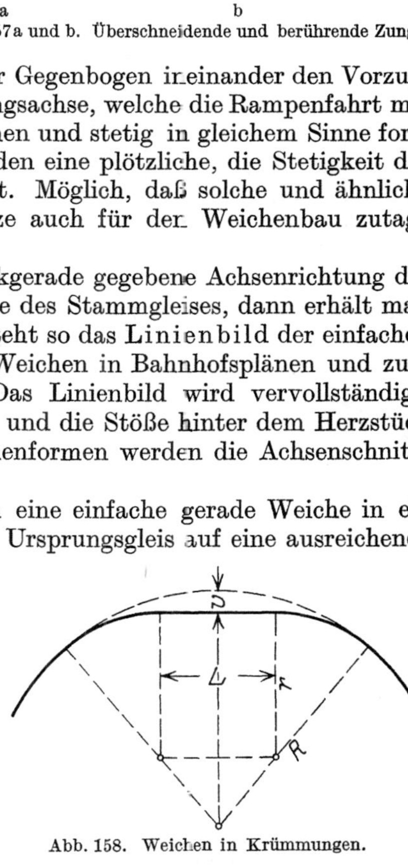

Abb. 158. Weichen in Krümmungen.

Diese Verhältnisse können dadurch verbessert werden, daß man das Stammgleis der einfachen Weiche krümmt, und zwar in dem Raume zwischen der Zungenvorrichtung und dem Herzstück. Es ist, als lege man einen Teil des

Bogens in die Weiche hinein; man vollzieht also einen Teil der Richtungsänderung in der Weiche selbst. Zungenvorrichtung und Herzstück bleiben unberührt, d. h. man kann die Formen der einfachen geraden Weiche dafür verwenden.

Läuft die Krümmung des Stammgleises im gleichen Sinne mit der des Abzweiggleises, so entsteht die

Einseitige Bogenweiche (gleichlaufende Krümmungsweiche des Vereins deutscher Eisenbahnverwaltungen), Abb. 159.

Wenn diese Weichenform in ein gekrümmtes Gleis eingeschaltet werden soll, so ergibt sich eine beträchtlich geringere Verschiebung gegen den ursprünglichen Hauptbogen. Man kann das Gerippe der Verschiebung so berechnen, daß es symmetrisch ausfällt. Dann erhält die Gerade für das Herzstück

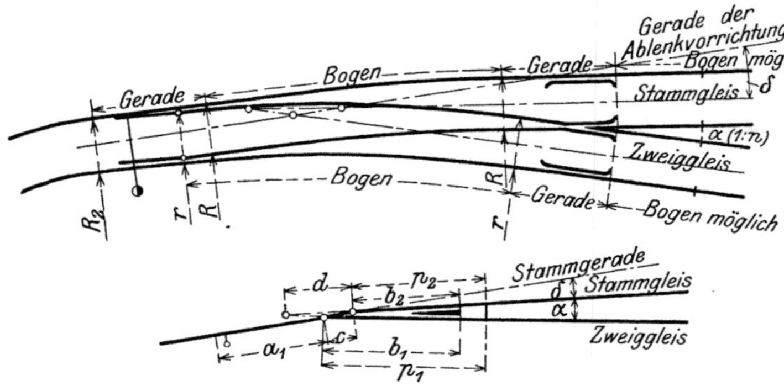

Abb. 159. Einseitige Bogenweiche.
(Aus Foerster, Taschenbuch, 4. Aufl.)

die gleiche Länge wie die für die Zungenvorrichtung. Da jedoch für die letztgenannte eine größere Länge erforderlich ist, läßt sich nach dem Vorgehen der vorm. Württembergischen Staatsbahnen auch eine unsymmetrische Anordnung treffen (Abb. 160).

Die Einlegung gleichlaufender Krümmungsweichen ist, wenn man von dem Halbmesser des Abzweiggleises ausgeht und diesen für die Fahrt ganzer Züge nicht unter 180 m Halbmesser bemessen will, nur in flachen Krümmungen und mit sehr flachen Herzstückwinkeln möglich. Beispielsweise ist zu einem Bogenhalbmesser von 180 m im Nebengleise und zu einem Herzstückverhältnis von 1 : 13 ein Halbmesser von rund 450 m im Ursprungsgleise nötig (sächsische Krümmungsweiche 1 : 13).

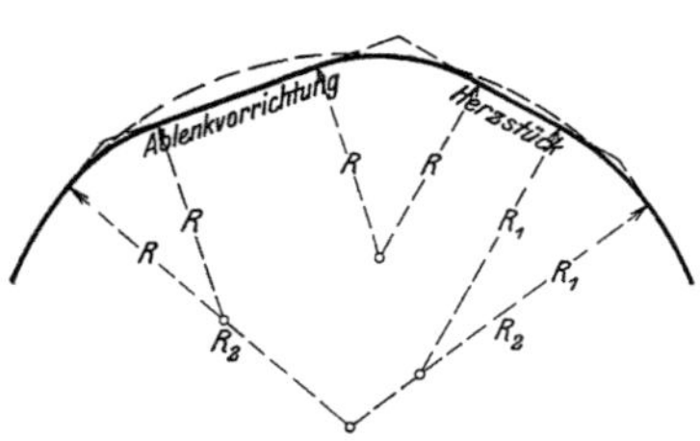

Abb. 160. Bogenweiche in Krümmung.
(Aus Foerster, Taschenbuch, 4. Aufl.)

Beim Durchfahren einer solchen gleichlaufenden Krümmungsweiche treten vier plötzliche Übergänge vom Bogen zur Geraden und umgekehrt auf. Da diese Stellen natürlich keine Übergangsbogen erhalten können, sind sie als Unstetigkeiten zu betrachten. Es ist daher bei manchen Verwaltungen als erwünscht angesehen worden, die Krümmung des Mutterstranges auch durch die Zungenvorrichtung und das Herzstück durchzuführen, ungeachtet der Erschwernis, daß dann für beide besondere Formen bereit gehalten werden müssen. Die vorm. Preußisch-hessischen Staatsbahnen haben folgende Formen dafür durchgebildet:

1. Für das Herzstückverhältnis 1 : 10 (Fahrkante des Hauptstranges gekrümmt)

Stammgleis	500	oder	750	oder	1000 m	Halbmesser
Abzweiggleis	170	„	190	„	250 m	„

2. Für das Herzstückverhältnis 1 : 14 (Fahrkante des Hauptstranges gekrümmt)

Stammgleis	500	oder	750 m	Halbmesser
Abzweiggleis	250	„	300 „	„

Hat das abzweigende Gleis entgegengesetzte Krümmung von der des Stammgleises, so entsteht die

Zweiseitige Bogenweiche (ungleich laufende Krümmungsweiche des V. D. E.), Abb. 161.

Werden für diese Weichen wieder die gewöhnlichen Zungenvorrichtungen mit gerader Anschlagschiene sowie die geraden Herzstücke verwendet, so fällt die Krümmung im Stammgleise und im Abzweiggleise verschieden stark aus. Die beiden Gleise streben vermöge der entgegengesetzten Krümmung schnell auseinander, es entstehen also bei kleinen Krümmungshalbmessern steile Herzstückneigungen oder bei mittleren und kleinen Herzstückwinkeln flache Weichenkrümmungen. Eine ungleichlaufende Krümmungsweiche der Deutschen Reichs-

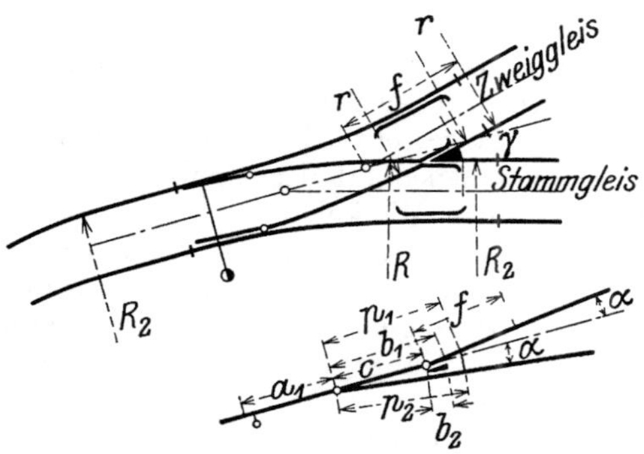

Abb. 161. Zweiseitige Bogenweiche.

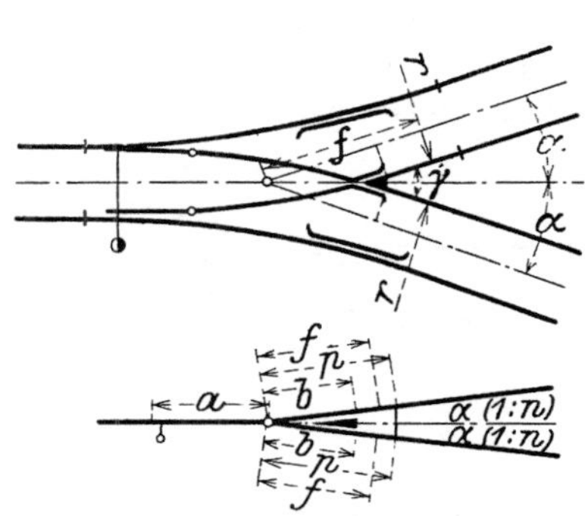

Abb. 162. Symmetrische Krümmungsweiche.

(Aus Foerster, Taschenbuch, 4. Aufl.)

bahn hat bei 245 und 235 m Bogenhalbmesser ein Herzstückverhältnis 1 : 10. Mit 180 m Bogenhalbmesser läßt sich schon das Herzstückverhältnis 1 : 6 erreichen.

Auch bei ungleich laufenden Krümmungsweichen wird manchmal die Krümmung in der Ablenkvorrichtung durchgeführt. Gewöhnlich wird dann die Krümmung in beiden Weichensträngen gleich bemessen und es entsteht die

symmetrische Krümmungsweiche (Abb. 162),

bei der beide Weichenstränge symmetrisch zur Mittellinie des Herzstückes angeordnet sind. Sie gestattet die Anwendung großer Krümmungshalbmesser und ist deshalb namentlich für Verzweigungen von Hauptbahnen auf freier Strecke mit Vorteil zu verwenden. Die vorm. Bayrischen Staatseisenbahnen haben eine solche Weiche vom Herzstückverhältnis 1 : 12 mit 1000 m Zungenhalbmesser, 800 m Weichengleishalbmesser. Sie kann mit voller Schnellzugsgeschwindigkeit befahren werden.

c) Die Doppelweichen. Doppelweichen kann man sich dadurch entstanden denken, daß man zwei einfache gerade Weichen ineinander schiebt. Sie sind dadurch gekennzeichnet, daß sie stets zwei Zungenvorrichtungen und drei Herzstücke haben.

Man unterscheidet:

1. Die zweiseitige Doppelweiche, bei der die abzweigenden Gleise zu beiden Seiten des Stammgleises liegen. Man kann sie entstanden denken aus zwei ineinander geschobenen einfachen, geraden Weichen, einer rechten und einer linken.

Schiebt man die beiden Weichen so ineinander, daß ihre Mittelpunkte zusammenfallen, dann entsteht α) die symmetrische Doppelweiche (dreiteilige oder dreischlägige Weiche). Sie ist in Abb. 163 dargestellt. Die an der Weichenspitze zusammentreffenden beiden Zungen können nur untergebracht werden, wenn die Fahrkante der inneren Zunge nach innen, die der Anschlagschiene nach außen verdrückt wird. Die Weiche ist daher für den Verkehr ganzer Züge kaum geeignet und wird nicht mehr gebaut.

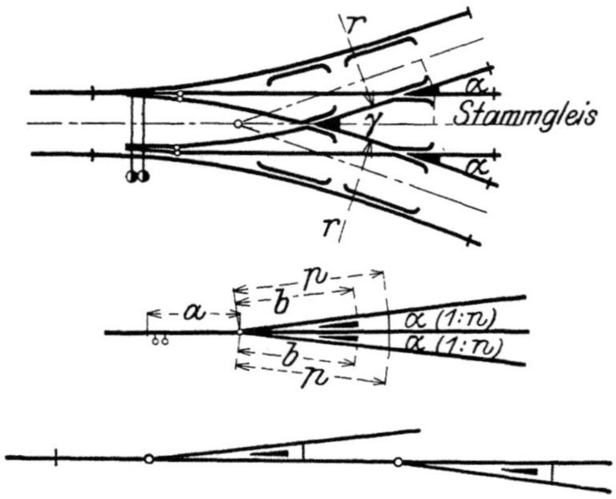

Abb. 163. Symmetrische Doppelweiche.

Schiebt man die beiden Folgeweichen zum Bilde der zweiseitigen Doppelweiche so ineinander, daß die Zungenvorrichtung der zweiten zwischen Herzstück und Zungenvorrichtung der ersten zu liegen kommt, so entsteht

β) die unsymmetrische zweiseitige Doppelweiche (zweiseitig verschränkte Doppelweiche des V. D. E., zweiseitige Folgeweiche). Sie ist in Abb. 164 dargestellt. Die beiden Abzweigweichen erhalten gewöhnlich gleichen Winkel.

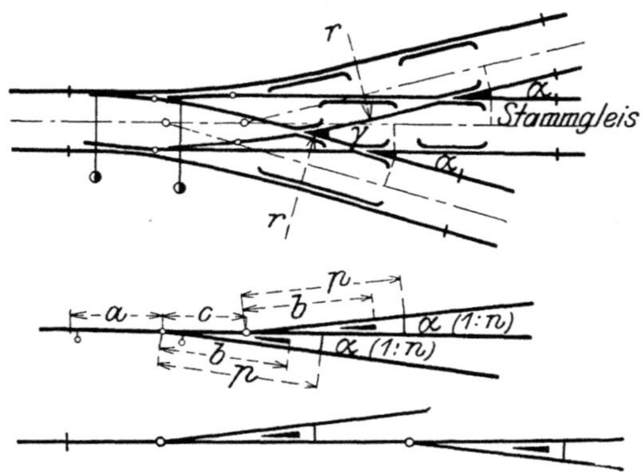

Abb. 164. Zweiseitige Doppelweiche.

2. Die einseitigen Doppelweichen, bei denen die beiden Nebengleise nach derselben Seite des Hauptgleises abzweigen, und zwar

α) das zweite Weichengleis zweigt aus dem Nebengleis der ersten ab;

β) die beiden Weichengleise zweigen hintereinander aus dem Hauptgleise ab.

Die einseitige Doppelweiche aus dem Nebenstrange (Abb. 165) entsteht, wenn man sich zwei zum verdoppelten Weichenwinkel hintereinander geschaltete Weichen ineinander geschoben denkt. Sie ist daher besonders geeignet zum schnellen Entwickeln von Gleisen und ergibt dabei einen Gewinn an nutzbarer Länge. Dieser wird allerdings wieder etwas dadurch beeinträchtigt, daß der Steigungswinkel mindestens der ersten Abzweigweiche auch bei scharfer Krümmung ziemlich klein aus-

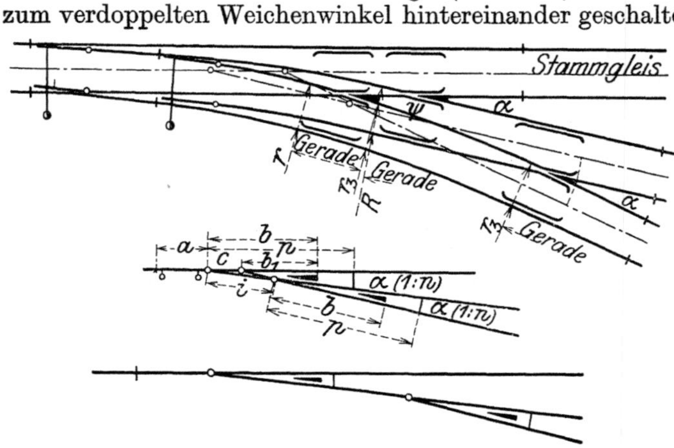

Abb. 165[1]). Einseitige Doppelweiche.

[1]) Bei den Abb. 163 bis 165 sind jeweils die beiden oberen Figuren aus Foerster, Taschenbuch, 4. Aufl., entnommen.

fällt, weil für die Gerade der eingeschalteten Zungenvorrichtung Platz geschaffen werden muß. Da in der zweiten Abzweigweiche dieser Beweggrund entfällt, kann man dort unter Umständen zu einem steileren Herzstückverhältnis gelangen. Es ergeben sich also zwei Ausführungsmöglichkeiten: entweder man wählt für beide Weichen dasselbe Herzstückverhältnis (preußische Weiche 1 : 10 + 1 : 10), oder man steigert in der zweiten das Herzstückverhältnis (Doppelweiche 1 : 10 + 1 : 8 der schweizerischen Bundesbahnen).

Die einseitige Doppelweiche aus dem Hauptstrange entsteht, wenn man sich zwei nebeneinander geschaltete einfache, gerade Weichen ineinandergeschoben denkt (Abb. 166.) Sie stellt eine übersichtliche Lösung dar, wenn von einem Stammgleise aus viele Harfengleise nach derselben Seite hin anzuschließen sind. Ihr Vorteil ist jedoch gering. In ihrem Ursprungslande Österreich wurde sie vereinzelt angewendet, sonst hat sie keine Verbreitung gefunden.

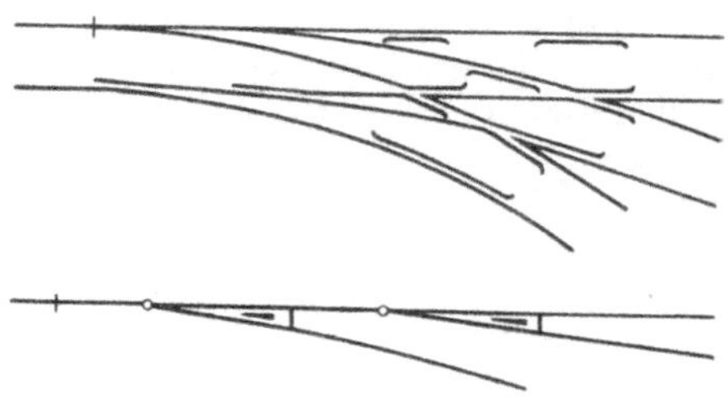

Abb. 166. Doppelte Hauptstrangweiche.

d) Die Kreuzung. Bei der gradlinigen Durchschneidung zweier Gleise bildet sich als Mittelfigur eine Raute, an deren spitzwinkligen Ecken zwei (einfache) Herzstücke entstehen, während an den stumpfwinkligen Ecken zwei Kreuzungsstücke (doppelte Herzstücke) auftreten (Abb. 167). In den doppelten Herzstücken liegen sich zwei führungslose Stellen gegenüber. Eine Führung kann in dem doppelten Herzstücke nicht anders hergestellt werden als durch Verwendung beweglicher Teile (der Spitze oder der Knieschiene). Ohne diese immerhin verwickelte Anordnung treten in spitzen Kreuzungen leicht Entgleisungen auf. Zwar nicht in durchgehender Bewegung, wohl aber, wenn ein gerade mit einer Achse in der führungslosen Stelle stehendes Fahrzeug ruckweise angezogen oder angestoßen wird. Es treten dann leicht Seitenbewegungen auf, durch die ein Rad gegen die Spitze des doppelten Herzstückes gedrängt werden kann. Es ist deshalb allgemein üblich, Kreuzungen möglichst steil zu halten, weil dadurch die führungslose Stelle kurz wird. Kreuzungen auf der freien Strecke sollen, wenn sie überhaupt in Schienengleiche zugelassen werden, möglichst rechtwinklig sein. Kreuzungen von Bahnhofsgleisen sollen nicht unter 1 : 10 sein (T. V. § 41, 1).

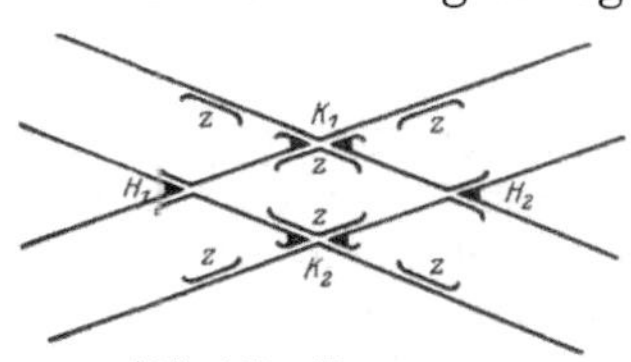

Abb. 167. Kreuzung.
(Aus Foerster, Taschenbuch, 4. Aufl.)

Abb. 168. Gekrümmte Kreuzungen.

In Deutschland werden die Kreuzungen fast ausschließlich geradlinig ausgeführt, und zwar gewöhnlich in wenigen bestimmten Kreuzungswinkeln. Durch diese Beschränkung wird die Lagerhaltung von Ersatzteilen erleichtert.

Andrerseits wird dadurch die Linienführung von Bahnhofsgleisen stark erschwert. In Österreich, noch mehr in England bindet man sich daher nicht durch solche Rücksichten, vgl. Abb. 168, eine Bahnhofseinfahrt in London darstellend.

e) Die Kreuzungsweichen. Bei geradlinigen Kreuzungen zwischen 1 : 7 und 1 : 10 ist es möglich, die beiden Gleise durch Weichenbogen zu verbinden. Es werden dabei die Ablenkvorrichtungen und Herzstücke der einfachen Weichen verwendet. Die Zungenvorrichtungen bleiben innerhalb der Kreuzungsraute. Vielfach werden indessen die Zungen und die Grundplatten etwas abgeschrägt, um sie weiter in die spitze Ecke am einfachen Herzstück vortreiben und die Krümmungsverhältnisse dadurch verbessern zu können. Kreuzungsweichen mit spitzeren Herzstücken als 1 : 10 sind ohne bewegliche, die führungslosen Stellen in den Doppelherzstücken deckende Teile nicht empfehlenswert.

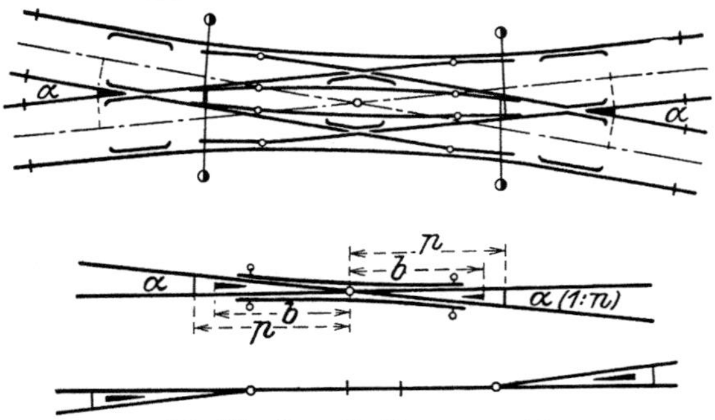

Abb. 169. Doppelte Kreuzungsweiche.
(Die beiden oberen Teile entnommen aus Foerster, Taschenbuch, 4. Aufl.).

Die Kreuzungsweichen nehmen vier verschiedene Formen an:

α) Die doppelte Kreuzungsweiche, früher auch ganze oder zweiseitige genannt (Abb. 169). Sie gestattet vier Fahrten, und zwar zwei in der Geraden, zwei in der Krümmung, ersetzt also zwei einfache Weichen, die mit der Spitze gegeneinander gekehrt in einem Gleise liegen. Aus diesen beiden Weichen kann man sich die doppelte Kreuzungsweiche durch Zusammenschieben entstanden denken. Durch dieselbe Anordnung wird sie auch wieder aufgelöst, wenn sie z. B. aus einem Hauptgleise wegen betrieblicher Bedenken ausgebaut werden soll. Die Vereinigung der vier auf einer Weichenseite liegenden Zungen läßt sich in doppelter Weise durchführen. Im ersen Falle (vgl. Abb. 169) werden die beiden Zungenpaare an derselben Weichenseite gleichzeitig in entgegengesetzter Richtung bewegt. Dann sind entweder die beiden geraden oder die beiden gekrümmten Fahrwege gleichzeitig geöffnet. Man braucht also nur einen einzigen Hebel, um diese beiden Stellungen zu beherrschen. Daher wird diese Schaltung gewöhnlich für handbediente Kreuzungsweichen gewählt. Im zweiten Falle werden sämtliche vier Zungen einer Weichenseite in derselben Richtung bewegt. Dann ist jeweils nur eine einzige der vier Fahrten vollständig für die Durchfahrt frei. Wenn z. B. die Weiche auf das durchgehende Hauptgleis gestellt ist, steht das andere Zungenpaar auf Schutzstellung für das benachbarte Gleis. Hierin liegt der Grund, weshalb diese Schaltung für Kreuzungsweichen gewählt wird, die von einem Stellwerke aus bedient werden. Die Schaltung erhält zwei Hebel, die mit ihren beiden Stellungen die vier Fahrstraßen der Weiche eindeutig bestimmen.

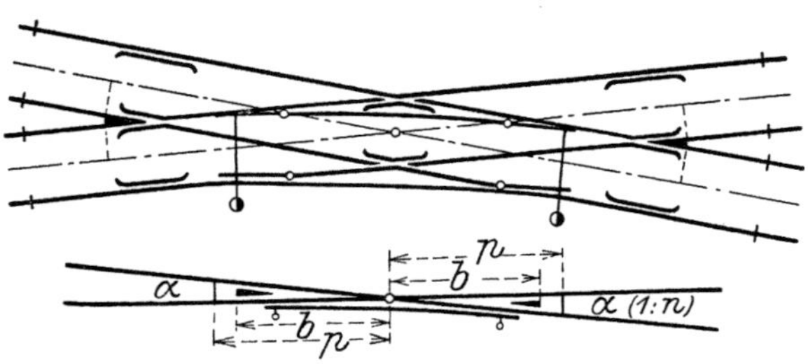

Abb. 170. Einfache Kreuzungsweiche.
(Aus Foerster, Taschenbuch, 4. Aufl.)

β) Die einfache Kreuzungsweiche, früher auch halbe oder einseitige genannt.

Sie entsteht aus der doppelten dadurch, daß der Weichenbogen auf einer Seite wegfällt. Es sind drei Fahrten möglich, und zwar zwei gerade und eine Krümmungsfahrt (Abb. 170). Abmessungen und Linienbild entsprechen bei gleichem Herzstückverhältnis denen der doppelten Kreuzungsweiche.

γ) Verkürzende Kreuzungsweiche Bauart Bäseler.

Läßt man in einer Kreuzungsweiche den Halbmesser der Krümmungen mehr und mehr anwachsen, so müssen sich die Zungenvorrichtungen allmählich über die einfachen Herzstücke hinaus vorschieben. Zugleich wächst der Scheitelabstand der Krümmungen. Eine ausgezeichnete Lage entsteht, wenn die beiden inneren, entgegengesetzt gekrümmten Bogenstränge gerade im Mittelpunkte der Kreuzung zusammenfallen. Das ist das Linienbild der Kreuzungsweiche Bäseler (Abb. 171). Die Herzstücke, die die inneren Bogenstränge mit den kreuzenden geraden Strängen bilden, sind mit den Hauptherzstücken zu einem gemeinschaftlichen, dreifachen Herzstücke zusammengeschlossen. Die gemeinschaftliche Mittelschiene, die doppelseitig befahren wird, hat in der Weichenmitte ein gerades Stück (Abb. 172). Diese Anordnung drückt nicht nur den Krümmungshalbmesser der Weichenbogen herab, sondern sie bildet auch eine empfindliche Unstetigkeit bei den Fahrten im krummen Gleise. Nimmt man den Weichenhalbmesser als gegeben an, so kann die Weiche Bäselers steilere Neigungen annehmen, als es bei der Lage der Zungenvorrichtungen im Inneren der Mittelraute möglich ist. Die Weichenentwicklungen werden dadurch verkürzt. Auf diesem Umstande beruht die Bezeichnung der Weiche als „verkürzende", obwohl die Weiche selbst eine „verlängerte" ist, da sie über die Herzstücke hinausgreift.

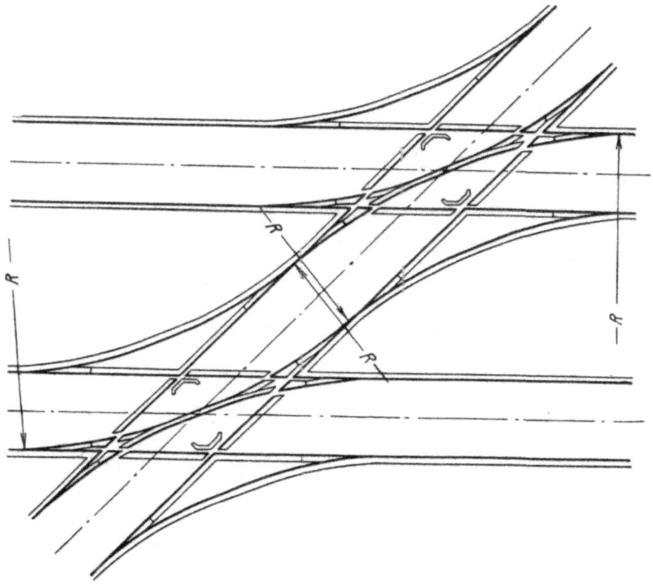

Abb. 171. Weichenstraße mit Bäselerweichen.

Abb. 172. Bäselerweiche 1:6.

δ) Verkürzende Kreuzungsweiche Bauart Vögele.

Denkt man sich den Halbmesser der Kreuzungsweiche über die Mittellage der Bauart Bäseler hinaus weiter wachsend, so lösen sich die beiden Mittelstränge die in der Mitte der Weiche zusammengefallen waren, wieder voneinander. Es entsteht das Linienbild der Kreuzungsweiche Vögele (Abb. 173). Die Krümmung der beiden Weichenstränge wird stetig, das gerade Mittelstück, das wegen der baulichen Ausgestaltung der gemeinschaftlichen Mittelschiene erwünscht war, fällt weg, ebenso die doppelseitige, auf verstärkte Abnutzung hinarbeitende Befahrung der Mittelschiene.

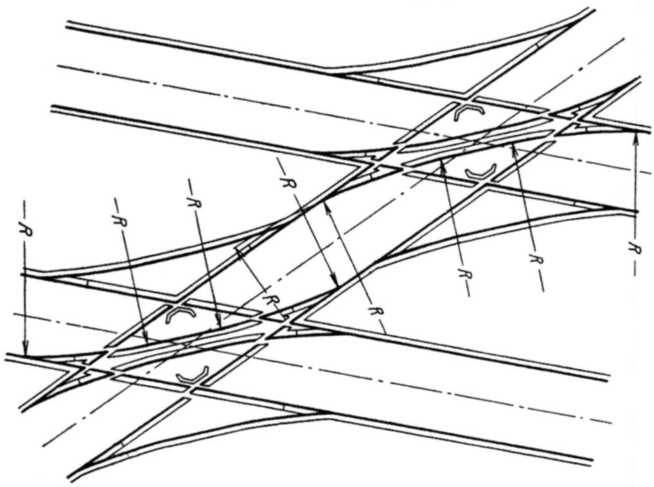

Abb. 173. Kreuzungsweiche Vögele.

Die Kreuzungsweichen nach γ) und δ) sind bisher nur in Fabrikgleisen erprobt worden. Es ist aber zweifellos, daß sie im Zusammenhang mit dem Bestreben, die Neigung der einfachen Weichen durch die gekrümmten Herzstücke zu steigern, in Zukunft auch für Bahnhofsanlagen große Bedeutung erlangen werden.

f) Weichenverschlingungen. α) Läßt man in einer ganzen Kreuzungsweiche den einen geraden Strang weg, so entsteht die doppelseitige Weichenverschlingung (Abb. 174). Mit dem weggefallenen geraden Strange verschwinden zugleich die beiden doppelten Herzstücke. Man kann sich die doppelseitige Weichenverschlingung entstanden denken durch das Zusammenschieben zweier einfachen geraden Weichen, die mit dem Herzstück einander zugekehrt sind, jedoch nur so weit, daß die beiden abzweigenden Weichenstränge noch nicht zu einem durchgehenden Mittelstrange zusammenfallen.

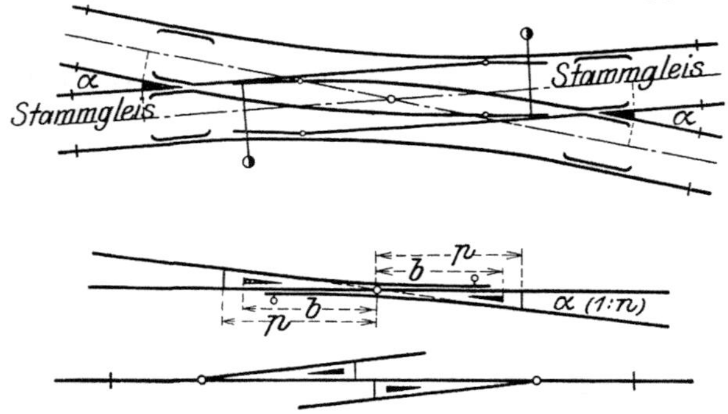

Abb. 174. Weichenverschlingung.
(Aus Foerster, Taschenbuch, 4. Aufl.)

Wie aus der Entstehungsfigur deutlich zu ersehen ist, bietet die doppelseitige Weichenverschlingung drei Fahrten: Die gerade im Stammgleise und die beiden ablenkenden (krummen) in den Nebensträngen.

β) Die einseitige Weichenverschlingung entsteht durch das Ineinanderschieben zweier einfachen, geraden Weichen, die auf derselben Seite eines Stammgleises liegen (Abb. 175). Die Anordnung kann bei beschränktem Raume nützlich sein für Zweiggleise (Fabrikanschlüsse).

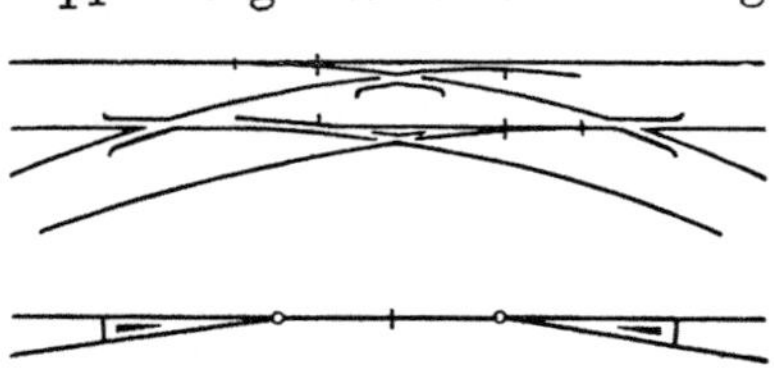
Abb. 175. Einseitige Weichenverschlingung.

g) Schmalspurweichen und -kreuzungen. Diese Weichen werden tunlichst einfach gewählt; sie erhalten vielfach gerade Zungen, d. h. symmetrische Zungenvorrichtungen, die für Rechts- und Linksweichen gleicherweise verwendbar sind. Der Halbmesser des krummen Stranges wird gewöhnlich gleich dem schärfsten Bogen auf der freien Strecke gewählt, die Herzstückwinkel bewegen sich zwischen 1 : 6 und 1 : 8 (vgl. Abb. 176 und die folgende Zahlentafel).

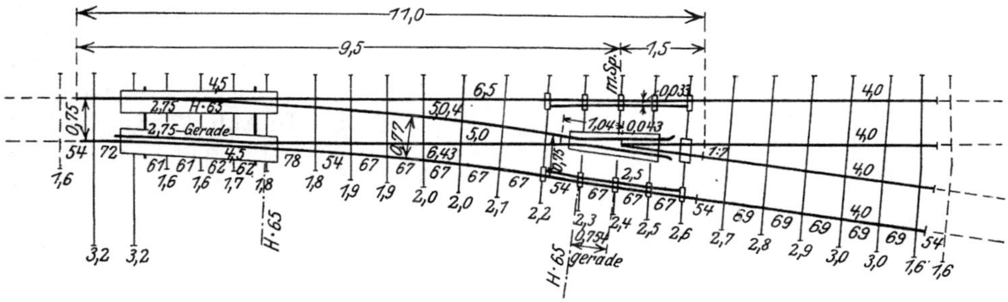

Abb. 176. Schmalspurweiche 1:7.

	Spurweite mm	Herzstückwinkel	Halbmesser der Zunge m	Halbmesser der Weiche m	Länge der Zunge m	Länge der Anschlagschiene m	Länge zwischen Zungen- und Herzstückspitze m
Nassauische Kleinbahn .	1000	1 : 7	∞	75,0	2,50	2,90	11,68
Flensburg-Kappeln . . .	1000	1 : 7	80	80	3,00	5,935	11,46
Sächsische Schmalspurb..	750	1 : 7	65	65	2,50	2,75	9,50
Württemberg. „	750	1 : 7	50	70	2,80	4,54	9,45
Bosnische „	760	1 : 8,14 (7°)	∞	75	3,20	3,77	12,13
Wallückebahn	600	1 : 8	60	60	3,20	5,15	8,50

Kreuzungsweichen kommen auf Schmalspurbahnen vor, Doppelweichen sind jedoch kaum üblich. Abb. 177 zeigt die Kreuzungsweiche der sächsischen Schmalspurbahnen. Winkel 1 : 7, Zungenhalbmesser 65 m, Weichenbogen-Halbmesser 140 m. Die Zungenvorrichtungen und die doppelten Schienenherzstücke liegen auf Grundplatten, die zwischen den Schwellen des Stopfens wegen ausgeschnitten sind.

Schleppweichen, die bei Einstellung auf das falsche Gleis das Ablaufen der Räder zulassen, sind nach den Grundzügen für Lokalbahnen auf Kleinbahnen gestattet, in Hauptgleisen jedoch nur für Zuggeschwindigkeiten bis 20 km. Von dieser Möglichkeit wird heute jedoch kaum mehr Gebrauch gemacht.

Auch die Kreuzungen schmalspuriger Gleise werden innerhalb der Gleisentwicklungen tunlichst einheitlich gestaltet, nach sächsischer Vorschrift z. B. in der Regel mit dem Winkel 1 : 5.

Schienengleiche Kreuzungen zwischen Kleinbahnen und Nebenbahnen (seltener Hauptbahnen) kommen auch auf freier Strecke oft vor. Der Kreuzungswinkel wird dabei tunlichst steil gewählt. Oft wird gefordert, daß an der Kreuzung das durchgehende Hauptgleis der vollspurigen Bahn nicht unterbrochen wird. Das schmalspurige Gleis muß dann schiefwinklig mit Spurkranz-Aufläufen über das vollspurige weggeleitet werden.

h) Zweispurige Weichen und Kreuzungen. Verwickelte Anordnungen mit vielen Teilen entstehen, wenn ein vollspuriges Gleis durch Einlegen einer dritten Schiene zweispurig gemacht wird. Solche Dreischienengleise gestatten den Verkehr von vollspurigen und von schmalspurigen Zügen in demselben Gleise. Auf den sächsischen und den belgischen Schmalspurbahnen wird diese Anordnung vielfach angewendet.

Eine vollständige gemischtspurige Linksweiche zeigt Abb. 178. Die Zungenvorrichtung hat drei Zungen, ferner entstehen zwei Herzstücke verschiedener Neigung und ein Kreuzungsstück.

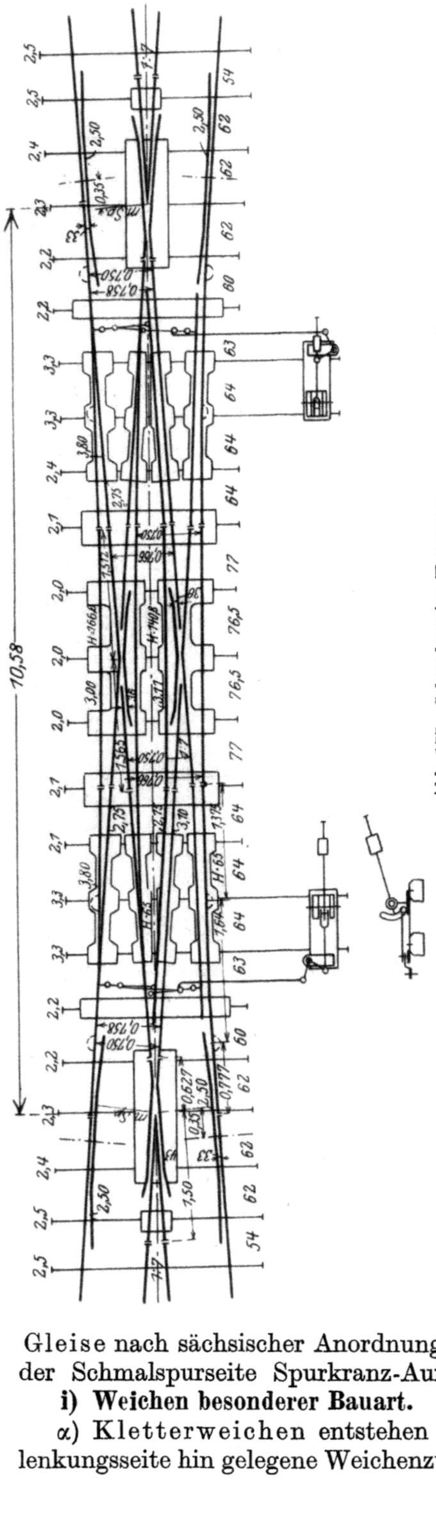

Abb. 177. Schmalspurige Kreuzung.

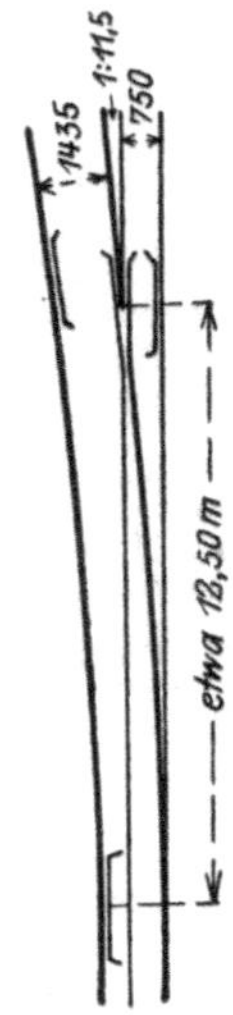

Abb. 179. Gemischtspurige Abzweigung.

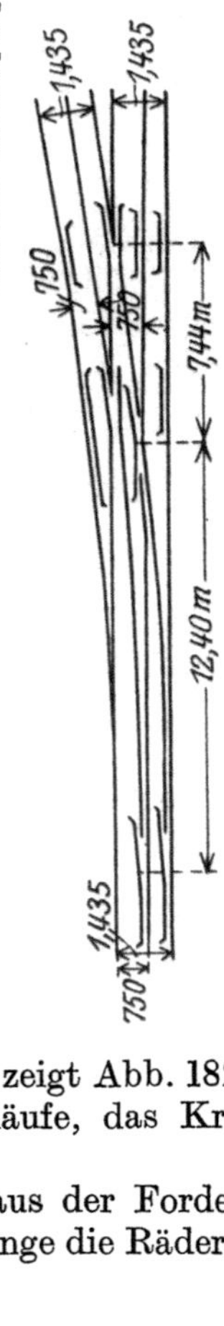

Abb. 178. Gemischtspurige Weiche.

(Abb. 178 u. 179 aus Foerster, Taschenbuch, 4. Aufl.)

Einfacher sind die Anordnungen, wenn nur ein Gleis aus dem zweispurigen abzulenken ist. In Abb. 179 ist der Fall dargestellt, daß das vollspurige Gleis abgelenkt wird, Abb. 180 zeigt die Ablenkung des schmalspurigen Gleises aus der Zweispur. Ferner tritt öfter der Fall ein, daß das Schmalspurgleis in einem Strangwechsel von der einen Seite des Vollspurgleises auf die andere übergehen muß (Abb. 181). In solchen Fällen werden die Ablenkungen vielfach ohne bewegliche Zungen ausgeführt. Die feste Zungenvorrichtung wird gewöhnlich als Gußstück ausgeführt, in dem zwei Spurkranzrillen zwischen einer Mittelzunge in eine zusammenlaufen. Das die feste Zungenvorrichtung befahrende Rad wird durch einen kräftigen Radlenker, der im zugehörigen, gegenüberliegenden Strange angebracht ist, in die richtige Rille geleitet. Natürlich sind aber solche Anlagen nur für geringere Geschwindigkeiten geeignet.

Eine Kreuzung zwischen einem vollspurigen und einem schmalspurigen Gleise nach sächsischer Anordnung zeigt Abb. 182. Die Herzstücke haben auf der Schmalspurseite Spurkranz-Aufläufe, das Kreuzungsverhältnis ist 1 : 4,25.

i) Weichen besonderer Bauart.

α) Kletterweichen entstehen aus der Forderung, daß die nach der Ablenkungsseite hin gelegene Weichenzunge die Räder über die gerade und ununterbrochen durchgehende Schiene des Stammgleises hinwegheben muß; diese Schiene wird also tatsächlich überklettert. Die außerhalb des Hauptgleises gelegene

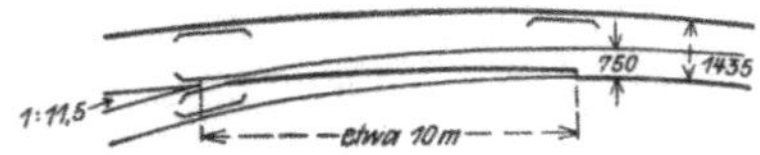

Abb. 180. Schmalspur-Abzweigung.

Abb. 181. Strangwechsel.

(Aus Foerster, Taschenbuch, 4. Aufl.)

Zunge steigt hierzu gewöhnlich um 40 bis 45 mm über die Schienenoberkante des Hauptgleises an; oft folgt ihr die innere in dieser Höhenbewegung. Die Zunge auf der Außenseite ist gewöhnlich länger als die innere, der Auflauf auf die Kletterrampe wird durch Radlenker gesichert. Für die Bauart der anhebenden Zunge sind zwei Lösungen möglich: entweder mit Einschieben (und Überschieben) der Zunge, wobei der Drehpunkt an der Zungenwurzel liegt, oder durch Umklappen um eine wagrechte Achse, wobei die Zunge beim Ausklappen den lichten Raum des Hauptgleises freimacht. Die Anordnung mit der eingeschobenen und in der Ruhelage ausgeschwenkten Zunge zeigt Abb. 183. Wenn diese Weiche auch noch Überlaufherzstücke erhält, wird das Hauptgleis überhaupt nicht unterbrochen; diese Anordnung wurde früher oft gefordert für Zweiggleise (Fabrikgleise), die auf der freien Strecke abzweigen. In neuerer Zeit werden Kletterweichen kaum mehr ausgeführt.

β) Einmündungsweichen. In den Harfengleisen von Rangierbahnhöfen kommen vielfach Weichen vor, die ausschließlich vom Herzstücke her befahren werden. Solche Weichen, bei denen keine Ablenkungen, sondern nur Einmündungsfahrten auftreten, können mit festen Zungen ausgerüstet werden. Sie brauchen dann keine Bedienung, es werden also Leute gespart. Die in Bayern übliche Anordnung ist in Abb. 184 dargestellt. Sie sind mit zwei Zungen von 1,36 und 2,035 m Länge ausgestattet, die mit den Backenschienen fest verbunden sind. Die Abstände der Zungenspitzen von den Backenschienen betragen an der geraden Backenschiene 42 mm, an der gekrümmten 83 mm. Die neben den Zungen angebrachten Spurkranzbrücken haben den Zweck, durch den Auflauf des Spurkranzes die Zunge von dem Punkte an zu entlasten, wo sie zu schmal wird, um die Räder zu tragen. An den Enden sind sie ramdenförmig abgeschrägt, um den Spurkranzauflauf stoßfrei zu gestalten. Die mit geringer Geschwindigkeit befahrenen Auslaufweichen haben sich durchaus bewährt.

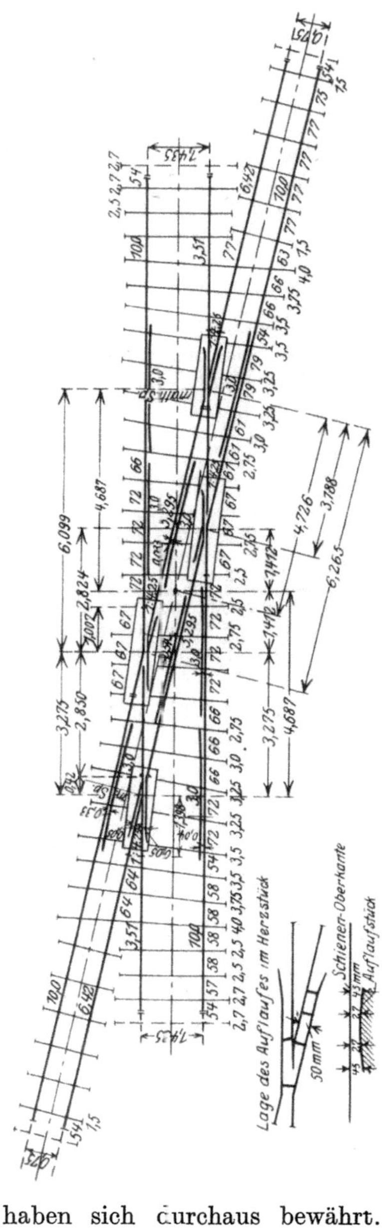

Abb. 182. Gemischtspurige Kreuzung.

γ) Entgleisungsweichen. Entgleisungsweichen sollen verhüten, daß von einem Nebengleise her durch eine unbeabsichtigte Bewegung der Betrieb auf dem

Hauptgleise gefährdet wird; zu diesem Zwecke nimmt man lieber im Nebengleise eine Entgleisung in Kauf, als daß man eine Flankenfahrt im Hauptgleise zuläßt.

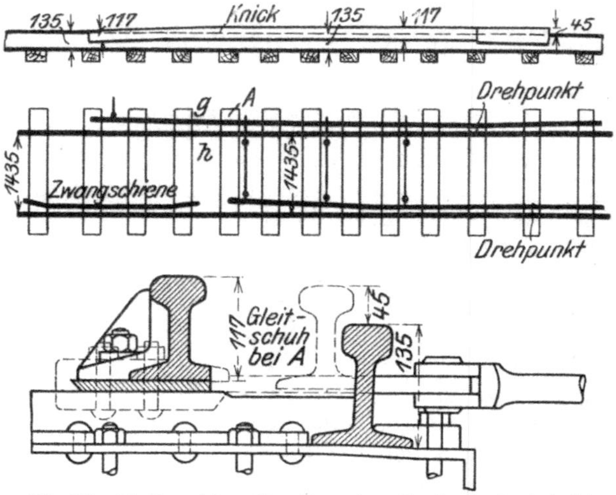

Abb. 183. Kletterweiche. (Aus Foerster, Taschenbuch, 4. Aufl.)

Die Entgleisungsweiche besteht einfach darin, daß in dem äußeren, vom Hauptgleise abgewendeten Schienenstrang eine kurze Zungenvorrichtung eingebaut wird, die geöffnet bleibt, solange der Betrieb im Hauptgleise geschützt werden soll. In

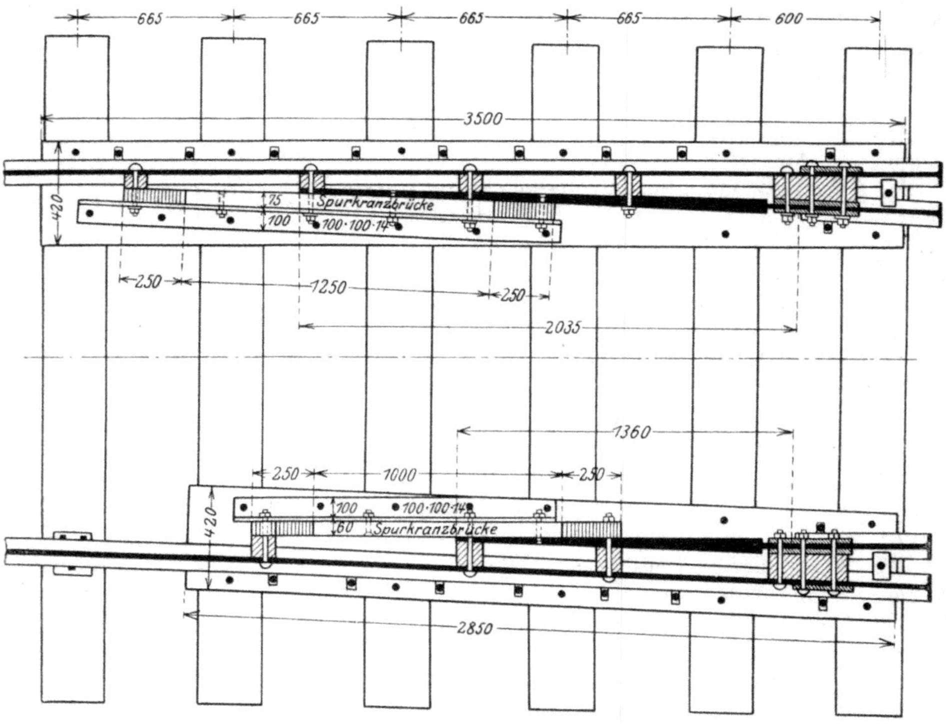

Abb. 184. Einmündungsweichen mit festen Zungen.
(Aus Eisenbahntechnik der Gegenwart.)

neuerer Zeit werden solche Entgleisungsweichen nicht mehr angelegt. Man ersetzt sie entweder durch vollständige, auf Schutzstellung geschaltete Weichen mit einem anschließenden Stumpfgleis, oder man wendet an ihrer Stelle Gleisvorleger an.

B. Weichenstraßen.

Unter Weichenstraßen versteht man die planmäßige Aneinanderreihung mehrerer Weichen, um mehrere Gleise miteinander zu verbinden oder sie büschelweise an ein gemeinschaftliches Gleis anzuschließen (Harfengleise). Die Aufeinanderfolge von Gleisen und Weichen für eine Zugfahrt bildet die Fahrstraße im Sinne der Fahrdienstvorschriften.

a) Gleisverbindungen. α) Die einfache Gleisverbindung gleich gerichteter Gleise (Abb. 185) erfordert zwei Weichen und ein Verbindungsgleis. Dieses ist gerade, wenn die beiden Weichen gleichen Winkel haben. Sonst entsteht ein Bogen, dessen Winkel gleich dem Neigungsunterschied der beiden verwendeten Weichen ist. Er muß an die Weiche unmittelbar angeschlossen werden, die mit ihm gleichen Krümmungssinn hat. Zwischen dem Bogenende und dem Gegenbogen der anderen Weiche muß eine Zwischengerade von 6 m verbleiben.

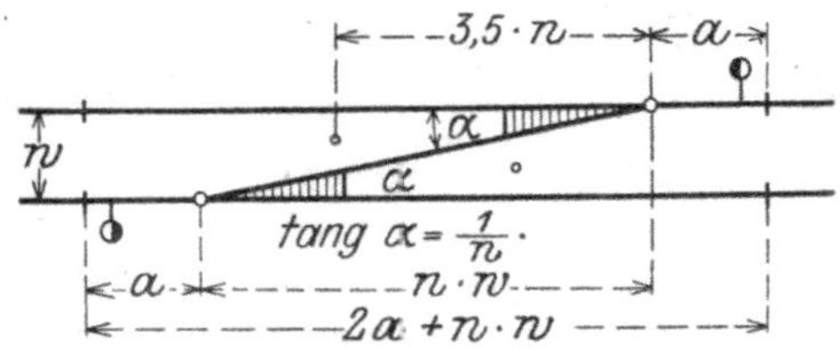

Abb. 185. Einfache Gleisverbindung.
(Aus Foerster, Taschenbuch, 4. Aufl.)

β) Die doppelte Gleisverbindung (auch gekreuzte Weichenverbindung oder Weichenkreuz genannt) besteht aus zwei ineinandergeschobenen einfachen.

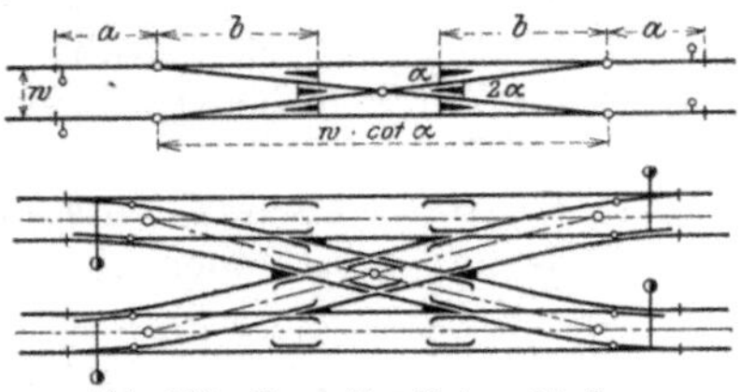

Abb. 186. Doppelte Gleisverbindung.

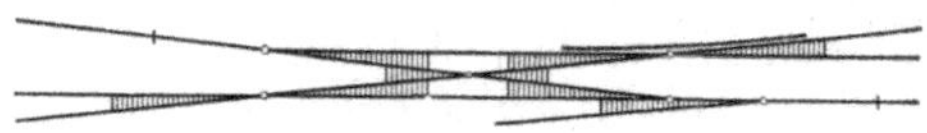

Abb. 187. Erweiterung der doppelten Gleisverbindung.

Abb. 188. Gerade Weichenstraße.
(Abb. 186 bis 188 aus Foerster, Taschenbuch, 4. Aufl.)

Sie wird gebildet von vier einfachen Weichen und einer Kreuzung (Abb. 186). Gewöhnlich ist sie nur bei Gleisabständen von 4 m und mehr möglich, weil sonst die Kreuzung zwischen den beiden Hauptgleisen schwer unterzubringen ist. Die doppelte Gleisverbindung kann in der verschiedensten Weise abgewandelt werden, da an den Eckpunkten auch andere Weichenformen anschließen können. So sind in Abb. 187 angeschlossen: links oben eine Linksweiche (statt der meist auftretenden Rechtsweiche), rechts oben eine Kreuzungsweiche, links unten eine Kreuzung, rechts unten eine zweiseitige, verschränkte Doppelweiche.

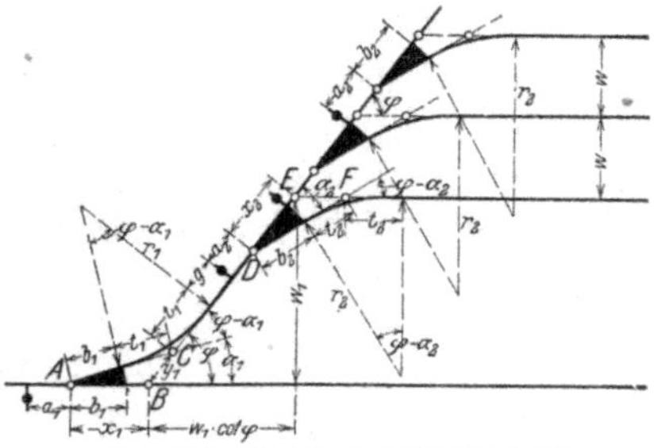

Abb. 189. Verkürzte Weichenstraße.

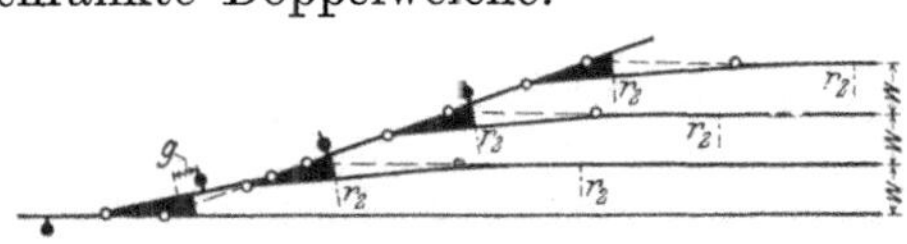

Abb. 190. Weichenstraße mit Bogenweiche.
(Aus Foerster, Taschenbuch, 4. Aufl.)

b) Die einfache Weichenstraße. α) Die einfache, gerade Weichenstraße schließt mit einer Reihe einfacher Weichen, die ohne eine Richtungsänderung hintereinander geschaltet sind, eine Gruppe von parallelen Gleisen an (Abb. 188). Die nutzbare Länge der angeschlossenen Gleise nimmt dabei rasch ab.

β) Die verkürzte, einfache Weichenstraße mit geraden Weichen vergrößert die nutzbare Gleislänge dadurch, daß hinter der ersten Weiche, der Stammweiche, ein Bogen vom gleichen Richtungssinne eingelegt wird. Die

Weichenstraße wird dadurch steiler. Die Anordnung ist aber in dieser Form nur durchführbar, wenn zwischen dem ersten und dem zweiten Gleise ein größerer Zwischenraum liegt, etwa für einen Bahnsteig (Abb. 189).

γ) Die verkürzte, einfache Weichenstraße mit einer Bogenweiche entsteht aus der vorigen dadurch, daß der Bogen hinter der Stammweiche mit der ersten Verzweigungsweiche vereinigt wird. Die zweite Weiche der Straße wird dann eine ungleich laufende Krümmungsweiche. Diese Weichenstraße läßt sich mit dem regelmäßigen Gleisabstande w durchführen (Abb. 190).

c) Die verdoppelte Weichenstraße. α) Die verdoppelte Weichenstraße mit einfachen Weichen entsteht dadurch, daß von einem neben der ein-

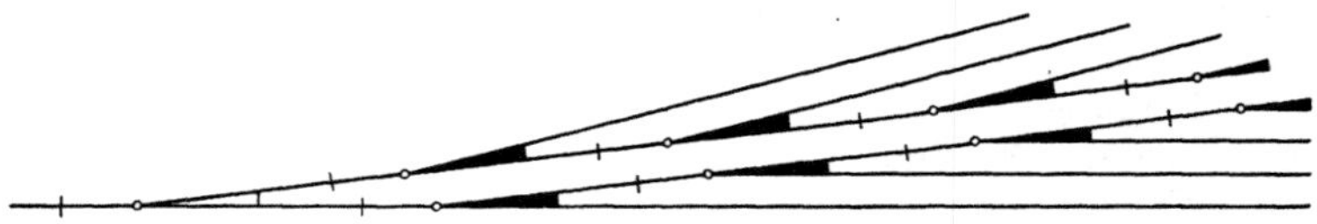

Abb. 191. Verdoppelte Weichenstraße.

fachen Weichenstraße parallel geführten Nebenstammgleis eine Reihe weiterer Abzweiggleise ausgeht, die mit einfachen Weichen angeschlossen sind. Diese Gleise schließen mit dem ursprünglichen Stammgleise einen Winkel vom Doppelten des Weichenwinkels ein (Abb. 191).

Derselbe Zweck — doppelter Weichenwinkel als Steigung der Weichenstraße — läßt sich mit einfachen Weichen erreichen, wenn in der Hauptweichenstraße jeweils nur für das dritte Gleis eine Weiche eingelegt wird, deren Nebenstrang sich dann nochmals verzweigt (Abb. 192).

β) Die verdoppelte Weichenstraße mit Doppelweichen entsteht dadurch, daß in den Fällen der Abb. 191 und 192 je zwei zusammengehörige

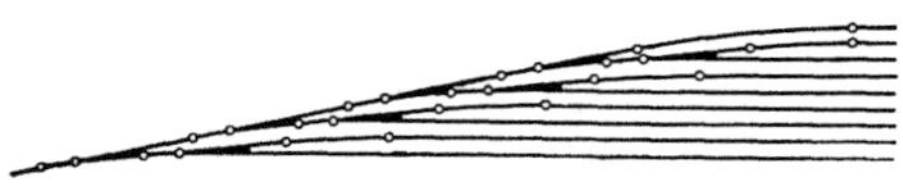

Abb. 192.

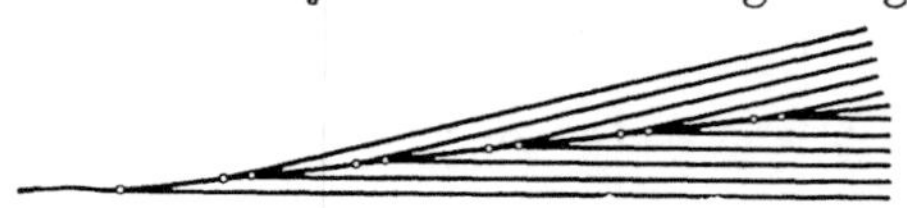

Abb. 193.

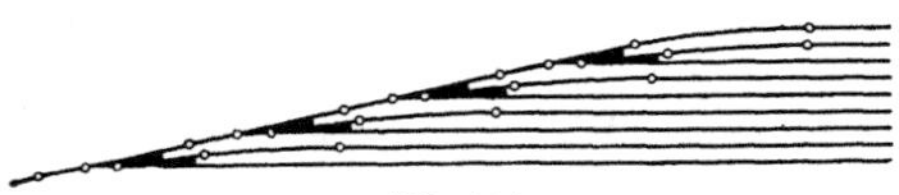

Abb. 194.

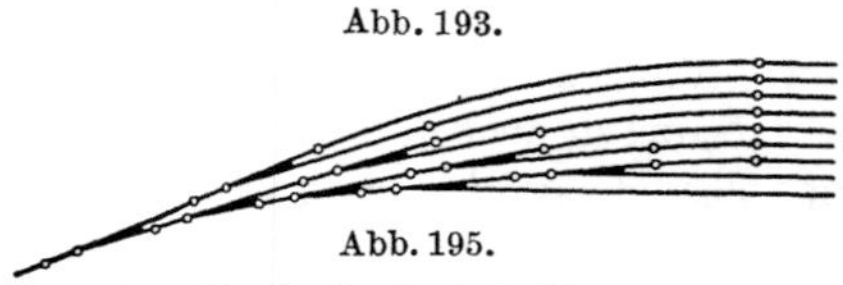

Abb. 195.

Abb. 192—195. Weichenstraßen. (Aus Foerster, Taschenbuch, 4. Aufl.)

Weichen zu einer Doppelweiche zusammengelegt werden. Aus Abb. 191 entsteht dann die Weichenstraße nach Abb. 193, die Anordnung in Abb. 192 bildet sich nach Abb. 194 um. In beiden Fällen wird an nutzbarer Gleislänge gewonnen. Im Falle der Abb. 194 erreicht jedoch die Weichenstraße nicht ganz den doppelten Weichenwinkel der einfachen Weiche, weil die einseitige Doppelweiche bei gleichem Krümmungshalbmesser gewöhnlich etwas flachere Herzstücke erhalten muß.

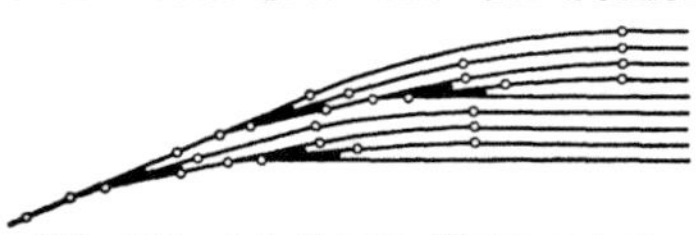

Abb. 196. Gekrümmte Weichenstraße. (Aus Foerster, Taschenbuch, 4. Aufl.)

d) Die gekrümmte Weichenstraße. Sie entsteht, wenn sich aus einem Stammgleise mit anschließendem Bogen eine Gruppe von Nebengleisen nach der Innenseite des Bogens dadurch entwickelt, daß der Nebenstrang einer Weiche allemal zum Hauptstrange der nächsten wird. Die Winkeländerung wächst dadurch sehr schnell. Die gekrümmte Weichenstraße kann sowohl mit einfachen Weichen ausgeführt werden (Abb. 195), wie auch mit Doppelweichen (Abb. 196).

e) Das Weichenbüschel. Als Weichenbüschel bezeichnet man den Anschluß eines Bündels von Gleisen an ein gerades Stammgleis, wobei die Steigung der

Weichenstraße gleichfalls dadurch gesteigert wird, daß spätere Weichen aus dem Nebenstrange der vorhergehenden entwickelt werden. Das Weichenbüschel verbreitert sich rasch nach außen; es kann gleichfalls mit einfachen Weichen ausgeführt werden oder mit Doppelweichen (Abb. 197 und 198). Daß sich Gleisentwicklungen mit Bogenherzstück-Weichen sehr günstig ausgestalten lassen, geht aus Abb. 199 hervor: Der Anschluß von 26 Gleisen ist auf eine Entwicklungslänge

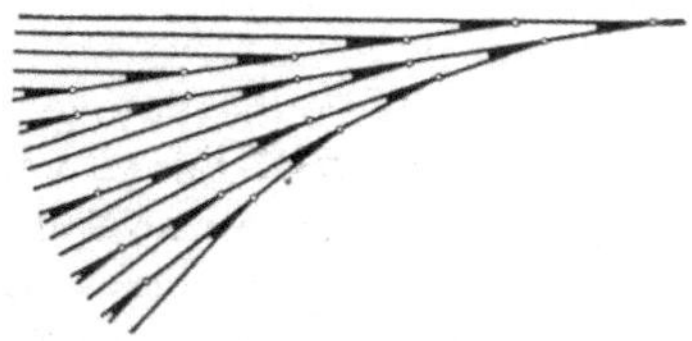

Abb. 197. Gleisbüschel (einfache Weichen).

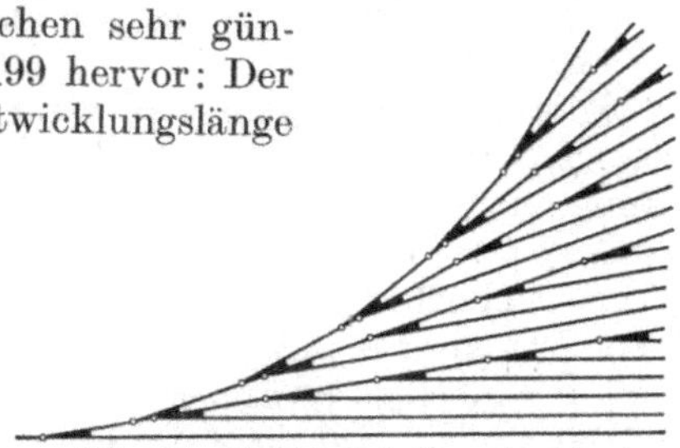

Abb. 198. Gleisbüschel (Doppelweichen).

(Aus Foerster, Taschenbuch, 4. Aufl.)

von nur 227 m Länge vollzogen. Die Anordnung ist dabei so gewählt, daß die Gleise ungefähr die gleiche nutzbare Länge erhalten. Sonst hätte sich die der inneren Gleise noch beträchtlich steigern lassen (vgl. Dr. Vogel, Wirtschaftliche Gestaltung der Weichen und Gleisverbindungen, Verkehrstechn. Woche 1925, S. 431ff.).

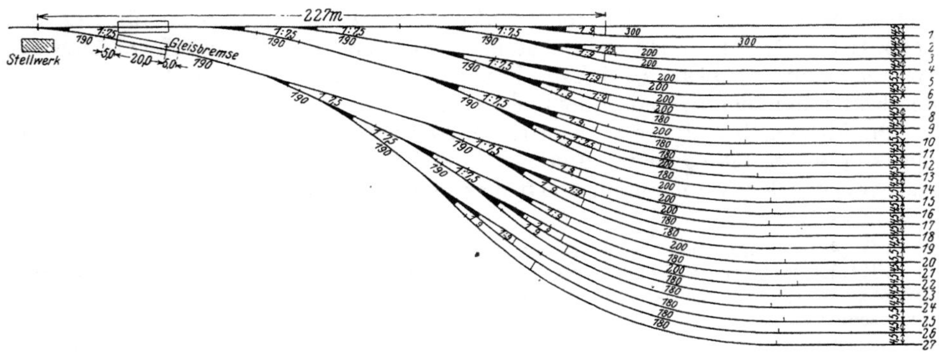

Abb. 199. Gleisbüschel (Steilweichen).

C. Bauart der Weichen und Kreuzungen.

a) Allgemeine Grundsätze[1]. α) Auf die Schrägstellung der Schienen gegen die Senkrechte wird mit Rücksicht auf den Anschluß an die Herzstücke gewöhnlich verzichtet. Besondere Nachteile ergeben sich daraus nicht. Öster-

[1]) Leitsätze des Vereins Deutscher Eisenbahnverwaltungen für den Bau von Weichen und Kreuzungen in Hauptgleisen, die mit großer Geschwindigkeit befahren werden. (1910).

I. Es wird empfohlen, die Zungen- und Backenschienen der Zungenvorrichtung auf Weichenplatten zu verlegen, gleichgültig, ob Holz- oder Eisenquerschwellen angewendet werden.

II. Es wird empfohlen, die Zunge des ablenkenden Gleises gekrümmt herzustellen.

Gerade Zungen des ablenkenden Gleises dürfen nur mit ermäßigter Geschwindigkeit befahren werden.

III. Die Stöße der Zungen- und Backenschienen sollen gegeneinander versetzt sein.

IV. Der Querschnitt der Zungenschiene ist so zu bemessen, daß sich unter Berücksichtigung der Stützpunkte in der Zungenvorrichtung (Gleitstühle) dieselbe Tragfähigkeit ergibt, wie bei der Fahrschiene.

Auf den seitlichen Widerstand der Zunge ist besonderer Wert zu legen.

V. Behufs Erzielung einer größeren Stärke der Zunge an der Spitze empfiehlt es sich, die Backenschiene am Kopf zu unterschneiden.

VI. Die verschiedenen Formen der bisher bekannten Zungenwurzelbefestigungen entsprechen noch nicht.

Es empfiehlt sich, die Bestrebungen auf Wegfall des Drehstuhles fortzusetzen.

reichische Bahnen halten indessen die Schrägstellung vielfach auch in den Ausweichungen fest.

β) Die Überhöhung der äußeren Schiene im gekrümmten Strange bleibt in der Regel weg; allenfalls werden ausnahmsweise einseitige Bogenweichen als Ganzes in Überhöhung gelegt, um möglichst große Durchfahrgeschwindigkeit zu ermöglichen.

γ) An der Zungenspitze wird die Spurweite gewöhnlich um etwa 10 mm erweitert; die Spitze der geraden Zunge kommt damit in den Winkel einer Ausknickung zu liegen und wird gegen Beschädigung gedeckt.

δ) Die Spurerweiterung in den Weichenbogen wird in Deutschland zur Zeit noch in erheblicher Größe durchgeführt, und zwar zu etwa 10 bis 20 mm, in Weichen 1 : 7 mit 140 m Weichenhalbmesser bis zu 25 mm. Diese Spurerweiterung schließt unmittelbar an die Erweiterung an, die an der Zungenspitze angelegt wird. Wie üblich wird dazu der innere Schienenstrang des Weichenbogens nach dem Krümmungsmittelpunkte hin verschoben. Am geraden Herzstück muß die Regelspur wieder vorhanden sein.

In England wenden viele Bahnverwaltungen keine Spurerweiterung in Weichen an, um die Fahrzeuge möglichst straff zu führen; im Gegenteil verengen manche Verwaltungen die Spur innerhalb der Zungenvorrichtung und der Herzstücke um etwa 6 mm.

b) Die Ablenkvorrichtung. Sie muß derart eingerichtet sein, daß die Räder nicht von den Schienen ablaufen können, auch wenn die Zungen für eine unbeabsichtigte Fahrt nicht richtig stehen. Für eine Fahrt vom Herzstücke her verlangt man überdies, daß sich die Weiche vom Fahrzeuge durch die Spurkränze der Räder umstellen („aufschneiden") läßt.

Die älteren Schleppweichen (Abb. 200) sind nicht mehr im Gebrauch, da sie die erste Bedingung nicht erfüllen. Sie sind höchstens für untergeordnete Zwecke auf Neben- oder Kleinbahnen von früher her an einzelnen Stellen liegen geblieben.

VII. An der Zungenspitze ist eine Spurerweiterung vorzusehen.

VIII. Die Spurrinne zwischen je einer Backenschiene und der neben ihr liegenden geöffneten Zunge ist so zu bemessen, daß ein Anfahren der Spurkränze an die vollständig geöffnete Zunge ausgeschlossen ist.

IX. Die Zunge soll an der Spitze mindestens 100 mm, im übrigen aber so weit aufschlagen, daß die Räder nicht an die aufgeschlagene Zunge anstreifen können. Mit Rücksicht auf das sichere Aufschneiden der Spitzenverschlüsse empfiehlt es sich, den Zungenaufschlag der Bauart des Spitzenverschlusses entsprechend größer zu bemessen.

X. Die Anordnung aufschneidbarer Spitzenverschlüsse ist zu empfehlen.

XI. Die Rinnenweite zwischen Herzstückspitze und Flügelschiene darf nicht weniger als 45 mm betragen.

XII. Es wird empfohlen, die Herzstücke aus Schienen zusammenzusetzen.

Die Spitzen der doppelten Herzstücke können aus Schienen mit glockenförmigem Querschnitt gebildet werden.

Bei Kreuzungen mit größerem Winkel können gegossene oder geschmiedete Flußstahlspitzen in Frage kommen.

Zur Führung der Spurkränze an ihrer Innenseite empfiehlt es sich, die Zwangschienen der doppelten Herzstücke zu überhöhen.

Vernietungen sind zu vermeiden.

Bei Holzschwellen empfiehlt sich die Anordnung einer Herzstückplatte.

XIII. Die Leitkante der Zwangschiene soll 1394 mm und bei deren größter Abnutzung nicht weniger als 1392 mm von der gegenüberliegenden Herzspitze abstehen.

XIV. Spurkranzauflauf ist bei Herzstücken in Schnellzugsstrecken zu vermeiden.

XV. Bewegliche Flügelschienen werden bei einfachen Herzstücken empfohlen.

Die Beseitigung der führungslosen Stelle bei Doppelherzstücken ist durch Einführung aufschneidbarer Spitzen anzustreben.

XVI. Es wird empfohlen, die Schienen in den Weichen und Kreuzungen ohne Neigung durchzuführen.

XVII. Im Weichenbogen ist eine Spurerweiterung zu empfehlen.

XVIII. Die Fahrkanten des Herzstückes sollen beiderseits der Herzspitze in einer Geraden liegen.

Die Ablenkvorrichtung besteht jetzt in Deutschland allgemein aus zwei außen liegenden festen Backenschienen (Anschlagschienen) und zwei dazwischen liegenden gleichlangen, beweglichen Zungen, die an den Spitzen unter den Kopf der Backenschienen unterschlagen und scharf an die Backenschiene anschlagen (Gerippe einer Ablenkvorrichtung Abb. 201).

c) Die Backenschiene (Anschlagschiene). Schienen der gewöhnlichen Form, deren Kopf in Neigung unterhobelt ist, soweit die Anschlagstellen der Zungen reichen, damit die Zunge nicht in eine scharfe Spitze auszulaufen braucht. Im geraden Strange bleibt die Anschlagschiene gerade, im krummen muß sie mehrfach geknickt und gebogen werden. Damit die Backenschiene mit den gewöhnlichen Laschenverbindungen angeschlossen werden kann, überragt sie an beiden Seiten die Zungen um 0,5 bis 1,5 m, meist so, daß in die überragenden Enden noch je mindestens eine, meist aber zwei Schwellen fallen. Eine Ausnahme bildet das Wurzelende der Federzunge (s. d.).

d) Die Zungen. Die Zunge des ablenkenden Stranges ist früher vielfach gerade ausgeführt worden. Das bot den Vorteil einfacherer Bearbeitung. Außerdem waren die Zungenvorrichtungen bei symmetrischer Ausbildung für Rechts- und Linksweichen gleicherweise benutzbar, es brauchten also weniger Formen in

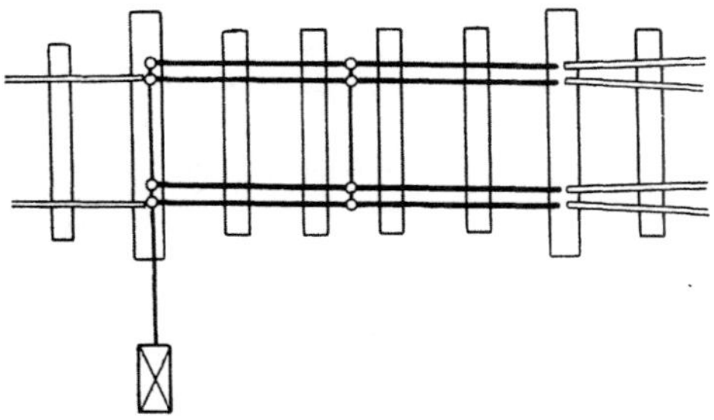

Abb. 200. Schleppweiche.

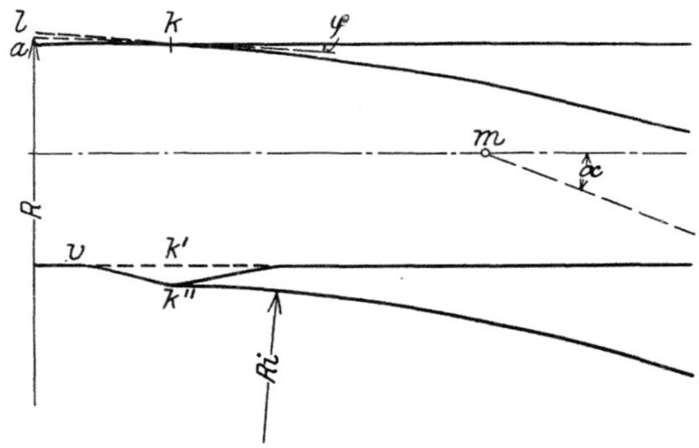

Abb. 201. Gerippe der Zungenvorrichtung.

Vorrat gehalten zu werden. Nachteilig ist, daß der Ablenkfehler an der Zungenspitze groß ausfällt und die Einfahrt deswegen weniger stoßfrei ist. Ferner wird der Wurzelwinkel kleiner, die Weichenlänge daher größer. Österreich und namentlich England sind aber vielfach bei dieser Anordnung geblieben. Flache Zungenkrümmung bedingt größere Länge der Zunge. Die in Deutschland üblichen Maße der Zunge sind aus der nachstehenden Zahlentafel ersichtlich (Seite 135).

Die Aufschlagweite der Zungen muß nach den T. V. mindestens 100 mm betragen, wird aber in der Regel größer, bis 150 mm gewählt. Bei Weichen mit Spitzenverschlüssen sind noch größere Maße nötig (bis 200 mm); denn das Aufschneiden solcher Weichen muß von der abstehenden Zunge her mit dem Lösen des Spitzenverschlusses eingeleitet werden. Die aufschneidende Achse muß also schon gegen die abstehende Zunge drücken, ehe der andere Flansch in die Enge der anliegenden Zunge soweit vordringt, daß Spitzenverschluß und Zunge beschädigt würden. Die Rillenweite zwischen Zunge und Backenschiene muß an der engsten Stelle mindestens 58 mm betragen, wenn keine Räder anstreifen sollen; an der Zungenwurzel muß sie größer sein, wenn die Zunge nicht soweit aufschlägt, daß sie von der Wurzel gleiche Richtung mit der Anschlagschiene hat. Meist wird deshalb der Abstand an der Zungenwurzel um 5 bis 7 mm größer. An der inneren Zunge ist der Rillenabstand um das Maß der Spurerweiterung größer (bis 15 mm).

Der Querschnitt der Zunge hat bei den deutschen Bahnen allgemein ungefähr Rechteckform (Blockform) mit unteren Fußverbreiterungen, einseitig betont oder symmetrisch (Hutform). Die Kopfabrundung an der unbehobelten Fahrkante muß 14 mm Halbmesser haben. Diese Blockzungen haben eine geringere Höhe als die Fahrschienen. Sie sind steifer als die bei westeuropäischen und amerikanischen Bahnen üblichen, ehedem auch in Deutschland gebräuchlichen Zungen, die aus Schienen gewöhnlicher Form hergestellt waren; diese ergeben zumal an der Zungenspitze schmale, geschwächte Querschnitte. Größere wagrechte Schenkel an den Blockzungen vermehren die Seitensteifigkeit der Zungen, verbessern ihre Auflagerung auf den Gleitstühlen und erleichtern das Anbringen der Verbindungsstangen.

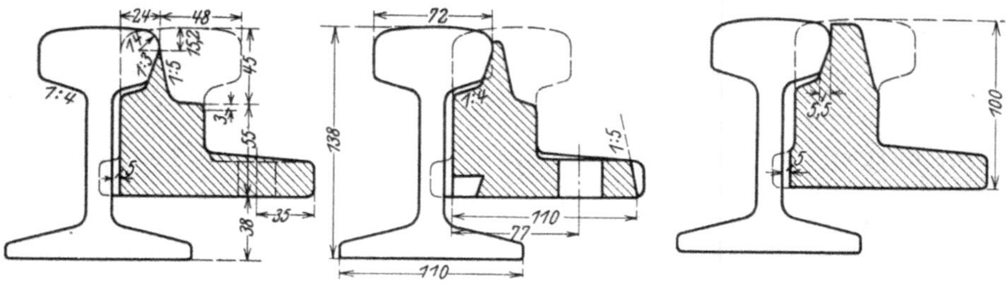

Spitze Hobelung der Zunge 45 cm 140 cm

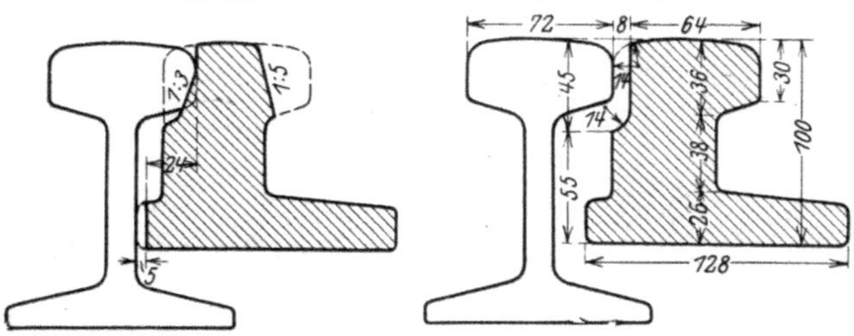

200 cm 270 cm v. d. Spitze

Abb. 202. Zungenquerschnitte.

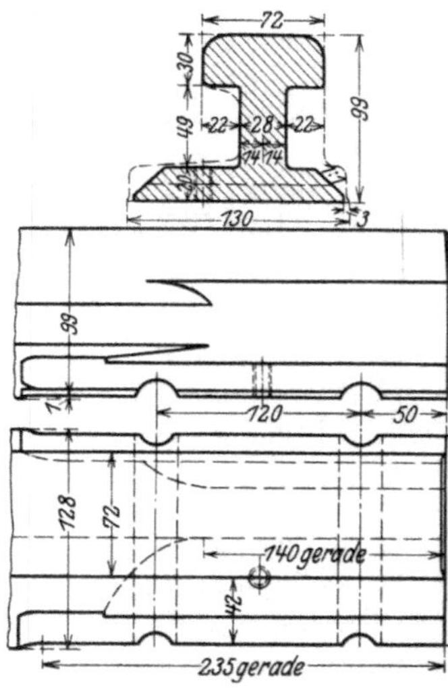

Zungenwurzel Schnitt *a—b*

Nach der Spitze hin wird die Zunge immer schwächer. Diese Änderung des Querschnitts wird durch Abhobeln hergestellt (Abb. 202). Die Zungenschiene wird hierzu geknickt und gebogen. An der Spitze liegt die obere Kante der Zunge niedriger als der Schienenkopf, und zwar um etwa 15 mm; die Zunge lenkt also bereits ab, wird aber nicht senkrecht belastet. Zur Aufnahme der Radlasten wird die Zunge erst von dort an herangezogen, wo sie zu einer Breite von etwa 3 cm angewachsen ist. Das geschieht dadurch, daß die zunächst versenkte, dann rampenartig ansteigende Oberkante der Zunge erst an diesem Punkte die Fahrfläche erreicht. Unter dem seitlichen Angriff der Räder bröckeln die ablenkenden Zungen an der Führungskante leicht aus. Diese Abnutzung macht die Zungen schon bei geringem Ausmaße unbrauchbar.

Der Stoß an der Zungenwurzel ist ein schwieriger Punkt der Weiche. Zu den gewöhnlichen Aufgaben eines Stoßes — Übertragung der Last möglichst ohne Stufenbildung und Wahrung der genauen Seitenlage — tritt hier noch die Forderung, daß der Wurzelstoß auch als Gelenk ausgebildet sein muß. Die Längsverschiebungen der Zunge (durch Wandern) müssen bei Weichen mit Spitzenverschlüssen in engsten Grenzen gehalten werden, weil sonst die Zuverlässigkeit des Eingriffs vereitelt wird. Endlich soll die Zunge leicht auswechselbar sein.

Herzstück-verhältnis	Übliche Länge der Zunge m	Krümmungs-halbmesser der Zunge m	Ungefähre Länge der Anschlag-schiene m	Ungefähre Größe des	
				Ablenk-winkels η	Zungenwurzel-winkels β
1 : 10	5,7—6,1	235—250	7,5—8,3	24—33′	1° 50′ bis 2°
1 : 9	5,0—5,5	180—190	7,0—7,5	30—40′	
1 : 8,5	4,5—5,0	180	6,5—7,5	40—45′	2° bis 2° 20′
1 : 8	4,5—4,8	165	6,0—7,0	45—60′	
1 : 7	3,0—3,2	140	4,5—6,0	1° 30′	2° 45′

Die Laschenverbindung ist die einfachste Lösung für den Wurzelstoß. Das Ende der Zunge wird von der Hutform zur Form der anschließenden Schiene

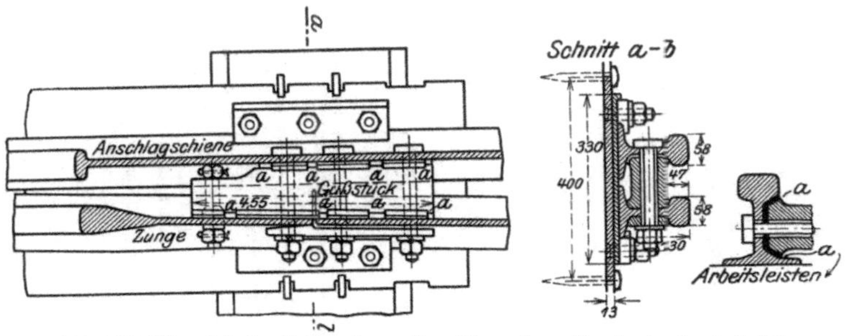

Abb. 203. Wurzelstoß mit Laschen. (Aus Foerster, Taschenbuch, 4. Aufl.)

ausgeschmiedet. Zur Sicherung des Seitenabstandes zwischen Anschlagschiene und Zunge dient ein gegossenes Füllstück, das 3 bis 4 Durchbohrungen für die Laschenschrauben hat. Die innere Anschlußlasche ist nur kurz und faßt die anschließende Weichenschiene gewöhnlich nur mit zwei Schrauben, die Zunge nur mit einer; das kurze Ende an der Zunge ist innen etwas abgehobelt, um der aufschlagenden Zunge Spielraum zu gewähren, ohne daß die Zunge beim Aufschlagen gebogen werden muß. Die Laschenverbindung ist daher zur Tragwirkung nur wenig befähigt. Der Zungenstoß wird deswegen „fest" auf einer Schwelle angeordnet (Abb. 203). Infolge der verhältnismäßig geringen Einspannung neigen die Zungen leicht zum Wandern.

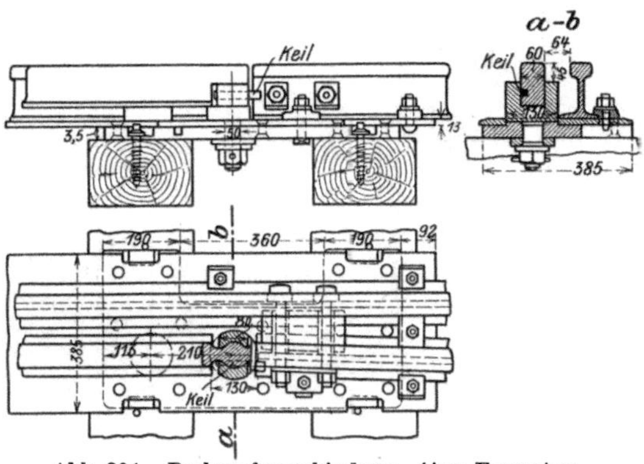

Abb. 204. Drehzapfenverbindung. (Aus Foerster, Taschenbuch, 4. Aufl.)

Die Drehzapfenverbindung ist eine ausgesprochene Gelenkverbindung. Der Zapfen wird bei einigen ausländischen Verwaltungen lose eingelegt, wobei er nach unten in einen kräftigen Gußstuhl, nach oben in die entsprechend ausgebohrte Blockzunge eingreift. Gegen Abhebung wird die Zunge durch Klemmplatten gesichert, die am Fußrande der Zunge angreifen. Die Gotthardbahn (Schweizerische Bundesbahnen) wendet neben der losen Zapfenverbindung noch eine Verlaschung an, um die Zunge nach der Höhe und in der Längsrichtung festzulegen. Bei der Drehzapfenverbindung der vorm. preußischen Staatsbahnen (Abb. 204) wird die untere Hälfte des Wurzelendes der Zunge zapfenartig (in Nußform) ausgearbeitet. Der Zapfen wird zu beiden Seiten von zwei Lagerschalen des Drehstuhls umfaßt; dieser hat nach unten einen Bolzenansatz, der durch die

Wurzelplatte hindurchgeht und mit dieser von unten her durch eine kräftige Schraube verbunden wird. Um diese Befestigungsstelle zugängig zu machen, wird der Wurzelstoß zwischen zwei Schwellen angeordnet. Das Abheben der Zunge wird durch einen kleinen Keil verhindert, der in eine Aussparung zwischen

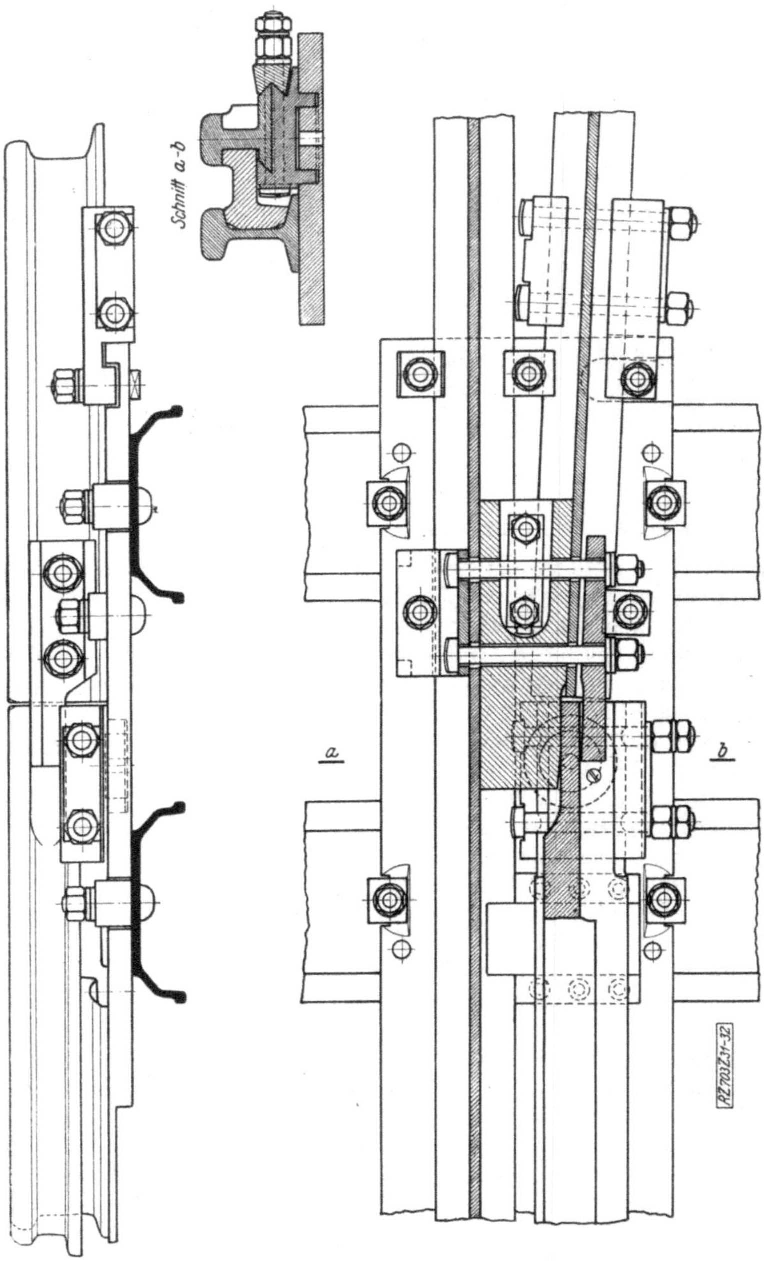

Abb. 205. Wurzel-Drehstuhl.

Drehstuhl und Zunge eingeführt wird und durch Anstoßen an die Laschenschraube der anschließenden Weichenschiene gegen Herausfallen gesichert wird. Da die immerhin nur kleinen zylindrischen Flächen der Zunge nicht vollkommen an den Drehstuhl anschließen, können die Längskräfte nicht gut übertragen werden; eine rasche Abnutzung der Backenflächen ist nicht zu vermeiden. Auch besteht die Gefahr, daß die Backen bei Seitenstößen brechen, namentlich wenn die Weichen aufgeschnitten werden. Der Anschluß der Zunge an die benachbarte Weichenschiene ist nur schwer in der richtigen Lage zu erhalten.

Für den neuen Reichsoberbau ist der Drehstuhl erheblich verbessert worden. An der Zungenwurzel wird ein besonders breites Gelenkstück unverschieblich aber lösbar befestigt, und zwar durch eine Keillasche, die den Zungenfuß und den Lagerzapfen schwalbenschwanzförmig umfaßt (Abb. 205 und 206). Die Keillasche wird mit zwei Schrauben scharf angezogen. Der Lagerzapfen endet nach unten in einen Kreisring, der in eine aus der Lagerplatte ausgearbeitete Kreisnut eingreift. Gegen Abheben wird die Zunge durch ein Laschenstück gesichert, das mit zwei Schrauben an der anschließenden Weichenschiene befestigt wird und mit einem Daumenstück in die Laschenkammer des Zungenendes eingreift. Zwischen Zunge und Anschlagschiene liegt ein Füllstück, das nach

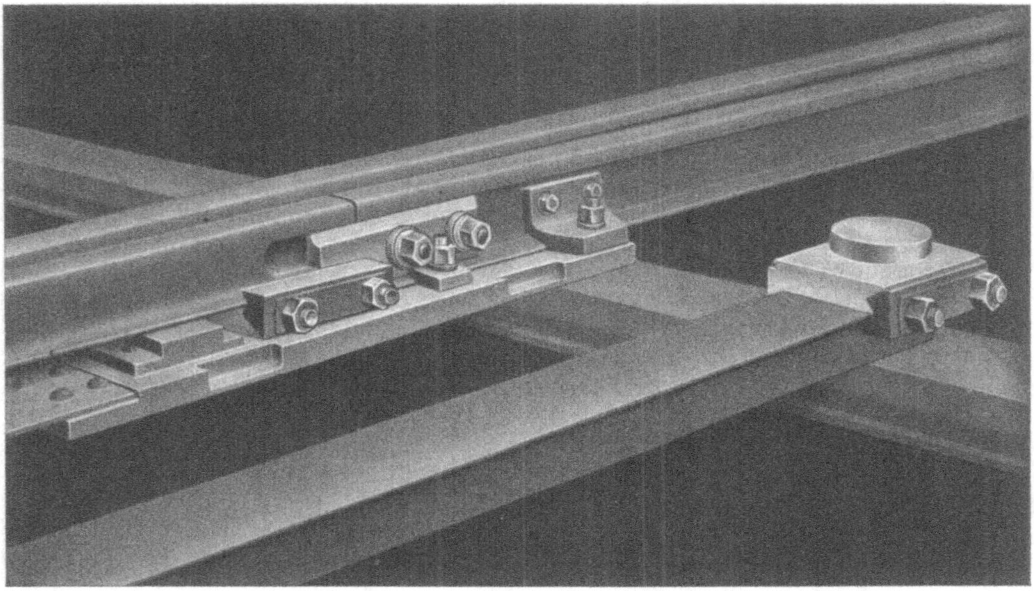

Abb. 206. Wurzel-Drehstuhl.

der offenen Seite hin mit zwei versenkten Schrauben an der Grundplatte angeschraubt wird. Es sichert den gegenseitigen Abstand von Zunge und Anschlagschiene, beteiligt sich aber auch an der Sicherung der Zunge gegen Abheben, da es mit einer Seite in die Laschenkammer der Zunge eingreift. Die Backenschiene wird durch drei Knaggenwinkel und die an die Zunge anschließende Weichenschiene durch eine kräftige Schraubenklemme gegen Längsverschiebungen gesichert. Wanderschub wird also von außen her nicht auf die Zunge übertragen. Bei dieser Bauart konnten die Abmessungen aller Flächen, die senkrechte und wagrechte Drücke aufzunehmen haben, so groß gewählt werden, daß die Abnutzungen sicher in engen Grenzen gehalten werden und die Weiche eine hohe Lebensdauer verspricht.

Die Federweiche (Abb. 207) vermeidet den grundsätzlichen Mangel aller gelenkartigen Zungenwurzelstöße, daß der Gelenkdrehpunkt zugleich Schienenstoß ist. Die Zungen werden dabei wesentlich länger, auch in kräftigerem Querschnitt ausgeführt als es bei Drehstuhlwurzeln üblich ist. Ihre Länge beträgt 10 bis 13 m, entsprechend werden auch die Backenschienen länger. Das Ende der hutförmigen Zunge wird auf eine so große Länge in den Querschnitt der Weichenschiene umgeschmiedet, daß ein gewöhnlicher Laschenstoß angebracht werden kann. Etwa 2,5 bis 3,0 m von diesem Übergangsstoße entfernt ist die Zunge auf 1,4 bis 1,6 m Länge durch Abhobeln der Fußränder in ihrer seitlichen Widerstandskraft so geschwächt, daß sich an dieser Stelle die Zunge beim Umstellen abbiegt. Das Gelenk ist also durch eine Biegung ersetzt, der Anschlußpunkt hat die Form eines gewöhnlichen Stoßes, die Biegepunkt ist davon getrennt und erscheint nicht als Stoß, sondern die Schiene geht durch. Innerhalb der Gelenkbiegestelle ist die Zunge durchgehend auf einer Längs-Rippenschwelle gelagert, um den Verlust an Lagerfläche, den das seitliche Behobeln der Zunge

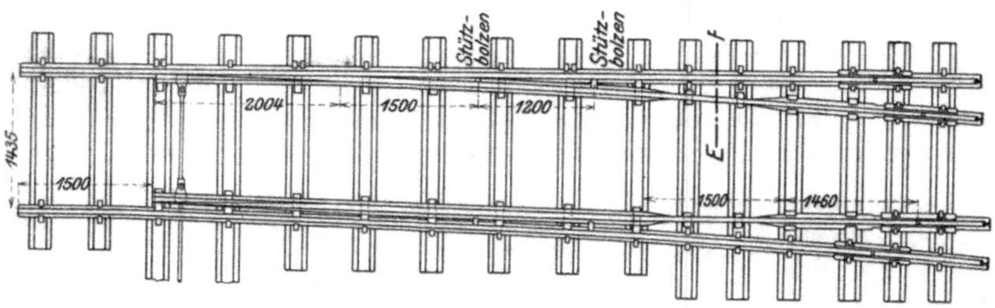

Abb. 207. Federzungen. (Aus Foerster, Taschenbuch, 4. Aufl.)

darstellt, auszugleichen. An den Enden der Federungsstelle wird die Zunge fest mit der Rippenschwelle verbunden. Die Längskräfte werden durch diese Befestigung der Zunge und durch die verläßliche Verlaschung gut aufgenommen. Die Unterhaltungskosten sind geringer als bei Weichen mit Drehstühlen. Die Bearbeitung der Zunge wird allerdings durch ihre große Länge etwas erschwert und verteuert. Um die Weiche umzustellen,sind etwas größere Kräfte nötig als bei Drehstuhlweichen. Zum verläßlichen Zungenanschluß sind Spitzenverschlüsse nicht zu entbehren, da ohne diese die Zungen zu schnäbeln beginnen würden,

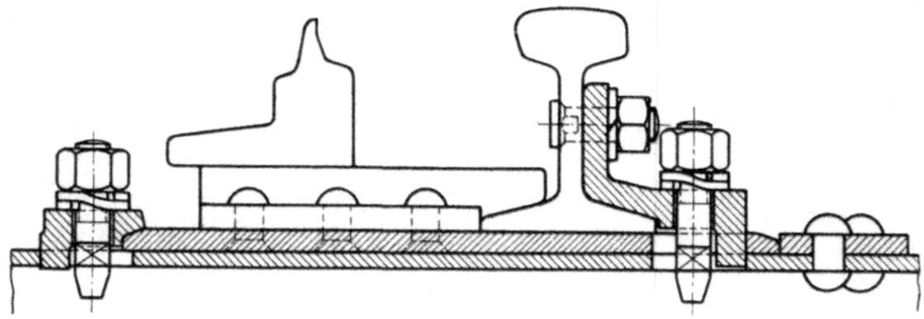

Abb. 208. Gleitstuhl.

wenn die Spannkraft der Federungsstelle nachläßt. Die Federweiche erfüllt als einzige den Leitsatz des Vereins Deutscher Eisenbahnverwaltungen, daß die Bemühungen auf Wegfall des Drehstuhles forstgesetzt werden möchten.

e) **Gleitstühle und Grundplatte.** Die Weichenzungen können außer an der Zungenwurzel nicht befestigt werden. Die Festlegung der Zungenspitze gegen die Anschlagschiene nimmt die besondere Form des Spitzenverschlusses an (s. d.). Der Höhenunterschied zwischen Zunge und Anschlagschiene wird durch die Gleitstühle ausgeglichen, die mit Nieten oder Schrauben auf der Grundplatte befestigt werden (Abb. 208). Die Gleitstühle übergreifen den Schienenfuß, wirken also zugleich als Klemmplatten. Die Gleitstühle haben entweder rechteckigen Querschnitt mit zwei versenkten Schrauben in der Mittellinie, oder sie haben niedrigere Seitenränder als Niet- oder Schraubenflansche. Außen sind die Anschlagschienen entweder mit gewöhnlichen Klemmplatten oder mit Stützwinkeln befestigt, die den Schienensteg mit abstützen. Die Anschlagschiene und die Zunge sind auf einer gemeinschaftlichen Grundplatte vereinigt, die sowohl bei Holz- wie bei Eisenschwellen allgemein angewendet wird. Um zu verhindern, daß sich die Zunge unter Seitenstößen der Räder durchbiegt, werden an mehreren Stellen der Anschlagschiene Stützbolzen angebracht, die dem Abstande der Zunge von der Anschlagschiene entsprechen (Abb. 209). Ohne diese Stützbolzen könnte auch der Fall eintreten, daß Zungen ohne Spitzenverschlüsse an der Spitze abfedern („schnäbeln"), so daß die Flansche nachfolgender Räder bei der Fahrt gegen die Spitze in die Rille eindringen können und zweispuriges Fahren eintritt. Es empfiehlt sich, die Stützflächen dieser Bolzen reichlich zu bemessen, weil sie sich sonst in die Seiten der Zunge einarbeiten.

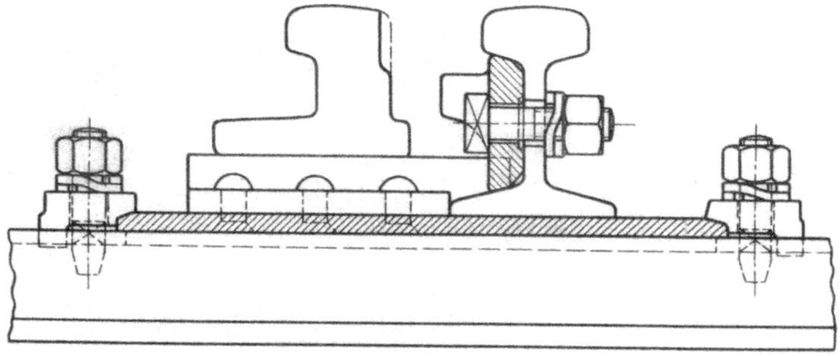

Abb. 209. Stützbolzen.

Die Weichen aus Doppelkopfschienen werden so ausgeführt, daß sich der Gußstuhl nach innen zum Gleitstuhl öffnet. Die ganze Befestigung der Anschlagschiene geht damit an den äußeren Lappen des Stuhles über, der sich der Schienenform ganz anschmiegt, so daß die Anschlagschiene fest mit diesen Lappen verschraubt werden kann.

f) Einfache und doppelte Herzstücke. Herzstücke sind jene Vorrichtungen, die bei der Kreuzung zweier Schienen den Durchgang der Spurkränze dadurch ermöglichen, daß für sie Spurkranzrillen ausgespart werden. Bilden die von der mathematischen Herzstückspitze ausgehenden, nicht von den Spurkranzrillen unterbrochenen Fahrkantenstrahlen einen spitzen Winkel, so entsteht das einfache Herzstück, bilden sie einen stumpfen Winkel, so entsteht das doppelte Herzstück (früher Kreuzungsstück genannt). An den spitzen Ecken der Mittelraute einer Kreuzung liegen also zwei einfache Herzstücke, an den stumpfen Ecken zwei doppelte.

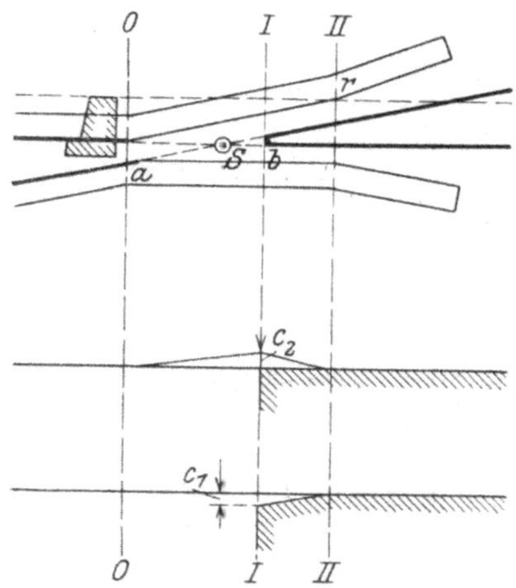

Abb. 210. Einfaches Herzstück.

α) Das einfache Herzstück (Abb. 210). Im einfachen Herzstück müssen die Fahrkanten zunächst zwischen den Kniepunkten *a* und der mathematischen Herzstückspitze *S* unterbrochen werden. Man kann jedoch die Herzstückspitze nicht in eine scharfe Schneide auslaufen lassen, weil diese leicht abbrechen würde. Daher erweitert man die Herzstücklücke bis zu dem Punkte *b*, wo die abgestumpfte Ecke etwa 1,5 cm Breite erreicht. In der Herzstücklücke muß die Unterstützung des Rades auf die Flügelschiene oder Hornschiene übergehen, die Führung muß von dem Radlenker (der Zwangschiene) übernommen werden, die der Herzstücklücke gegenüber an der durchgehenden Schiene angebracht ist; die Führung in dem Radlenker muß so eng sein, daß kein Rad an die Herzstückspitze anstoßen kann. Da der größte Innenabstand der Radreifen 1363 mm, die größte Stärke der Radflansche 31 mm betragen kann, so muß die führende Kante des Radlenkers 1394 mm von der Fahrkante entfernt sein, die **Spurrinne am Radlenker** also 41 mm weit sein. Dieses Maß darf sich durch Abnutzung um 2 mm vergrößern. Die **Spurrinnen im Herzstücke** werden gewöhnlich 49 bis 50 mm weit gemacht, bei sehr kleinen Winkeln geht man wohl bis 45 mm herab.

Die **Flügel- oder Hornschiene** ist die Fortsetzung der im Knie abgebogenen Fahrschiene. Sie trägt die Räder über die Herzstücklücke weg, allerdings bei neuen Rädern auf einem kleineren Laufkreise. Die tragende Fläche der Flügelschiene schneidet bei *r* eine Spitze aus. Dort muß also die Herzstückspitze das Rad voll tragen. Von da an bis zum Ende *b* wird die Oberfläche der Herzstückspitze etwas unter die Fahrfläche der Flügelschiene gesenkt, um die Spitze gegen Verhämmern zu schützen. Dasselbe kann erreicht werden, wenn die Flügelschiene gegen die Spitze überhöht wird; dieses Mittel wird jedoch nicht allein, sondern stets zusammen mit der Spitzenabsenkung angewendet. Die

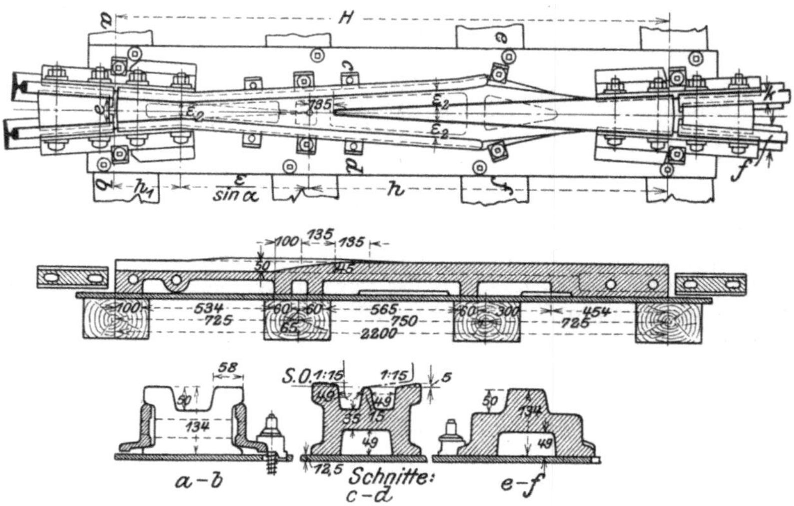

Abb. 211. Gegossenes Herzstück. (Aus Foerster, Taschenbuch, 4. Aufl.)

Spitzensenkung c_1 (allein gebraucht) wird gewöhnlich auf etwa 8 mm bemessen, die zusammen auftretenden Maße c_1 und c_2 rund auf je 5 mm. Trotzdem gelingt es nicht, den Übergang über die Herzstücklücke stoßlos zu gestalten: Die Flügelschienen werden stets niedergehämmert. Die Rillenböden bis zum Spurkranzauflauf zu erhöhen, hat sich nicht bewährt; für schnelle Fahrt ist Spurkranzauflauf sehr bedenklich.

Für die Ausführung der Herzstücke wurde früher Hartguß oder Flußstahl gewählt (**Gußherzstücke, Blockherzstücke**, Abb. 211). Wegen ihres großen Gewichts wurden sie in der Länge möglichst beschränkt, die Stöße wurden ruhend auf Querschwellen angeordnet. Die Gußherzstücke befahren sich hart, ihre geringe Länge ist wegen der Stöße lästig, sie bröckeln an den Stoßkanten leicht aus, werden daher kaum mehr beschafft. Auch wendbare Blockherzstücke haben sich nicht bewährt.

Neuerdings werden die **Herzstücke stets aus Schienen** hergestellt. Bildet man die Flügelschienen aus gewöhnlichen Schienen und den Mittelkeil als eingelegte Flußstahlspitze, so kann man wohl den Stoß der Flügelschiene weiter vom Kniepunkte abrücken, dagegen muß man die Gußstahlspitze kurz halten. Von dieser Beschränkung wird man frei, wenn man auch die Spitze aus bearbeiteten Fahrschienen herstellt. Diese Herzstücke können beliebig lang gemacht und durch eine größere Zahl von Schwellen unterstützt werden, so daß die Stöße weit von der Spitze abrücken und Höhen- wie Seitenrichtung besser erhalten werden kann. Die einzelnen Teile des Schienenherzstückes werden durch

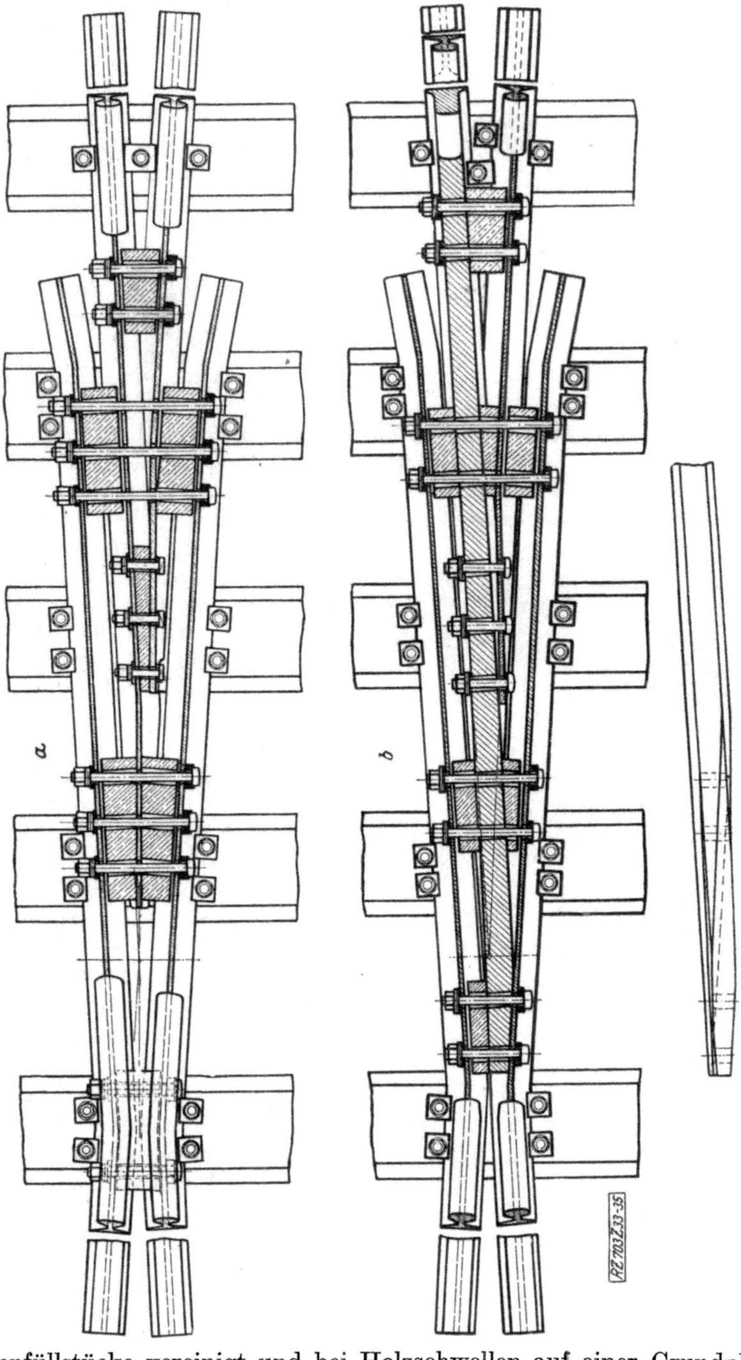

Abb. 212. Oben: Schienenherzstück mit Schienenspitze. Unten: Schienenherzstück mit Blockspitze.

Zwischenfüllstücke vereinigt und bei Holzschwellen auf einer Grundplatte verschraubt (Abb. 212, *a*). Die Stöße werden meist schwebend ausgebildet.

Das gewöhnliche Schienenherzstück ist neuerdings bei der Deutschen Reichsbahn dadurch verbessert worden, daß die Herzstückspitze nicht aus einer gewöhnlichen Fahrschiene, sondern aus einer Blockschiene herausgearbeitet wird.

Diese wird bis in die Kammer der Flügelschiene verlängert und dort nochmals kräftig mittels Füllstücken verschraubt (Abb. 212, *b*).

G e k r ü m m t e H e r z s t ü c k e sind bisher in Sonderfällen schon allgemein üblich gewesen, und zwar in einseitigen Bogenweichen und als Mittelherzstück in zweiseitigen Doppelweichen. Sie haben sich durchaus bewährt, wenn nur die Spurerweiterung, die im Herzstück durchgeführt werden muß, nicht zu groß gewählt wird oder eine außerhalb des Herzstückes angeordnete größere Erweiterung nicht plötzlich im Herzstück auf ein kleines Maß zusammengezwängt wird. Eine Spurerweiterung von 8 mm im Herzstück hat sich als unschädlich erwiesen, gilt andrerseits heute auch als ausreichend. Die Rille wird um das gleiche Maß erweitert (Abb. 213).

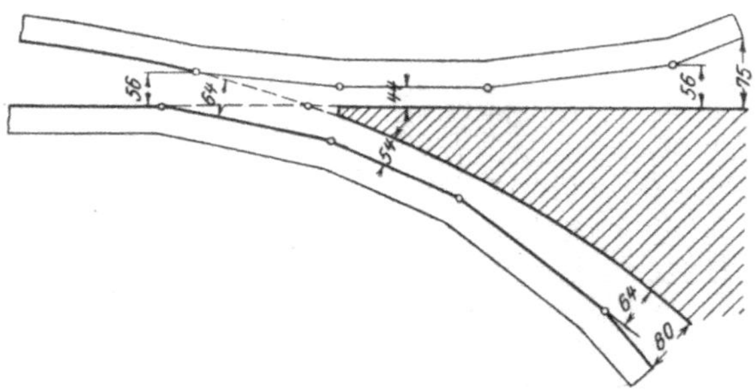

Abb. 213. Bogenherzstück.

F e d e r h e r z s t ü c k e mit beweglicher Flügelschiene sind in Preußen nach amerikanischem Vorbilde eingeführt worden für Weichen, die im geraden Strange von durchgehenden Schnellzügen durchfahren werden, während der krumme Strang nur wenig benutzt wird. Die bewegliche Fahr- und Flügelschiene wird durch eine Feder gegen die Herzstückspitze gedrückt, so daß die Herzstücklücke ganz oder größtenteils für das Hauptgleis geschlossen ist. Beim Befahren des Nebenstranges wird die bewegliche Schiene von den Rädern zur Seite geschoben, das Herzstück wird sozusagen aufgeschnitten (Abb. 214, D. R. P. M ö s l e i n - V ö g e l e). Die Radlenker, die für die Wirksamkeit der Vorrichtung wichtig sind, werden länger als sonst gestaltet.

Abb. 214. Federherzstück.

H e r z s t ü c k e o h n e U n t e r b r e c h u n g d e s H a u p t g l e i s e s sind in Sachsen üblich in den gleichen Betriebslagen, bei denen das Federherzstück anwendbar ist. Der Nebenstrang wird um 50 mm über die durchgehende Schiene des Hauptstranges gehoben, so daß die im Nebenstrang laufenden Räder den Hauptstrang überklettern (Kletterherzstück). Auf dem Kopfe der durchgehenden Schiene und auf einem anschließenden dreieckigen Zwikkel läuft der Spurkranz der überkletternden Räder auf, bis er außerhalb des lichten Raumes, der für die Radreifen im Hauptgleise nötig ist, wieder die Führung und Unterstützung durch die überhöhte Nebenstrangschiene finden kann. Das Kletterherzstück wird in zwei Formen ausgeführt, entweder ganz aus Guß oder aus Schienen mit einem angesetzten gegossenen Überlaufzwickel. Dem Radlenker kommt bei dem Kletterherzstück erhöhte Bedeutung zu, er muß daher in vermehrter Länge zuverlässig ausgeführt werden.

β) Das doppelte Herzstück (Kreuzungsstück). Bei rechtwinkligen Kreuzungen fallen alle vier Kreuzungspunkte gleich aus; wird der Kreuzungswinkel kleiner, so entsteht die Rautenkreuzung mit zwei einfachen und zwei doppelten Herzstücken. Sinkt der Kreuzungswinkel unter 45°, so verlieren die Räder weder die dauernde Unterstützung noch die Führung. Nimmt aber der Kreuzungswinkel die bei Weichenverbindungen gewöhnlich entstehenden, kleinen Werte an, so findet das Rad zwar in der Knieschiene eine fortlaufende Unterstützung, es verliert aber in den auf beiden Seiten auftretenden vierfachen Spurkranzrillen die Führung. Stellt in Abb. 215 die Strecke AB den führungslosen Teil der beiderseits offenen Herzstücklücken einer Kreuzung dar, wobei A ungefähr der Mitte des knieförmigen Radlenkers entspricht, B der Herzstückspitze, so wird eine gewisse Führung zwischen der Fahrschiene und der Herzstückspitze schon durch den Radflansch vermittelt; dieser erstreckt sich auf die Länge BD. Bei dem kleinsten Radhalbmesser von 400 mm und der Spurkranzhöhe von 25 mm beträgt die Strecke BD 144 mm. Diese Deckung reicht hin, in Kreuzungen bis zum Winkel von 1 : 4,5 die ununterbrochene Führung herzustellen. Wird der Kreuzungswinkel kleiner, so kann durch Überhöhung der beiden inneren Radlenker die Führung künstlich etwas verlängert werden. Die Überhöhung darf nach dem Querschnitt des lichten Raumes 5 cm betragen, wird aber mit Rücksicht auf die Abnutzung der Schiene an neuen Herzstücken nur auf 4 cm bemessen. Dann wird bei 40 cm Raddurchmesser die Strecke CB 226 mm, der

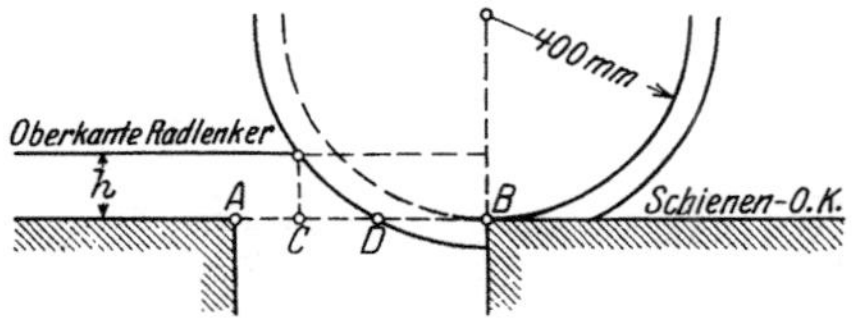

Abb. 215. Führungslose Stelle.

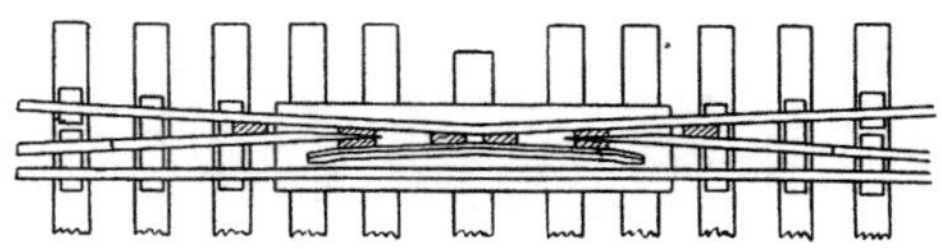
Abb. 216. Doppeltes Herzstück (mit innerer Weichenschiene).

Gewinn an Führungslänge, der sich durch Erhöhung der Radlenker erreichen läßt, beträgt also 225—144 = 82 mm. Das reicht aus, um in Kreuzungen bis 1 : 5,5 die Führung durchgehend zu gestalten. Sinkt der Kreuzungswinkel noch weiter, dann bleibt eine führungslose Stelle übrig, die bei Kreuzungen 1 : 8 etwa 20 cm, bei 1 : 9 etwa 28 cm, bei 1 : 10 etwa 36 cm lang ist. Diese beiderseits führungslose Stelle wird in der Fahrt vermöge des Beharrungsvermögens der Fahrzeuge und der Kreiselwirkung der Räder glatt durchlaufen. Wegen der Entgleisungsmöglichkeiten in Doppelherzstücken siehe unter d, S. 121.

Die Spurrinne der Kreuzungsstücke zwischen den stumpfwinklig zusammenstoßenden Fahrschienen und den Spitzen wird meist zu 50 mm oder nur einem wenig davon abweichenden Maß angesetzt, die zwischen den Spitzen und dem Radlenker um einige Millimeter kleiner, etwa bis 45 mm herab. Die Enden der beiden Spitzen werden nach denselben Grundsätzen abgestumpft und abgeschrägt wie die der einfachen Herzstücke.

Die Doppelherzstücke werden ebenso wie die einfachen entweder als gegossene Blockherzstücke oder aus Schienen mit Gußstahlspitze oder als reine Schienenherzstücke hergestellt. Die gegossenen Stücke wurden besonders in Österreich vielfach in wendbarer Form hergestellt, wobei der überhöhte Radlenker entweder seitlich angeschraubt oder oben aufgeschraubt wurde. In Deutschland werden gegossene Doppelherzstücke kaum mehr hergestellt, sondern nur noch solche aus Schienen (Abb. 216). Auch die Doppelherzstücke erhalten bei der Deutschen Reichsbahn auf Holzschwellen eine Grundplatte, die bei der Verlegung auf Eisenschwellen wegbleibt.

Um die in spitzen Kreuzungen und Kreuzungsweichen lauernde Entgleisungsgefahr zu bannen, werden die Spitzen vereinzelt beweglich gemacht: Die führungslosen Stellen werden dadurch geschlossen (Abb. 217). Die beweglichen Herzstückspitzen werden durch Hebelübertragung von der Weichen-Umstellvorrichtung her gesteuert. Mit solchen Spitzen lassen sich auch spitzere Kreuzungsweichen bauen als 1 : 10. Eine von Hohenegger für die vorm. österreichische Nordwestbahn entworfene Kreuzungsweiche hat 1 : 10,5 Steigung, auf der Pennsylvania-Bahn sind solche Weichen mit 1 : 12, ja selbst 1 : 15 in Gebrauch.

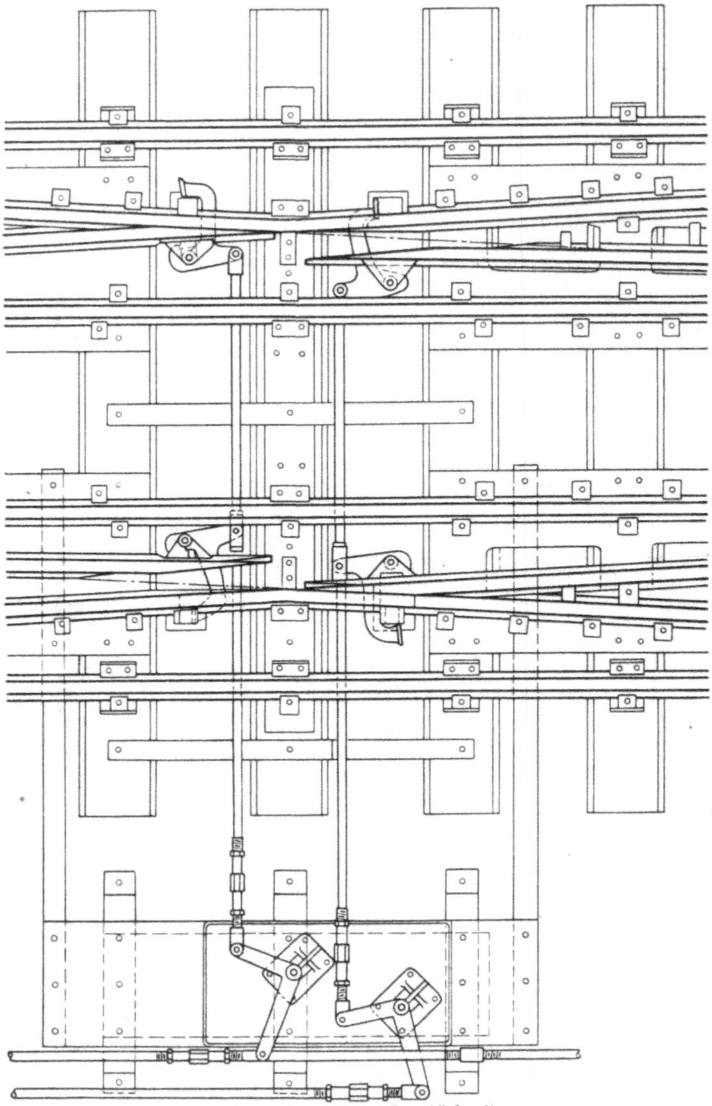

Abb. 217. Bewegliche Herzstückspitzen.

g) Radlenker (Zwangschienen). Erhalten 3,0 bis 3,75 m Länge und liegen mit ihrer Mitte der Herzstücklücke gegenüber. Die Rillenweite beträgt 41 mm; sie erweitert sich gegen die Enden auf 75 bis 100 mm, so daß ein stoßloser Einlauf gewährleistet ist. Die Radlenker werden entweder aus gewöhnlichen Schienen gebildet oder aus winkelförmigen Eisen, die oft eine Kopfverstärkung haben, um der Abnützung zu begegnen. Die Zwangschiene wird durch vier gußeiserne Füllstücke mit je zwei Schraubenbolzen der Fahrschiene angeheftet.

h) Schwellen- und Schienenteilung. Als Weichenschwellen sind Holz- und Eisenschwellen gebräuchlich. Für Eisenschwellen wird als Vorteil rascheres und genaueres Verlegen, als Nachteil umfänglichere Zerstörung bei Entgleisungen geltend gemacht.

Die Schwellen in den Weichen werden innerhalb der Zungenvorrichtung grundsätzlich rechtwinklig zum Hauptgleise gelegt, oft noch ein Stück darüber hinaus; im übrigen erhalten sie dann eine vermittelnde Lage etwa rechtwinklig zur Mittellinie des Herzstückes. Die Länge der Schwellen wächst dabei von der gewöhnlichen Schwelle bis auf höchstens 6 m in Stufen von etwa 20 bis 30 cm. Günstig ist es, wenn die Stöße hinter dem Herzstück so weit abgerückt werden, daß dort schon der gewöhnliche Stoß mit rechtwinkliger Schwellenlage angewendet werden kann (Abb. 218). Sonst helfen sich manche Verwaltungen damit, daß die Stöße, in denen das gewöhnliche Gleis anschließt, im Haupt- und Nebengleise verschiedene Abstände vom Herzstücke erhalten. Hierzu werden dann die Schwellen des Haupt- und des Nebengleises ineinander verschränkt, Holzschwellen wohl auch seitlich behauen, damit sie leichter nebeneinander Platz finden. Im Inneren der Weiche wird die Schienenteilung entweder so durchgeführt, daß jeweils die zwei im Herzstück zusammenlaufenden Schienen zwischen zwei Schwellen gestoßen werden, ebenso die beiden äußeren Schienen. Diese Stöße werden dann gegeneinander versetzt, so daß für die beiden Fahrschienen des Haupt- und des Nebengleises eine Art von Wechselstoß entsteht. Es ist bei dieser Anordnung leichter, die Stoßstelle mit den gewöhnlichen Laschen in die Mitte zwischen den Stoßschwellen zu bringen, als wenn man nach der zweiten Möglichkeit alle vier Schienen der Weiche in demselben Schwellenfelde stößt. Die vier Stoßstellen erhalten dann, wenn sie rechtwinklig zu den Gleisachsen liegen sollen, eine etwas

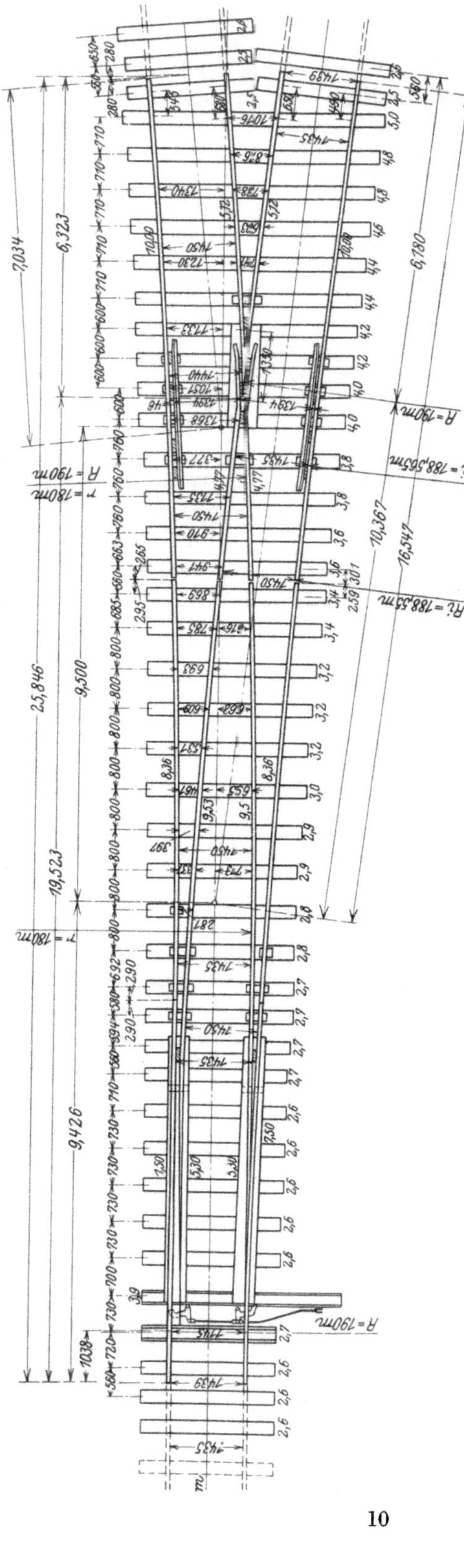

Abb. 218. Schwellenteilung in der Zweibogenweiche 1:9 der Deutschen Reichsbahn.

verschiedene Lage zur Mittellinie des Stoßschwellenfeldes, was nicht bei allen Laschenformen ohne Zwang möglich ist. Bei Eisenschwellen muß mit der Lochung auf diese Verschiebung Rücksicht genommen werden. In Kreuzungsweichen und schiefwinkligen Kreuzungen werden die Schwellen rechtwinklig zur Verbindungslinie der einfachen Herzstücke ausgelegt; rechtwinklige Kreuzungen werden durch einen verblatteten Holzrahmen unterstützt.

Für die Schienenteilung sind Paßstücke unter 3 m zu vermeiden.

Da in Weichen das Wandern der Zungen wegen des genauen Sitzes des Spitzenverschlusses möglichst eingeschränkt werden muß, werden neuerdings die Weichenschienen oft mit einer größeren Zahl von Wanderstützen versehen; dadurch soll verhindert werden, daß von den Weichenschienen her Wanderschub auf die Zungen übertragen wird.

Von den Schwellen sind in Weichen die unter dem Zungenwurzelstoß und die unter der Herzstückspitze besonders starken Stoßbeanspruchungen ausgesetzt. Es ist daher in Bayern üblich geworden, die Bettung an diesen Stellen durch Eisenbetonroste zu verstärken.

i) Weichen-Zubehör. α) Die Stellvorrichtung. Umfaßt das Gestänge, den Stellbock und das Weichensignal. Die Verbindungsstangen kuppeln die beiden Weichenzungen zur gemeinschaftlichen Bewegung mit gelenkigem Anschluß, so daß kein Zwängen eintritt. Die Umstellbewegung wird vom Stellbock her durch die Schubstange übertragen. Der Weichenbock besteht aus dem Stellhebel und dem Gegengewichte. Dieses hält durch sein Gewicht die anliegende Zunge in der Endlage fest; beim Aufschneiden der Weiche verschaffen sich die aufschneidenden Spurkränze durch Verschieben der Zungen Raum, wobei das Gegengewicht gehoben wird. Je nachdem, ob dabei das Gegengewicht in die andere Endlage geworfen wird oder in die Anfangslage zurückfällt, unterscheidet man überschlagende und rückschlagende Gegengewichte. Bevorzugt werden heute die rückschlagenden, obwohl sie beim Aufschneiden einer Weiche von jeder Achse hochgeschnellt werden und dadurch heftige Stöße ausgeübt werden (Abb. 219). Bei Stellwerksweichen sind besondere Formen der Stellvorrichtung nötig, die insbesondere eine Drahtbruchsperre haben müssen, damit sich die Weiche bei einem Drahtbruch nicht umstellt. Bei Weichen, die örtlich von Hand gestellt, aber durch Verriegelung in eine Fahrstraßensicherung einbezogen werden, tritt die Riegelrolle als Ergänzung der Stellvorrichtung auf.

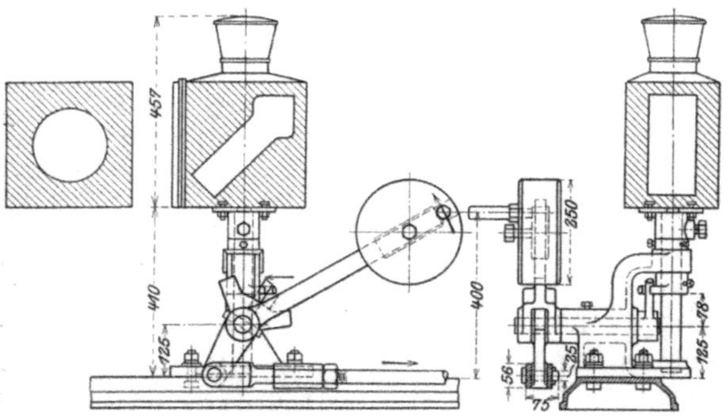

Abb. 219. Stellbock.
(Aus Foerster, Taschenbuch, 4. Aufl.)

Die Weichensignale sind mit der Stellvorrichtung durch eine Hebelübertragung verbunden, so daß sie mit der Weiche umgesteuert werden und deren Stellung auf weitere Entfernung hin kenntlich machen. Die Sichtweite soll etwa 300 m betragen. Sie sind in Deutschland ausschließlich Formsignale und für Tag und Nacht dadurch gleich, daß die Tagessignale aus weißen Milchglasscheiben bestehen, die nachts mit durchfallendem Lichte aus dem Signalkörper heraus beleuchtet werden. Die Signale müssen die in der Signalordnung vorgeschriebenen Formen haben; für Kreuzungsweichen sind neuerdings verschiedene Vorschläge aufgetaucht, die Signale zweckmäßiger zu gestalten. Die Weichensignale werden überwiegend in möglichst geringer Höhenlage angeordnet, um für die Fernsicht eine deutliche Beziehung zwischen der Weiche und dem Signal herzustellen.

β) Der Spitzenverschluß. Ist ein unentbehrliches Zubehör für fernbediente Weichen, um den festen Schluß der anliegenden Zunge zu erzwingen. Zugleich ist er eine Anzeigevorrichtung für Hindernisse zwischen Zunge und Anschlagschiene, weil sich der Weichenhebel im Stellwerk nicht einklinken läßt, wenn durch ein solches Hindernis (Steinchen, Eis) der letzte Teil des Stellweges (der Verriegelungsweg der Weichenleitung) verlegt wird. Das Einklinken des Stellhebels muß schon durch ein Hindernis von 4 mm Dicke verhindert werden. Die Spitzenverschlüsse müssen aufschneidbar sein. Das Aufschneiden beginnt damit, daß zuerst die abstehende Zunge von dem aufschneidenden Radflansch zur Seite gedrückt wird. Aus diesem Grunde wird die Aufschlagweite bei fernbedienten Weichen auf 16 bis 20 cm vergrößert. Die Seitenbewegung der abstehenden Zunge löst nun zuerst durch eine Hebelübersetzung den Spitzenverschluß der anliegenden Zunge. Im zweiten Abschnitt bewegen sich dann beide Zungen gleichzeitig; im dritten Abschnitt wird der Spitzenverschluß an der nunmehr anliegenden Zunge geschlossen. Die Spitzenverschlüsse wurden früher vielfach in Form der Gelenkverschlüsse ausgeführt, bei denen der Verschluß dadurch

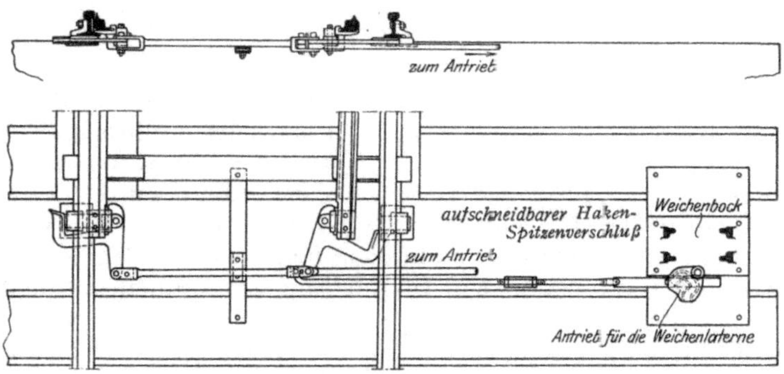

Abb. 220. Hakenverschluß. (Aus Foerster, Taschenbuch, 4. Aufl.)

zustande kam, daß die verlängerte Mittellinie der Riegelstange in einer Geraden mit dem Gelenkmittelpunkte lag, das Triebwerk also auf dem toten Punkte stand. Neuerdings wird bei der Deutschen Reichsbahn der Hakenverschluß allgemein angewendet (Abb. 220). Bei diesem umschließt ein handförmiger Haken, der als Winkelhebel ausgebildet ist und an der Zunge angreift, einen unten an der Anschlagschiene befestigten Stützkloben.

γ) Das Sicherheitsschloß. Dient zur Sicherung selten bewegter Weichen. In eine Nut an der Schubstange legt sich die Riegelstange eines kräftigen Schlosses, das den Schlüssel erst freigibt, wenn sich der Verschluß in der Endstellung befindet. Der Besitz des Schlüssels bietet also die Gewähr für den vollzogenen Verschluß. Mit dieser Schlüsselsicherung läßt sich an Schlüsselbrettern für einfachere Betriebsverhältnisse eine regelrechte Fahrstraßensicherung durchführen, wenn noch Schlüsselabhängigkeiten zwischen Weiche und Signal ausgebildet werden. Bei der Fernverriegelung entspricht der Kranz der Riegelrolle dem Riegel des Weichenschlosses.

δ) Die Zungenklammer. Nach B. O. 50 müssen fernbediente Weichen, deren Abhängigkeit vom Signal vorübergehend aufgehoben ist, durch Verschluß oder Bewachung gegen fremden Eingriff gesichert werden, wenn ein Zug gegen ihre Spitze fährt. Ein solcher Handverschluß ist die Zungenklammer. Die Bauart nach Abb. 221 ist für

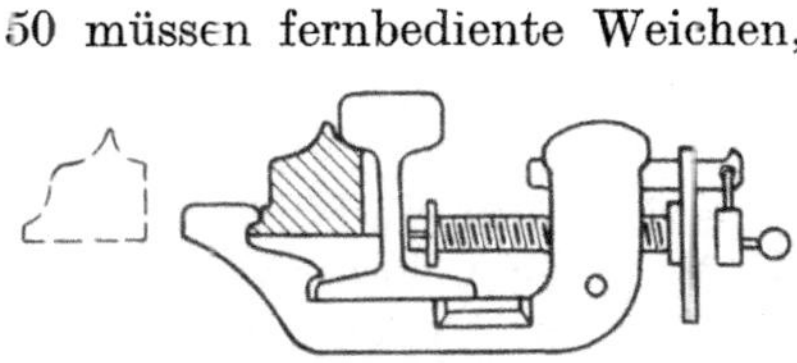

Abb. 221. Zungenklammer.

den Verschluß der anliegenden wie der abstehenden Zunge gleicherweise geeignet. Beide Zungen müssen gesichert werden, wenn die Verbindungsstange der Zungen abgenommen ist.

ε) Gleisvorleger. Sind dazu bestimmt, den Verkehr in einem Hauptgleise gegen Flankenfahrten aus einem Neben- oder Anschlußgleise her zu schützen. Sie bringen Fahrzeuge, die im Nebengleise unbeabsichtigt oder unvorsichtig bewegt werden, zur Entgleisung, entsprechen also in ihrer Wirkung den Entgleisungsweichen (vgl. S. 127). Die Gleisvorleger werden fast nur noch in der Form der eisernen Sperrklötze nach Abb. 222 gebaut, die beiderseitig auf den Schienen liegen und bei denen der eine mit einer schiefen Führungsrinne versehen ist, die den Radflansch über den Schienenkopf weghebt und ihn nach außen zur Entgleisung drängt. Die Gleisvorleger werden in angemessener Entfernung hinter dem Merkzeichen angeordnet ($\geqq$ 3 m). Sie erhalten meistens ein Sicherheitsschloß, stehen oft mit der zugehörigen Weiche in Schlüsselabhängigkeit oder werden von der Stellvorrichtung der Weiche aus gesteuert; für wichtige Weichen wird der Gleisvorleger vom Stellwerk aus verriegelt, auch manchmal durch ein Weichensperrsignal ergänzt.

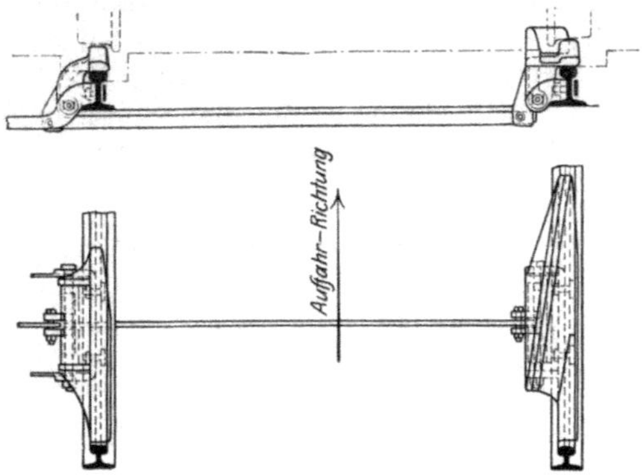

Abb. 222. Sperrklotz.
(Aus Foerster, Taschenbuch, 4. Aufl.)

ζ) Das Sandgleis. Das Köpckesche Sandgleis ist eine Gleissperre, die unbeabsichtigt anrollende Fahrzeuge dadurch abfängt, daß sie sie mit einer Zungenvorrichtung in ein dicht neben dem Hauptstrang angeordnetes, etwa 5 cm hoch mit Sand überfülltes Gleis ablenkt (Abb. 223). Beansprucht keinen erheblichen Platz nach der Breite, fällt aber gewöhnlich ziemlich lang aus: Die Bremswirkung entspricht einer Gegensteigung von 1 : 13. Es hat sich in Probeausführungen wiederholt gut bewährt und selbst ganze Züge ohne Schaden sicher aufgefangen. Dennoch hat es keine weitere Verbreitung erlangt.

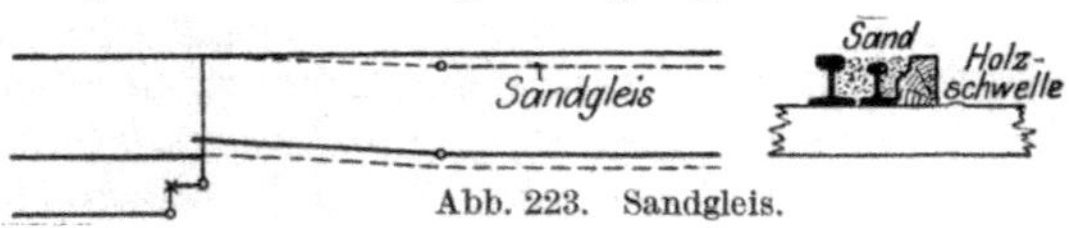

Abb. 223. Sandgleis.
(Aus Foerster, Taschenbuch, 4. Aufl.)

η) Die Fühlschiene (Druckschiene). Sie soll verhindern, daß eine Weiche unter dem Zuge umgestellt wird. Neben der Anschlagschiene ist vor der Weiche auf die Länge des größten Achsstandes (11,0—13,5 m) eine Fühlschiene angeordnet, die durch ein Gestänge mit der Weichenstellvorrichtung verbunden ist (*f* in

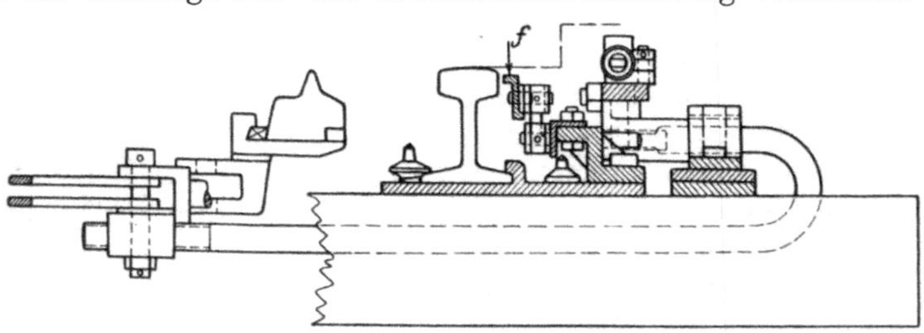

Abb. 224. Fühlschiene.

Abb. 224). Die Verbindung ist derart, daß sich die Fühlschiene beim Umstellen der Weiche einmal bis über den Schienenkopf hebt und dann wieder senkt. Steht ein Rad im Bereich der Fühlschiene auf der Fahrschiene, so ist die Aufwärtsbewegung durch den überstehenden Radkranz gehemmt und die Weiche kann nicht umgestellt werden. In Bogen mit größerer Spurerweiterung wird die Wirksamkeit der Fühlschiene unsicher.

ϑ) Das Merkzeichen. Bezeichnet die Stelle, wo an zusammenlaufenden Gleisen Fahrzeuge noch unbehindert aneinander vorbeikommen. Die Gleisentfernung, rechtwinklig zu den beiden Gleisen gemessen, muß dafür 3,5 m betragen. Bei Anschlußgleisen wird als Gleisentfernung am Merkzeichen 4 m gefordert. Die Merkzeichen sollen den Fußverkehr zwischen den Gleisen nicht behindern oder gefährden und bei Schneefall sichtbar bleiben. Die früheren Formen (Balken quer von Schiene zu Schiene oder ein Pfahl oder Merkstein inmitten des Winkels) verschwinden daher mehr und mehr. Heute werden die Merkzeichen gewöhnlich als auffällig gefärbte Porzellanglocken ausgeführt, die an jeder der beiden zusammenlaufenden Schienen befestigt werden.

D. Geometrische Berechnung der Weichen.

Bei allen Weichenberechnungen werden die Schienen durch die Fahrkante ersetzt. Auf diese, nicht auf die Gleisachse, bezieht sich die Rechnung.

a) Die Ablenkvorrichtung. α) Bei geraden Zungen ist die Tangente des Anfallwinkels (Ablenkfehlers) gegeben durch den Abstand der Fahrkante an der Zungenwurzel und die Zungenlänge. Der Ablenkfehler fällt gewöhnlich groß aus, die Fahrt in der Ablenkung leidet daher unter Stößen; die Länge der Weichenzunge geht für die Weichenkrümmung verloren, die Länge der Weiche vergrößert sich daher empfindlich, der einzige Vorteil der geraden Zunge, ihre leichtere Bearbeitung, fällt dagegen nicht ins Gewicht. Gerade Zungen werden daher kaum mehr ausgeführt.

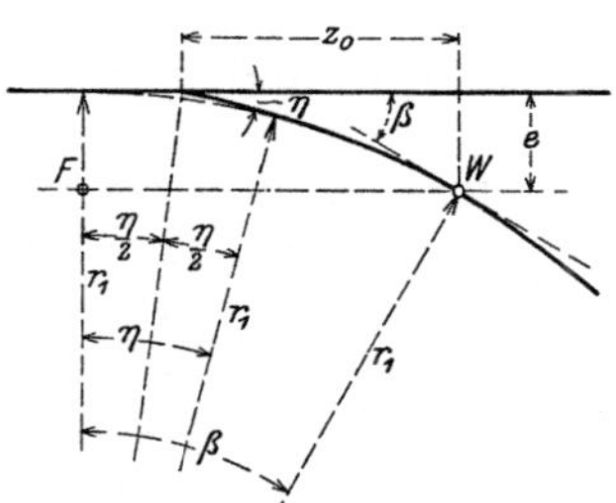

Abb. 225. Berührende Zunge.

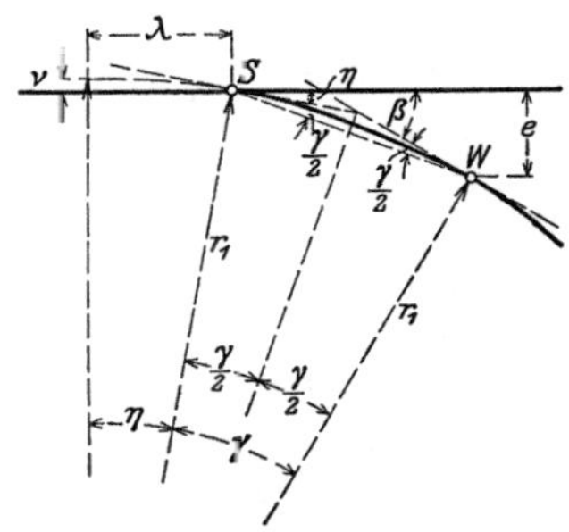

Abb. 226. Überschneidende Zunge.

(Aus Foerster, Taschenbuch, 4. Aufl.)

β) Gekrümmte Zungen mit berührenden Fahrkanten. Der Kreisbogen der Zunge berührt die Fahrkante der Anschlagschiene tangential, wird aber nahe der Spitze durch eine Gerade so ersetzt, daß der Anfallwinkel einen zweckmäßigen Wert annimmt. Man wählt den Anfallwinkel η so, daß er für Hauptbahnen etwa 30′—45′ wird, für Nebenbahnen bis 1^0, für Rangierweichen, die nur von Wagen befahren werden, bis $1^0 30'$ steigt. Die Krümmung der Zunge ergibt den Zungenwurzelwinkel β. Es bestehen folgende Beziehungen (Abb. 225):

$$FW = \sqrt{e(2r_1 - e)}; \qquad z_0 = FW - r_1 \cdot \tan\frac{\eta}{2}; \qquad \tan\beta = \frac{FW}{r_1 - e};$$

$$z = r_1 \cdot \tan\frac{\eta}{2} + \frac{r_1 \pi (\beta - \eta)}{180^0}.$$

Hierin bedeutet z die Zungenlänge, z_0 ihre Projektion auf die Anschlagschiene. Man nimmt r_1, e und η an und berechnet die übrigen Stücke.

γ) Gekrümmte Zungen mit überschneidenden Fahrkanten. Gegeben oder angenommen die Zungenlänge z (gleich dem Bogen SW), ihr Krümmungshalbmesser r_1 und die Wurzelweite e. Es wird (Abb. 226):

$$\gamma \text{ (der Zentriwinkel des Zungenbogens)} = \frac{z}{r_1} \cdot \frac{180^0}{\pi};$$

$$\text{Sehne } SW = 2\, r_1 \sin \frac{\gamma}{2};$$

$$\sin\left(\eta + \frac{\gamma}{2}\right) = \frac{e}{2\, r_1 \sin \frac{\gamma}{2}};$$

Hieraus η und sodann $\beta = \eta + \gamma$.

Die Lage des Krümmungsmittelpunktes der Zunge ist gegeben durch die Gleichungen

$$\lambda = r_1 \sin \eta; \qquad \nu = r_1 (1 - \cos \eta).$$

Bei dieser Anordnung ist es nicht ohne weiteres angängig, die Zungenwurzelweite gleich der Summe aus der Rillenweite ($\varepsilon_0 = 58$ mm) und der Breite des Schienenkopfes (k) zu setzen. Dieses Maß genügt nur, wenn die Zunge so weit aufschlägt, daß die Zunge an der Wurzel die gleiche Richtung mit der Anschlagschiene annimmt. Ist dies nicht der Fall, so nähert sich die geöffnete Zunge um einen kleinen Bogenstich i der Anschlagschiene, und die Wurzelweite ε muß um dieses Maß i vergrößert werden:

$$\varepsilon = \varepsilon_0 + k + i, \text{ wobei}$$

$$i \cong \frac{z^2}{2\, r_1} - \frac{z}{r_1} \sqrt{2\, r_1 (a - \varepsilon_0 - k)} + (a - \varepsilon_0 - k);$$

hierin ist a die Aufschlagweite der Zunge.

Auch bei der Berechnung der „berührenden" Zunge muß dieser Zuschlag berücksichtigt werden.

b) Die einfache gerade Weiche. Sind die geometrischen Bestimmungsstücke der Zungenvorrichtung festgelegt, so kann man in der einfachen geraden Weiche eine Gerippfigur einzeichnen, die alle notwendigen Bestimmungsstücke der Weiche enthält (vgl. die durch Schraffur hervorgehobenen Linien in Abb. 227). Die Berechnungsgleichungen ergeben sich aus der Beziehung, daß in einem geschlossenen Vieleck die Projektionen der Seiten auf zwei verschiedene Richtungen jeweils die Summe Null ergeben. Man projiziert zuerst auf das Stammgleis, dann rechtwinklig dazu auf die Richtung MA. Die Richtung nach abwärts und nach rechts gilt als positiv, umgekehrt als negativ. Man erhält:

$$e + r \cos \beta - r \cos \alpha + g \sin \alpha - s = 0; \tag{1}$$

$$l - g \cos \alpha - r \sin \alpha + r \sin \beta = 0. \tag{2}$$

ε und β ergeben sich aus der Berechnung der Ablenkvorrichtung, sind also für die Weichenberechnung als bekannt vorauszusetzen. Die Spurweite s ist gegeben, α wird meistens angenommen, da man möglichst wenig Formen von Weichen zu erhalten wünscht, schon der Lagerhaltung wegen. Durch das Herzstückverhältnis ist dann der Halbmesser des Weichenbogens in engen Grenzen bestimmt (vgl. Abb. 153). Man kann also die beiden Grundgleichungen dazu benutzen, die Werte l und g zu berechnen. Gewöhnlich wird man in mehrfacher Versuchsrechnung die beiden Werte gegeneinander abstimmen. Früher, als man noch Wert auf bestimmte, nicht zu kleine Längen von g legte, wurde wohl auch dieses angenommen und r aus Gl (1) bestimmt. Auch die früher oft erhobene Forderung, daß l einen bestimmten Wert haben müsse, damit die Länge zwischen Zungenwurzel und Herzstück mit Schienen eines üblichen, runden Längenmaßes gedeckt werden könne, spielt neuerdings keine Rolle mehr.

Die Schienenlängen zwischen der Zungenwurzel und der mathematischen Herzstückspitze berechnen sich im äußeren Strange zu

$$l_2 = \left(r + \frac{k}{2}\right)\left(\frac{\alpha - \beta}{180^0}\right)\pi + g\,, \tag{3}$$

im inneren Strange zu

$$l_3 = \left(r - s - \sigma - \frac{k}{2}\right)\frac{\alpha - \beta}{180^0}\,\pi + g - s_1 \sin\beta\,; \tag{4}$$

in Gleichung (4) ist σ die Spurerweiterung. Von den Längen l_2 und l_3 sind zur Ermittlung der reinen Schienenlängen die vor der mathematischen Herzstückspitze liegenden Schenkel des Herzstückes und die Wärmelücken abzuziehen.

Die Längen h und λ_1 ergeben sich nach praktischen Gesichtspunkten. So wird bei Blockherzstücken oder Gußstahlspitzen gewöhnlich gefordert, daß die Länge h so reichlich sein soll, daß die Schienenfüße, mindestens aber die Schienenköpfe nicht mehr abgeschrägt zu werden brauchen. Die Länge λ_1 ergibt sich für Schienenherzstücke aus der Forderung, daß die Laschen samt Schrauben in dem engen Zwickel noch bequem zu handhaben sein müssen. Für Herzstücke mit Gußstahlspitze oder für Blockherzstücke sind die Vorschriften für die geringste Länge der Paßstücke sowie Rücksichten auf die Schwellenteilung maßgebend.

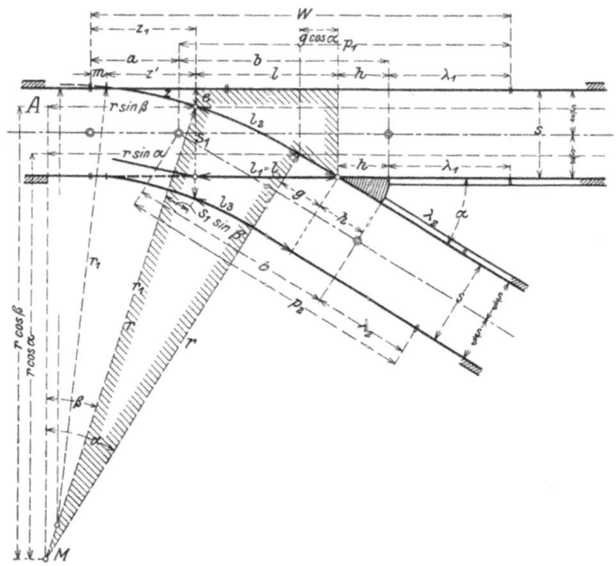

Abb. 227. Einfache Weiche.

Die Maße für das Linienbild ergeben sich aus den Gleichungen

$$\left.\begin{aligned} b &= \frac{s}{2\cdot\tan\frac{\alpha}{2}} + h\,;\\ p_1 &= b + \lambda_1\\ a &= W - p_1\,. \end{aligned}\right\} \tag{5}$$

Hierin ist a der Abstand von der Weichenmitte bis zum Stoße vor der Zungenspitze.

Für die Weichen mit gekrümmtem Herzstücke wird die in Abb. 153 angedeutete Berechnung zur strengen, und es kommt nur noch darauf an, zu bestimmen, wieweit die Weichenkrümmung hinter dem Herzstücke mit Rücksicht auf die Bildung von Weichenstraßen fortgesetzt werden soll.

c) Die gleichlaufende Krümmungsweiche. Die Rechnungsgrößen der Ablenkvorrichtung seien wieder als bekannt vorausgesetzt. Die Grundfigur der Weiche ist in Abb. 228 hervorgehoben. Durch Projektion der Grundfigur auf die Richtung der (geraden) Anschlagschiene sowie auf die Senkrechte dazu erhält man ohne weiteres die Bestimmungsgleichungen

$$e + r\cos\beta - r\cos(\alpha + \delta) + g\sin(\alpha + \delta) - G\sin\delta$$
$$+ (R - s)\cos\delta - R = 0\,, \qquad 6)$$
$$d + (R - s)\sin\delta + G\cos\delta - g\cos(a + \delta) - r\sin(\alpha + \delta)$$
$$+ r\sin\beta = 0\,. \qquad (7)$$

Hierbei sind die Richtungen nach unten und nach rechts wieder als positiv eingesetzt.

In diesen Gleichungen ist α als gewünschter Wert vorausgesetzt. Dann erscheinen noch die Größen δ, R, r, G und g als Unbekannte. Da nur zwei Bestimmungsgleichungen dafür gegeben sind, müssen drei von den Unbekannten angenommen werden. Gewöhnlich bestimmt man δ, R und r näherungsweise aus einer Zeichnung und berechnet dann G und g. Die zweckmäßigsten Werte lassen sich nur durch wiederholte Versuchsrechnungen gewinnen. Im allgemeinen kann man leicht erkennen, daß die Weiche, wenn für den Halbmesser des Nebengleises ein Kleinstwert gegeben ist, um so spitzwinkliger ausfallen muß, je schärfer die Krümmung des Hauptgleises (Stammgleises) ist. Die Halbmesser R und r nähern sich dabei einander um so mehr, je spitzer der Herzstückwinkel ist. Zugleich wächst der Winkel δ, d. h. im Hauptgleis wird eine beträchtliche Richtungsänderung gewonnen. Diese wird ja an sich mit der gleichlaufenden Krümmungsweiche angestrebt. Wünscht man andrerseits einen steileren Herzstückwinkel und ist man dabei an einen gegebenen Kleinstwert für den Halbmesser des Nebenstranges gebunden, so fällt der Halbmesser des Hauptgleises groß aus, die Richtungsänderung in diesem wird geringer und man nähert sich den Verhältnissen der einfachen geraden Weiche. Diese gegenläufige Bewegung wird gekennzeichnet, wenn man die sächsische gleichlaufende Krümmungsweiche 1 : 13 und die preußische 1 : 10 gegenüberstellt:

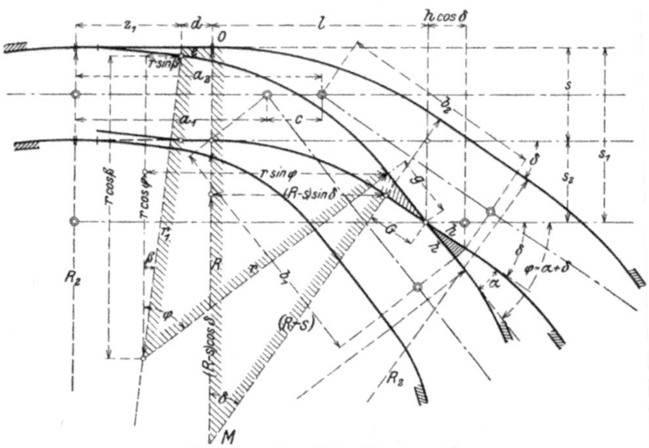

Abb. 228. Einseitige Bogenweiche.

	1 : 13	1 : 10
Halbmesser des Muttergleises, in das die Weiche eingelegt werden kann	450 m	1000 m
Halbmesser des Hauptgleises	242,5 m	500 m
„ „ Nebengleises	180 m	170 m
Zentriwinkel des Hauptstranges (δ)	$4^0 50'$	$3^0 20'$

Die Koordinaten der mathematischen Herzstückspitze in Bezug auf MO ergeben sich aus der schraffierten Grundfigur der Weiche:

$$\left.\begin{aligned} l &= (R - s)\sin\delta + G\cos\delta\,,\\ s_1 &= R - (R - s)\cos\delta + G\sin\delta\,. \end{aligned}\right\} \qquad (8)$$

Die Grundmaße des Linienbildes sind durch folgende Gruppe von Gleichungen gegeben:

$$\left.\begin{aligned}
a_1 &= z_1 + d + l - s_2 \cot(\alpha+\delta) - \frac{s}{2}\cot\frac{\alpha+\delta}{2};\\
a_2 &= z_1 + d + l + \left(\frac{s}{\cos\delta} - s_2\right)\cot\delta - \frac{s}{2}\cot\frac{\delta}{2};\\
c &= a_2 - a_1;\\
b_1 &= \frac{s}{2}\cot\frac{\alpha+\delta}{2} + \frac{s_2}{\sin(\alpha+\delta)} + h;\\
b_2 &= \frac{s}{2}\cot\frac{\delta}{2} + \left(\frac{s_2}{\cos\delta} - s\right)\cot\delta + h.
\end{aligned}\right\} \quad (9)$$

Diese Gleichungen lassen sich aus Abb. 228 und 229 leicht ablesen.

d) Die ungleich laufende Krümmungsweiche. Aus der in Abb. 230 schraffiert hervorgehobenen Grundfigur gewinnt man wie früher folgende Berechnungsgleichungen:

$$R - s - R\cos\delta + G\sin\delta + g\sin(\alpha-\delta) - r\cos(\alpha-\delta) + r\cos\beta + e = 0. \quad (10)$$

$$d + R\sin\delta + G\cos\delta - g\cos(\alpha-\delta) - r\sin(\alpha-\delta) + r\sin\beta = 0. \quad (11)$$

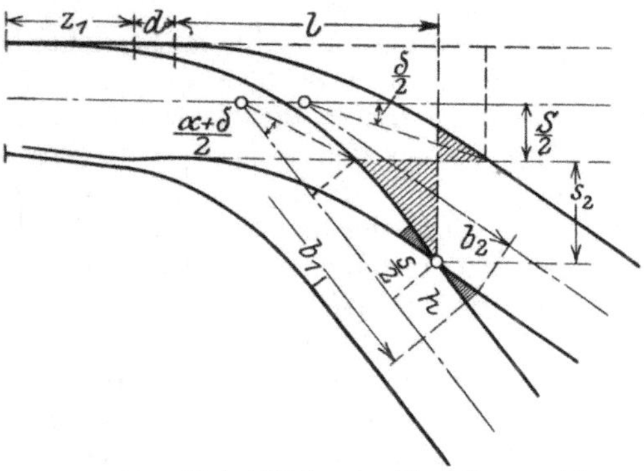

Abb. 229. Linienbild der einseitigen Bogenweiche.

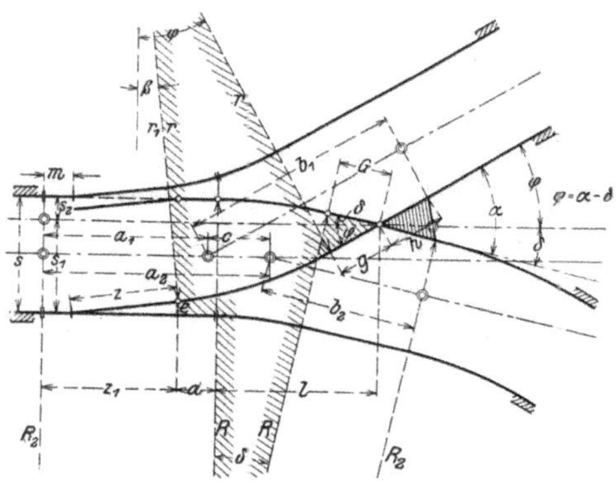

Abb. 230. Zweiseitige Bogenweiche. (Aus Foerster, Taschenbuch, 4. Aufl.)

Die Koordinaten der mathematischen Herzstückspitze, vom Zungenspitzenstoß der oberen Anschlagschiene aus gerechnet, lauten

$$\left.\begin{aligned}
x &= z_1 + d + l = z_1 + \mathrm{d} + R\sin\delta + G\cos\delta\\
s_2 &= R(1-\cos\delta) + G\sin\delta.
\end{aligned}\right\} \quad (12)$$

Die Berechnung der ungleich laufenden Krümmungsweiche entspricht im übrigen ganz der der gleichlaufenden. Die Gleichungen (10) und (11) sind genau so gebaut wie (6) und (7).

Auch hier wird man einer vorläufigen Zeichnung für einen gewünschten Herzstückwinkel zunächst überschlägliche Werte für R, r und δ entnehmen. Für die Krümmungsverhältnisse können folgende Beispiele als Anhalt dienen:

Herzstückwinkel	1 : 10	: R etwa 550 m, r etwa 500 m;
„	1 : 8,5	: R „ 550 m, r „ 300 m,
„	1 : 7	: R und r etwa 200 m;
„	1 : 6	: R „ r „ 180 m.

Die Grundmaße des Linienbildes werden nach ähnlichen Grundsätzen gewonnen wie für die gleichlaufende Krümmungsweiche:

$$\left.\begin{aligned} a_1 &= z_1 + d + l + s_2 \cot(\alpha - \delta) - \frac{s}{2} \cot \frac{\alpha - \delta}{2}; \\ a_2 &= z_1 + d + l + (s - s_2) \cot \delta - \frac{s}{2} \cot \frac{\delta}{2}; \\ c &= a_2 - a_1; \\ b_1 &= \frac{s}{2} \cot \frac{\alpha - \delta}{2} - \frac{s_2}{\sin(\alpha - \delta)} + h; \\ b_2 &= \frac{s}{2} \cot \frac{\delta}{2} - \frac{s - s_2}{\sin \delta} + h. \end{aligned}\right\} \quad (13)$$

e) Die zweiseitige Doppelweiche. Wird fast nur noch in der Form ausgeführt, daß die beiden ineinander geschobenen Weichen gleiches Herzstückverhältnis erhalten. Das Maß c, um daß die beiden einfachen Weichen gegeneinander verschoben werden, richtet sich nach den Verhältnissen der Zungenvorrichtung (Aufschlagweite und Zungenspitzenbreite); das Mindestmaß, das die zweite Zunge als freie Breite zum Aufschlagen braucht, beträgt etwa 28 bis 35 cm, das Verschiebungsmaß c demnach 9,5 bis 11 m (das kleinere Maß etwa für Weichen 1 : 9, das größere für 1 : 10.) Die beiden, sich im Mittelherzstück kreuzenden Schienenstränge werden neuerdings ohne Unterbrechung der Krümmung durchgeführt, so daß sich ein beiderseits gekrümmtes Herzstück ergibt. Der Gebrauch, die Herzstückspitze durch Ausbildung nach den Sehnen (mit Knickwinkel am Anfange und am Ende) gerade zu gestalten, kann als verlassen gelten. Ebenso wird die Einlegung zweier Herzstückgeraden im Mittelherzstück als überflüssige Unterbrechung des gleichmäßigen Bogenlaufes vermieden, seitdem man die Scheu vor gekrümmten Herzstücken überwunden hat.

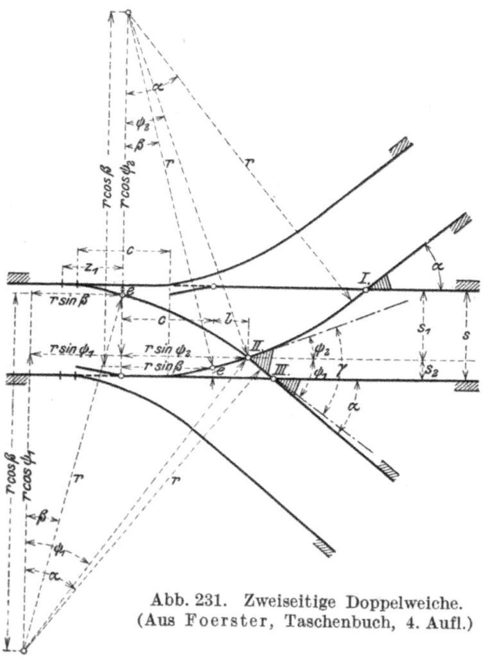

Abb. 231. Zweiseitige Doppelweiche. (Aus Foerster, Taschenbuch, 4. Aufl.)

Nach diesen Grundsätzen beschränkt sich die Berechnung der zweiseitigen Doppelweiche darauf, die Lage des Mittelherzstückes sowie sein Tangentenverhältnis zu bestimmen. Die Koordinaten der mathematischen Spitze des Mittelherzstückes (Abb. 231) werden gewonnen, indem man die beiden kreuzenden Weichenbogen zuerst auf die Richtung des Stammgleises projiziert, sodann senkrecht dazu:

$$\left.\begin{aligned} c + l &= r(\sin \psi_1 - \sin \beta); \\ l &= r(\sin \psi_2 - \sin \beta); \\ s_1 &= e + r(\cos \beta - \cos \psi_1); \\ s_2 &= e + r(\cos \beta - \cos \psi_2). \end{aligned}\right\} \quad (14)$$

Hierbei ist

$$\left.\begin{aligned}\cos\psi_1 &= \frac{m}{2} - \sqrt{\frac{n^2}{n^2+m^2} - \frac{n^2}{4}},\\ \cos\psi_2 &= \frac{m}{2} + \sqrt{\frac{n^2}{n^2+m^2} - \frac{n^2}{4}},\end{aligned}\right\} \quad (15)$$

worin

$$n = \frac{c}{r} \quad \text{und} \quad m = 2\cos\beta - \frac{s-2e}{r}.$$

Die Maße des Linienbildes sind die gleichen wie die der beiden einfachen Weichen, aus denen die Doppelweiche entstanden ist; die beiden Linienbilder sind um daß Maß c gegeneinander verschoben.

f) Die einseitige Doppelweiche (aus dem Nebenstrange). Die zweite ablenkende Weiche entwickelt sich aus dem Nebenstrange der ersten (Abb. 232). Die beiden äußeren Herzstücke erhalten gewöhnlich das gleiche Herzstückverhältnis, das innere fällt steiler aus, z. B. 1 : 10 und 1 : 8. Es ist leicht einzusehen, daß die Krümmung des zuerst abgelenkten Stranges schärfer ausfallen muß, als sie das gleiche Herzstückverhältnis in einer Normalweiche erfordern würde; denn die Krümmung der ersten Ablenkung muß unterbrochen werden, um für die Zungenvorrichtung der zweiten Weiche eine Zwischengerade zu schaffen. Man bestimmt nach einer vorläufigen Zeichnung einleitend die Maße R_1 (gewöhnlich gleich dem Zungenhalbmesser anzunehmen), l_1 und G und erhält vorerst

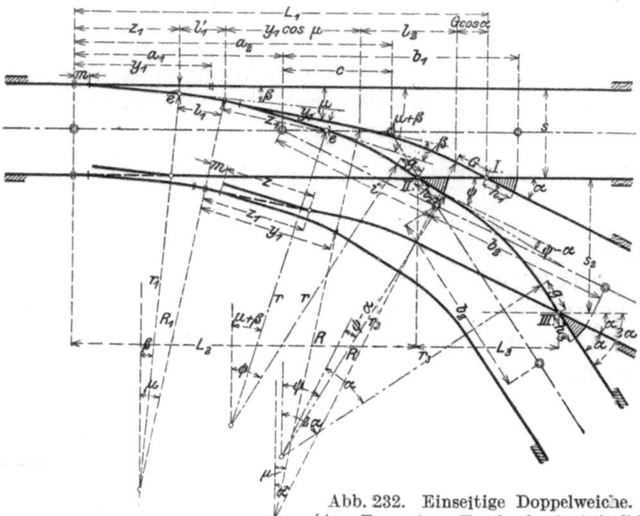

Abb. 232. Einseitige Doppelweiche. (Aus Foerster, Taschenbuch, 4. Aufl.)

$$\mu = \beta + \frac{l_1}{R_1} \cdot \frac{180^0}{\pi}. \quad (16)$$

Sodann erhält man, wenn der ablenkende äußere Strang auf das Stammgleis und senkrecht dazu projiziert wird, die beiden Gleichungen

$$L_1 = z_1 + R_1(\sin\mu - \sin\beta) + y_1\cos\mu + R(\sin\alpha - \sin\mu) + G\cos\alpha, \quad (17)$$

$$s = G\cdot\sin\alpha + R(\cos\mu - \cos\alpha) + y_1\cdot\sin\mu + R_1(\cos\beta - \cos\mu) + e. \quad (18)$$

z_1 ist die Projektion der Zungenfahrkante auf die Backenschiene:

$$z_1 = m + r_1(\sin\beta - \sin\eta).$$

Aus Gl. 18 erhält man R, aus Gl. (17) L_1.

Die Lage des inneren Herzstückes II wird gewonnen, indem man den Strang vom Anfang der Doppelweiche bis zum Herzstücke II auf den geraden Strang des Stammgleises projiziert, sodann noch senkrecht dazu:

$$L_2 = z_1 + R_1 [\sin\mu - \sin\beta] + z_1 \cos\mu - e \sin\mu + r [\sin\psi - \sin(\mu + \beta)] + g \cos\psi; \tag{19}$$

$$s = g \sin\psi + r [\cos(\mu + \beta) - \cos\psi] + e \cos\mu + z_1 \sin\mu + R_1 [\cos\beta - \cos\mu] + e. \tag{20}$$

In Gleichung (20) wird meist ψ angenommen werden, um dafür ein rundes Maß zu erhalten und die Rechnung zu vereinfachen. Die Herzstückgerade g muß aus einer Zeichnung angenähert bestimmt werden. Hiernach kann man aus Gleichung (20) r berechnen. Sollte dieses einen unzulässig kleinen Wert annehmen, so muß die ganze Rechnung wiederholt werden, wenn nötig, sogar unter Veränderung der Zungenvorrichtung. Gleichung (19) liefert sodann die Länge L_2. Weiterhin muß der Krümmungshalbmesser r_3 ermittelt werden, der sich für den Verbindungsbogen zwischen dem Herzstück II und III ergibt. Man erkennt aus Abb. 232 leicht, daß der geknickte Linienzug, der vom Herzstück I über II nach III führt, als Summe seiner Projektionen die Spurweite s ergibt, wenn auf eine Senkrechte zu den Herzstückgeraden des Mittelgleises projiziert wird. Demnach:

$$s = (L_1 - L_2) \sin\alpha + h_2 \sin(\psi - \alpha) + r_3 [\cos(\psi - \alpha) - \cos\alpha] + g \sin\alpha. \tag{21}$$

Mit dem hieraus berechneten Werte r_3 ergeben sich endlich die Koordinaten des Herzstückes III aus den beiden Gleichungen:

$$s_2 = h_2 \sin\psi + r_3 (\cos\psi - \cos 2\alpha) + g \sin 2\alpha; \tag{22}$$

$$L_3 = h_2 \cos\psi + r_3 (\sin 2\alpha - \sin\psi) + g \cos 2\alpha. \tag{23}$$

Diese beiden Gleichungen werden gewonnen, indem man den Linienzug zwischen den Herzstücken II und III in die Richtung des Stammgleises projiziert (23), sodann senkrecht dazu. Die Herzstückgerade g muß wieder geschätzt oder angenommen werden, gewöhnlich möglichst klein.

Für das Linienbild gilt folgende Gleichungsgruppe:

$$\left.\begin{aligned} a_1 &= L_1 - \frac{s}{2} \cot\frac{\alpha}{2}; \\ a_2 &= L_2 + L_3 - s_2 \cot 2\alpha - \frac{s}{2} \cot\alpha; \\ c &= a_2 - a_1; \\ i &= 2c \cos\alpha; \\ b_1 &= L_1 - a_1 + h; \\ b_2 &= \frac{s}{2} \cot\frac{\alpha}{2} + h_3. \end{aligned}\right\} \quad (24$$

g) Die Kreuzungsweiche mit innen liegenden Zungen. Für die Kreuzungsweichen werden stets die Zungenvorrichtungen der einfachen geraden Weichen benutzt. Ebenso wird das Herzstückverhältnis gleich dem der üblichen einfachen Weichen gewählt, damit man gerade Weichenstraßen erhält, wenn Kreuzungsweichen und einfache aufeinander folgen. Mithin sind für die Berechnung der Kreuzungsweichen außer dem $\sphericalangle\,\alpha$ die Rechnungsgrößen der Zungenvorrichtung gegeben: Zungenlänge z_0 und ihre Projektion z auf die Anschlagschiene, Zungenwurzelweite e und Wurzelwinkel β (Abb. 233).

Die Berechnung der Kreuzungsweiche beginnt mit der ungefähren Festlegung des Wertes u, um den die Zungenspitze von der mathematischen Spitze der einfachen Herzstücke abstehen muß, um das Aufschlagen der Zunge zu ermöglichen. Dieses Maß ist abhängig von dem Quermaß a in dem inneren Zwickel der einfachen Herzstücke, das gewöhnlich um 40 cm herum schwankt. Es gibt jedoch auch

Weichen, bei denen dieses Maß zu 50 cm und mehr angesetzt ist. Andrerseits ist dieses Maß manchmal dadurch abgemindert worden, daß der Fuß der Zunge an der Spitze seitlich abgeschrägt wurde. Von diesem Mittel ist namentlich Gebrauch gemacht worden für die entgegen schlagenden Zungen jener doppelten Kreuzungsweichen, die für Handbedienung eingerichtet sind und nur einen Stellhebel haben. Aus dem nach solchen Erwägungen vorläufig angenommenen Maße von a folgt

$$\left.\begin{aligned} u &\geqq \frac{a}{2\sin\frac{\alpha}{2}} \\ l &\leqq \frac{s}{\sin\alpha} - (u + z); \\ r &= \frac{2\,l}{\frac{\alpha - 2\beta}{180^0}\pi}. \end{aligned}\right\} \quad (25)$$

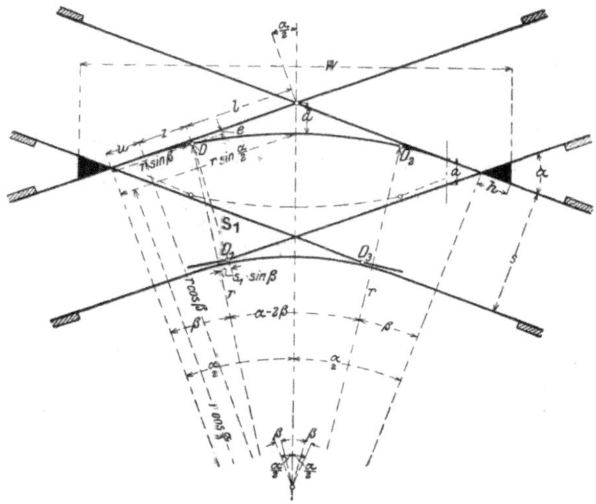

Abb. 233. Kreuzungsweiche. (Aus Foerster, Taschenbuch, 4. Aufl.)

Ist hiernach r angenähert bestimmt, so werden die Abmessungen der Kreuzungsweiche mit einem endgültigen (abgerundeten) Werte von r genau durchgerechnet:

$$\left.\begin{aligned} d &= \frac{r\left(\cos\beta - \cos\frac{\alpha}{2}\right) + e}{\cos\frac{\alpha}{2}}; \\ l &= r\left(\sin\frac{\alpha}{2} - \sin\beta\right) + d\sin\frac{\alpha}{2}; \\ u &= \frac{s}{\sin\alpha} - l - z; \\ a &= 2\,u\sin\frac{\alpha}{2}; \\ W &= 2\,(h + u + z + l)\cos\frac{\alpha}{2} = \frac{s}{\sin\frac{\alpha}{2}} + 2\,h\cos\frac{\alpha}{2}; \\ \text{Bogen } D\,D_2 &= \frac{r\,(\alpha - 2\beta)\,\pi}{180^0}. \end{aligned}\right\} \quad (26)$$

Der Bogen $D_1 D_3$ wird nach der in Abb. 233 gezeichneten Lage der Zungenvorrichtungen gleich

$$(r - s - \sigma)\,\frac{\alpha - 2\beta}{180^0}\,\pi - 2\,s_1\sin\beta.$$

Legt man, was meistens geschieht, die zusammengehörigen Zungenenden auf eine Senkrechte zur Mittellinie der ganzen Weiche, so wird der dem Bogen $D_1 D_3$ entsprechende innere Schienenstrang gleich dem äußeren $D\,D_2$; allenfalls entsteht eine kleine Verschiedenheit im Zungenwurzelwinkel der äußeren (krummen)

Zunge und der inneren Anschlagschiene; dieser Unterschied kann jedoch auch vernachlässigt werden.

Zusatz: Einen Überblick über die Zahl und Anordnung der Weichen, die für die vielgestaltigen Verhältnisse eines größeren Netzes erforderlich sind, gibt die nachfolgende Übersicht, in der die Regelbauweisen der vorm. sächsischen Staatsbahnen mit ihren Linienbildern zusammengestellt sind. Solche Zusammenstellungen für preußische und sächsische Weichen und Weichenstraßen hat der Techn. Oberinspektor Marek, Dresden-A, Nürnberger Str. 54, im Selbstverlage herausgegeben; sie sind auf Zelluloid gedruckt und können in Bahnhofspläne mittels Durchstechen übertragen werden.

1. Einfache Weichen.

1:7 V^a $Z = R_1 V^a$ $ZR = 140\,m$ $WR = 140\,m$

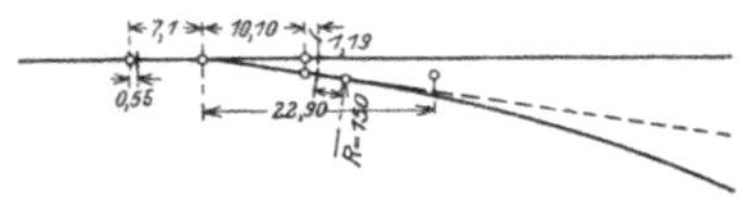

1:8,5 V^a $Z = C_3 V^a$ $ZR = 180\,m$ $WR = 180\,m$
„ *VI* „ $= DVI$ „ $= 236$ „ „ $= 189$ „
Maße für Schienenherzstücke: V^a ×, *VI* •

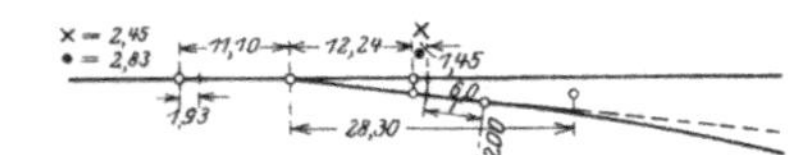

1:10 V^a $Z = D_2 V^a$ $ZR = 236\,m$ $WR = 263\,m$
„ *VI* „ $= D\,VI$ „ = „ „ $= 266$ „

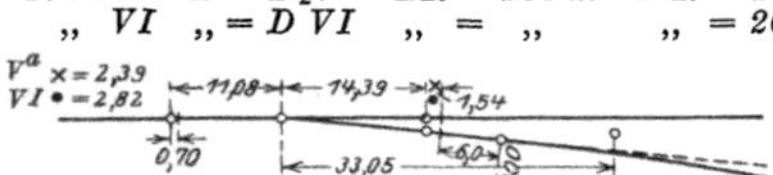

1:13 V^a $Z = D_2 V^a$ $ZR = 236\,m$ $WR = 497\,m$
„ *VI* „ $= DVI$ „ = „ „ $= 508$ „

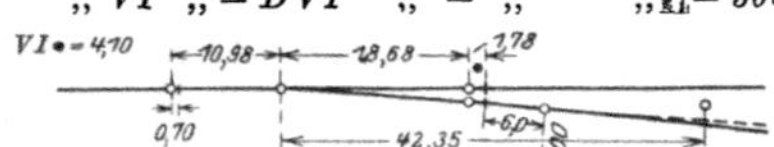

1:15 VI $Z = LF\,VI$ $ZR = 600\,m$ $WR = 600\,m$

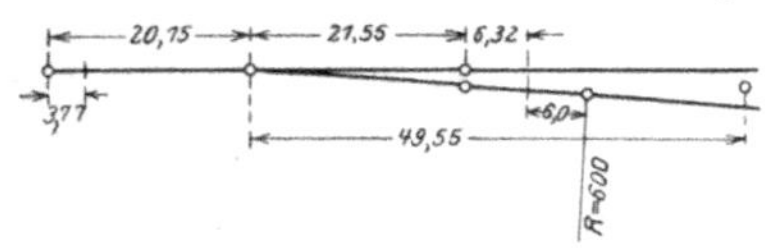

2. Gleichlaufende Krümmungsweichen.

1:10 V^a $Z = C_3 V^a$ $ZR = 180\,m$ $SR = 800\,m$
$HR = 410\,m$ $NR = 180\,m$

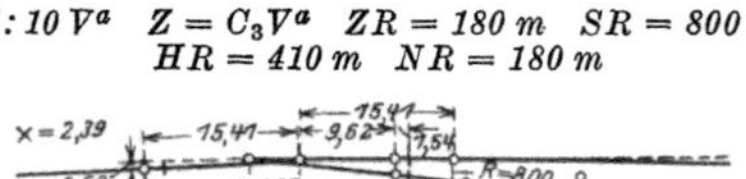

1:13 V^a $Z = D_2 V^a$ $ZR = 236\,m$ $SR = 800\,m$
$HR = 456\,m$ $NR = 250\,m$
1:13 VI $Z = DVI$ $ZR = 236\,m$ $SR = 794\,m$
$HR = 454\,m$ $NR = 250\,m$

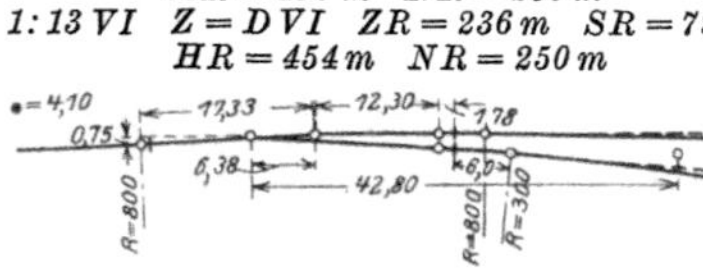

1:13 V^a $Z = C_3 V^a$ $ZR = 180\,m$ $SR = 500\,m$
$HR = 243\,m$ $NR = 180\,m$
1:13VI $Z = DVI$ $ZR = 236\,m$ $SR = 500\,m$ $HR = 257\,m$
Form VI etwas abweichende Maße

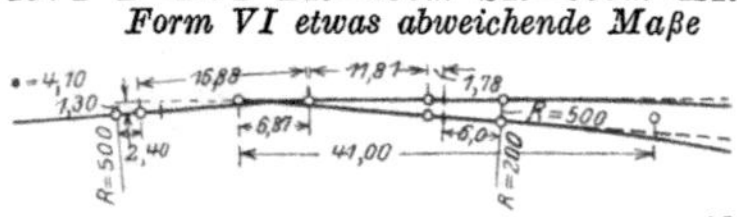

3. Ungleichlaufende Krümmungsweichen.

1:6 V^a $Z = C_3 V^a$ $ZR = 180\,m$ $HR = 180\,m$ $NR = 180\,m$

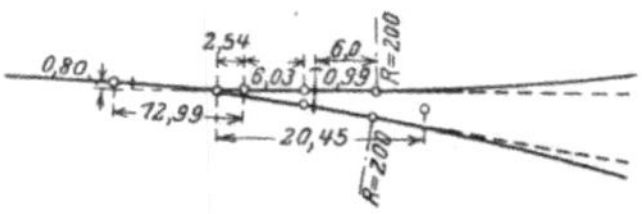

1:7 V^a $Z = R_1 V^a$ $ZR = 140\,m$ $HR = 258\,m$ $NR = 140\,m$

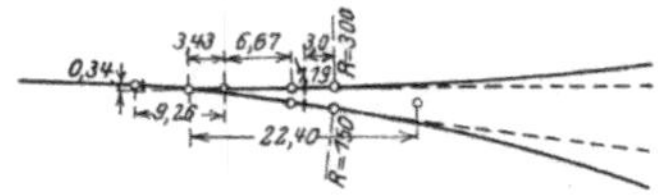

1:7 V^a $Z = R_1 V^a$ $ZR = 140\,m$ $HR = 198\,m$ $NR = 365\,m$

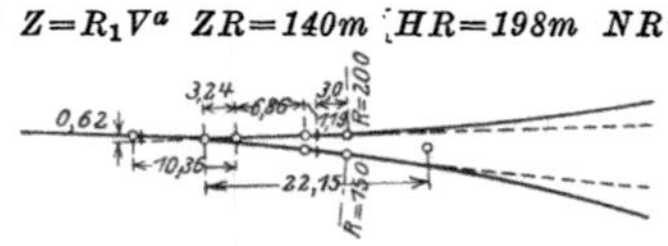

1:8,5 V^a $Z = C_3 V^a$ $ZR = 180\,m$ $HR = 431\,m$ $NR = 297\,m$

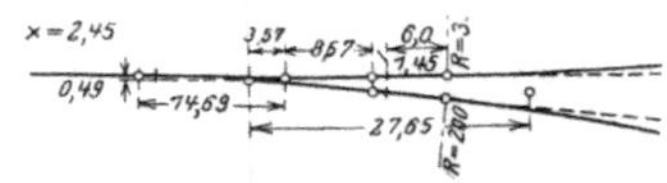

1:8,5 V^a $Z = C_3 V^a$ $ZR = 180\,m$ $HR = 286\,m$ $NR = 451\,m$

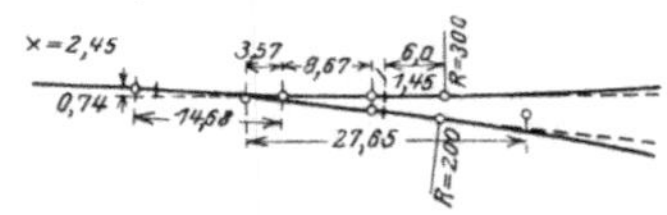

1:10 V^a $Z = D_2 V^a$ $ZR = 236\,m$ $HR = 800\,m$ $NR = 370\,m$

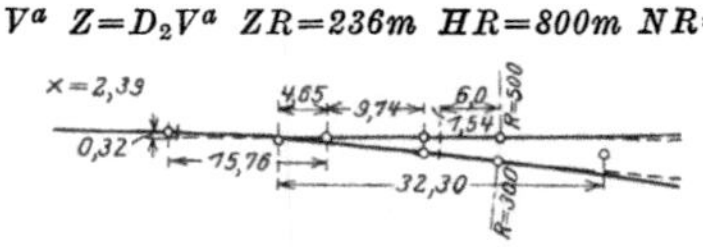

1:10 V^a $Z = D_2 V^a$ $ZR = 236\,m$ $HR = 515\,m$ $NR = 481\,m$

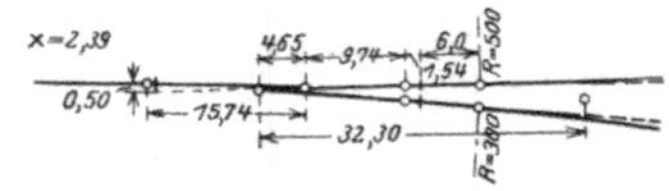

4. Zweiseitige (symmetrische) Weichen.

1:8,5 V^a $Z = SD_2 V^a$ $ZR = 454\,m$ $WR = 300\,m$
„ *VI* „ $= SD\,VI$ „ = „ „ = „

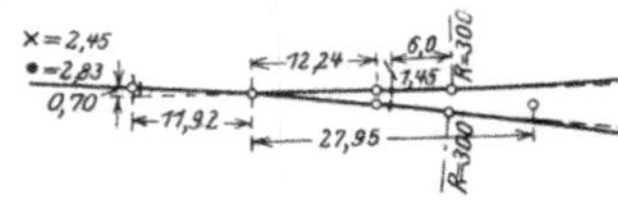

1:10 V^a $Z = SD_2 V^a$ $ZR = 454\,m$ $WR = 500\,m$
„ *VI* „ $= SD\,VI$ „ = „ „ = „

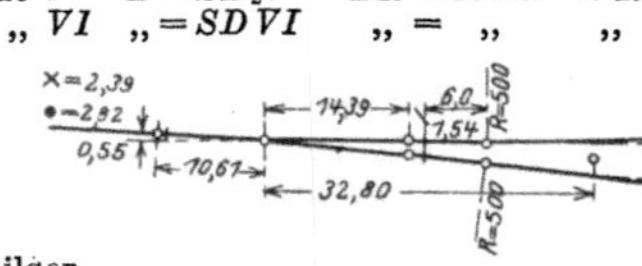

Abb. 234. Linienbilder.

5. Einseitig verschränkte Doppelweiche.

1:10 V^a $Z = C_3V^a$ $ZR = 180\,m$ $WR = 180\,m$

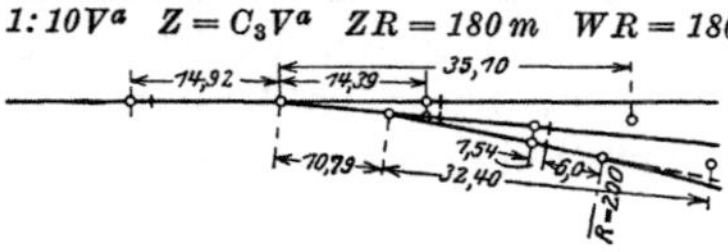

6. Zweiseitig verschränkte Doppelweichen.

1:8,5 V^a $Z = 180\,m$ $WR = 180\,m$

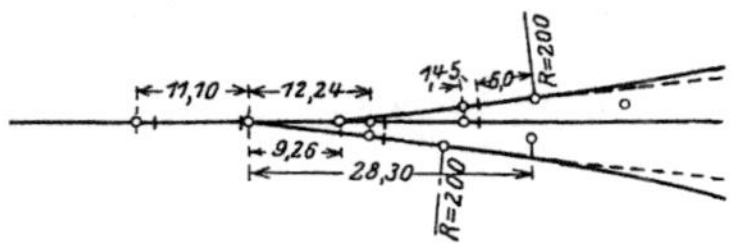

1:10 V^a $Z = D_2V^a$ $ZR = 236\,m$ $WR = 263\,m$

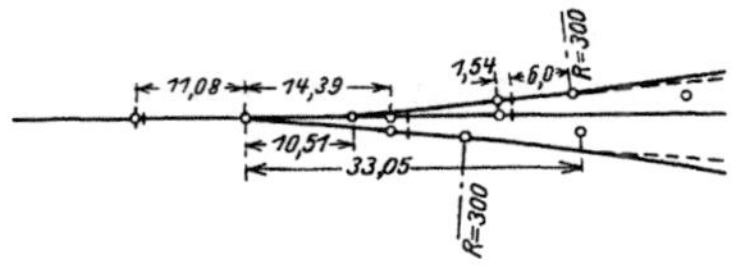

7. Kreuzungsweichen.

H_1V^a 1:7 $ZR = 140\,m$ $WR = 234\,m$

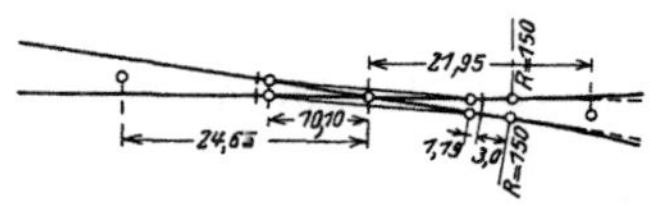

E_1V^a 1:8,5 $ZR = 180\,m$ $WR = 280\,m$ und
$E\,VI$ 1:8,5 $ZR = 180\,m$ $WR = 202\,m$

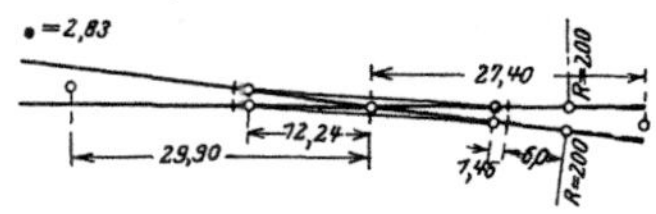

G_1V^a 1:10 $ZR = 236\,m$ $WR = 250\,m$ und
$G\,VI$ 1:10 $ZR = 236\,m$ $WR = 333\,m$

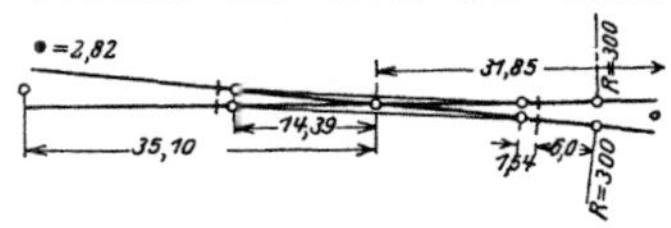

(Abb. 234. Linienbilder.)

II. Drehscheiben.

A. Zweck und allgemeine Anordnung.

Drehscheiben dienen dazu, einzelne Fahrzeuge durch eine Drehbewegung in winklig (radial) zusammentreffenden Gleisen von einem Gleise auf ein anderes umzusetzen. Erstreckt sich die Drehbewegung über den vollen Kreis, so können die Fahrzeuge um 180° gedreht, d. h. gewendet werden. Im allgemeinen bestehen also die Drehscheiben aus einem Gleisstücke, das auf einem Brückenträger gelagert ist, der um eine lotrechte Achse gedreht werden kann.

Die Drehscheiben werden eingeteilt

α) nach der Art der zu drehenden Fahrzeuge in Lokomotivdrehscheiben und Wagendrehscheiben; in Werkstätten kommen auch Achsdrehscheiben vor;

β) nach der Lage des Drehpunktes auf der Scheibe: in Volldrehscheiben (voller Kreis, Drehpunkt in der Mitte) und Sektordrehscheiben (Kreisausschnitt, Drehpunkt an einem Ende des Trägers);

γ) nach der Zahl der Gleise auf der Drehscheibe: in einarmige, wenn nur ein Gleis auf einem Brückenträger über die Drehscheibe führt; in mehrarmige, bei denen mehrere Gleise auf dem fächerartig ausgebildeten Tragwerk vereinigt sind;

Zwei, gewöhnlich im rechten Winkel angeordnete Gleise bilden die Kreuzdrehscheibe, drei (selten mehr) Gleise die Sterndrehscheibe. Auch zwei Parallelgleise sind gelegentlich auf einer Drehscheibe vereinigt worden;

δ) nach der Trägerform unterscheidet man (bei Volldrehscheiben) Tellerdrehscheiben und Trägerdrehscheiben; bei diesen wieder durchlaufende und Gelenkdrehscheiben, endlich

ε) nach der Lage des Gleises auf dem Tragwerk und nach der Tiefe der Grube unterscheidet man

versenkte, halb versenkte und unversenkte Drehscheiben.

Die Lokomotivdrehscheiben sind allgemein üblich, um Lokomotiven auf die einzelnen Stände bogen- oder kreisförmiger Schuppen zu verteilen und sie nach Bedarf zu wenden. Man kann zwar Lokomotiven auch in einem Gleisdreiecke wenden (Abb. 235), doch kann davon wegen des großen Raumbedarfes nur selten Gebrauch gemacht werden. Nur im Kriege wurden solche Wendeanlagen behelfsmäßig häufiger angelegt. Die übliche Gleisanordnung an Lokomotivdrehscheiben ist die der Strahlengleise (Abb. 236). Die Strahlengleise führen dabei in gleichem Winkel δ nach dem Mittelpunkte der Drehscheibe zusammen, damit sich gleiche Herzstückwinkel ergeben. Diese wählt man womöglich gleich mit den für Weichen üblichen, damit man keine Sonderstücke vorrätig halten muß.

Sollen Überschneidungen der Schienen vermieden werden, diese vielmehr höchstens mit den äußeren Kanten der Köpfe am Rande der Drehscheibe zusammenstoßen, so braucht jedes Gleis mindestens einen Bogenabschnitt von

$S \geqq$ Spurweite + 2 Schienenkopfbreiten. Dann wird

$$\delta = 2 \arcsin \frac{S}{D},$$

wenn D den Durchmesser der Drehscheibe bedeutet.

Wird eine einmalige Überschneidung der Schienen zugelassen, so ist

$$\delta = \arcsin \frac{S}{D};$$

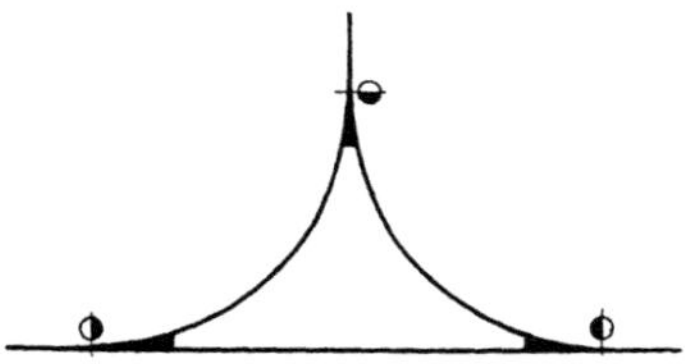

Abb. 235. Wendedreieck.

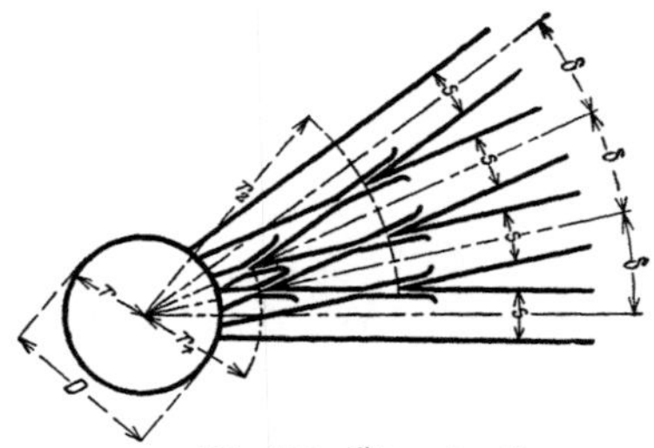

Abb. 236. Überschneidungen.

(Aus Foerster, Taschenbuch, 4. Aufl.)

Die Herzstückspitzen liegen auf einem Kreise vom Halbmesser

$$r = s : 2 \sin \frac{\delta}{2}.$$

Bei doppelten Überschneidungen wird

$$\delta = \frac{2}{3} \arcsin \frac{S}{D}.$$

Die beiden Kreise, auf denen die Herzstückspitzen liegen, sind bestimmt durch

$$r_1 = s : 2 \sin \delta$$

und

$$r_2 = s : 2 \sin \frac{\delta}{2}.$$

Die Zahl der Stände in einem Halbkreisschuppen ist $\frac{\pi}{\delta}$.

Die Strahlengleise werden durch eingelegte Bogen oft paarweise gleichgerichtet, so daß je zwei verschlungene Gleise durch ein Tor gehen.

Die Zusammenführung paralleler Gleise auf einer Drehscheibe ist früher viel verwendet worden, um Nebenlinien in Kopfform in den Anschlußbahnhof einzuführen. Diese Anordnung kommt heute kaum mehr vor.

Wagendrehscheiben waren ehemals weit verbreitet, um Ladegleise an durchgehende Gleise anzuschließen. Auf außerdeutschen Bahnen hat man sie sogar in durchgehende Hauptgleise eingelegt. Indessen konnten die Züge über solche Drehscheiben nur in langsamer Fahrt gehen, weil die Stöße und Geräusche sonst unerträglich werden. Wegen dieser Erschwerung und Gefährdung des Betriebes sind Drehscheiben als Gleisverbindungen höchstens für Nebengleise zweckmäßig. Ihr Vorteil liegt darin, daß sie weniger Raum beanspruchen als Weichenverbindungen und daher ein gegebenes, beengtes Gelände besser auszunutzen gestatten. Die Einzelbewegung der Fahrzeuge ist dagegen lästig und zeitraubend. Die allmähliche Vergrößerung der Achsstände und der Wagenlängen war der Ausbreitung der Drehscheibenverbindungen hinderlich. Abgesehen davon, daß sich die Drehscheiben solchen Änderungen nicht anpassen können, lassen sich große Drehscheiben auch nur schwer in dem üblichen Gleisnetz von Bahnhöfen unterbringen, ohne den Betrieb in den Nachbargleisen empfindlich zu stören. Man ist daher neuerdings von den Drehscheiben mehr und mehr abgekommen.

Wie die Wagendrehscheiben als Gleisverbindungen verwertet werden können, zeigen die in Abb. 237 frei zusammengestellten Beispiele. In *a* ist ein Ladeplatz mit sternförmig von einer Drehscheibe ausgehenden Ladegleisen dargestellt. Diese Anordnung war früher immerhin nicht selten; jeder Ladegleisstummel bot gewöhnlich für zwei Wagen Platz.

Die Anordnung nach 237 b findet sich auch heute noch oft auf den engen Landzungen von Hafenbahnhöfen. Wenn sich ein Gebäude oder Grundstück senkrecht zur Bahn nach der Tiefe erstreckt, kann für den Gleisanschluß die Drehscheibe das zweckmäßigste, ja unter Umständen das einzige Hilfsmittel sein. Übrigens kann man auch Langholzwagen über eine Einzelwagendrehscheibe in der Ablenkung befördern, wenn die Drehgestelle oder Drehschemel keine feste Hubbegrenzung haben. Selbst gedreht können solche Wagen werden, wenn das

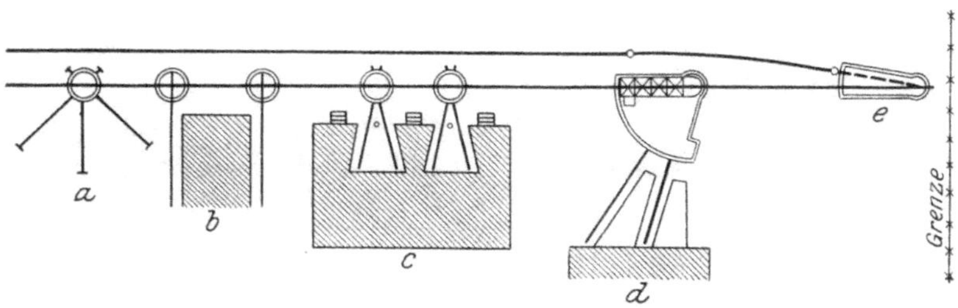

Abb. 237 a—e. Wagendrehscheiben.

andere Gestell vorübergehend auf einen dritten Ast der Drehscheibengleise gebracht werden kann. Für eine dichtere Wagenfolge ist es zweckmäßig, nach Abb. 237 b Kreuzdrehscheiben zu verwenden; diese brauchen nicht zurückgedreht zu werden, um den folgenden Wagen aufzunehmen. In Fabriken, die einigermaßen große Hofflächen aufweisen, werden neuerdings die Drehscheiben durch Gleisbogen mit Spurkranzauflauf verdrängt, die Halbmesser bis 30 m herunter zulassen.

Nach der Art der Abb. 237 c sind die Gleisanlagen an umfangreichen Güterschuppen zu Frankfurt a. M. ausgeführt. Die Anlage kann zweckmäßig sein für einen nach der Länge beschränkten Bauplatz; leistungsfähige Rangierwinden (mit Preßwasser oder Elektrizität betriebene Spills) sind Vorbedingung für leistungsfähigen Betrieb.

In Abb. 237 d ist ein Gebäude (etwa für Post- oder Zollabfertigung) dargestellt, dessen zungenförmige Ladesteige von einer Sektordrehscheibe aus bedient werden. Die Sektordrehscheibe erfordert zwar einen höheren Arbeitsaufwand als eine Volldrehscheibe, aber sie behindert bei ausreichender Länge den Betrieb auf dem Nachbargleise nicht. Eine Sonderform der Sektordrehscheibe zeigt Abb. 237 e. Diese „Drehweiche“ bestreicht nur den Winkel einer gewöhnlichen Weiche. Man spart bei ihr an Gleislänge die Länge von der Weichenmitte bis zur Zungenspitze, dazu den kurzen Gleisstumpf vor der Weiche.

Die Technischen Vereinbarungen enthalten in § 43 folgende Vorschriften über Drehscheiben:

1. Lokomotivstationen von Dampfbahnen sind mit mindestens einer Drehscheibe auszustatten, für die ein Durchmesser von wenigstens 20 m empfohlen wird.

2. In Hauptgleisen sind Drehscheiben nur an den Enden von Kopfstationen zulässig.

3. Dem Führer der ankommenden Lokomotive soll aus einem Signal ersichtlich sein, ob die Drehscheibe für seine Fahrt richtig eingestellt ist.

B. Größe und Bauart.

α) Durchmesser. Für die Drehscheibenlänge ist der Achsstand der zu drehenden Fahrzeuge maßgebend. Zum reinen Achsstand tritt ein Zuschlag für die Breite des Flanschsegmentes, ferner ein Spielraum für das Auffahren, genau genommen auch noch der Stich des Bogensegmentes zwischen den Schienen. Bei durchlaufenden Trägerdrehscheiben, die von Hand bedient werden, ist es wichtig, daß der Schwerpunkt der Lokomotive über dem Mittelpunkte steht. Die Forderung

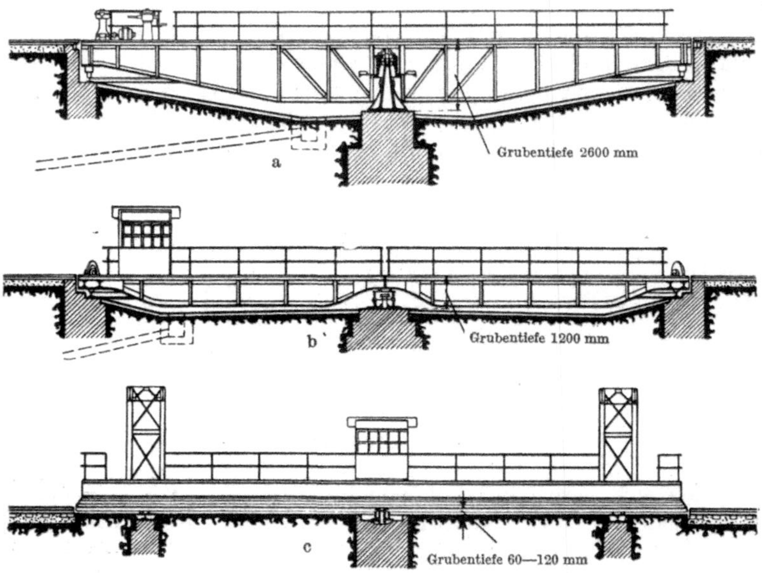

Abb. 238.
a) Drehscheibe mit durchgehendem Träger; b) Gelenkdrehscheibe; c) Portaldrehscheibe.

kann zu einer reichlicheren Länge der Scheibe führen. Der Durchmesser von Drehscheiben beträgt

für vollspurige Achsdrehscheiben 2 bis 3 m,
für Wagendrehscheiben der Güterwagen 3,5 bis 6,5 m,
der zwei- oder dreiachsigen Personenwagen bis 9 m,
der vier- und mehrachsigen Schnellzugwagen 16 bis 20 m,
für Lokomotiven bis 23 m, in Amerika bis 36,5 m.

Unzureichend gewordene Lokomotivdrehscheiben hat man behelfsmäßig schon dadurch verlängert, daß man auf die Fahrschienen umlegbare Auflaufschienen aufsetzt. Das so gewinnbare Maß geht bis 80 cm. Die Auflaufschiene ist aber nur für Tenderachsen benutzbar.

β) Das Fahrbahngleis. Als Fahrschienen werden je nach der verfügbaren Bauhöhe entweder die gewöhnlichen Breitfußschienen oder Brückschienen ⎍-förmigen Querschnittes oder selbst Flacheisen verwendet. Die Schienen werden unmittelbar mit Unterlegplatten und Klemmplatten auf den Hauptträgern oder auf Zwischenlängsträgern befestigt, Flachschienen mit durchgehender Unterstützung. Schienenstöße vermeidet man auf den durchlaufenden Trägern am besten ganz, auf Gelenkdrehscheiben hingegen muß in der Mitte der Drehscheibe ein Schienenstoß angeordnet werden.

γ) Die Gleisträger. Alle Abmessungen sollen wegen der unvermeidlichen Stöße der Betriebsmittel (z. B. beim Auffahren) reichlich bemessen werden.

Die Hauptträger werden vorzugsweise mit oben liegender Fahrbahn ausgebildet. Bei durchlaufenden Trägern nimmt dabei die Mitte mit dem Trag- und Führungszapfen (dem Königstuhl) eine beträchtliche Höhe an; die Grube erreicht bei 20 m Scheibendurchmesser etwa 2,3 m, bei 23 m schon 2,6 m Tiefe (Abb. 238 a). Bei ungünstigen Boden- oder Grundwasserverhältnissen hat man daher halbversenkte Fahrbahn oder auch unten liegende Fahrbahn angewendet. Im letztgenannten Falle nimmt dann der Träger die Form einer Fachwerkbrücke an.

Größere Lokomotivdrehscheiben werden neuerdings fast nur noch als Gelenkdrehscheiben ausgebildet (Abb. 238 b). Das Mittelgelenk (Abb. 239) ist eine kräftige Welle, die mit ihren Lagerschalen den Druck auf den Kugellagerkranz des Königstuhls überträgt. Die Führung am Königstuhl wird dadurch hergestellt, daß die an den Hauptträgern angeschraubten Winkelplatten den Mittelzapfen umgreifen. Die Hauptträger der Gelenkdrehscheiben sind statisch bestimmt; die genauere Berechnung ermöglicht Ersparnisse an Eigengewicht. Die Grube wird wesentlich seichter und billiger, bei der in Abb. 238 b dargestellten Drehscheibe z. B. rund 1,20 m am tiefsten Punkte. Die Gelenkdrehscheibe ist gegen Senkungen der Gründungen wesentlich unempfindlicher als die Scheibe mit durchgehenden Trägern, selbst wenn die Senkungen ungleichmäßig sind.

Abb. 239. Mittelgelenk der Gelenkdrehscheibe.

Mit noch kleineren Grubentiefen (6 bis 12 cm) kommen die Portaldrehscheiben aus. Ihre Hauptträger sind Blechträger, die Fahrbahn liegt unten. Die Querträger sind sehr niedrig und durch Bleche zu einem Troge versteift, die Querversteifung wird durch mehrere portalartige Rahmen erzeugt (Abb. 238 c).

δ) Lagerung. Kleine Drehscheiben werden vielfach nur am Umfang gestützt, während der Mittelzapfen lediglich Führung ist. Umgekehrt kann man auch dem Mittelzapfen beide Tätigkeiten zuweisen, doch schlagen solche Drehscheiben leicht stark bei der Auffahrt auf den Scheibenrand; auch muß die Last besonders sorgfältig mit dem Schwerpunkt auf die Scheibenmitte eingestellt werden. Die größeren Drehscheiben werden nach ähnlichen Grundsätzen berechnet, und zwar so, daß sich die gesamte Last auf den Mittelzapfen (Königstuhl) überträgt und der Hauptträger die Last als schwebender Träger aufnimmt. Daneben werden aber vier nach dem Mittelpunkt gerichtete Tragachsen auf dem Grubenlaufrand angeordnet (Durchmesser der Räder 0,4 bis 1,0 m und 0,07 bis 0,13 m breit, je nach Last). Der Laufkranz wird aus Schienen schwerer Form so gebildet, daß in keiner Stellung der Scheibe zwei Räder gleichzeitig auf Schienenstöße treffen. Der Mittelzapfen wird so hoch eingestellt, daß die

Laufräder im unbelasteten Zustande schweben, im belasteten Zustande aber einen — rechnerisch nicht bestimmbaren — Anteil der Last aufnehmen. Das Maß des Schwebens wird auf 5 bis 7 mm bemessen. Das führt zu starken Stößen bei der Auffahrt und zu kippenden Bewegungen des Tragscheibenkörpers. Um diesen Nachteilen zu begegnen, hat man Feststellvorrichtungen (Kniehebel oder Stützschrauben) angewendet oder auch den Mittelzapfen anhebbar gemacht, so zwar, daß der Träger erst vor dem Drehen die Tragachsen von dem Laufkranz abhebt. Von all diesen Nachteilen und Verwicklungen ist die Gelenkdrehscheibe frei.

ε) Der Antrieb. Ganz kleine Drehscheiben werden von Hand gedreht, indem man gegen die zu drehenden Achsen oder Wagen drückt. Mittlere Drehscheiben — auch für Lokomotiven — werden mit einem oder zwei Hülsenbäumen bewegt, die in Hülsen eingesteckt werden, die ihrerseits am Hauptträger befestigt sind. Schwerere Scheiben werden mit Handkurbelwinden bewegt. Bei lebhafter Benutzung oder großen Lasten greift man zum Antrieb mit Preßwasser, Druckluft oder — heute fast ausschließlich — Elektrizität. Der elektrische Strom wird dem Mittelzapfen zugeführt und dort von Schleifringen abgenommen. Der Antrieb soll der Scheibe eine Umfangsgeschwindigkeit von etwa $0{,}07 \cdot r$ m/sec erteilen.

Da bei durchlaufenden Trägern die Belastung der Laufrollen nicht bestimmbar ist und jedenfalls in weiten Grenzen schwankt, muß für den Angriff der drehenden Kraft ein eigener Zahnkranz vorgesehen werden. Bei Gelenkdrehscheiben kann dieser wegfallen, es wird eine Laufrolle als Treibachse ausgebildet, die vermöge ihrer Reibung auf dem Schienenkopf eine Zugkraft ausüben kann. Der Bewegungswiderstand der Gelenkdrehscheibe ist jedoch erheblich größer als der der schwebenden, daher meist Kugellager zum Ausgleich.

Um die Scheibe in der Fahrstellung festzulegen, werden an kleinen Drehscheiben Fallklinken angeordnet, die nach der Umstellung in Nuten am Drehscheibenrande einklinken. An größeren Drehscheiben wendet man Schubriegel an, die an beiden Enden der Drehscheibe in Riegelkästen eingreifen. Die Riegelvorrichtung wird vom Drehscheibenwärter von seinem Stande aus mit einem gekuppelten Gestänge betätigt. Oft ist sie mit einem Signal so verbunden, daß die Fahrt erst freigegeben werden kann, wenn die Scheibe verriegelt und eine etwa vorhandene Entlastungsvorrichtung eingerückt ist.

ζ) Umfassung und Gründung. Da unversenkte Drehscheiben nur für kleine Durchmesser oder in eng begrenzten Sonderfällen möglich sind, entsteht im Regelfalle stets eine Grube, die gegen das anliegende Gelände abgestützt werden muß. Der Grubenmantel besteht bei kleinen Scheiben aus einem einteiligen oder aus Platten zusammengesetzten Eisenring, bei großen aus Mauerwerk. Bei kleinen Scheiben stützt sich der Mantel unmittelbar auf eine meist gegossene Grundplatte, mit der er verschraubt, gelegentlich auch aus einem Stücke hergestellt ist. Die Grundplatte nimmt den Laufkranz und den mittleren Drehzapfen auf und wird ohne besondere Gründung in ein vertieftes, gut gestampftes Kies- oder Schotterbett verlegt. Tritt ungleiches Setzen ein, so kann man ihm durch Nachstopfen entgegenwirken.

Bei größeren Drehscheiben sind die Gründungen für den Königstuhl, den Laufkranz und die Grubeneinfassung der auftretenden Last und den Eigenschaften des Baugrundes entsprechend zu bemessen. Sorgfältigste Ausführung ist unerläßliche Bedingung. Der mittlere Fundamentsockel trägt einen Steinquader für den Königstuhl, die beide gegen Verschieben gut gesichert werden müssen. Auch der Laufkranz ruht meist auf Quadern länglicher Form, die mit der Grubenmauer in sicherem Verbande stehen müssen. Auf gute Höhenlage des Königstuhls und des Laufkranzes ist sorgfältig zu achten, namentlich bei durchgehenden Tragwerken.

Auf der Oberfläche der Einfassungen werden die auflaufenden Enden der Schienen und die Riegelkloben befestigt, ferner noch kurze Gleisstümpfe gegenüber den Fahrgleisen, damit Achsen, die bei der Auffahrt etwas über die Drehscheibe hinausgeraten, vor dem Entgleisen geschützt werden. Die Sohle der Grube wird als Rollschicht aus guten Ziegeln in Zementmörtel oder aus Beton hergestellt.

Für die Ableitung des Niederschlagswassers muß in größeren Gruben durch Einfallschächte und Kanäle Sorge getragen werden. Bei hohem Grundwasserstande kann man zur Not Pumpensümpfe anordnen, die man nach Bedarf leer pumpt. Bei kleinen Gruben und günstigen Bodenverhältnissen kann man das Niederschlagswasser versickern lassen oder in Sickerkanälen ableiten.

η) Abdeckung und Schutzgeländer. Die Oberfläche zwischen den Fahrschienen wird meist mit Riffelblech abgedeckt. Bei Drehscheiben, in deren Nähe Menschen oder Fuhrwerke verkehren oder deren Gangbarkeit durch Schneefall beeinträchtigt werden kann, wird die ganze Grube mit Holzbelag abgedeckt, der auf auskragenden Armen verlegt wird. Um Menschen vor dem Absturz in die Grube zu schützen, genügt es auch, die Grube durch ein mit dem Tragkörper umlaufendes Geländer abzuschließen. Handbediente Drehscheiben erhalten einen Fußwegumgang als Weg für die bedienenden Arbeiter. Außerhalb der Drehscheibe muß ein Schutzkreis wegen des Überhangs der Fahrzeuge berücksichtigt werden.

III. Schiebebühnen.

A. Wesen und Bauart.

Die Schiebebühnen dienen dazu, einzelne Fahrzeuge (Lokomotiven oder Wagen) durch Querverschiebung eines fahrbar gemachten Gleisstückes von einem Gleise auf ein anderes zu verbringen. Gewöhnlich liegen die Gleise, auf die die Fahrzeuge verbracht oder zwischen denen sie ausgetauscht werden sollen, parallel und die Schiebebühne bewegt sich geradlinig und senkrecht zu der Richtung der Zufahr- und Aufstellgleise. In Ausnahmefällen sind auch schon spitzwinklig zusammenlaufende Gleise mit Schiebebühnen verbunden worden. Auf zwei Bahnhöfen der Paris—Lyon—Mittelmeerbahn werden je zwei Gruppen gleichgerichteter Gleise, die im Winkel zueinander liegen, durch eine Schiebebühne bedient, die im Schnittpunkte der Bühnenbahnen auf einer Drehscheibe gedreht wird. Aber auch durch den Lauf der Schiebebühnen selbst können Winkeländerungen ausgeführt werden, indem die Schiebebühne in flach gekrümmter Bahn läuft. Die Laufräder der Schiebebühne haben dabei verschiedene Größe; dem Unterschiede der Rad-Durchmesser bei der Abwälzung des Kegels entspricht die Krümmung. Auf diese Weise haben Bogenschiebebühnen einen Laufbahnhalbmesser bis 180 m, ja bis 90 m Halbmesser erhalten. Selbst die Einschaltung einer Krümmung in eine sonst geradlinige Schiebebühnenbahn ist schon ausgeführt worden, und zwar in einer Werkstätte zu Breslau. Das äußere Rad der angetriebenen Achse läuft dabei auf der durchgehenden Grubenschiene weiter, während das innere am Bogenanfang der Krümmung durch ein daneben liegendes, kleineres Rad abgelöst wird, das auf einer besonderen, etwas höher liegenden Hilfsschiene läuft. Das Schiebebühnengleis schiefwinklig zu den Aufstellgleisen anzuordnen, ist nicht grundsätzlich ausgeschlossen; die Laufräder der Schiebebühne müßten hierzu in einem rechteckigen Rahmen vereinigt werden, der so breit werden müßte, daß das Tragwerk der Schiebebühne als schiefer Träger darübergelegt werden kann. Eine derartige Ausführung ist jedoch nicht bekannt geworden.

Nach der gegenseitigen Höhenlage des Fahrgleises, der Schiebebühne und der Aufstellgleise unterscheidet man

versenkte,
halbversenkte und
unversenkte Schiebebühnen (Abb. 240).

Versenkte Schiebebühnen älterer Bauart erfordern nach Abb. 240a eine Grubentiefe von 20 bis 50 cm, je nach ihrer Tragfähigkeit. Die Fahrbahn liegt dabei auf den Hauptträgern, diese sind meistens als Zwillingsträger ausgebildet. Ihr Betrieb erfordert eine Reihe von Sicherheitsmaßnahmen, wenn Gefährdungen vermieden werden sollen. Lästig sind tiefe Schiebebühnengruben deswegen, weil sie den Querverkehr erschweren. Schon der Fußverkehr (Tragen von Lasten) ist empfindlich behindert. Fahrverkehr kann nur stattfinden, wenn die Schiebebühne als vermittelnde Brücke eingeschoben wird. Eine Art Notsteg für diese Zwecke des Querverkehrs stellt Vögele-Mannheim als leichte Überbrückung her, die nach Gebrauch versenkt wird, um die Bahn der Schiebebühne frei zu machen. Versenkte Schiebebühnen neuerer Bauart kommen mit Höhenunterschieden von 6 bis 15 cm aus (Abb. 240b). Diese Einschränkung der Bauhöhe wird dadurch möglich, daß die Hauptträger außerhalb des lichten Raumes angeordnet und die Querträger in Barrenform mit möglichst gedrungenem Querschnitt ausgeführt werden. Auch Tonnenbleche, die von Hauptträger zu Hauptträger durchgehen, werden zur Versteifung herangezogen. Bei den verhältnismäßig geringen Grubentiefen können zwischen den rampenartigen Auffahrzungen die Grubeneinfassungen so abgeschrägt werden, daß ein unbehinderter Verkehr für Fußgänger und Karren möglich wird.

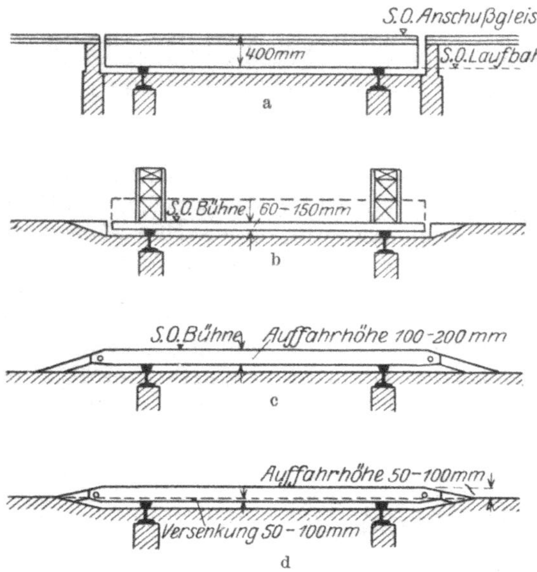

Abb. 240 a—d. Höhenlage der Schiebebühnen.

Abb. 241. Portalschiebebühne.

Die halb versenkte Schiebebühne nach Abb. 240d kommt mit noch geringeren Höhenunterschieden aus, so daß die Aufstellgleise unter Umständen mit erträglichen Knicken quer über die Laufgrube hinweggeführt werden können, so zwar, daß die Quergleise wenigstens für Wagen befahrbar werden. Die auf der Schiebebühne zu befördernden Fahrzeuge müssen aber eine Auffahrhöhe ersteigen, wenn die Versenkungstiefe für Querträger und Fahrschiene nicht ausreicht. Diese Auffahrhöhe wird durch federnde Zungen rampenartig ausgeglichen.

Bei der unversenkten Schiebebühne (Abb. 240c) kreuzen sich die Aufstellgleise und das Fahrgleis der Schiebebühne in gleicher Fläche, der Verkehr im Gleisbereich wird also überhaupt nicht behindert. Als Auffahrhöhe erscheint also die gesamte Bauhöhe (Fahrschiene + Querträger + Durchbiegungszuschlag + Schwebespielraum).

Die Hauptträger werden neuerdings fast nur noch als Träger auf zwei Stützen ausgeführt; allenfalls wendet man bei großen Lasten Doppelräder an, die auf zwei nahe aneinander liegenden Schienen laufen. Für lange Schiebebühnen mit großer Nutzlast brauchen die außen liegenden Hauptträger eine kräftigere Versteifung gegen die an ihnen angreifenden verdrehenden Bewegungen, als sie die in ihrer Höhe stark beschränkten Querträger zu bieten vermögen. Man muß diese Versteifung nach oben suchen und über den lichten Raum hinausführen; auf diese Weise gelangt man zu der Portalschiebebühne (Abb. 241). Halbversenkte Portalschiebebühnen können bei günstiger Gestaltung der Auflaufzungen selbst für schwere Lokomotiven gebaut werden.

B. Anwendungsgebiet der Schiebebühnen.

Auf Bahnhöfen kommen Schiebebühnen gelegentlich noch vor, um Nebengleise an ihren stumpfen Enden zu verbinden. Die Anwendung von Schiebebühnen zu dem Zwecke, die Lokomotiven angekommener Züge in Kopfbahnhöfen auf ein Nebengleis zu bringen, kann als verlassen gelten. Noch weniger gilt es heute als zulässig, die Gleise großer Kopfbahnhöfe durch eine unversenkte Schiebebühne zu verbinden, um Übergangswagen von einem Zuge an den anderen zu bringen (früher im Hauptbahnhofe München).

Heute ist demnach die Verwendung der Schiebebühnen fast ausschließlich auf die Werkstätten beschränkt, wobei sie in Lokomotivwerkstätten gewöhnlich in der Form der ganz oder halb versenkten, in Wagenwerkstätten als unversenkte Schiebebühnen erscheinen. In neuerer Zeit ist jedoch in Lokomotiv-Richthallen der auf einer erhöhten Laufbahn verschiebliche Hubkran stark in Aufnahme gekommen, bei dem bewegte Lokomotiven über die stehenden hinweggehoben werden; diese Anordnung bedingt zwar eine größere Bauhöhe, beansprucht aber außer einem überbauten Zufahrgleise keine weitere Grundfläche. Gegenüber einer Weichenstraße zum Anschluß mehrerer Werkstattgleise verlangt die Schiebebühne nur einen geringen Raum zur Gleisentwicklung. Dieser Vorteil ist um so gewichtiger, je größer die Zahl der anzuschließenden Gleise ist. Die Schuppeneinfahrt wird gewöhnlich überbaut, namentlich bei versenkten Schiebebühnen. Die Länge der Schiebebühnen wird bei zwei- und dreiachsigen Wagen bis zu 10 m bemessen, mehrachsige Wagen und Lokomotiven verlangen Längen bis 20 m. Neben dem größten Achsstand kommt noch ein Zuschlag von etwa 0,5 m für den Überstand der Radflansche und als Einstellzugabe. Bei unzureichend gewordenen Längen kann man sich in etwas noch dadurch helfen, daß die überstehende letzte Achse mit Winden hochgewunden und gegen den Körper der Schiebebühne abgestützt wird. Die Fahrgeschwindigkeit beträgt etwa 0,5 m/sec bei schweren, bis 1,0 m/sec bei leichten Lasten.

C. Zubehör der Schiebebühnen.

Der Antrieb der Schiebebühnen wird heute fast ausschließlich durch Elektromotoren mit hochliegender Stromzuführung durchgeführt.

Bremsen sind unentbehrlich, um möglichst genau und ohne Hin- und Herschieben in der Endstellung halten zu können.

Riegelvorrichtungen nach Art der bei Drehscheiben gebräuchlichen legen die Drehscheiben in der Ausfahrstellung fest.

Auffahrwinden sind fast stets vorzusehen, da die Fahrzeuge nur in den seltensten Fällen mit eigener Kraft auf die Schiebebühne fahren können.

An Sicherheitseinrichtungen ist noch das Läutewerk zu erwähnen, das meist selbsttätig vom Antriebe mitbewegt wird. Bei elektrisch angetriebenen Schiebebühnen werden neuerdings häufig Abweisvorrichtungen angebracht, das sind Fühltaster, die etwas über den Schiebebühnenkörper hinausragen und den Fahrstrom abschalten, wenn sie gegen ein Hindernis stoßen.

Entwässerungen und Oberflächen-Abdeckungen sind für die Gruben der Schiebebühnen in ähnlichem Ausmaße erforderlich wie bei den Drehscheiben.

D. Gelenkdrehbrücken.

Eine Mittelstellung zwischen Sektordrehscheibe und Schiebebühne nimmt die Gelenkdrehbrücke Patent Feuerlein ein (Abb. 242). Sie dient dazu, eine Gruppe

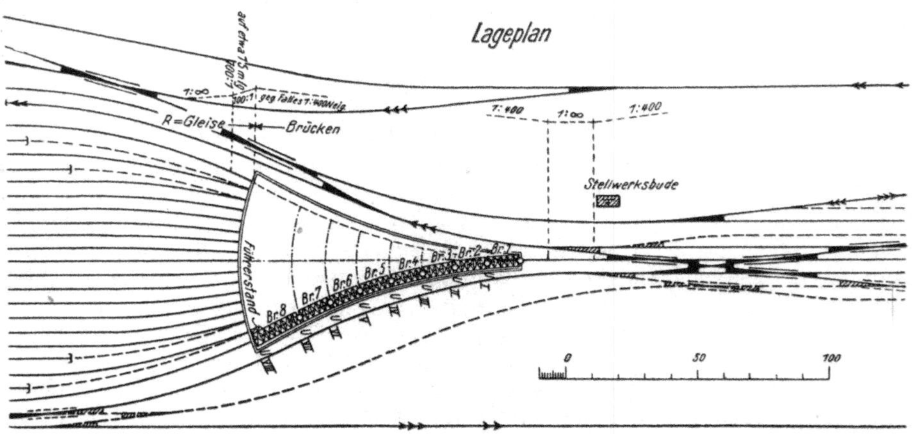

Abb. 242. Gelenkdrehbrücke.

von Wagen, die von einer Verschiebelokomotive auf die Brücke geschoben wurde, durch Abschieben oder Ablaufen in eine anschließende Harfe von Richtungsgleisen zu verteilen. Die Gelenkdrehbrücke besteht aus mehreren, gelenkig aneinander gekuppelten und zwangläufig sich bewegenden Gliedern, die eine fächerartige Fläche bestreichen. Eine Ausführung ist bisher nicht bekannt geworden.

IV. Gleisendverschlüsse.

Gleisendverschlüsse (Prellböcke, Pufferwehren) sind Vorrichtungen, die am Ende eines Stumpfgleises angeordnet werden und die Entgleisung anrollender Fahrzeuge verhindern sollen.

Die Beanspruchung eines Prellbockes richtet sich zunächst nach der lebendigen Kraft des anrollenden Zuges. Beispielsweise beträgt für einen mit 18 km/Stde (gleich 5 m/sec) anrollenden Zug von 400 t Gewicht (rund gleich 40000 Massen-kg) die lebendige Kraft $\frac{mv^2}{2} = 20000 \cdot 5^2 = 500000$ mkg oder 500 mt. Für eine aus mehreren Wagen bestehende Anlaufgruppe kommt nur etwa die Hälfte dieses Arbeitsvermögens zur Wirkung, da sie vermöge der Nachgiebigkeit der Pufferfedern nicht gleichzeitig, sondern nacheinander anlaufen. Die Stoßkraft kann nach Versuchen von Rawie, wenn man die bei nachgiebigem

Abpuffern auftretende Kraft gleich 1 setzt, bei ganz starren Gleisendverschlüssen aus Stein bis auf 5 steigen.

Um einen Teil der lebendigen Kraft abzubremsen, noch ehe die Spitze den Prellbock erreicht, bringt man wohl auf dem Gleise vor dem Endverschluß Hindernisse an, indem man Bremsschuhe, Gleissperren oder Bremsschlitten auf die Schienen auflegt oder die Schienen mit Sand überdeckt; diese Einrichtungen können aber leicht Entgleisungen der Fahrzeuge herbeiführen. Das in seiner Wirkung zuverlässigere Köpcke'sche Sandgleis hat als Gleisendverschluß den Nachteil, daß es zu große Baulängen erfordert.

In der einfachsten Form werden die Gleisendverschlüsse als angeschüttete, geböschte Erdhaufen ausgeführt.

Gegliederte Gleisendverschlüsse bestehen

a) aus der Pufferbohle,

b) aus dem stoßaufnehmenden Körper und

c) aus dessen Verankerung im Boden.

Je nachdem, ob die Gleisendverschlüsse durch ihre eigene Fortbewegung der anrollenden Fahrzeuggruppe einen eigentlichen Auslaufweg gewähren oder nicht, unterscheidet man

a) feste,

b) bewegliche Prellböcke.

Die Pufferbohle legt sich in der Höhe der Wagenpuffer quer über das Gleis und wird bei festen Gleisendverschlüssen häufig mit angeschraubten Wagenpuffern ausgerüstet.

Der stoßaufnehmende Körper wird oft als Erdhaufen ausgeführt, der nach dem Kopfgleise zu durch eine Schwellenwand abgeschlossen wird, die die Pufferbohle trägt. Ein solcher Prellbock kann Stöße bis zu 20 mt aushalten. Auch gemauerte Prellböcke werden oft angewendet. Bei geringeren Ansprüchen führt man den Prellbockkörper aus Altschienen aus. Auch besondere Eisenkonstruktionen aus versteiften und verstrebten Blechwänden sind vielfach üblich. Die mit solchen Bauarten abbremsbare lebendige Kraft beträgt etwa 30 mt. Einen festen Prellbock aus alten Gleisstoffen zeigt Abb. 243.

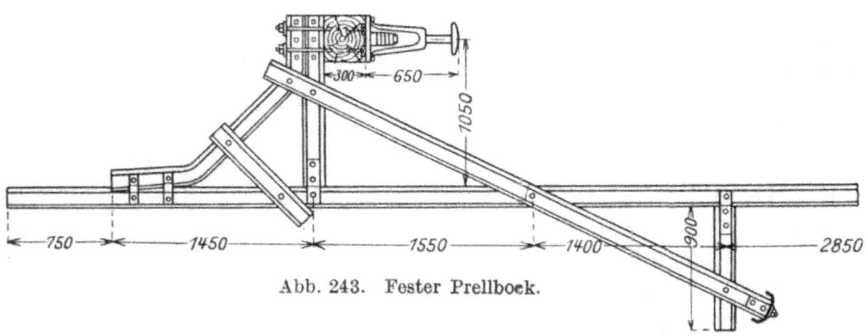

Abb. 243. Fester Prellbock.

Die Verankerung des Stoßkörpers ist bei den Erdabschlüssen durch die Schwellwand, bei steinernen Prellböcken durch die Gründung gegeben. Bei den eisernen Prellböcken wird das stoßaufnehmende Dreieck durch angeschraubte Verbindungsstücke mit dem Gleise zu einem geschlossenen Rahmen verbunden, der durch vorgeschlagene Pflöcke, durch Druckstreben oder Zuganker mit eingegrabenen Stützschwellen festgelegt wird. Durch gute Verankerung läßt sich die abbremsbare lebendige Kraft gewöhnlicher Prellböcke bis auf 40 mt steigern.

Durch starke, doppelte Wickelfedern ist an dem federnden Rampenpuffer von Gebhardt der Bremsweg der Federung auf 45 cm gesteigert. Auch hintereinander geschaltete Hülsenpuffer mit Reibungsringfedern ergeben eine gute Federung.

Den Übergang zu den beweglichen Prellböcken bilden die hydraulischen Endpuffer, mit denen ganze Personenzüge an den Stumpfgleisen von Kopfbahnhöfen aufgefangen werden sollen. Sie sind besonders in England eingeführt. Der anrennende Zug drückt mit den Puffern zwei weit vorragende Kolben unter wachsendem Druck in zwei Zylinder hinein, die mit Glyzerin gefüllt sind. Der Kolbenhub und damit der Bremsweg beträgt 2,5 m. Durch einen solchen Kolbenpuffer kann ein Personenzug mit 130 mt lebendiger Kraft unschädlich abgebremst werden. Das Widerlager der Kolbenpuffer ist bei der gewöhnlichen Beanspruchung fest; kommen außergewöhnlich heftige Stöße vor, so werden die verhältnismäßig schwachen Ankerschrauben im Grundmauerwerk abgeschert und der ganze Prellbock wird verschoben, wobei eine Sandschüttung zur weiteren Bremsung dient.

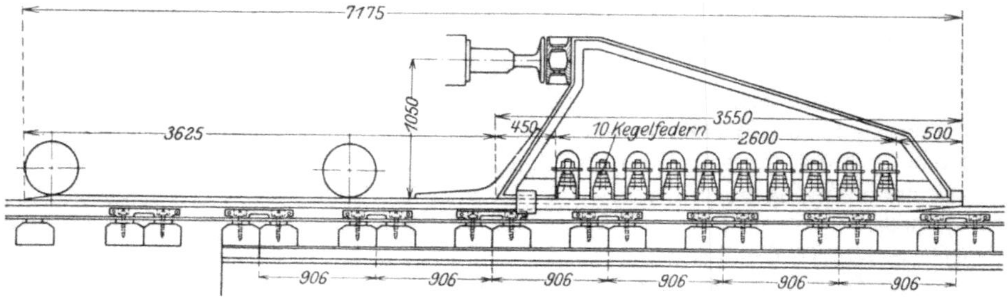

Abb. 244. Bremsprellbock Palitzsch.

Verschiebbare Prellböcke sind solche, bei denen der ganze Prellbock durch die anlaufenden Fahrzeuge fortgeschoben und die Reibung zur Vernichtung der lebendigen Kraft benutzt wird, ohne daß der Bremsweg durch einen festen Anschlag begrenzt wird.

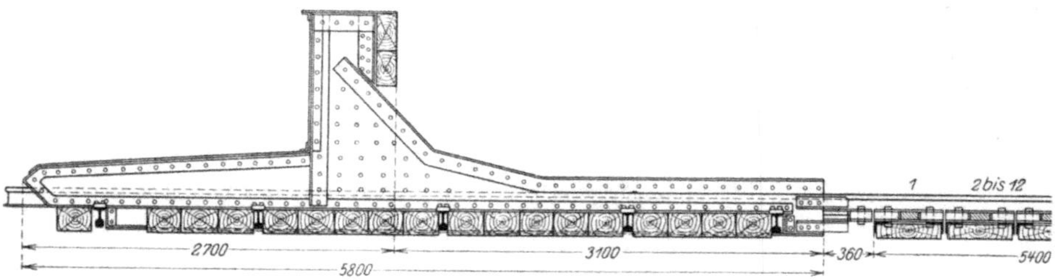

Abb. 245. Bremsprellbock Rawie.

Der Prellbock Bauart Palitzsch ist ein Bremsschlitten, bei dem zwei weit ins Stumpfgleis vorragende Schienenzungen von dem führenden Drehgestell der Lokomotive belastet werden, ehe die Puffer des Zuges und des Prellbockes sich berühren. Der Bremsschlitten wird durch zahlreiche Kegelfedern (sieben und mehr auf jeder Seite) mit einem Drucke von 12000 kg und mehr an zwei parallel geführte Schienen angepreßt. Die keilig unterschnittenen Köpfe dieser Schienen bilden eine sich allmählich verengende Nut, in der die kopfförmig endenden Mittelbolzen der Keilfedern geführt werden. Beim Wegschieben des Prellbockes spannen sich die Federn durch den Anlauf der Keilnut noch weiter. Als Bremskraft dient also die Reibung der belasteten Zunge auf den Fahrschienen, im weiteren Verlaufe die Reibung des durch Federn angepreßten Bremsschlittens, die sich durch die weitere Anspannung in der Keilnut noch verstärkt (Abb. 244). Zum Zurückdrücken des Bremsschlittens müssen die Federn gelöst werden.

Der bewegliche Prellbock von Rawie besteht in seiner leistungsfähigsten Form aus einem dreieckigen Prellbock, der auf einem 5 m langen Schwellrost befestigt ist (Abb. 245). Vor ihm liegt eine Anzahl von Schwellen, die untereinander durch Scherenhebel (nach Art der bekannten Nürnberger Schere) verbunden und ebenso an den Schwellrost angeschlossen sind. Beim Vorschieben des Schwellrostes werden sie einzeln nacheinander eingerückt. Der ganze Prellbock ruht und verschiebt sich auf einer Betonunterlage, die dabei auftretende Reibung „Holz gegen Beton" bildet die Bremskraft. Diese Betonunterlage muß trocken gehalten werden, da stehenbleibendes Wasser die Bremskraft beträchtlich herabsetzt. Der gesamte Verschiebungsweg beträgt bis 14 m. Diese Ausführungsform ist für Hallengleise bestimmt, bei einer einfacheren Ausführung des Rawieschen Prellbockes verschiebt sich dieser auf der gewöhnlichen Bettung.

Mit den beweglichen Prellböcken der Bauarten Palitzsch und Rawie sind wiederholt Züge mit einer lebendigen Kraft von 500 bis 600 mt unschädlich aufgefangen worden, und zwar bei Versuchen sowohl wie bei der betriebsmäßigen Wirkung.

Namenverzeichnis.

Sachverzeichnis.

GPSR Compliance

The European Union's (EU) General Product Safety Regulation (GPSR) is a set of rules that requires consumer products to be safe and our obligations to ensure this.

If you have any concerns about our products, you can contact us on ProductSafety@springernature.com

In case Publisher is established outside the EU, the EU authorized representative is:

Springer Nature Customer Service Center GmbH
Europaplatz 3
69115 Heidelberg, Germany

Batch number: 10683525

Printed by Printforce, the Netherlands